石油和化工行业"十四五"规划教材

天然产物化学

徐 静 主编

化学工业出版社

·北京·

内 容 简 介

《天然产物化学》先介绍了天然产物提取分离与结构鉴定的一般方法，然后分别介绍了糖和糖苷、生物碱、黄酮类化合物、萜类化合物、甾体及其苷类、醌类化合物、苯丙素类等天然产物，各章以"结构—性质—提取—分离—鉴定"为主线，从化学结构出发阐明其理化性质，根据理化性质讲授提取分离及检识方法。本书对海洋天然产物的研究现状和发展动态进行了专门介绍，最后两章为天然产物的全合成、结构修饰与生物合成。本书内容系统、全面，文字简练，可使读者在有限时间内对天然产物化学有一个较为清晰的理解和把握。

《天然产物化学》可供高等院校化学类、制药类、生物类、药学类等专业的本科生和研究生使用，也可供相关科研人员参考。

图书在版编目（CIP）数据

天然产物化学/徐静主编. —北京：化学工业出版社，
2021.1（2025.2重印）
高等学校"十三五"规划教材
ISBN 978-7-122-37960-3

Ⅰ.①天… Ⅱ.①徐… Ⅲ.①天然有机化合物-高等
学校-教材 Ⅳ.①O629

中国版本图书馆 CIP 数据核字（2020）第 218607 号

责任编辑：宋林青　　　　　　　　文字编辑：朱　允　陈小滔
责任校对：宋　夏　　　　　　　　装帧设计：关　飞

出版发行：化学工业出版社（北京市东城区青年湖南街 13 号　邮政编码 100011）
印　　装：北京天宇星印刷厂
787mm×1092mm　1/16　印张 17　字数 431 千字　　2025 年 2 月北京第 1 版第 5 次印刷

购书咨询：010-64518888　　　　　售后服务：010-64518899
网　　址：http://www.cip.com.cn
凡购买本书，如有缺损质量问题，本社销售中心负责调换。

定　　价：48.00 元　　　　　　　　　　　　　　　　版权所有　违者必究

前 言

天然产物是指从植物、动物、矿物、海洋生物及微生物体内分离出来的二次代谢产物及生物体内源性生理活性化学成分，是生物医药、化工原料、食品添加剂或农用化学品等的重要来源，与人类的生活密切相关，特别是在创新药物的发现与研发方面的地位尤为显著，是人类预防和治疗疾病的重要物质来源。

天然产物化学是运用现代科学理论和技术方法研究各类生物中化学成分的提取、分离和结构鉴定的一门重要分支学科。在天然产物化学领域直接做出过杰出贡献的获诺贝尔化学奖、生理学或医学奖的科学家已超过 30 位。随着科学技术的迅猛发展和跨学科交叉融合，新技术、新方法层出不穷，天然产物的研究范畴大幅度拓宽，研究内容不断深化，对传统学科的反思使得人们对于天然产物化学有了新的认识，而《天然产物化学》一书的编写正是顺应了这一历史潮流。

我国幅员辽阔，生物资源丰富，对天然产物的研究与开发具有得天独厚的物质基础。作者结合了多年的研究实践和教学体会，参考近年来报道的一些研究成果，尤其是我国科学家自己的研究成果和研究实例，根据天然产物化学成分的结构类型进行内容选编和章节安排。本书共 12 章，第 1 章为绪论。第 2 章主要介绍了天然产物的提取分离与结构鉴定的一般方法。第 3 章～第 9 章主要介绍了糖和糖苷、生物碱、黄酮类化合物、萜类化合物、甾体及其苷类、醌类化合物、苯丙素类等天然产物，按照"结构—性质—提取—分离—鉴定"的主线，从化学结构出发，阐明其理化性质，根据理化性质讲授提取分离方法及检识方法，注重理论联系实际，部分选用与生产实践有关的提取分离工艺流程实例，并简要介绍各类化合物的典型波谱共性及重要天然产物的波谱特征。本书对海洋天然产物的研究现状和发展动态（第 10 章）进行了专门介绍，并结合实例讲解天然产物的全合成、结构修饰（第 11 章）和生物合成在天然产物研究中的应用（第 12 章）。本书力求内容精练、把握前沿，使读者能够在有限的时间内对天然产物化学的基本理论和研究方法有一个较为清晰的理解和把握。该课程的讲授曾荣获第三届全国高校青年教师教学竞赛三等奖。本书既可作为高等院校化学、应用化学、化学工程、生物技术、生物化工、食品科学与工程、制药工程和药学等专业本科生和研究生的教材，也可供从事天然产物相关行业领域的工作人员自主学习。

本书由国家自然科学基金项目（81973229/81660584）、海南省自然科学基金高层次人才项目（2019RC006）和海南省教育厅重点项目（Hnky2019ZD-6）共同资助出版，在此深表感谢！

本书的编写在许多方面是一次尝试，由于作者水平和经验有限，书中疏漏之处在所难免，敬请各位同行和读者予以批评指正，以使本书在再版时更加完善。

徐静

2020 年 6 月于东坡湖畔

目 录

第1章 绪论 ······································· 1

1.1 天然产物化学的研究内容 ········ 1
1.2 一次代谢与二次代谢 ············· 1
1.3 天然产物化学的发展简史与诺贝尔奖 ······· 2
  1.3.1 国内发展史 ················· 2
  1.3.2 国际发展史 ················· 3
  1.3.3 天然产物化学研究与诺贝尔奖 4

1.4 天然产物化学的研究意义 ········· 10
1.5 天然产物化学的研究发展趋势 ····· 11
  1.5.1 研究对象和内容的拓展 ···· 11
  1.5.2 研究方法和手段的发展 ···· 11
  1.5.3 多学科交叉融合的研究策略 12
参考文献 ······························· 12

第2章 天然产物的提取、分离和结构鉴定 ····· 14

2.1 文献检索和预试验 ············· 14
2.2 天然产物有效成分的提取 ······· 16
  2.2.1 溶剂提取法 ··············· 16
  2.2.2 水蒸气蒸馏法 ············· 18
  2.2.3 升华法 ··················· 18
2.3 天然产物有效成分的分离与精制 · 18
  2.3.1 根据溶解度差异进行分离 · 18
  2.3.2 根据分配比不同进行分离 · 21
  2.3.3 根据吸附性差别进行分离 · 24
  2.3.4 根据分子量大小进行分离 · 29
  2.3.5 根据解离程度不同进行分离 29
2.4 色谱分离分析技术 ············· 31

  2.4.1 薄层色谱 ················· 32
  2.4.2 纸色谱 ··················· 35
  2.4.3 柱色谱 ··················· 35
  2.4.4 真空液相色谱法 ··········· 37
  2.4.5 加压液相柱色谱 ··········· 37
  2.4.6 气相色谱法 ··············· 39
  2.4.7 液滴逆流色谱 ············· 39
2.5 天然产物化学成分的结构鉴定方法 · 40
  2.5.1 天然产物化学成分结构研究的一般
    程序 ····················· 40
  2.5.2 结构研究中的主要谱学方法 ····· 40
参考文献 ······························· 53

第3章 糖和糖苷 ······················· 55

3.1 单糖的立体化学 ··············· 56
  3.1.1 单糖结构式的表示方法 ···· 56
  3.1.2 单糖的绝对构型 ··········· 57
  3.1.3 单糖的相对构型 ··········· 57
  3.1.4 单糖的优势构象 ··········· 58
3.2 糖苷的分类 ··················· 58
  3.2.1 氧苷 ····················· 59
  3.2.2 硫苷 ····················· 61
  3.2.3 氮苷 ····················· 61
  3.2.4 碳苷 ····················· 61

3.3 糖苷的性质 ··················· 62
  3.3.1 性状 ····················· 62
  3.3.2 旋光性 ··················· 62
  3.3.3 溶解性 ··················· 62
  3.3.4 苷键的裂解 ··············· 62
  3.3.5 苷的显色反应 ············· 65
3.4 糖苷的提取与分离 ············· 65
3.5 糖苷结构的测定 ··············· 66
  3.5.1 糖的鉴定 ················· 66
  3.5.2 糖链的结构测定 ··········· 68

3.5.3　苷键构型的测定 ‑‑‑‑‑‑‑‑‑‑‑‑‑‑‑‑‑‑‑‑ 69

第 4 章　生物碱 ‑‑ 72

4.1　概述 ‑‑‑‑‑‑‑‑‑‑‑‑‑‑‑‑‑‑‑‑‑‑‑‑‑‑‑‑‑ 72
4.2　生物碱的分类 ‑‑‑‑‑‑‑‑‑‑‑‑‑‑‑‑‑‑ 74
　4.2.1　有机胺类生物碱 ‑‑‑‑‑‑‑‑‑ 74
　4.2.2　吡咯烷生物碱 ‑‑‑‑‑‑‑‑‑‑‑ 74
　4.2.3　吡啶生物碱 ‑‑‑‑‑‑‑‑‑‑‑‑‑ 75
　4.2.4　托品烷生物碱 ‑‑‑‑‑‑‑‑‑‑‑ 75
　4.2.5　喹啉生物碱 ‑‑‑‑‑‑‑‑‑‑‑‑‑ 76
　4.2.6　异喹啉生物碱 ‑‑‑‑‑‑‑‑‑‑‑ 76
　4.2.7　菲啶生物碱 ‑‑‑‑‑‑‑‑‑‑‑‑‑ 78
　4.2.8　吖啶酮生物碱 ‑‑‑‑‑‑‑‑‑‑‑ 79
　4.2.9　吲哚生物碱 ‑‑‑‑‑‑‑‑‑‑‑‑‑ 79
　4.2.10　咪唑生物碱 ‑‑‑‑‑‑‑‑‑‑‑‑ 80
　4.2.11　喹唑酮生物碱 ‑‑‑‑‑‑‑‑‑‑ 80
　4.2.12　嘌呤生物碱 ‑‑‑‑‑‑‑‑‑‑‑‑ 80
　4.2.13　萜类生物碱 ‑‑‑‑‑‑‑‑‑‑‑‑ 80
　4.2.14　甾体类生物碱 ‑‑‑‑‑‑‑‑‑‑ 81
　4.2.15　大环类生物碱 ‑‑‑‑‑‑‑‑‑‑ 81
　4.2.16　胍类生物碱 ‑‑‑‑‑‑‑‑‑‑‑‑ 82
　4.2.17　其他类型生物碱 ‑‑‑‑‑‑‑‑ 82
4.3　生物碱的性质 ‑‑‑‑‑‑‑‑‑‑‑‑‑‑‑‑‑‑ 83
　4.3.1　性状 ‑‑‑‑‑‑‑‑‑‑‑‑‑‑‑‑‑‑‑ 83
　4.3.2　旋光性 ‑‑‑‑‑‑‑‑‑‑‑‑‑‑‑‑‑ 83
　4.3.3　溶解度 ‑‑‑‑‑‑‑‑‑‑‑‑‑‑‑‑‑ 83
　4.3.4　碱性 ‑‑‑‑‑‑‑‑‑‑‑‑‑‑‑‑‑‑‑ 83
　4.3.5　沉淀反应 ‑‑‑‑‑‑‑‑‑‑‑‑‑‑‑ 84
　4.3.6　显色反应 ‑‑‑‑‑‑‑‑‑‑‑‑‑‑‑ 84
4.4　生物碱的提取与分离 ‑‑‑‑‑‑‑‑‑‑ 85
　4.4.1　总生物碱的提取 ‑‑‑‑‑‑‑‑‑ 85
　4.4.2　生物碱单体的分离 ‑‑‑‑‑‑‑ 86
　4.4.3　生物碱提取与分离实例 ‑‑ 88
4.5　生物碱的鉴定和结构测定 ‑‑‑‑‑ 89
　4.5.1　化学降解法 ‑‑‑‑‑‑‑‑‑‑‑‑‑ 89
　4.5.2　色谱分析法 ‑‑‑‑‑‑‑‑‑‑‑‑‑ 89
　4.5.3　谱学特征分析法 ‑‑‑‑‑‑‑‑‑ 89
　4.5.4　生物碱结构鉴定实例 ‑‑‑‑ 90
参考文献 ‑‑‑‑‑‑‑‑‑‑‑‑‑‑‑‑‑‑‑‑‑‑‑‑‑‑‑‑‑ 96

第 5 章　黄酮类化合物 ‑‑‑‑‑‑‑‑‑‑‑‑‑‑‑‑‑‑‑‑‑‑‑‑‑‑‑‑‑‑‑‑‑‑‑‑‑‑ 97

5.1　黄酮类化合物的结构和分类 ‑‑‑‑ 98
　5.1.1　黄酮类化合物的基本结构　98
　5.1.2　黄酮类化合物的分类 ‑‑‑‑‑ 98
　5.1.3　黄酮类化合物的存在形式 ‑ 102
　5.1.4　黄酮类化合物的构效关系 ‑ 103
　5.1.5　黄酮类化合物的命名 ‑‑‑‑ 104
5.2　黄酮类化合物的性质 ‑‑‑‑‑‑‑‑‑ 104
　5.2.1　性状 ‑‑‑‑‑‑‑‑‑‑‑‑‑‑‑‑‑‑ 104
　5.2.2　旋光性 ‑‑‑‑‑‑‑‑‑‑‑‑‑‑‑‑ 105
　5.2.3　溶解度 ‑‑‑‑‑‑‑‑‑‑‑‑‑‑‑‑ 105
　5.2.4　酸碱性 ‑‑‑‑‑‑‑‑‑‑‑‑‑‑‑‑ 105
　5.2.5　显色反应 ‑‑‑‑‑‑‑‑‑‑‑‑‑‑ 105
5.3　黄酮类化合物的提取与分离 ‑‑‑ 108
　5.3.1　黄酮类化合物的提取 ‑‑‑‑ 108
　5.3.2　黄酮类化合物的分离 ‑‑‑‑ 108
　5.3.3　黄酮类化合物提取与分离实例 ‑‑‑‑ 110
5.4　黄酮类化合物的结构鉴定 ‑‑‑‑‑ 110
　5.4.1　色谱法在黄酮类鉴定中的应用 ‑‑ 111
　5.4.2　紫外光谱 ‑‑‑‑‑‑‑‑‑‑‑‑‑‑ 111
　5.4.3　核磁共振氢谱 ‑‑‑‑‑‑‑‑‑‑ 114
　5.4.4　核磁共振碳谱 ‑‑‑‑‑‑‑‑‑‑ 117
　5.4.5　质谱 ‑‑‑‑‑‑‑‑‑‑‑‑‑‑‑‑‑‑ 118
　5.4.6　黄酮类化合物结构解析示例 ‑‑ 119
参考文献 ‑‑‑‑‑‑‑‑‑‑‑‑‑‑‑‑‑‑‑‑‑‑‑‑‑‑‑‑ 122

第 6 章　萜类化合物 ‑‑ 123

6.1　概述 ‑‑‑‑‑‑‑‑‑‑‑‑‑‑‑‑‑‑‑‑‑‑‑ 123
6.2　萜类化合物的分类 ‑‑‑‑‑‑‑‑‑‑ 125
　6.2.1　单萜 ‑‑‑‑‑‑‑‑‑‑‑‑‑‑‑‑‑‑ 125
　6.2.2　倍半萜 ‑‑‑‑‑‑‑‑‑‑‑‑‑‑‑‑ 128
　6.2.3　二萜 ‑‑‑‑‑‑‑‑‑‑‑‑‑‑‑‑‑‑ 129
　6.2.4　二倍半萜 ‑‑‑‑‑‑‑‑‑‑‑‑‑‑ 130
　6.2.5　三萜 ‑‑‑‑‑‑‑‑‑‑‑‑‑‑‑‑‑‑ 131
　6.2.6　四萜 ‑‑‑‑‑‑‑‑‑‑‑‑‑‑‑‑‑‑ 135

参考文献 ‑‑‑‑‑‑‑‑‑‑‑‑‑‑‑‑‑‑‑‑‑‑‑‑‑‑‑‑‑ 70

6.3　萜类化合物的性质 ⋯⋯⋯⋯⋯⋯ 136
　　6.3.1　性状和旋光性 ⋯⋯⋯⋯⋯⋯ 136
　　6.3.2　溶解度 ⋯⋯⋯⋯⋯⋯⋯⋯ 136
　　6.3.3　显色反应 ⋯⋯⋯⋯⋯⋯⋯ 136
　　6.3.4　三萜皂苷的理化性质 ⋯⋯⋯ 137
　　6.3.5　化学反应 ⋯⋯⋯⋯⋯⋯⋯ 137
6.4　萜类化合物的提取和分离 ⋯⋯⋯ 139
　　6.4.1　萜类化合物的提取 ⋯⋯⋯⋯ 139
　　6.4.2　萜类化合物的分离 ⋯⋯⋯⋯ 140

6.4.3　提取与分离实例 ⋯⋯⋯⋯⋯ 140
6.5　萜类化合物的结构鉴定 ⋯⋯⋯⋯ 141
　　6.5.1　紫外光谱 ⋯⋯⋯⋯⋯⋯⋯ 141
　　6.5.2　红外光谱 ⋯⋯⋯⋯⋯⋯⋯ 142
　　6.5.3　质谱 ⋯⋯⋯⋯⋯⋯⋯⋯⋯ 142
　　6.5.4　核磁共振谱 ⋯⋯⋯⋯⋯⋯ 142
　　6.5.5　萜类化合物结构鉴定实例 ⋯ 142
参考文献 ⋯⋯⋯⋯⋯⋯⋯⋯⋯⋯⋯⋯ 144

第7章　甾体及其苷类 ⋯⋯⋯⋯⋯⋯⋯⋯⋯⋯⋯⋯⋯⋯⋯⋯⋯⋯⋯⋯⋯⋯⋯⋯⋯ 146

7.1　概述 ⋯⋯⋯⋯⋯⋯⋯⋯⋯⋯⋯ 146
　　7.1.1　甾体化合物的结构 ⋯⋯⋯⋯ 146
　　7.1.2　甾核的立体构型及表示方法 ⋯ 146
　　7.1.3　甾体化合物的命名 ⋯⋯⋯⋯ 147
　　7.1.4　甾体化合物的分类 ⋯⋯⋯⋯ 148
　　7.1.5　显色反应 ⋯⋯⋯⋯⋯⋯⋯ 148
7.2　甾醇、甾体激素和胆汁酸 ⋯⋯⋯ 148
　　7.2.1　甾醇 ⋯⋯⋯⋯⋯⋯⋯⋯⋯ 148
　　7.2.2　甾体激素 ⋯⋯⋯⋯⋯⋯⋯ 150
　　7.2.3　胆汁酸 ⋯⋯⋯⋯⋯⋯⋯⋯ 152
7.3　强心苷 ⋯⋯⋯⋯⋯⋯⋯⋯⋯⋯ 152

　　7.3.1　概述 ⋯⋯⋯⋯⋯⋯⋯⋯⋯ 152
　　7.3.2　强心苷的结构与分类 ⋯⋯⋯ 152
　　7.3.3　强心苷的理化性质 ⋯⋯⋯⋯ 154
　　7.3.4　强心苷的提取分离 ⋯⋯⋯⋯ 156
　　7.3.5　强心苷的结构鉴定 ⋯⋯⋯⋯ 158
7.4　甾体皂苷 ⋯⋯⋯⋯⋯⋯⋯⋯⋯ 160
　　7.4.1　甾体皂苷元的结构与分类 ⋯ 160
　　7.4.2　甾体皂苷的提取分离 ⋯⋯⋯ 161
　　7.4.3　甾体苷元的结构解析 ⋯⋯⋯ 161
　　7.4.4　甾体皂苷结构鉴定实例 ⋯⋯ 163
参考文献 ⋯⋯⋯⋯⋯⋯⋯⋯⋯⋯⋯⋯ 164

第8章　醌类化合物 ⋯⋯⋯⋯⋯⋯⋯⋯⋯⋯⋯⋯⋯⋯⋯⋯⋯⋯⋯⋯⋯⋯⋯⋯⋯⋯⋯ 166

8.1　概述 ⋯⋯⋯⋯⋯⋯⋯⋯⋯⋯⋯ 166
　　8.1.1　苯醌类 ⋯⋯⋯⋯⋯⋯⋯⋯ 166
　　8.1.2　萘醌类 ⋯⋯⋯⋯⋯⋯⋯⋯ 167
　　8.1.3　菲醌类 ⋯⋯⋯⋯⋯⋯⋯⋯ 168
　　8.1.4　蒽醌类 ⋯⋯⋯⋯⋯⋯⋯⋯ 169
8.2　醌类化合物的性质 ⋯⋯⋯⋯⋯⋯ 171
　　8.2.1　一般性质 ⋯⋯⋯⋯⋯⋯⋯ 171
　　8.2.2　酸性 ⋯⋯⋯⋯⋯⋯⋯⋯⋯ 172
　　8.2.3　显色反应 ⋯⋯⋯⋯⋯⋯⋯ 172
8.3　醌类化合物的提取与分离 ⋯⋯⋯ 172

　　8.3.1　醌类化合物的提取 ⋯⋯⋯⋯ 172
　　8.3.2　醌类化合物的分离 ⋯⋯⋯⋯ 173
8.4　醌类化合物的结构鉴定 ⋯⋯⋯⋯ 175
　　8.4.1　紫外光谱 ⋯⋯⋯⋯⋯⋯⋯ 175
　　8.4.2　红外光谱 ⋯⋯⋯⋯⋯⋯⋯ 175
　　8.4.3　核磁共振谱 ⋯⋯⋯⋯⋯⋯ 176
　　8.4.4　质谱 ⋯⋯⋯⋯⋯⋯⋯⋯⋯ 177
　　8.4.5　醌类化合物的结构解析实例 ⋯ 177
参考文献 ⋯⋯⋯⋯⋯⋯⋯⋯⋯⋯⋯⋯ 179

第9章　苯丙素类 ⋯⋯⋯⋯⋯⋯⋯⋯⋯⋯⋯⋯⋯⋯⋯⋯⋯⋯⋯⋯⋯⋯⋯⋯⋯⋯⋯⋯⋯ 181

9.1　简单苯丙素类 ⋯⋯⋯⋯⋯⋯⋯⋯ 181
　　9.1.1　苯丙烯类 ⋯⋯⋯⋯⋯⋯⋯ 181
　　9.1.2　苯丙醇类 ⋯⋯⋯⋯⋯⋯⋯ 181
　　9.1.3　苯丙醛类 ⋯⋯⋯⋯⋯⋯⋯ 181
　　9.1.4　苯丙酸类 ⋯⋯⋯⋯⋯⋯⋯ 182

9.2　香豆素 ⋯⋯⋯⋯⋯⋯⋯⋯⋯⋯ 182
　　9.2.1　香豆素的分类 ⋯⋯⋯⋯⋯⋯ 183
　　9.2.2　香豆素的理化性质 ⋯⋯⋯⋯ 185
　　9.2.3　香豆素的提取与分离 ⋯⋯⋯ 186
　　9.2.4　香豆素的结构鉴定 ⋯⋯⋯⋯ 186

9.2.5　香豆素结构解析示例 ------------ 188
9.3　木脂素 ------------------------------ 190
9.3.1　木脂素的分类 ------------------ 190
9.3.2　木脂素的性质 --------------- 194

9.3.3　木脂素的提取分离 ------------ 194
9.3.4　木脂素的结构鉴定 ------------ 194
参考文献 -------------------------------- 196

第10章　海洋天然产物 -- 198

10.1　概述 ------------------------------ 198
10.2　海洋天然产物的结构类型 ------ 201
10.2.1　大环内酯类 ------------------ 201
10.2.2　聚醚类 ------------------------ 202
10.2.3　海洋肽类 --------------------- 204
10.2.4　海洋生物碱类 --------------- 206
10.2.5　C$_{15}$乙酸原化合物 --------- 210
10.2.6　海洋萜类 --------------------- 211
10.2.7　海洋甾体类 ------------------ 212

10.2.8　前列腺素类 ------------------ 215
10.2.9　脂肪酸类 --------------------- 216
10.2.10　含硫大环化合物 ----------- 216
10.2.11　海洋多糖 ------------------- 217
10.3　海洋天然产物研究实例 -------- 218
10.3.1　提取与分离 ------------------ 218
10.3.2　结构解析示例 --------------- 221
参考文献 -------------------------------- 231

第11章　天然产物的化学合成和结构修饰 ----------------------------------- 233

11.1　紫杉醇的合成 ------------------ 234
11.1.1　紫杉醇的半合成 ------------ 234
11.1.2　紫杉醇的全合成 ------------ 236
11.2　喜树碱的合成 ------------------ 238

11.3　利血平的合成 ------------------ 239
11.4　鬼臼毒素的合成 --------------- 241
11.5　Salinosporamide A 的合成 ------ 243
参考文献 -------------------------------- 245

第12章　天然产物的生物合成 --- 247

12.1　概述 ------------------------------ 247
12.1.1　天然产物的生物合成途径 ---- 248
12.1.2　天然产物的组合生物合成 ---- 251
12.2　聚酮类化合物的生物合成 ------ 253
12.2.1　模块化Ⅰ型 PKS ------------ 254

12.2.2　迭代Ⅱ型 PKS -------------- 256
12.2.3　查尔酮Ⅲ型 PKS ----------- 256
12.3　非核糖体多肽的生物合成 ------ 257
12.4　杂合 PKS-NRPS 的生物合成 ---- 260
参考文献 -------------------------------- 262

第1章 绪 论

1.1 天然产物化学的研究内容

天然产物化学（natural products chemistry）是运用现代科学理论与方法研究各类生物中化学成分的一门重要分支学科，其研究内容包括天然产物化学成分的结构类型、物理化学性质、提取分离方法、结构鉴定、化学合成和修饰、生物合成途径等，涉及有机化学、分析化学、生物化学、仪器分析、波谱解析等课程知识的综合应用，是生物资源开发利用的基础研究。

广义地讲，自然界的所有物质都应称为天然产物（natural products，NPs）。天然产物既可以是一个完整的生物体（植物、动物、海洋生物及微生物体）或生物体的某个部位（例如，植物的花、叶、小枝、根、茎或树皮，动物的器官等），也可以是生物体的提取物（extracts），或者从中分离得到的单体化合物（pure compound，即具有一定分子量、分子式、理化常数和确定的化学结构式的化学成分）（Samuelson，2017）。

在化学学科内，天然产物是指从植物、动物、海洋生物及微生物中分离出来的次生代谢产物（secondary metabolites）及生物体内源性生理活性化学成分，通常为分子量小于2000的小分子代谢物，例如，生物碱、黄酮类、萜类、甾体、强心苷类、醌类、酚类、苯丙素类、苷类等化学物质。天然产物种类繁多，结构各异、含量差异很大，这些物质也许只在一个或几个生物物种中存在，也可能分布极为广泛。迄今已报道的天然产物数量超过100万种（Brahmachari，2009）。

地球上存在25万～35万种高等植物，150多万种动物，还有许多种动植物未被发现，有科学家估计，动植物种类可能达1000万。海洋占整个地球表面的71%，蕴藏着极其丰富的海洋生物资源，是巨大的天然产物库，现在已成为研究的热点。我国自然资源丰富，共有中药资源12694种，其中植物药有11020种（分布在383科、2313属），动物药有1590种（分布在414科、879属）（张惠源，1994），但做过活性筛选的仅占5%，化学成分研究则更少。另外，我国有丰富的海洋生物资源。充分开发利用我国的动植物资源（包括海洋生物和微生物资源）进行源头创新，发现并挖掘新的生理活性物质，服务国家战略需求和人类健康是天然产物化学的重要任务。

1.2 一次代谢与二次代谢

在生物合成过程中，一次代谢（primary metabolism），又称为初生代谢、初级代谢，是指在植物、动物和微生物体内的生物细胞通过光合作用、碳水化合物代谢和柠檬酸代谢，生成有机体生存繁殖所必需的化合物如糖类、氨基酸、脂肪酸和核酸及其聚合衍生物的过程。这一过程所产生的化合物就叫一次代谢产物（primary metabolites），又称为初生代谢产物、初级代谢产物。二次代谢又称为次生代谢、次级代谢，是以某些重要的一次代谢产物，例如乙酰辅酶 A、丙二酸单酰辅酶 A、异戊烯基焦磷酸/二甲丙烯焦磷酸（IPP/DMAPP）、氨基酸、莽草酸等，提供基本构造单元，经二次代谢不同途径进一步生成表面上看来似乎对生物本身无用的化合物，例如，生物碱、黄酮类、萜类、甾体、强心苷类、醌类、酚类、苯丙素类、苷类等化学物质（图 1-1）。这些二次代谢产物，又称为次生代谢产物、次级代谢产物，就是人们熟知的天然产物（Williams et al.，1989）。

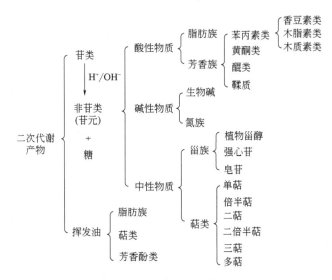

图 1-1　次生代谢产物的结构分类

　　一般认为，初生代谢是所有生物共同的代谢过程，其代谢产物广泛分布于生物体内，是维持生命活动和生长发育所必需的；而次生代谢并非在所有的生物中都能发生，大多与生物的存在和繁育无直接关系，在生物代谢中不起主导作用。次生代谢的生理作用也很不清楚，在体内亦大多不进一步转化，主要参与生物与环境的应答过程。其代谢产物种类繁多、结构复杂多样，是生物体通过各自特殊代谢途径产生的，对于不同科、属、种的生物通常具有不同的特征，是生物物种化学分类学（chemotaxonomy）的基础。因其具有明显的活性而成为天然产物化学的主要研究对象（Wink et al.，2010）。目前对于初生代谢及其产物的研究归属于生物化学领域，而对于次生代谢及其产物的研究已扩展到天然产物化学、化学生态学、植物和微生物分类学等学科。

1.3　天然产物化学的发展简史与诺贝尔奖

　　天然产物自古以来就为人类健康服务，各民族人民在与疾病作斗争的过程中，通过以身试药，日积月累，其中对各国的民间草药的应用是典型代表，天然产物化学即发源于此（郭瑞霞 等，2015；杨秀伟，2004）。

1.3.1　国内发展史

　　早在东汉时期，我们的祖先就汇编了第一本有关天然药物的著作《神农本草经》，载药365 种，其中植物药 252 种，动物药 67 种，矿物药 46 种。南宋洪遵著的《集验方》一书中详尽记载了用升华法等制备、纯化樟脑的过程，后由马可波罗传至西方，但欧洲直至 18 世纪下半叶才提取出了樟脑的纯品。明代李梴的《医学入门》中记载了用发酵法从五倍子中得到没食子酸的过程。《本草纲目》收载药物 1892 种，其中植物药计有 1094 种，动物药 443 种，矿物药 161 种，其他类药物 194 种；卷 39 中则有"看药上长起长霜，则药已成矣"的记载，这里的"长霜"为没食子酸生成之意，是世界上最早制得的有机酸，比 Scheele 的发明早了两百年。宋应星的《天工开物》中记载了锌的冶炼和氧化锌的制备。清代赵敏学的《本草纲目拾遗》中补充了 1021 种天然药物。在中国，天然药物又称为中草药，它与中医一起构成了中华民族文化的瑰宝，故有"医药化学源于中国"的高度评价。

我国运用现代科学方法对天然产物加以研究和开发是在 20 世纪 20 年代，是从研究麻黄碱（ephedrine）开始的，这比西方要晚 100 年左右。该时期还对闹羊花、莽草、延胡索等开展了一些研究工作。20 世纪 30 年代，进行了中药延胡索、防己、贝母、陈皮、细辛、钩吻、洋金花、除虫菊、雷公藤、三七、广地龙、柴胡中成分的分离工作。20 世纪 40 年代，主要研究了常山的抗疟有效成分，得出了常山生物碱的分子式、母核，并和国外学者共同研究取得一定成绩。20 世纪 50 年代后，我国自行研究开发成功的新药 90% 以上与天然产物有关，在抗真菌天然药物、抗病毒天然药物、神经系统天然药物、心血管疾病天然药物及抗癌天然药物等方面已经取得了一些令人瞩目的成绩。利用丰富的草药资源发掘药物，如麻黄碱、盐酸小檗碱（berberine）、延胡索乙素（corydalis B）、长春新碱（vincristine）、10-羟基喜树碱（10-hydroxy camptothecin）、三尖杉酯碱（harringtonine）、山莨菪碱（anisodamine）、地高辛（digoxin）、西地兰（cedilanid）、川楝素（toosendanin）、丹参酮ⅡA磺酸钠（sodium tanshinon ⅡA silate）、常咯啉（pyrozoline）、蒿甲醚（artemether）、石杉碱甲（huperzine A）等，通过新药鉴定投入生产，为人类健康做出了重要贡献，亦形成了一批具有一定研究实力的科研队伍。随着中药现代化研究的推进，一些国家对中医药的认识不断提高，中国药用天然产物的研制开发也越来越受到国际社会的普遍重视。

1.3.2　国际发展史

据文献报道（Newman et al，2009；徐悦 等，2017），国外从天然产物中发现和分离有机化学成分，始于 1769 年 Scheele 将酒石转化为钙盐，再用硫酸分解制得酒石酸。后来又用类似的方法从天然产物中得到了苯甲酸（1775 年）、乳酸（1778 年）、苹果酸（1785 年）、没食子酸（1786 年）等有机酸类物质。对植物中有机酸的研究促成了有机化学及植物化学的形成。

从药用动植物中提取活性成分则始于 19 世纪。1804 年，21 岁的德国药剂师 Sertürner 从罂粟中首次分离出单体吗啡（morphine），是人类开始将纯单体天然化合物用作药物的一个标志，意味着现代天然产物化学开始形成。吗啡的大规模生产和销售也促成了默克公司从一家药店转变成第一家真正的现代制药企业。1828 年，德国化学家 Wöhler 成功实现尿素（urea）的人工合成，驳倒了瑞典化学家 Berzelius 提出的"生命力"学说，标志着有机化学学科的诞生，人类对天然产物的研究促成了有机化学学科的建立。

此后的数十年间发掘了大量民间药中的活性成分，如吐根碱（emetine）、马钱子碱（士的宁，strychnine）、金鸡纳碱（cinchonine）、奎宁（quinine）、咖啡因（caffeine）、尼古丁（nicotine）、可待因（codeine）、阿托品（atropine）、可卡因（cocaine）和地高辛等，以生物碱居多，都具有显著的生理活性。生物碱的研究是天然产物化学发展的开端。但是，由于受到当时分离技术和结构鉴定技术的限制，只能利用分馏和重结晶来纯化单体成分、经典的化学降解和全合成法进行结构鉴定，天然产物化学的研究进展相当缓慢。

二十世纪四五十年代，随着色谱方法、波谱技术和单晶 X 射线衍射技术的发展，研究人员不仅可以分离含量极微的成分，微量代谢成分（mg 级）的鉴定也成了可能，以青霉素（盘尼西林，penicillin G，1945 年）、链霉素（streptomycin，1952 年）的发现及其应用为标志，开启了天然药物开发的第一个"黄金时代"。

天然产物化学学科体系于 20 世纪 60—70 年代趋于完善，多个重要的天然产物相继被发现并成功上市，如先后从长春花中获得的长春碱（vinblastine，1958 年）/长春新碱（1960 年）、太平洋紫杉中分离的紫杉醇（taxol，1969—1971 年）、美登木中分离出的美登素（maytansine，1972 年）；同时，河豚毒素（tetrodotoxin，TTX，1964 年）的发现促使了海洋天然产物研究的兴起。20 世纪 80 年代以来，以组合化学（combinatorial chemistry）为基础的高通量筛选（high throughout screening，HTS）、靶向药物设计（targeted drug design）等为代表的新方法逐渐成为世界大制药公司研发新药的主要途径。天然产物很难满足高通量筛选对大量化合物的要求，在新药研究中的地位一度受到挑战，许多制药企业一度对天然产物失去了兴趣。然而，经过几十年的实践证明，高通量筛选并没有像科学家们期望的那样可以提供大量的候选药物，天然产物经过了千百年的进化选择（evolutionary selection），其化学结构多样性、生物相关性和类药性是无可替代的。21 世纪初，随着科学技术的高速发展和多学科交叉融合，"回归自然（return to nature）"的呼声也越来越高，天然产物化学研究又迎来了新的"黄金时代"，各大制药公司也重新开始重视从天然产物中筛选先导化合物（lead compounds），认为天然产物仍然是开发新药特别是发现新的药物先导化合物的最重要源泉。据统计，1981—2016 年间，美国 FDA 批准上市的 1562 种小分子药物新化学实体的 67％来源于天然产物、天然产物衍生物或模拟天然产物结构药效团的合成化合物，其中 6％的药物为天然化合物的直接应用，如图 1-2 所示（Newman et al.，2016）。高达 75％和 67％的抗肿瘤和抗感染药物来源于天然产物。

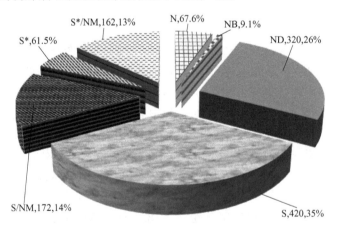

图 1-2　已获批准的小分子药物类型分布图

S—全合成药物；NM—仿天然产物；S*—全合成药物，结构药效团来源天然产物；
N—天然产物；NB—植物来源天然产物；ND—天然产物衍生物（通常是半合成或结构修饰产物）

1.3.3　天然产物化学研究与诺贝尔奖

诺贝尔奖是世界公认的在各专业领域中声誉最高的奖项，是以瑞典著名化学家阿尔弗雷德·贝恩哈德·诺贝尔（Alfred Bernhard Nobel，1833—1896 年）的部分遗产作为基金在 1895

年创立的。自 1901 年诺贝尔奖颁发至 2019 年，天然产物化学研究者在诺贝尔奖获得者中始终占有相当比例。

现以与天然产物化学学科发展有关的诺贝尔奖的授予为主线，简要介绍在天然产物研究领域做出重要贡献而荣获诺贝尔奖化学奖（Nobel Prize in Chemistry）、诺贝尔生理学或医学奖（Nobel Prize in Physiology or Medicine）的 30 余位科学家及其研究成果，以加深对天然产物化学学科的认知并借此激励有志于此领域科学研究的青年人（付炎 等，2016）。

1. 1930 年以前

1902 年，德国化学家 H. E. Fischer 因在糖类及嘌呤合成方面的贡献荣获诺贝尔化学奖，他发现了糖的异构现象（isomerism）、差向异构化（epimerism），并利用 Fischer 投影式对糖的立体结构进行详细描述，被誉为"糖化学之父"。此外，他还命名了嘌呤类化合物并合成了包括巴比妥（barbital）在内的一系列嘌呤衍生物与核苷。1910 年，德国化学家 O. Wallach 因在天然脂环族化合物领域的研究成就而荣获诺贝尔化学奖，他首先提出了"异戊二烯规则（isoprene rule）"，认为天然萜类化合物都是异戊二烯的聚合体。1915 年，德国化学家 R. M. Willstätter 因对植物色素特别是叶绿素（chlorophyll）的研究荣获诺贝尔化学奖。1923 年奥地利著名分析化学家 F. Pregl 因创立有机物微量分析法而荣获诺贝尔化学奖，作为第 1 位获得诺贝尔奖的分析化学家，他的成就为以后无数的有机化学和天然有机化学的研究提供了必不可少的实验技术支持。1927 年，德国化学家 H. O. Wieland 因确定了胆酸（cholic acid）及其相关化合物的化学结构而荣获诺贝尔化学奖。1928 年，德国化学家 A. O. R. Windaus 因研究甾体化合物中甾醇类（sterols）与维生素 D（vitamin D）的结构以及它们之间的关系荣获诺贝尔化学奖，为甾体化学的建立奠定了基础。1930 年，德国化学家 H. Fischer 因致力于血红素（heme）和叶绿素的性质、结构研究，特别是血红素合成方面取得的特殊成就，荣获诺贝尔化学奖。他发现了叶绿素和血红素分子中都含有卟啉结构单元，并通过合成血红素而确认了两种化合物的结构。

2. 1930—1960 年

1937 年，英国化学家 W. N. Haworth 因从事碳水化合物（carbohydrates）和维生素 C 的结构研究，提出了著名的单糖的"哈沃斯透视式（Haworth projection）"。瑞士化学家 P. Karrer 因从事类胡萝卜素（carotenoids）、核黄素（flavins）以及维生素 A 和维生素 B_2 的研究共同荣获诺贝尔化学奖。1938 年，德国化学家 R. Kuhn 因天然类胡萝卜素及维生素类的研究成果而荣获诺贝尔化学奖，他应用柱色谱法成功分离得到了同分异构体 α-和 β-胡萝卜素以及其他结构相似的类胡萝卜素成分，使得人们对二萜类胡萝卜素家族有了更多的认识。1939 年，德国化学家 A. F. J. Butenand 和瑞士化学家 L. S. Ruzicka 共同获得诺贝尔化学奖。A. F. J. Butenand 对性激素（sex hormones）的研究成果为后来甾体避孕药的研究开发打下了基础。L. S. Ruzicka 对聚甲烯类化合物（polymethylenes）以及天然萜类化合物（terpenes）做了大量研究，提出了新的异戊二烯规则，也就是"生源的异戊二烯规则（biogenetic isoprene rule）"，认为所有天然萜类化合物都是经甲戊二羟酸（mevalonic acid，MVA）途径衍生出来的化合物。1945 年，英国科学家 A. Fleming、E. B. Chain 和澳大利亚科学家 H. W. Florey 因为发现了著名的抗生素药物青霉素，而共同荣获诺贝尔生理学或医学奖。青霉素的发现与应用拯救了千百万人的生命，堪称二战期间最重要、最伟大的科技成就之一。1947 年，英国化学家 R. Robinson 因对生物碱（alkaloid）的研究成就而荣获诺贝尔化学奖。他分离并确定了罂粟碱（narceine）、尼古丁、吗啡、紫堇碱（corydaline）、毒扁豆碱（physostigmine）、盐酸小檗碱、马钱子碱、长春碱、秋水仙碱（colchicine）等几十种复杂天然生物碱的结构，被誉为"生物碱之父"。他首先提出了仿生合成（biomimetic synthesis）的概念并首次利用该法合成了托品酮（tropinone），开创了仿生合成的先河，促成了有机合成化学的分支仿生合成学科的诞生，还在有机合成反应上发现了著名的罗宾逊环化反应，这是一种重要的构建六元环的反应，在萜类化合物的人工合成中具有重要意义，并对青霉素和马钱子碱等进行了全合成。1952 年，美国科学家 S. A. Waksman 荣获诺贝尔生理学或医学奖，他在实验室成功从土壤中的放线菌（actinomycetes）中分离出链霉素（streptomycin），这是当时第一个能够有效治疗肺结核的药物，也因此被称为"抗生素之父"。

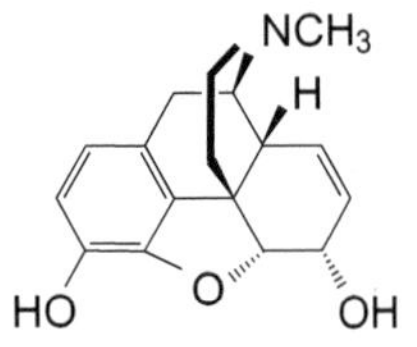

吗啡 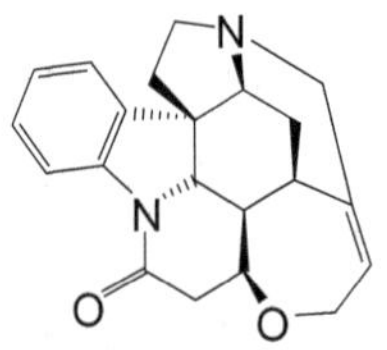   马钱子碱 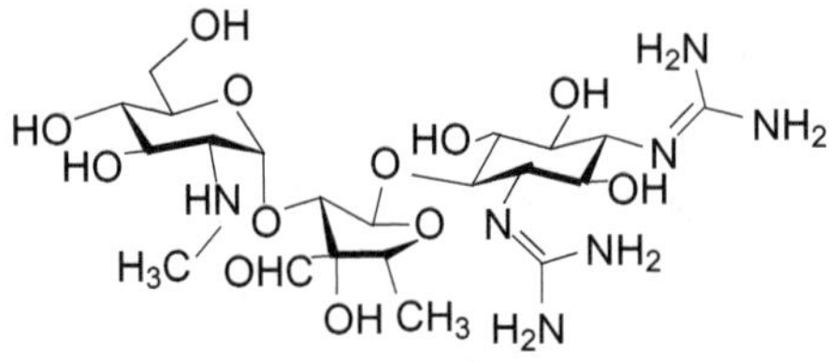   链霉素

3. 1960—1970 年

1964 年，英国著名结构化学家 D. M. Hodgkin 教授因在天然产物结构研究方面的卓越成就荣获诺贝尔化学奖，成为英国历史上第一个获得诺贝尔奖的女性科学家，也是国际上继居里夫人母女后第 3 位获得诺贝尔化学奖的女性科学家。她与其剑桥大学导师 J. D. Bernal 首先将 X 射线衍射用于化合物结构研究，确定了胃蛋白酶（pepsin）、青霉素和维生素 B_{12} 的晶体结构。1965 年，美国化学家 R. B. Woodward 因在有机合成特别是天然复杂产物的全合成中的成就而荣获诺贝尔化学奖。他在化合物结构鉴定、化学理论创立等多个领域均做出了卓越的贡献，一生中完成了众多令人瞩目的复杂天然产物全合成，如奎宁、胆固醇、可的松（cortisone）、羊毛脂醇（lanosterol）、利血平（reserpine）、士的宁、麦角酸（lysergic acid）、叶绿素、四环素（tetracycline）、秋水仙碱、头孢菌素 C（cephalosporin C）、维生素 B_{12}。他描述了分子结构与紫外光谱间的关系，将紫外光谱用于鉴定共轭体系，提出了 Woodward 规则；首次提出立体选择性反应的定义并在合成中应用，开创和引导了有机合成化学理论和实际应用的里程碑式的飞跃发展；被誉为"现代有机合成之父"。因此，Woodward 被誉为 20 世纪最伟大的有机化学家，也是因天然产物研究获得诺贝尔奖的杰出典范。

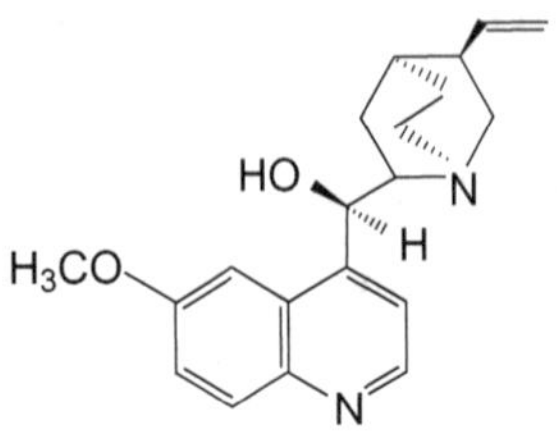

奎宁 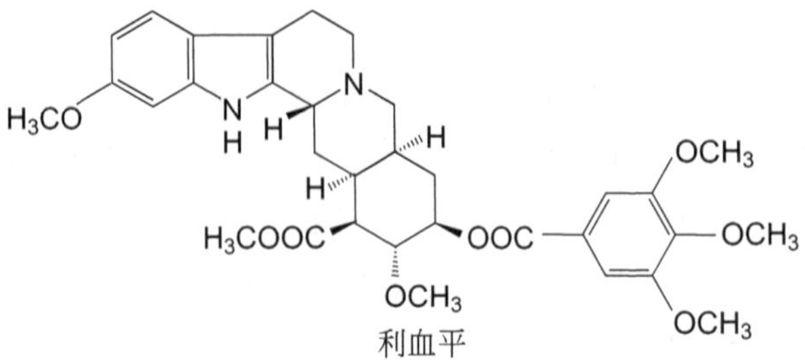   利血平

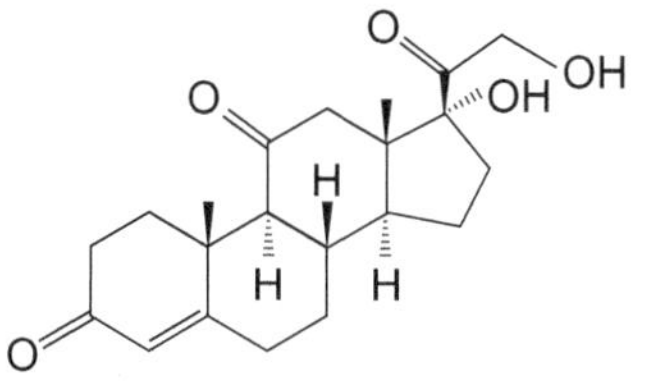

可的松

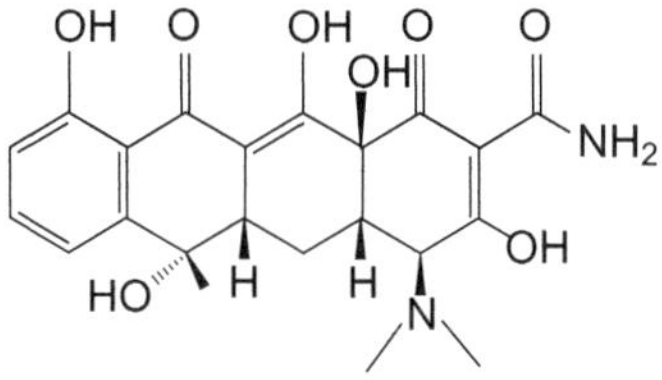

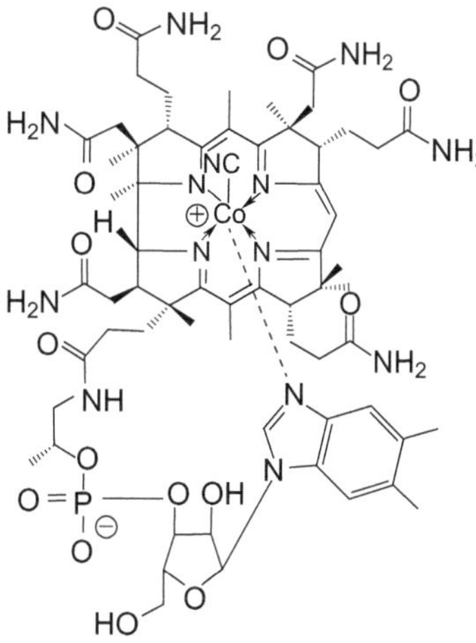

维生素B₁₂

四环素

1969 年，挪威化学家 O. Hassel 和英国化学家 D. H. R. Barton 共同荣获诺贝尔化学奖。O. Hassel 通过 X 射线衍射等技术对环己烷在不同条件下的立体构型进行了认真全面的研究，最终提出了构象、椅式构象、船式构象、构象分析等概念，总结出构象分析原理并建立了相关的分析方法，这是对立体化学理论的重大贡献。D. H. R. Barton 将 O. Hassel 提出的构象分析原理应用在甾体（steroid）的立体结构研究中，明确阐明了分子的特性和空间的构型与构象的关系，进一步发展了有机立体化学理论。1975 年，瑞士化学家 V. Prelog 因研究有机分子立体化学和反应取得的成就与英国化学家 J. W. Cornforth 共同获得了诺贝尔化学奖。V. Prelog 与著名有机化学家 C. Ingold、R. S. Cahn 一起将 R/S（rectus/sinister，拉丁文，"右/左"）构型命名原则引入有机化学（1956 年），用于表达手性碳原子的绝对构型，首次使对映体或镜像体能够被清楚地描述出来。该体系于 1970 年被国际纯粹与应用化学联合会（IUPAC）采用。为了清楚阐明"不对称性"这一立体化学名词的内涵，3 位有机化学家还建议用手性（chirality）表示分子与手类似的不重合性质。他们的观点被有机化学家广泛接受，从而为立体化学的发展奠定了新的基石。

4. 1990—2000 年

1990 年，美国化学家 E. J. Corey 因为在复杂天然有机化合物合成方面的成就而荣获诺贝尔化学奖，其中最主要的贡献就是发展了有机合成理论和方法学，创造性地提出了逆合成分析法，从目标产物开始分析，把目标产物进行合适的"断裂"或"切割"，逐步倒推成更小的分子组合，如此一步步切割分析，直至得到结构简单、易得、价廉的小分子起始原料。E. J. Corey 与他的团队利用该法完成了上百个复杂天然产物的全合成，如长叶烯（longifolene）、前列腺素 E₁（prostaglandin E₁）、银杏内酯 B（ginkgolide B）、美登素、Et 743（ecteinascidin 743）、喜树碱、红霉素 A（erythromycin A）、白三烯 A₄（leukotriene A₄）等。他与其他人合作将计算机图形处理技术引入有机化学信息系统管理，这些方法的逐步完善促进了后来著名的化学图形软件 ChemDraw 以及化学数据库软件 SciFinder 等的出现。

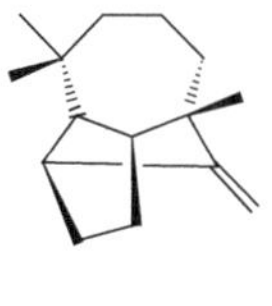

长叶烯

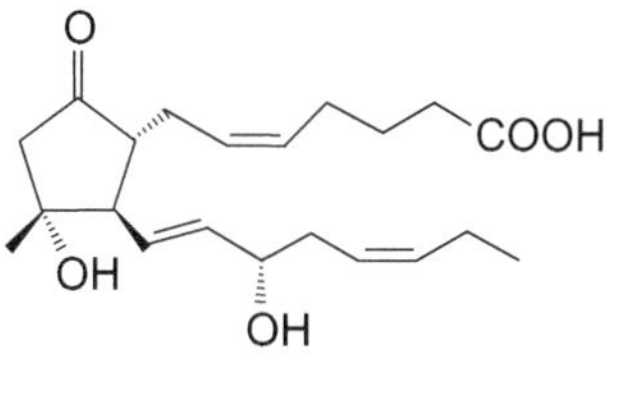

前列腺素E₁

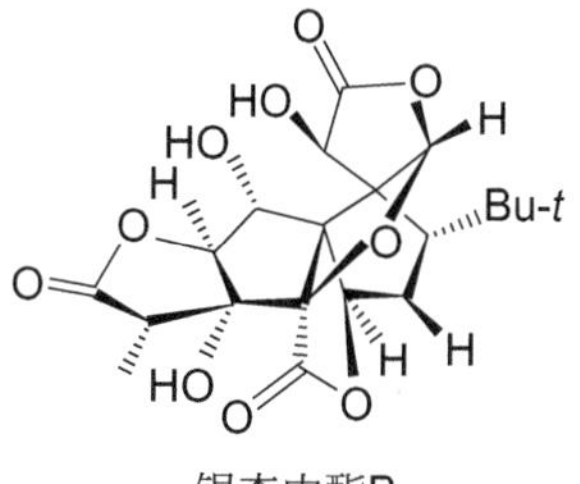

银杏内酯B

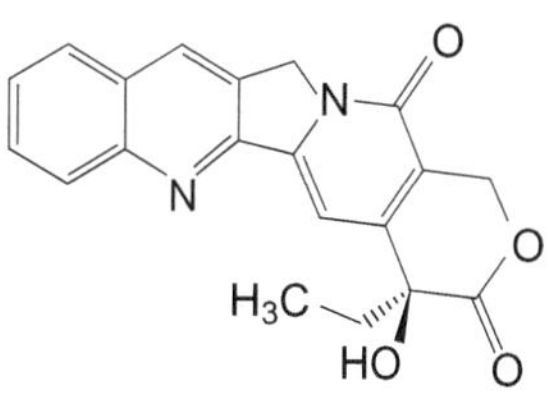

喜树碱

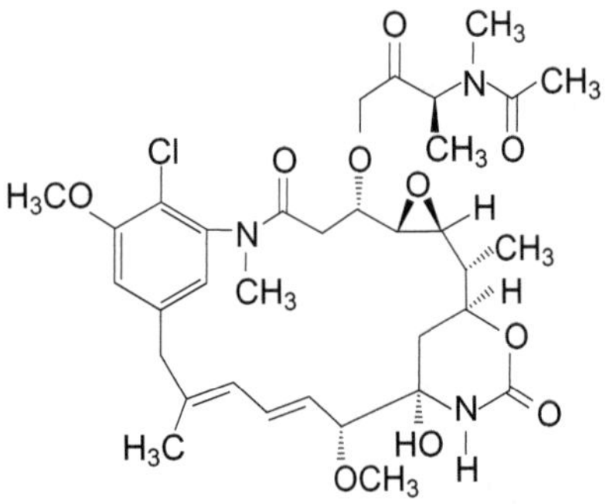

| 美登素 | Et 743 | 红霉素A |

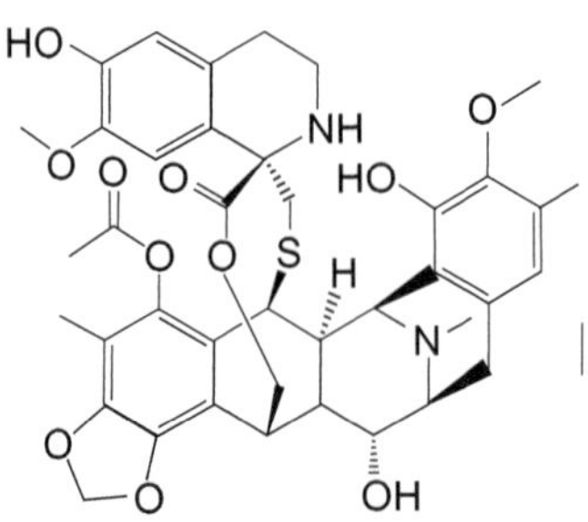

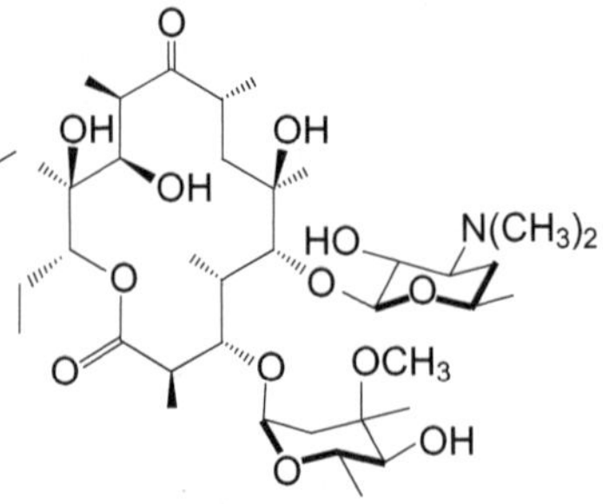

1991 年，瑞士科学家 R. R. Ernst 因发明了傅里叶变换高分辨核磁共振波谱和二维核磁共振技术获得诺贝尔化学奖。2002 年，瑞士科学家 K. Wüethrich 因发明利用核磁共振技术测定溶液中生物大分子三维结构的方法，美国科学家 J. B. Fenn 和日本科学家田中耕一（K. Tanaka）因发明了对生物大分子的质谱分析法，而共同荣获诺贝尔化学奖，这几位科学家虽然没有对天然产物进行直接研究，但是他们的科研成果为复杂天然产物的结构鉴定提供了强有力的技术支持，极大地促进了对天然产物特别是天然生物大分子研究的发展。2008年，3 位美国科学家下村修（O. Shimomura）、M. Chalfie 和钱永健（R. Y. Tsien）因发现海洋天然产物绿色荧光蛋白（green fluorescent protein，GFP）以及其应用研究而获得诺贝尔化学奖，荧光蛋白广泛应用于现代生物学研究，已经成为生物科学研究领域最重要的示踪标记工具之一。

5. 2010 年以后

2015 年，爱尔兰科学家 W. C. Campbell 和日本科学家大村智（S. Ōmura）合作从土壤微生物中发现了抗寄生虫特效药阿维菌素（avermectin）和伊维菌素（ivermectin），我国屠呦呦教授从民间抗疟草药菊科植物黄花蒿（*Artemisia annua* Linn.）中提取的抗疟疾特效药物青蒿素（artemisinin）是我国第一个被国际公认的自主创新药物，三人共同荣获诺贝尔生理学或医学奖。屠呦呦成为史上首位获得诺贝尔科学奖的中国本土科学家。

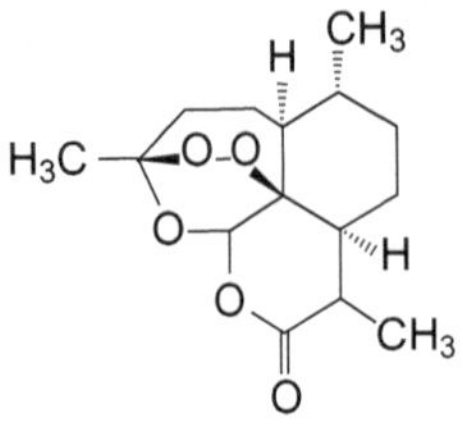

| 青蒿素 | 阿维菌素 |

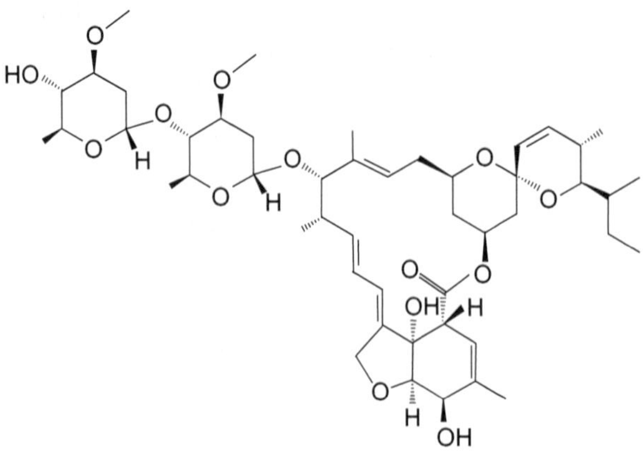

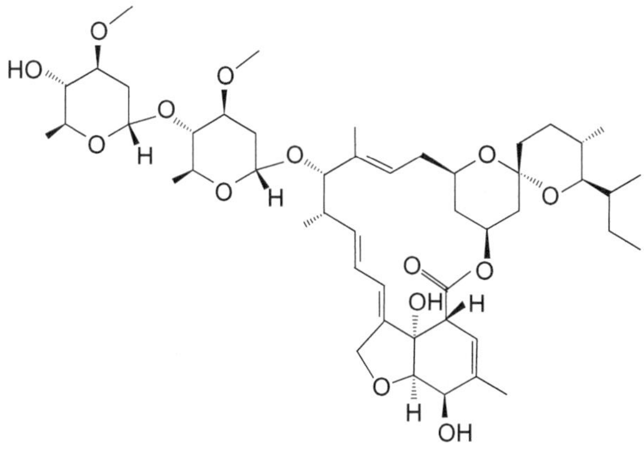

伊维菌素

　　据报道，近年已有多人因在天然产物化学研究领域的成就获得了诺贝尔化学奖提名。最热门的诺贝尔奖候选人当属日本的中西香尔（K. Nakanishi）教授，其最重要的成就是对银杏的起源、生物活性、活性成分银杏内酯（ginkgolides）的结构及其作用机制进行了深入而全面的研究，并将活性成分应用于防治人类疾病。在天然产物全合成方面也有多位科学家获得诺贝尔奖提名，例如，美国加利福尼亚大学圣地亚哥分校 Scripps 研究所的 K. C. Nicolaou 教授，他带领的研究团队已经完成了包括紫杉醇在内的 120 多个复杂天然产物的全合成；美国哈佛大学的岸义人（Y. Kishi）教授，其主要成果是河豚毒素与代表性全合成天然产物岩沙海葵毒素（palytoxin，PTX）的全合成；英国剑桥大学的 S. V. Ley 教授领导的研究团队已经完成了包括雷帕霉素（rapamycin）等约 150 个复杂天然产物的全合成；美国哥伦比亚大学的 S. J. Danishefsky 教授领导的团队也独立完成了紫杉醇、埃博霉素（epothilone）等复杂天然产物的全合成。这些天然产物分子结构新颖，主要是作为化学防御和信息交流分子存在于生物体内，它们大多都具有特殊生物活性，能够成为治疗重大疾病的药物或重要先导物以及作为分子探针为人们所利用。

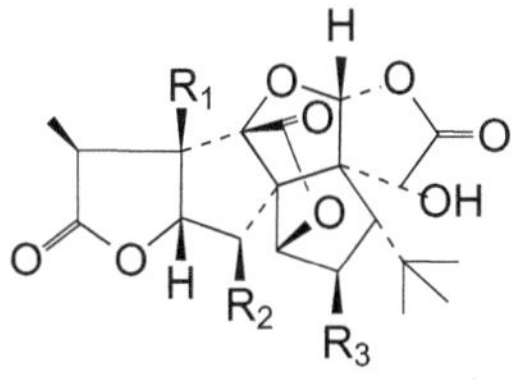

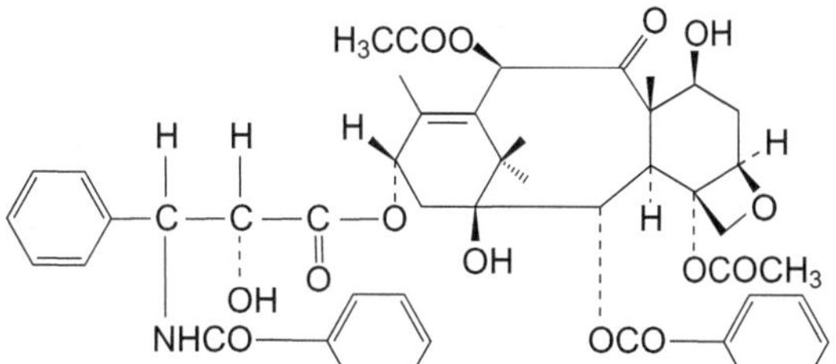

紫杉醇

	R_1	R_2	R_3
银杏内酯 A	OH	H	H
银杏内酯 B	OH	OH	H
银杏内酯 C	OH	OH	OH
银杏内酯 M	H	OH	OH
银杏内酯 J	OH	H	OH

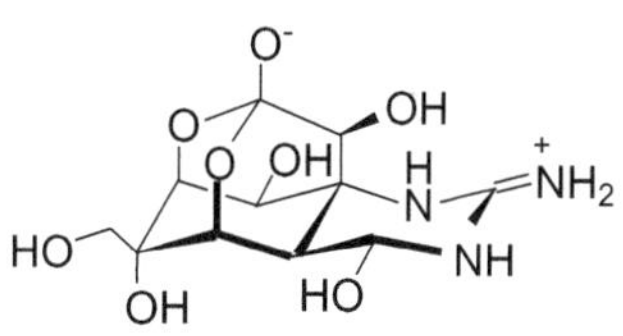

河豚毒素

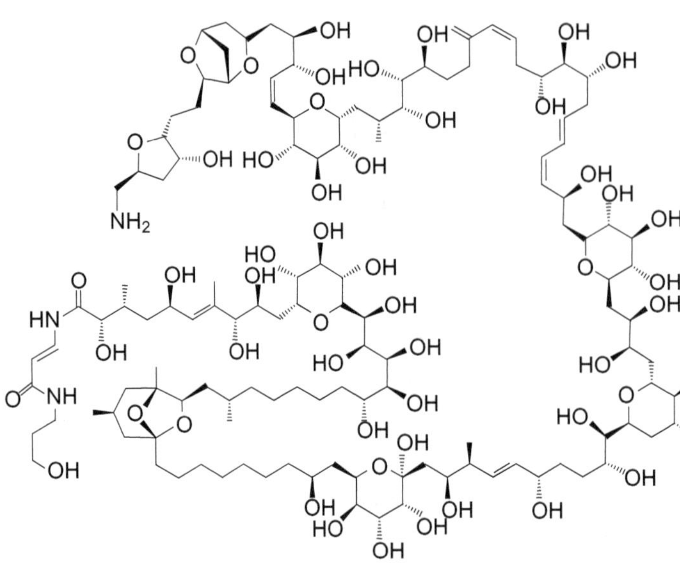

雷帕霉素

岩沙海葵毒素

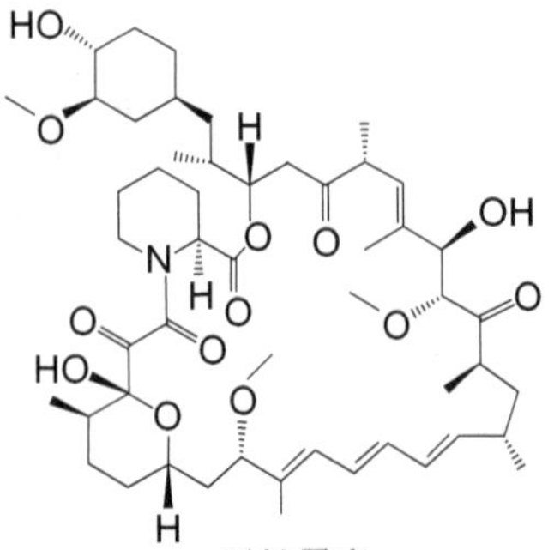

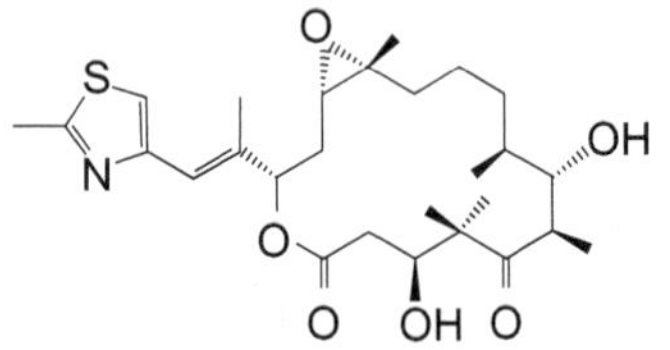

埃博霉素B

1.4 天然产物化学的研究意义

长期以来，天然产物作为医药、化工原料、食品添加剂或农用化学品等的重要来源，与人类的生活密切相关，特别是在新药的发现与研发方面的，具有不可替代的地位。

发现结构新颖/生物活性显著的天然产物，可以直接提供治疗重大疾病的新药或药物先导化合物，自从 1803 年鸦片中镇痛活性成分吗啡的发现以来，临床上使用的很多化学药物最初都是天然药物直接开发成新药，例如，利血平、青霉素、奎宁、胰岛素（insulin）、美登素、长春碱、喜树碱和紫杉醇等；或以天然产物作为先导物，结构改造/修饰制备其类似物或衍生物，从中发现新药，例如，以吗啡为先导物的镇痛药杜冷丁（dolantin，学名：哌替啶），以古柯为先导物的麻醉药普鲁卡因，以水杨苷为先导物的解热镇痛药阿司匹林，以青蒿素为先导物的抗疟疾药蒿甲醚等。这些研究工作的开展也将有助于从活性天然产物结构信息出发设计合成天然产物的"类天然化合物库"（刘钢 等，2006）。

天然药物之所以能够防病、治病，其物质基础在于所含的有效成分。研究其化学结构、理化性质与生物活性之间的关系，可逐步阐明中药及民族药物防治疾病的药效物质基础，揭示中药复方配伍的科学内涵；可开辟扩大药源，从亲缘关系近的植物中发现相同或相似的化学成分，实现中药资源可持续利用，例如，黄连中抗菌有效成分盐酸小檗碱，在同科植物三棵针、黄柏中含量也很高，可用作替代药源；同时，天然产物化学对探索中草药加工工艺、改进药物剂型、控制中药及其制剂的质量、提供中药炮制现代科学依据、提高临床疗效等都有重要的意义。

除了药物领域外，天然产物还广泛应用于工业、农业、保健和美容等方面。例如，甜叶菊苷（stevioside）、罗汉果甜苷（mogroside）、甘草酸（glycyrrhizin）等天然甜味剂（胡晓倩，2005）；栀子黄素（gardenin）、橘黄素（tangeretin）、紫草素（shikonin）等天然色素（张水军 等，2014）；天然产物还可用作无公害农药或植物激素，如阿维菌素、印楝素（azadirachtin）、尼古丁、除虫菊内酯（chrysanthin）、脱落酸（abscisic acid）、油菜素甾醇（brassinosteroid）、赤霉素（gibberellin）等（石志琦 等，2002）；虾青素（astaxanthin）是迄今为止人类发现的自然界中最强的抗氧化剂，在保健美容领域受到越来越多的关注（诸晓波 等，2020）。

1.5 天然产物化学的研究发展趋势

1.5.1 研究对象和内容的拓展

在过去的两百年间，天然产物化学研究的对象主要是易得的陆生植物资源。全世界约有植物 40 万～50 万种，进行过化学生物活性研究的只有 5%～10%，海洋中生活着 500 万～5000 万种海洋生物和 10 亿多种微生物，有记载的海洋生物只有 140 万种，仅有不到 1% 进行过化学成分研究。随着越来越多的天然产物被鉴别，从传统的陆生动植物或微生物来源的生物材料中发现具有新颖结构活性天然产物的概率越来越低，尤其是一些已知的天然产物严重干扰了对未知化合物的发现。天然产物研究的对象正逐渐转向特殊生态环境的生物（史清文等，2011），例如，从前研究较少的陆源植物（高原、高寒等地区的植物，有毒植物，低等植物）、无脊椎动物、微生物、海洋生物等，并且由近海生物向极地、深海海洋生物延伸，研究内容从传统的萜类、生物碱类、甾体类等向结构更为复杂的大环内酯类、聚醚类、前列腺素类化合物以及生物活性内源性物质如多糖、多肽等延伸，从发现新结构转向发现新的活性，为新药研究与开发提供了大量模式结构和药物前体。

1.5.2 研究方法和手段的发展

新技术的兴起使天然产物化学研究工作趋向快速、微量和准确（刘湘 等，2010）。①新技术的兴起，使得研究周期大大缩短。过去一个天然化合物从分离、纯化、确定结构到人工合成需要很长时间。例如吗啡，1804—1805 年被发现，1925 年提出正确结构，1952 年人工合成，用了约 150 年时间。而利血平从发现、确定结构，到人工合成，只用了四年的时间（1952—1956）。这个速度还在不断加快。仅以生物碱类成分为例，1952—1962 年中发现的新生物碱数目（1107 个）就已超过了在此之前 100 年中发现的总数（950 个），而 1962—1972 年发现的新生物碱数（3443 个）又是前 10 年出现的三倍多，此外，生物碱还以每年大于 1500 个新结构的速度在增长。目前，已知的生物碱类成分数目已多达 13 万个。②各种色谱分离方法先后应用于天然产物的分离研究，使微量天然新成分的分离纯化简便易行。由常规的柱色谱发展到应用低压的快速色谱、液滴逆流色谱（droplet counter current chromatography，DCCC）、高效液相色谱（high-performance liquid chromatography，HPLC）、离心色谱（centrifugal partition chromatography，CPC）、气相色谱（gas chromatography，GC）等，应用的载体有氧化铝，正相与反相色谱用的各种硅胶，用于分离大分子的各种凝胶，用于分离水溶性成分的各种离子交换树脂、大孔树脂等，从而使研究人员不仅可以分离含量极微的成分，如美登木中的高活性抗癌成分美登素类化合物含量在千万分之二以下，昆虫中的昆虫激素含量则更微，而且可以分离过去无法分离的结构不稳定及水溶性成分。③红外光谱（infrared spectroscopy，IR）、核磁共振（nuclear magnetic resonance，NMR）、质谱（mass spectrometry，MS）和单晶 X 射线衍射（single crystal X-ray diffraction，X-Ray）等结构表征新技术问世，特别是近年发展起来的核磁共振技术（各种 ^{1}H-^{1}H 与 ^{1}H-^{13}C 相关谱等）、快原子轰击质谱（fast atom bombardment mass spectrometry，FAB-MS）技术、次级电离质谱（secondary ion mass spectrometry，SIMS）技术、场解吸质谱（field desorption mass spectrometry，FD-MS）技术等，结合紫外与红外光谱，使得微量代谢成分（mg 级）的准确结构鉴定成为可能。而一个好的单晶，运用最新的四圆 X 衍射仪，则仅用几天时间就可得到准确的结构，如分子量较大并带有重原子的化合物，则可直接得到包括绝对构型在内的结构信息。近年来，基于手性衍生化试剂应用于 NMR 的 Mosher 法和基于计算化学的手性光谱法应用较为广泛，例如对天然产物的旋光色散光谱（optical rotatory dispersion，ORD）、圆二色谱（circular dichroism，CD）、核磁共振图谱进行精确的计算模拟分析比对，从而确定天然产物绝对构型（李桢 等，2015）。

1.5.3　多学科交叉融合的研究策略

科学技术的发展为天然产物化学发展创造了前所未有的机遇，生物技术、微生物学、化学和药理学的多学科交叉融合创新（coherent collaborative interdisciplinary innovation，CCII）促进了天然产物化学学科发展新的变迁。今后的工作中要想从天然产物中筛选到有活性的代谢产物，要想真正用心研究它们的生物活性与人类疾病的发生和治疗、工农业生产的关系（如药物、农药），就要将传统的活性筛选与化学研究导向相结合。即以活性为基础，根据活性追踪粗提物的相应组分，对活性强的组分采用色谱与波谱联用（HPLC-UV、LC-MS、LC-MS/MS、LC-NMR 和 LC-NMR-MS）等在线分析技术，直接得到活性组分中所含主要化学成分的数目、种类、结构骨架类型复杂程度等结构信息，并与已有天然产物化学结构信息比较，快速确定可能含有新颖结构的活性组分，识别并锁定生物活性强且结构新颖的活性产物群，有选择性和针对性地从天然资源中发现新型结构的微量活性天然产物，寻找新的靶点和新的药理模型、提高活性筛选准确率（杜灿屏 等，2002；Ramanan et al.，2017）。

基于基因组分析先导物的发现，多学科交叉研究与合成生物学技术、实时 PCR 技术和组合生物合成等技术的突破，向天然产物研究者展现了一个尚未开发的巨大宝库。通过基因组测序获得的大量生物学信息分析生物的次级代谢潜能，快速发现可能的新天然产物生物合成基因簇。根据天然产物生物合成基因簇中一些酶的保守区域设计引物，筛选具有某类核心结构或后修饰基团的天然产物，建立基因筛选模型，或将化学、活性和基因这三种筛选方法有机结合起来，从基因组分析入手指导新化合物的分离。最终分离、纯化并鉴定目的产物的结构，再通过活性筛选或特定的模型评价这些天然产物作为先导化合物的潜力。在构效关系研究的基础上进行结构修饰和定向改造，进一步研究如何将其直接或间接作为化学合成/组合生物合成前体创制有相似骨架的、结构多样的、全新"非天然"的天然产物，提高发现新先导化合物的概率。对获得的天然药物进行深入的化学与生理活性和作用机制研究，从而发现高效低毒、具有临床开发前景的候选化合物，结合植物细胞组织培养、基因工程合成、微生物发酵和酶法、仿生合成等生物技术大量生产并且造福人类，必将是今后的重要发展方向（徐静，2014；徐志勇 等，2017）。

参 考 文 献

杜灿屏，陈拥军，梁文平，等 . 天然产物化学研究的挑战和机遇 [J]. 化学进展，2002，14（5）：405-407.

付炎 . 天然药物化学史话：天然产物研究与诺贝尔奖 [J]. 中草药，2016，47（21）：3749-3765.

郭瑞霞，李力更，王于方，等 . 天然药物化学史话：天然产物化学研究的魅力 [J]. 中草药，2015，46（14）：2019-2033.

胡晓倩 . 植物体内非糖类甜味剂的开发与利用 [J]. 国土与自然资源研究，2005（4）：89-90.

李桢，杨洁，马阳，等 . 计算化学在确定天然产物绝对构型中的应用 [J]. 国际药学研究杂志，2015，42（6）：91-101.

刘钢，李裕林，南发俊 . 多样性导向的"类天然产物"化合物库合成 [J]. 化学进展，2006（6）：51-59.

刘湘，汪秋安 . 天然产物化学 [M]. 北京：化学工业出版社，2005.

史清文，李力更，霍长虹，等 . 天然药物化学学科的发展以及与相关学科的关系 [J]. 中草药，2011，42（8）：

1457-1463.

石志琦，范永坚，王裕中．天然化合物在农药中的应用研究［J］．江苏农业学报，2002，18（4）：241-245.

徐静．红树林微生物天然产物化学研究［M］．北京：科学出版社，2015.

徐志勇，冯昭，徐静．红树林微生物抗菌活性成分研究进展［J］．中国抗生素杂志，2017，42（4）：241-254.

徐悦，程杰飞．基于天然产物衍生优化的小分子药物研发［J］．科学通报，2017（9）：56-67.

杨秀伟．天然药物化学发展的历史性变迁［J］．北京大学学报，2004，36（1）：9-11.

张惠源．中国中药资源志要［M］．北京：科学出版社，1994.

张水军，张军兵，熊勇．天然食用色素的研究进展［J］．中国食品添加剂，2014（8）：172-177.

诸晓波，吴健，虞利东，等．虾青素对人体抗氧化功能的实验研究［J］．科技资讯，2020，18（12）：206-211.

Brahmachari G. Natural products：Chemistry，biochemistry and pharmacology［M］. Oxford：Alpha Science International Limited. 2009.

Samuelson G. Drugs of natural origin—A textbook of pharmacognosy. 7th Ed. ［M］. Stockholm：Swedish Pharmaceutical Press，2017.

Newman D J，Cragg G M. Natural product scaffolds as leads to drugs［J］. Future Medicinal Chemistry，2009，1（18）：1415-1427.

Newman，D J，Cragg G M. Natural products as sources of new drugs from 1981 to 2014［J］. Journal of Natural Products，2016，79（3）：629-661.

Ramanan，S S，Khatter D. Frontiers in natural product chemistry［M］. Sharjah：Bentham Science Publishers，2017.

Waksman S A，Fenner F. Drugs of natural origin［J］. Annals of the New York Academy of Sciences，1992，52（5）：750-787.

Wink，M，Botschen，F，Gosmann，C，et al. Chemotaxonomy seen from a phylogenetic perspective and evolution of secondary metabolism［M］. New Jersey：Wiley Blackwell. 2010.

第2章 天然产物的提取、分离和结构鉴定

天然产物化学成分结构复杂、种类繁多，通常一个样品中包含了几十甚至几百种结构性质不同的化学成分。有效成分是具有生物活性且能起到防治疾病作用的单体化合物。天然产物中的有效成分主要有生物碱、黄酮类、萜类、甾体、强心苷类、醌类、酚类、苯丙素类、苷类等化学物质；有效部位是指含有一种主要有效成分或一组结构相近的有效成分的提取分离部分，如人参总皂苷、银杏总黄酮等；有效部位群是指含有两类或两类以上有效部位的提取或分离部分；无效成分是指与有效成分共存的其他成分，例如纤维素、叶绿素、蜡、油脂、树脂和树胶等杂质。

天然产物化学的研究工作是从有效成分（或生理活性化合物）的提取、分离开始的。提取是指根据天然产物中各种化学成分的溶解性能，选择对有效成分溶解度大而对其他成分溶解度小的溶剂，用适当的方法将所需要的化学成分溶解出来并同原料脱离的过程。分离是指将提取物中所含的各种成分一一分开，并将得到的单体加以精制的过程。为了研究和开发天然产物，就必须将化学成分从复杂的动物、植物和微生物样本中提取分离出来，得到单一化合物（单体），通过现代波谱学进行结构鉴定，方有可能为活性筛选、人工合成与结构修饰、药效学和毒理学等研究提供可靠的依据。

本章重点讨论天然产物有效成分的提取分离和结构鉴定的一般原理及实用方法。

2.1 文献检索和预试验

从天然来源提取分离已知成分或已知化学结构类型时，一般宜先查阅有关资料，搜集比较该物种（拉丁名检索）或该类成分的各种提取方案，尤其是工业生产方法，再根据具体条件加以选用。从天然来源提取分离未知有效成分时，要想对它们进行比较全面的分析和正确了解是有一定困难的，一般先使用 CNKI、VIP、Cochrane、ACS、Elsevier、PubMed、Springer 等数据库系统查阅文献，搜集、比较该物种或同属亲缘物种化学成分的提取方法，以充分了解、借鉴前人的经验。再通过化学成分进行预试验，定性判断生物体中某类成分的存在与否，或某一生物体都含有哪些类型的成分，并在适当的临床或药理筛选体系指导下，选择设计适当的提取方法，保证所需成分尽可能完全地提出，而不需要的成分尽可能少地提出。

预试验分为单项预试验和系统预试验。单项预试验是根据工作需要有重点地检查试样粗提物中的某一类成分。系统预试验是对某种试样中所含的各类化学成分进行全面检查，系统了解该生物样本中所含化学成分的类型，常用递增极性溶剂提取法，根据"相似相溶"的原理，极性大的成分在极性溶剂中溶解度大，极性小的成分则易溶于非极性溶剂，选用各种极性不同的溶剂，依次提取使之系统地分成若干部分，然后利用显色反应或沉淀反应，或结合纸色谱、薄层色谱，定性判断各部分中所含化合物的结构类型。溶剂提取常用溶剂和有效成

分的极性相似对照可见表 2-1。

表 2-1 常用溶剂和有效成分极性相似关系对照

溶剂极性强弱	溶剂名称	天然产物结构类型
非极性（亲脂性强）	石油醚、环己烷、汽油、苯、甲苯等	油脂、挥发油、植物甾醇（游离态）、某些生物碱、亲脂性强的香豆素等
弱极性	乙醚	树脂、内酯、黄酮类化合物的苷元、醌类、游离生物碱及醚溶性有机酸
弱极性	氯仿	游离生物碱等
中等极性	乙酸乙酯	极性较小的苷类（单糖苷）
中等极性	正丁醇	极性较大的苷类（二糖和三糖苷）等
极性	丙酮、甲醇、乙醇	生物碱及其盐、有机酸及其盐、苷类、氨基酸、鞣质和某些单糖等
强极性（亲水性强）	水	氨基酸、蛋白质、糖类、水溶性生物碱、胺类、鞣质、苷类、无机盐等
常用溶剂的极性次序为（从小到大）：石油醚＜环己烷＜苯＜氯仿（二氯甲烷）≈乙醚＜乙酸乙酯＜正丁醇＜丙酮、乙醇＜甲醇＜水＜含盐水		

天然产物化学成分的预试验流程如图 2-1 所示。实际工作中，根据石油醚可提取非极性物质，水可提取极性物质，醇能提取大部分成分的特点，常采用石油醚、水、95％乙醇的三段法进行粗分预试验，提高工作效率。

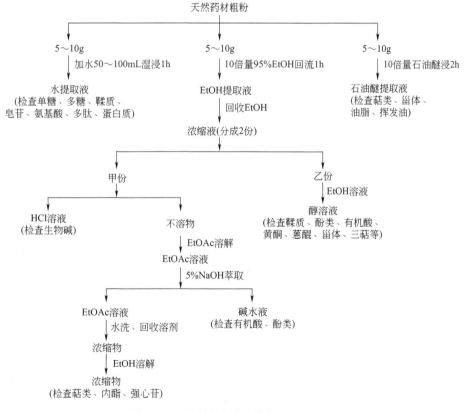

图 2-1 天然产物化学成分的预试验流程

一般定性试验可初步验证有无上述各类成分。定性试验常用显色试剂和颜色反应如表 2-2 所示。

表 2-2　定性试验常用显色试剂和颜色反应

天然产物结构类型	显色试剂	颜色反应
糖和苷	斐林试剂	砖红色 Cu_2O 沉淀
生物碱	碘化铋钾（Dragendorff 试剂）	黄色或橘红色沉淀
黄酮	乙醇液加 Mg 粉，滴入浓 HCl 后振荡	泡沫处呈桃红色
	$AlCl_3$ 乙醇溶液	有色荧光
甾体、皂苷、强心苷	在乙酐溶液中与浓 H_2SO_4 反应	各种红紫色
内酯、香豆素类	异羟肟酸铁	蓝色、蓝紫色
蒽醌类	NaOH	红色或蓝色
氨基酸和肽	茚三酮	蓝紫色
蛋白质	双缩脲（$NaOH+CuSO_4$）	紫红色
有机酸	溴酚蓝	黄色
酚类	$FeCl_3$	紫色、蓝色
挥发油	纸上加热	油斑不消失为脂肪油,消失为挥发油

随着各种液质联用（LC-MS）分析仪器的普及，对提取物或粗分得到的部位进行 LC-MS/LC-UV 分析，并结合文献检索得到的同科、同属生物已知天然产物的分子量和具有共轭基团化合物的紫外光谱特征，可以对粗提物或部位中的已知目的物进行快速甄别；并可对主要小分子化合物的结构类型、各化合物之间的大致含量比例等信息有更清晰的认识，了解哪些为未报道过的新化合物。该方法简便、快捷，准确率高，已广泛应用于天然产物预试验成分分析（钱叶飞 等，2012）。

2.2　天然产物有效成分的提取

2.2.1　溶剂提取法

溶剂提取法是依据"相似相溶"原理，选择对有效成分溶解度大而对其他成分（杂质）溶解度小的溶剂，溶剂通过扩散、渗透作用不断透过细胞壁、细胞膜进入细胞内，溶解可溶性成分，造成细胞内外的浓度差，用适当的方法将有效成分从生物（药材）组织中溶解提出的方法。该法应用最广，适用于所有类型天然产物的提取。

选择适当的溶剂是提取步骤的关键，主要根据溶剂的极性、有效成分的性质、共存的其他成分（杂质）的性质三个方面。溶剂的选择可参考表 2-1，可采用单一溶剂提取、两种或多种溶剂提取（例如，先用 A 溶剂提取，减压浓缩后浸膏再用 B 溶剂提取或去除杂质）、几种不同极性的溶剂由低极性到高极性分步提取（例如，石油醚→二氯甲烷→甲醇→水，分别采用上述溶剂提取药材）、反应溶剂提取（例如，内酯类化合物不溶于水，其内酯环遇碱水解成羧酸盐而溶于水，与水不溶性杂质分开，再加酸酸化重新恢复内酯环）。

提取方法的选择一般根据有效成分受热是否稳定及提取溶剂来确定。经典传统的提取方法有浸渍法、渗漉法、煎煮法、回流提取法、连续回流提取法；随着科学技术的快速发展，一批新的提取技术，超临界流体萃取法、超声波萃取法、微波提取技术、酶法提取技术等应运而生（Bucar et al.，2013；沈文娟 等，2011；徐任生，2004；章怀云 等，2017），如表 2-3 所示。

表 2-3 溶剂提取法分类

提取类型	概念	适用范围	特点
经典传统提取方法			
浸渍法	将固体样品研细之后加入适当的有机溶剂或水,在常温或低热(<80℃)条件下浸泡,从而将其中的有效成分浸出	冷提,适用于各类成分,尤其适合热不稳定或含大量淀粉、树胶、果胶、黏液质的原料提取	操作简便,但本法出膏率低,提取液易发霉变质,故需加入适当的防腐剂
渗漉法	将适度粉碎的药材原料置于渗漉筒中,由上部不断添加溶剂,在溶剂渗过药材层向下流动过程中浸出药材中有效成分的方法	冷提,适用于脂溶性成分,尤其适合热不稳定原料,适用于贵重药材、毒性药材及高浓度制剂,也可用于有效成分含量较低的药材提取,但不适用于新鲜的、易膨胀的或无组织结构的原料	渗漉法提取效率要比浸渍法高,常用于药厂生产。但该法需要消耗大量溶剂,费时长,对药材的粒度要求较高
煎煮法	将原料加水后加热煮沸,有效成分进入水相中而被提出	热提,适用于水溶性成分提取,但易挥发、热不稳定有效成分不宜用	操作简便、溶剂廉价,常用于中药有效成分的提取,但其煎出液易发霉变质,且杂质较多
回流提取法	加热挥发性有机溶剂提取原料成分,挥发性溶剂馏出后又在回流装置中被冷却,回流入容器中浸提原料,从而提取有效成分	热提,适用于分离对热稳定且不易分解的有效成分	该法对溶剂的利用率较高,不需大量溶剂,且效率较高,但需要特定的回流装置以及选择适当的溶剂,常用于天然产物提取
连续回流提取法	在回流提取法的基础上,利用索氏提取器回流溶剂提取原料成分的方法	热提,同回流提取法,仅适用于对热稳定且不易分解的原料成分	该法溶剂需要量小,且效率高,但由于容量小,能处理的原料少,故常用于实验室研究中
现代提取技术			
超临界流体萃取技术	超临界流体萃取(supercritical fluid extraction, SFE)(赵丹 等,2014)利用超临界流体为萃取剂与待提取原料接触,通过改变压力或温度来改变超临界流体(CO_2最为常用)的性质,可达到选择性地把极性大小、沸点高低和分子量大小不同的有效成分萃取出来	适用于大部分有效成分的提取,但对水溶性成分溶解能力弱	该法将提取和分离过程合二为一,简化操作流程;提取效率高,操作过程环保;提取温度低,可提取对热不稳定的成分;可通过控制气压和温度改变溶剂极性。但该法需要高技术设备且可处理的样品量较少
超声波提取技术	超声波提取(ultrasound-assited extraction, UAE)(杨昱 等,2011)是利用超声波产生的空化作用、热效应和机械作用,破碎细胞壁并加速有效成分溶解于溶剂中,从而达到分离目的的方法	适用于绝大多数天然产物有效成分的提取分离	该法提取效率高、时间短,且可在低温下进行,提取出的药液杂质较少。但该法需要专业设备,且目前在我国缺乏通用标准
微波提取技术	微波辅助提取(microwave-assisted extraction, MAE)(郭维图,2006)是利用微波的加热效应破裂细胞以及其电磁场激活效应加速有效成分扩散速率而达到分离萃取的方法	适用于绝大多数天然产物有效成分的提取分离	该法的效率高,用时短,溶剂需要量少,重现性好,选择性高,同时还具备安全和无污染等特点
酶法提取技术	利用酶分解植物细胞壁纤维素使有效成分进入溶剂(例如,纤维素酶可以破坏纤维素中的β-D-葡萄糖键),或利用酶分解除去淀粉、果胶、蛋白质等杂质(张圣燕,2011)	适用于绝大多数天然产物有效成分的提取分离	该法反应温和,能耗低且效率较高,还可以对多种酶进行组合,使分离和转化两个过程合二为一,但是需要选择适当的酶或酶系

2.2.2 水蒸气蒸馏法

水蒸气蒸馏法是指将含有挥发性成分的原材料与水共蒸馏，使挥发性成分随水蒸气一并馏出，经冷凝得到挥发性成分的浸提方法。该法适用于提取能随水蒸气蒸馏、化学结构遇热稳定而不易被破坏的挥发性成分。此类成分的沸点多在100℃以上，且在约100℃时有一定的蒸气压，当水蒸气加热沸腾时，能将该物质随水蒸气一并馏出。例如，植物挥发油中某些小分子生物碱或酚类化合物，如麻黄碱、尼古丁、槟榔碱、丹皮酚等均可应用本法提取；对一些在水中溶解度较大的挥发性成分可用低沸点非极性溶剂如石油醚、乙醚抽提出来。如将徐长卿加水浸泡，然后水蒸气蒸馏，蒸馏液用乙醚提取，醚提取液经浓缩即析出丹皮酚结晶。

2.2.3 升华法

固体物质加热时，不经过熔化直接转化为气态，此现象称为升华。蒸气遇冷凝结成原来的固体为凝华现象。植物中具有升华性质的成分，均可用此法进行纯化，如樟木中的樟脑，茶叶中的咖啡因等。

2.3 天然产物有效成分的分离与精制

从天然产物中得到的提取物多为混合物，尚需进一步分离及精制，才能获得所需的单体成分。系统分离包括粗分分离和细分分离。粗分分离又称为组分分离，是选择一系列的分离方法，将性质相近的组分集中在一起提取出来，以便分别进行药理实验、成分检验，确定该部分是否有效，对无效部分暂不追踪，对有效部分进一步研究。细分分离是通过对有效部分采用各种分离手段，分离获得单体有效成分。粗分分离往往采用极性由低到高的3～4种不同极性的溶剂依次进行液-液萃取，使总提取物的化学成分按照极性由小到大粗分成若干部分，即所谓的系统溶剂萃取法。常用的溶剂有石油醚、氯仿、乙酸乙酯、正丁醇、水。其流程大致如图2-2所示。

细分分离常用的分离方法所基于的原理包括：根据物质溶解度的差别进行分离，如利用物质在不同温度时溶解度不同进行结晶和重结晶，改变溶剂的极性和酸碱性，加入沉淀剂改变物质的溶解度进行分步沉淀；根据物质在两相溶剂中的分配比不同进行分离，如液-液萃取法、分配色谱等；根据物质吸附性的差别进行分离，如硅胶吸附色谱、聚酰胺吸附色谱、大孔吸附树脂色谱等；根据物质分子大小的差别进行分离，如凝胶色谱等；根据物质解离程度不同进行分离，如离子交换色谱等。

天然产物化学成分类型多样，在实际分离工作中，可根据被分离成分的结构特点和理化性质，将结晶法、沉淀法、萃取法等经典方法和多种色谱方法结合使用，取长补短，以期达到最佳的分离效果（刘湘 等，2010）。

2.3.1 根据溶解度差异进行分离

1. 结晶法

结晶法是利用不同温度可引起混合物中各成分在溶剂中溶解度的差别，使要提纯分离的化合物从其粗品混合物中结晶分离出来而达到精制目的的方法。重结晶是二次或多次结晶。该法不需要复杂的仪器设备，相对于制备色谱分离方法，成本低，适于大量制备，一般能结晶的化合物可有望得到单纯晶体，纯化合物的单晶有一定的熔点和晶体学特征，可直接利用X射线衍射法确定化合物分子结构。结晶法分离精制的关键是正确选择溶剂和结晶的条件

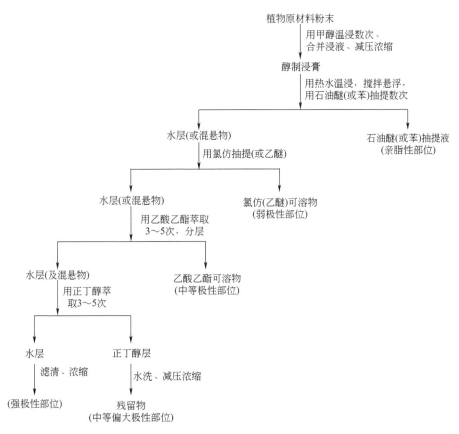

图 2-2　天然产物有效成分的系统溶剂萃（取粗分分离阶段）

（汪茂田 等，2004）。

（1）结晶溶剂的选择

选择合适的溶剂是形成结晶的关键。溶剂选择一方面可查阅有关资料及参阅同类型化合物的结晶溶剂，另一方面也可参考"相似相溶"规律和表 2-1 通过实验选择适当溶剂。选择的溶剂对结晶化合物的溶解度不能太大，也不能太小，且溶解度随温度的不同而有显著的差异，同时不产生化学反应，即热时溶解，冷时则析出；杂质对温度依赖性小，即冷热均溶或均不溶；溶剂黏度要小，能给出较好的结晶；溶剂沸点要适中，约在 60℃，沸点太低溶剂损耗大，亦难以控制，太高则不易浓缩，同时不易除去；溶剂沸点低于结晶的沸点，便于溶剂回收。选择方法是：0.1 g 的待结晶化合物，能在 1～4 mL 溶剂沸腾的情况下全部溶解，并在冷却后析出较多晶体，说明此溶剂适合作为该产物重结晶的溶剂。常用的结晶溶剂有甲醇、乙醇、氯仿、丙酮和乙酸乙酯等。生物碱可溶于苯、乙醚、氯仿、乙酸乙酯和丙酮，芳香族化合物易溶于苯和乙醚，苷类溶于各种醇、丙酮、乙酸乙酯、氯仿等，氨基酸常用甲醇或乙醇来结晶，不溶解于有机溶剂的化合物可用冰醋酸或吡啶。

当不能选择合适的单一溶剂时，可选用两种或两种以上能以任意比例互溶的溶剂组成的混合溶剂（表 2-4），要求低沸点溶剂对化合物的溶解度大，高沸点溶剂对化合物的溶解度小，这样在放置时，沸点低的溶剂较易挥发，有利于化合物形成过饱和溶液而结晶析出。

重结晶的溶剂一般可参考结晶的溶剂，但因形成结晶后溶解度和原来的混杂状态不同，有时需要采用两种不同的溶剂分别重结晶才能得到纯结晶，即采用 A 溶剂重结晶除去杂质后，

表 2-4　结晶和重结晶常用的混合溶剂

水-乙醇	甲醇-水	石油醚-苯	氯仿-醇	苯-无水乙醇
水-丙醇	甲醇-乙醚	石油醚-丙酮	乙醇乙醚-乙酸乙酯	苯-环己烷
水-乙酸	甲醇-二氯乙烷	氯仿-醚	乙醚-丙酮	丙酮-水

再用 B 溶剂重结晶除去另外的杂质。

（2）结晶的条件

根据物质溶解度随温度变化的特点，将含有杂质的粗品混合物溶解在热的溶剂中达到饱和，趁热滤去不溶性杂质，滤液于 5～10℃冷却放置。由于化合物溶解度降低，溶液变成过饱和而析出晶体，可溶性杂质仍留在母液中，达到纯化精制的目的。实际工作中，如果在室温中可以析出结晶，就不一定放置于冰箱中，以免伴随结晶析出更多的杂质。放置对于结晶来说是一个重要条件，实际工作中通常将较稀的溶液于室温放置，使溶剂自然挥发到适当的浓度和黏度，即可得到结晶。在这一过程中，有效成分在混合物中的含量、溶剂的类型、结晶的温度和速度等条件都会影响结晶的形成。一般样品纯度越高越易于结晶，但这时溶液中析出结晶的速度太快、颗粒较小，往往只能得到无定形粉末，一般需要放置 3～5 天。

（3）制备结晶的方法

结晶过程包括晶核的形成与结晶的生长两个步骤。若想获得好的晶形，可在放置过程中逐渐降低温度，使结晶缓慢析出。在放置过程中，最好先塞进瓶塞，避免液面先出现结晶，而使结晶纯度降低。如果放置一段时间后没有结晶析出，可打开瓶塞使溶剂自然挥发后析出结晶，或加入少量晶种，即同一种化合物的微小颗粒，加晶种是诱导晶核形成的有效手段。一般来说，结晶化过程具有高度的选择性，当加入同种分子，结晶便会立即增长。如没有晶体时，可用玻璃棒摩擦玻璃器壁，产生微小颗粒代替晶核，以诱导结晶形成。还可将过饱和溶液先放入冰箱中冷却，降低溶解度，促使晶核形成，然后再升至室温，促进晶核生长为结晶。

（4）不易结晶或非晶体化合物的处理

一部分化合物不易结晶是由化合物自身纯度不够引起的。一般结晶、重结晶的化合物中杂质含量需在 5% 以下，如果杂质含量过高，往往需先经过其他方法初步提纯，如萃取、水蒸气蒸馏、减压蒸馏、柱色谱等，然后再用重结晶方法提纯。另一方面，化合物自身的性质也是影响结晶的关键因素。有些化合物自身不易结晶，但通过制备结晶性衍生物或盐，然后用化学方法处理恢复到原来的化合物，可达到分离纯化的目的。例如：生物碱常通过成盐来达到纯化目的，常用的有盐酸盐、氢溴酸盐、过氯酸盐、苦味酸盐等，如小檗碱是通过盐酸小檗碱结晶而纯化的；羟基化合物可转变为乙酰化衍生物，如治疗肝炎药物的有效成分垂盆草苷，本身是不结晶的，其乙酰化物却具有良好的针状结晶；利用某些化合物与某种溶剂形成复合物或加成物而结晶，如穿心莲内酯亚硫酸氢钠加成物在丙酮中易于结晶。

（5）结晶纯度的判断

结晶的纯度可根据化合物的晶形、色泽、熔距，结合薄层色谱或纸色谱加以判断。同一化合物的晶形因选用溶剂和结晶条件而各异，常见为针晶、方晶及柱状、棱柱状、板状、片状、粒状、簇状、多边形棱柱状晶体等。一般纯化合物的晶形和色泽均匀、熔距较小（在 2℃ 以内），薄层色谱或纸色谱中数种不同展开系统鉴定为一个斑点，可以作为一个单体纯化合物初步鉴定的依据。非结晶物质则不具备上述物理性质。

2. 沉淀法

沉淀法是指在天然产物的粗提取液中加入某些试剂，使待分离成分或杂质产生沉淀或降低溶解性而从溶液中析出，从而实现分离。对于待分离成分而言，这种沉淀反应必须是可逆的。

（1）溶剂沉淀法

在粗提物水溶液中加入数倍量高浓度乙醇，使之沉淀而除去多糖、蛋白质等水溶性杂质（水提醇沉法）；或在浓缩乙醇提取液中加入数倍量水稀释，放置使之沉淀而除去树脂、叶绿素等水不溶性杂质（醇提水沉法）；或在乙醇浓缩液中加入数倍量乙醚（醇提醚沉法）或丙酮（醇提丙酮沉法），可使皂苷沉淀析出，而脂溶性的树脂等杂质则留在母液中。

（2）酸碱沉淀法

酸性、碱性或两性有机化合物，常可通过加入酸或碱调节溶液的 pH，改变分子的存在状态（游离型或解离型），从而改变溶解度而实现分离。例如，一些游离生物碱类用酸水从药材中提出后，再加碱碱化即可从中沉淀析出（酸提碱沉法）；提取黄酮、蒽醌类酚酸性成分时，则采用碱提酸沉法。此外，一些不溶于水的具有内酯环的化合物遇碱水解成为羧酸盐而溶于水，加酸酸化后又重新闭环恢复为原来的内酯结构，因不溶于水而以沉淀析出，从而与其他杂质分开。某些蛋白质溶液，调节 pH 至等电点而使蛋白质沉淀析出的方法等也均属于这一类型。这种方法因为简便易行，在工业生产中应用广泛。

（3）沉淀剂沉淀法

酸性或碱性化合物还可通过加入某种沉淀试剂使之生成不溶于水的盐类沉淀而析出。例如酸性化合物可生成钙盐、钡盐、铅盐等；碱性化合物如生物碱等，可生成苦味酸盐、苦酮酸盐等有机酸盐或磷钼酸盐、磷钨酸盐、雷氏铵盐等无机酸盐。得到的有机酸金属盐类（如铅盐）沉淀悬浮于水或含水乙醇中，通入硫化氢气体进行复分解反应，使金属硫化物沉淀后，即可以回收得到纯化的游离有机酸类化合物。生物碱等碱性有机化合物的有机酸盐类则可悬浮于水中，加入无机酸，使有机酸游离后用乙醚萃取除去杂质，然后水溶液再进行碱化、有机溶剂萃取，回收有机溶剂即可得到纯化了的碱性化学成分。

3. 盐析法

盐析法是在天然产物粗提物水溶液中加入大量的易溶性无机盐，使达到一定浓度或饱和状态，促使提取物中某些成分在水中的溶解度降低而沉淀析出，从而与水溶性较大的杂质分离。常用作盐析的无机盐有氯化钠、氯化铵、硫酸钠、硫酸镁、硫酸铵等。例如，黄柏中小檗碱的提取，称取黄柏粗粉 200 g，加入 1% 硫酸 200 mL，搅拌均匀，放置 30 min 后，装入渗漉筒内渗漉，流速以 5～6 mL/min 为宜。收集渗滤液 500～600 mL 即可停止渗漉；渗漉液加入石灰乳调 pH 至 11～12，放置沉淀，脱脂棉过滤，过滤用浓盐酸调 pH 至 2～3，再加入溶液量 10% 氯化钠，搅拌使之溶解，溶液放置过夜，析晶，滤取结晶，得盐酸小檗碱粗品。

2.3.2 根据分配比不同进行分离

1. 两相萃取法

两相萃取法是利用混合物中各种成分在两种互不相溶的溶剂（如氯仿与水）中分配系数的差异而获得分离的方法。溶质在两相溶剂中的分配系数在一定温度和压力下为一常数，即

$$K = c_U / c_L$$

式中，K 为分配系数；c_U 和 c_L 分别表示溶质在上相和下相溶剂中的浓度。混合物中各

种成分在两相溶剂系统中分配系数相差越大，则萃取分离效率越高。分离难易可用分离因子（β）来表示，β 为两种溶质在同一溶剂系统中分配系数的比值，即

$$\beta = K_A / K_B (K_A > K_B)$$

一般来说，$\beta \geq 100$，仅需一次简单萃取就可实现基本分离；$100 > \beta \geq 10$，则需萃取 10~12 次；$\beta \leq 2$ 时，需做 100 次以上萃取才能实现基本分离；当 $\beta \approx 1$ 时，即表示 $K_A \approx K_B$，两种成分性质非常接近，采用该溶剂系统难以达到分离的目的。

(1) 简单萃取法

简单萃取法是指使用普通分液漏斗等容器进行的非连续性萃取操作。如果所需成分是亲脂性成分，可采用石油醚、氯仿或乙醚等亲脂性有机溶剂与水溶液进行液-液萃取，除去糖类、无机盐等水溶性物质；如果所需成分是亲水性成分，则可以将水溶液用乙酸乙酯、正丁醇等弱亲脂性溶剂进行液-液萃取。天然产物成分复杂，为达到更好的分离效果，往往采用前述极性由低到高的 3~4 种不同的溶剂依次进行液-液萃取，即系统溶剂萃取法，以获得天然产物的有效组分。

(2) pH 梯度萃取法

对酸性、碱性及两性有机化合物来说，分配系数 K 还受溶剂系统 pH 的影响。因为 pH 的变化可以改变它们的存在状态（游离型或解离型），从而影响物质在溶剂系统中的分配比。以酸性物质 HA 为例，若使该酸性物质完全解离，即使 HA 均转变成 A^-，则 pH$\approx$pK_a+2；使该酸性物质完全游离，即使 A^- 均转变成 HA，则 pH$\approx$pK_a-2。因为酚类化合物的 pK_a 一般为 9.2~10.8，羧酸类化合物的 pK_a 约为 5，故 pH<3 时，大部分酚酸性物质将以游离态形式（HA）存在，易分配于有机溶剂中；而 pH>12，则将以解离形式（A^-）存在，易分配于水中。同理，对于碱性物质 B，一般 pH<3 时，多以离子状态（BH^+）存在；但 pH>12 时，则呈游离状态（B）。有机化合物以游离型存在时亲脂性较大，以解离型或离子型存在时易溶于水，故可利用在不同 pH 的缓冲溶液与有机溶剂中进行分配的方法，使酸性、碱性、中性及两性物质得以分离。利用 pH 梯度萃取分离物质的流程如图 2-3 所示。

(3) 逆流连续萃取法

一般分离因子 β>50 时，简单萃取即可解决问题，但液-液萃取分离中经常遇到的情况是 β 值较小（β<50），故萃取及转移操作常须进行几十次乃至几百次。此时简单萃取已不能满足需要，而要采用连续萃取法。该方法的原理是利用两种溶剂相对密度不同可自然分层，置于高位储存器中密度小的溶剂作为流动相，在高位压力下流入萃取管，与低位储存器中的萃取液充分接触，使两相分层明显达到分离。例如，用氯仿从川楝皮水提取液中提取川楝素，将氯仿置于低位储存器中，水提取的浓缩液储于高位容器内。此法操作简便且可避免乳化，由于两相呈动态逆流运动，并能保持较大的浓度差，萃取过程能够连续进行，因而溶剂用量少、萃取效率高。

(4) 逆流分配法

逆流分配法（countercurrent distribution，CCD），又称为逆流分溶法，是一种多次、连续的液-液萃取分离过程。如图 2-4 所示，在多个分液漏斗中装入固定相，在 0 号漏斗中溶入溶质并加入流动相溶剂，振摇使两相溶剂充分混合。静置分层后，分出流动相，将其移入 1 号漏斗，再在 0 号漏斗中补加新鲜流动相，再次振摇混合，静置分层并进行转移。如此连续不断地操作下去，溶质即在两相溶剂相对做逆流移动的过程中，不断地重新分配并达到分离的目的。

CCD 法适用于分离具有相似性质的中等极性混合物，但因分液漏斗易因机械振荡而损

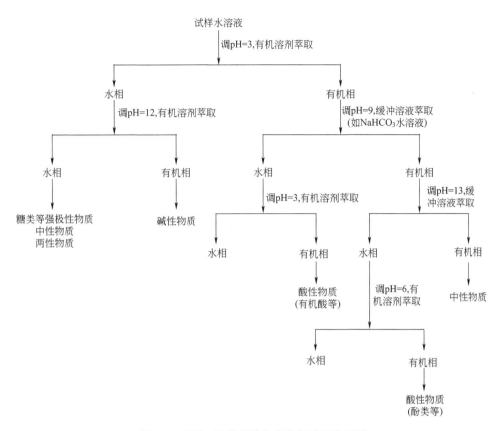

图 2-3　利用 pH 梯度萃取分离物质的流程图

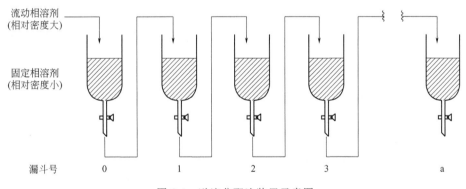

图 2-4　逆流分配法装置示意图

坏、消耗溶剂多，应用上常受到一定限制。在 CCD 法基础上创建的色谱装置——液滴逆流色谱（droplet counter current chromatography，DCCC）和高速逆流色谱（high speed counter current chromatography，HSCCC），实现了从微克量级到克量级的分离，可用于天然产物粗提物的分离和提纯、粗制样品的中间级分离，还能够与红外光谱、质谱仪联用，应用前景广阔（姜文情 等，2017）。

2. 分配色谱法

（1）分配色谱法的原理

分配色谱（partition chromatography）在原理上与连续逆流萃取分离法相同，是利用混合物中各成分在互不相溶的两相溶剂（固定相和移动相）之间进行连续、动态的不断分配，由于不同成分在两相之间的分配系数不同而实现分离的液-液分配色谱方法。根据操作方式的不同，分配色谱可分为纸色谱、分配薄层色谱和分配柱色谱。载体、固定相、移动相、被分离物质共同构成分配色谱的四个要素。

（2）正相分配色谱和反相分配色谱

分配色谱法其中一种溶剂始终固定在一种多孔固体物质上，这种多孔固体物质只是用来固定溶剂，本身没有吸附能力，故称为支持剂、载体或担体。常用的支持剂有硅胶（含水量可达 17％）、硅藻土、纤维素粉等。正相分配色谱是以强极性溶剂（如水、缓冲溶液、甲酰胺、丙二醇、甘油等）为固定相，与水不相混溶的弱极性溶剂（石油醚、氯仿、氯仿-甲醇、乙酸乙酯等）为流动相的分配色谱，适用于分离水溶性或极性较大的成分，例如生物碱、苷类、糖类、有机酸等，极性小的化合物先被洗脱出来。反相分配色谱以液状石蜡或键合相硅胶等弱极性物质为固定相，以甲醇-水、乙醇-水或乙腈-水等强极性溶剂为流动相。实践中 70％以上的分配色谱都采用反相色谱。

常用反相硅胶薄层色谱及柱色谱的填料，是由普通硅胶经化学修饰，键合上长度不同的烃基（—R）形成亲油表面而成的。根据烃基（—R）长度为乙基（—C_2H_5）还是辛基（—C_8H_{17}）或十八烷基（—C_8H_{17}），分别命名为 RP（reverse phase）-2、RP-8 及 RP-18，三者亲脂性强弱顺序为：RP-18＞RP-8＞RP-2。键合相硅胶中，以 RP-18 应用最为普遍，它对中等极性和非极性化合物均可适用，例如黄酮、萜类、甾体、蒽醌、苯丙素等，极性大的化合物先被洗脱出来。

2.3.3 根据吸附性差别进行分离

吸附色谱（adsorption chromatography）（裴月湖 等，2016；邱峰，2013；吴立军，2011）是利用同一吸附剂（固定相）对混合物中各成分吸附能力的差异而使各成分达到分离目的的液-固色谱方法。在天然产物分离及精制工作中，吸附色谱的应用十分广泛，可以进行薄层色谱和柱色谱分析，并有物理吸附、化学吸附和半化学吸附之分。物理吸附（physical adsorption）又称表面吸附，是由构成溶液的分子（包括被分离物质和溶剂）与吸附剂表面分子的分子间力的相互作用而引起的。其特点是吸附无选择性，吸附与解吸附过程可逆且可快速进行，如采用硅胶、氧化铝及活性炭的吸附原理即属于这一类型，在实际工作中用得最多。化学吸附（chemical adsorption）的特点是吸附具有选择性、吸附十分牢固、有时为不可逆吸附，如黄酮等酚酸性物质被碱性氧化铝吸附、生物碱被酸性硅胶吸附而无法洗脱，故实际应用很少。半化学吸附（semi-chemical adsorption）介于物理吸附与化学吸附之间，有一定实际应用，如聚酰胺对黄酮类、醌类等化合物的氢键吸附。

1. 基于物理吸附的色谱

物理吸附遵循"相似者易于吸附"的经验规律。吸附剂、溶剂和被分离化合物共同构成吸附色谱的三个要素，在实际应用时需全面考虑三者之间相互联系又相互制约的关系，以便选择合适的条件，达到分离的目的。

（1）吸附剂的种类

吸附剂是一些多孔物质，在其表面有许多吸附中心，分离效率与其粒度、孔径及表面积等都有关。常用的吸附剂有硅胶、氧化铝、活性炭、聚酰胺、大孔树脂、硅酸镁、硅藻土等。

① 硅胶（silica） 硅胶是一种极性吸附剂，因其表面含硅醇基（—Si—OH）显弱酸性，

能通过形成氢键吸附被分离物质，故常用于中性或弱酸性成分的分离，如有机酸、挥发油、蒽醌、黄酮、氨基酸、皂苷等。同时硅胶又是弱酸性阳离子交换剂，其表面的硅醇基能释放氢离子显弱酸性，也可通过离子交换反应吸附生物碱等碱性成分。硅胶吸附性能与含水量成反比，若含水量超过12%则吸附力极弱，此时不能用作吸附剂，但可用作分配色谱的载体。由于硅胶极易吸水，所以使用前应将硅胶加热至100～110℃进行活化处理。

② 氧化铝（Al_2O_3） 氧化铝也是一种极性吸附剂，是由氢氧化铝在400～500℃灼烧而成。因其制备方法和处理方法的差异，可分为碱性氧化铝、中性氧化铝和酸性氧化铝三种。其中，碱性氧化铝（pH 9～10）适于分离一些碱性亲脂性成分，如对生物碱类的分离颇为理想，但是不宜用于醛、酮、酸、内酯等类型的化合物分离，因为碱性氧化铝可与上述成分发生次级反应，如异构化、氧化、消除反应等；中性氧化铝（pH 7.5）属于弱碱性吸附剂，适于分离生物碱、萜类、甾体、挥发油及在酸碱中不稳定的苷类、内酯类等化合物；酸性氧化铝（pH 4～5）是氧化铝用稀硝酸或稀盐酸处理得到的产物，不仅中和了氧化铝中含有的碱性杂质，并可使氧化铝颗粒表面带有 NO_3^- 或 Cl^- 等阴离子，从而具有离子交换剂的性质，适合于酸性色素、氨基酸等酸性成分的分离。目前除了生物碱等碱性物质，很少用氧化铝分离其他类型的化合物，基本上用硅胶代替。

硅胶、氧化铝因均为极性吸附剂，故有以下特点：对极性物质具有较强的亲和能力，故极性强的溶质将被优先吸附；溶剂极性越弱，则吸附剂对溶质的吸附能力越强；溶剂极性增强，则吸附剂对溶质的吸附能力减弱；溶质即使被硅胶、氧化铝吸附，但加入极性较强的溶剂时，又可被后者置换洗脱出来。

③ 活性炭 活性炭是使用较多的一种非极性吸附剂，主要用于分离水溶性成分。一般需要先用稀盐酸洗涤，其次用乙醇洗，再以水洗净，于120℃干燥4～5 h后即可供柱色谱用。柱色谱用的活性炭，最好选用颗粒活性炭，若为活性炭细粉，则需加入硅藻土（1∶1）作为助滤剂一并装柱，以免流速太慢。活性炭对芳香族化合物的吸附力大于脂肪族化合物，对大分子化合物的吸附力大于小分子化合物，对含极性基团（如—COOH、—NH$_2$、—OH等）多的化合物吸附力大于含极性基团少的化合物，因此可用于分离芳香族化合物与脂肪族化合物、氨基酸与肽、单糖与多糖等。使用前应先将活性炭于120℃加热4～5h以除去所吸附的气体。

(2) 溶剂的选择

柱色谱中所用的溶剂习惯上称为洗脱剂，由单一溶剂或混合溶剂组成，用于薄层色谱或纸色谱时常称为展开剂。溶剂的选择，须根据被分离物质与所选用的吸附剂性质两者结合考虑。在用极性吸附剂如硅胶、氧化铝进行分离时，被分离物质为弱极性物质，一般选用弱极性溶剂为洗脱剂；被分离物质为强极性成分，则须选用极性溶剂为洗脱剂。

因此，溶剂极性强弱成为支配吸附过程的主要因素。溶剂的极性常以介电常数 ε 表示，$\varepsilon > 30$ 的为极性溶剂；$10 \leqslant \varepsilon \leqslant 30$ 的为中等极性溶剂，也称为亲水性有机溶剂，它们既能溶于水，又能溶解非极性成分，提取成分比较全面；$\varepsilon < 10$ 的为非极性溶剂，也称为亲脂性有机溶剂，可提取亲脂性成分。常用单一溶剂的介电常数及其极性从小到大排列如表 2-5 所示。

表 2-5 常用单一溶剂的介电常数及其极性排列

溶剂	石油醚	环己烷	四氯化碳	苯	乙醚	氯仿	乙酸乙酯
ε	1.80	2.02	2.24	2.29	4.47	5.20	6.11

溶剂	正丁醇	丙酮	乙醇	甲醇	乙腈	二甲基亚砜	水
ε	17.8	20.7	26.0	31.2	36.6	47.2	81.0

以单一溶剂为洗脱剂（展开剂）时，组成简单，分离重现性好，但往往分离效果不佳。在实际工作中常采用二元、三元或多元混合溶剂系统，一般混合溶剂中强极性溶剂的影响比较突出，故不可随意将极性差别很大的两种溶剂组合使用。实验室中常用的混合溶剂组合有环己烷-苯、苯-乙醚、石油醚-乙酸乙酯、石油醚-丙酮、氯仿-乙醚、氯仿-乙酸乙酯、氯仿-甲醇、丙酮-水、甲醇-水。洗脱剂的极性顺序为：石油醚＜苯-乙酸乙酯（50∶50）＜氯仿-乙醚（60∶40）＜环己烷-乙酸乙酯（20∶80）＜氯仿＜石油醚-乙酸乙酯（30∶70）＜氯仿-甲醇（90∶10）＜氯仿-丙酮（60∶40）＜苯-乙酸乙酯（30∶70）＜苯-乙醚（20∶80）＜乙醚＜苯-乙酸乙酯（50∶50）＜乙醚-甲醇（99∶1）＜苯-丙酮（50∶50）＜氯仿-甲醇（10∶90）＜丙酮＜甲醇。在做碱性和酸性物质的薄层色谱时，可在溶剂中加入少量碱类（如乙二胺、氢氧化钠水溶液、吡啶）或酸类（乙酸、甲酸）来展开，例如，生物碱常用氯仿-丙酮-乙二胺（5∶4∶1）、氯仿-乙二胺（9∶1）、环己烷-氯仿-乙二胺（5∶4∶1）、环己烷-乙二胺（9∶1）等。吸附柱色谱洗脱剂的选择应参照薄层色谱确定的色谱条件，一般薄层色谱组分中比移值（R_f）达到 0.2~0.3 的溶剂系统可用作柱色谱分离该相应组分的最佳溶剂系统；也可调节洗脱剂比例以改变溶剂极性由小到大梯度递增洗脱，使吸附在色谱柱上的各个成分逐个被洗脱达到分离物质的目的，此过程称为梯度洗脱。

非极性吸附剂如活性炭，则正好相反，对非极性物质具有较强的亲和能力，在水溶液中吸附力最强，在有机溶剂中吸附力较弱，常用的洗脱剂是乙醇-水，随着乙醇浓度递增洗脱力增强，有时也用稀甲醇、稀丙酮、稀乙酸溶液洗脱。

(3) 被分离物质的性质

被分离的物质与吸附剂、洗脱剂共同构成吸附色谱中的三个要素，彼此关系密切。在指定的吸附剂与洗脱剂条件下，各个成分的分离情况直接与被分离物质的结构与性质有关。对极性吸附剂硅胶、氧化铝而言，化合物的极性大，吸附力强。

化合物极性与分子中官能团的种类和数目、分子的缔合程度大小有关。分子中极性基团数目越多，则整个分子的极性就越大，亲水性就越强；反之，非极性基团中碳链越长，则极性越小，亲脂性越强。常见化合物官能团极性次序从大到小为：$RCOOH > ArOH > H_2O >$

$$ROH > RNH_2 \approx RNHR' \approx R-\underset{\underset{R''}{\overset{\overset{R'}{|}}{|}}{N} > CH_3CON(CH_3)_2 > RCHO > RCOR' > RCOOR' > ROR' > RX > RH.$$

2. 聚酰胺吸附色谱

聚酰胺（polyamide）又称绵纶、涤纶，是一类由酰胺聚合而成的高分子聚合物，为白色多孔非晶形粉末，不溶于水、甲醇、乙醇、乙醚等常用溶剂，对碱较稳定，对酸尤其是无机酸稳定性较差，可溶于浓盐酸、冰醋酸及甲酸。聚酰胺色谱同样有薄层色谱和柱色谱两种，聚酰胺薄层色谱是摸索聚酰胺柱色谱分离条件以及检查柱色谱各成分组成和样品纯度的重要手段。聚酰胺柱色谱主要用于酚类、黄酮类、蒽醌类、有机酸类等成分的制备分离，也可用于生物碱、萜类、甾体、糖类、氨基酸等其他极性与非极性化合物的分离和粗提物脱鞣质处理。

（1）聚酰胺的吸附原理

聚酰胺色谱属于氢键吸附，主要是由于聚酰胺分子中含有丰富的酰胺键（—CONH—）。酰胺中的羰基可与酚类、黄酮类化合物的酚羟基，氨基可与醌类、脂肪羧酸上的羰基形成分子间氢键而产生吸附。其吸附原理可用图 2-5 表示。

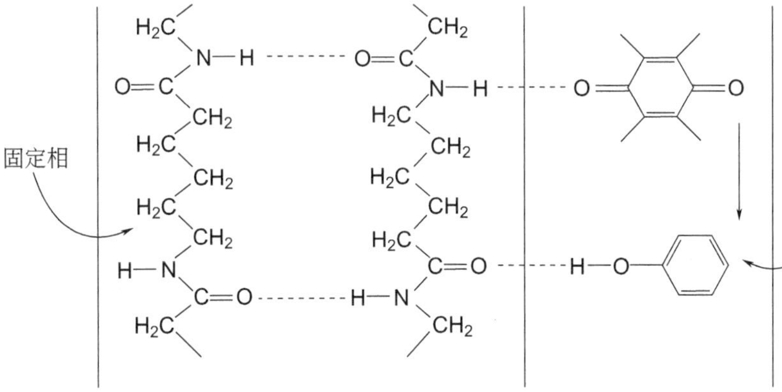

图 2-5　聚酰胺吸附色谱的原理图

（2）影响聚酰胺吸附力的因素

聚酰胺对被分离化合物的吸附能力取决于氢键的强弱，与以下因素有关。

① 被分离物质的结构

a. 被分离物质能形成氢键的基团数目越多，则吸附能力越强。

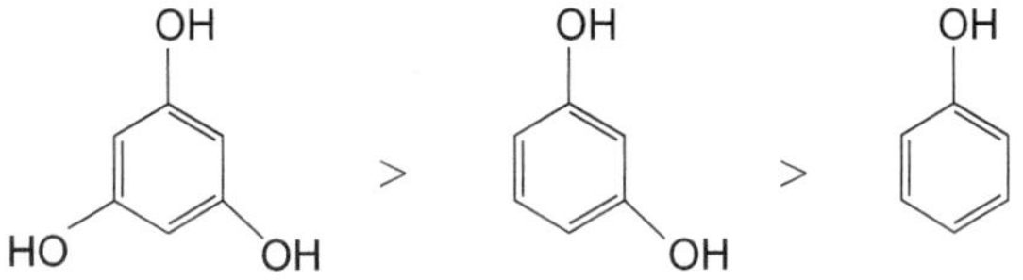

b. 成键位置对吸附能力也有影响。易形成分子内氢键者，其在聚酰胺上的吸附能力相应减弱。

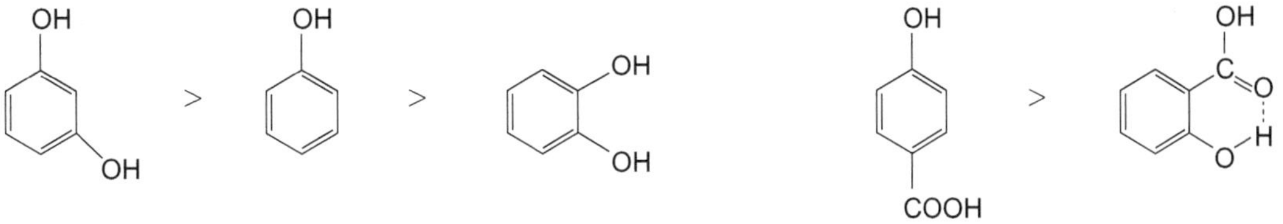

c. 分子中芳香化程度高者，则吸附能力增强；反之，则减弱。

② 溶剂的种类

聚酰胺柱上洗脱被吸附的化合物是通过溶剂分子取代被吸附化合物而实现的，即溶剂分子与聚酰胺形成新的氢键代替原来的化合物与聚酰胺间的氢键。聚酰胺在水中形成氢键的能力最强，在有机溶剂中较弱，在碱性溶剂中最弱。常用溶剂在聚酰胺柱上的洗脱能力由弱至强，可大致排序为：

水＜甲醇＜丙酮＜氢氧化钠水溶液＜甲酰胺＜二甲基甲酰胺＜尿素水溶液

一般常用的洗脱剂是在水中递增甲醇、乙醇或丙酮的含水溶剂。由于聚酰胺结构中既有极性的酰胺键又有非极性的脂肪链，因此在不同类型的溶剂中，聚酰胺具有"双重色谱"的性能。例如，当用含水极性溶剂（如甲醇-水、乙醇-水、丙酮-水）为流动相时，聚酰胺作为非极性固定相，其色谱行为类似反相分配色谱，所以黄酮苷比黄酮苷元先洗脱；当用非极性氯仿-甲醇为流动相时，聚酰胺则作为极性固定相，其色谱行为类似正相分配色谱，所以黄酮苷元比黄酮苷容易洗脱。

3. 大孔吸附树脂

大孔吸附树脂（macroporous adsorption resin）是一种不含离子交换基团的、具有大孔网状结构的高分子吸附剂，属多孔性交联聚合物，一般为白色球状颗粒，粒度多为 20～60 目。大孔吸附树脂根据孔径、比表面积和树脂结构可分为非极性吸附树脂和极性吸附树脂，以聚苯乙烯为核心的大孔吸附树脂属于非极性大孔吸附树脂，能吸附非极性化合物；以极性物质如丙烯酸酯为核心的大孔吸附树脂属于极性大孔树脂，能吸附极性化合物。因其理化性质稳定，不溶于酸、碱及有机溶剂，不受无机盐类和低分子化合物的影响，所以广泛用于天然产物的分离与富集，如苷与糖类的分离，生物碱的精制，多糖、黄酮、三萜类化合物的分离等。

（1）大孔吸附树脂的吸附原理

大孔吸附树脂是吸附性和分子筛性原理相结合的分离材料。它的吸附性是范德华引力或氢键吸附的结果，分子筛性是由其本身多孔网状结构所决定的。大孔吸附树脂在水溶液中吸附力较强且有良好的吸附选择性。

（2）影响大孔吸附树脂吸附力的因素

① 大孔吸附树脂的表面性质　大孔吸附树脂的比表面积越大，孔径越大，与化合物形成氢键越多，则对化合物的吸附能力越强。例如，用非极性大孔吸附树脂对生物碱的 0.5% 盐酸溶液进行吸附，其吸附作用很弱，极易被水洗脱下来，生物碱回收率很高。

② 洗脱剂的性质　常用的洗脱剂包括乙醇（最为常用）、甲醇、丙酮、乙酸乙酯等。对非极性大孔吸附树脂来说，洗脱剂极性越小，洗脱能力越强；对于中等极性的大孔吸附树脂和极性较大的化合物来说，选用极性较大的亲水性有机溶剂为宜。常用的洗脱方法是样品用水溶液上柱，然后依次以水、10%～100% 含水醇（乙醇或甲醇）、甲醇、乙醇、丙酮、乙酸乙酯等洗脱剂洗脱。

③ 被分离化合物的性质　待分离化合物的极性、分子量、能否与大孔吸附树脂形成氢键等都直接影响到吸附效果。一般非极性化合物在水中易被非极性树脂吸附，极性化合物（如氨基酸、多糖）在水中易被极性树脂吸附，据此可用大孔吸附树脂将样品中其他化学成分和氨基酸、多糖等极性成分分离。

（3）大孔吸附树脂的预处理与再生

市售大孔吸附树脂常含有一定量未聚合的单体、致孔剂（多为长碳链的脂肪醇类）、分散剂、交联剂和防腐剂等杂质，使用前必须进行预处理。常用的方法是将大孔树脂采用乙醇或其他亲水性有机溶剂湿法装柱，浸泡 12 h 后洗脱 2～3 倍柱体积，再浸泡 3～5 h 后洗脱 2～3 倍柱体积，重复进行浸泡和洗脱直到流出的乙醇液与水混合不呈现白色乳浊现象为止，然后以大量的蒸馏水洗去树脂中的溶剂备用。

大孔吸附树脂经再生后可反复使用。通常用甲醇或丙酮浸泡洗涤，必要时用 1 mol/L 盐酸或氢氧化钠溶液浸泡，然后用蒸馏水洗涤至中性，浸泡于甲醇或乙醇中储存。

2.3.4 根据分子量大小进行分离

天然产物分子的分子量从几十到数百万大小各异，可以据此进行分离纯化。常用的方法包括透析法、凝胶过滤法、超滤法、超速离心法等，其中凝胶色谱法应用最为广泛，不仅适用于水溶性大分子化合物的分离，还可用于分离分子量 1000 以下的小分子化合物，以下仅就凝胶色谱法进行说明。

1. 凝胶色谱法的原理

凝胶色谱法（gel permeation chromatography）又称为凝胶过滤法（gel filtration）、分子筛过滤（molecular filtration）、排阻色谱（exclusion chromatography），是利用分子筛的原理，使混合物中的各成分按分子量由大到小的顺序流出而被分离的一种色谱方法。当被分离物质加入凝胶色谱柱后，受固定相凝胶网孔半径的限制，大分子将不能渗入凝胶颗粒内部（即被排阻在凝胶粒子外部），故在颗粒间隙随洗脱剂移动，阻力较小、流速较快，先被洗脱出柱；小分子因可自由渗入并扩散到凝胶颗粒内部，故通过色谱柱时阻力增大、流速较慢，后被洗脱出柱。样品混合物中各个成分因分子量大小各异，渗入凝胶颗粒内部的程度也不尽相同，故在经历一段时间流动并达到动态平衡后，即按分子量由大到小的顺序先后流出并得到分离。凝胶色谱分离原理如图 2-6 所示。

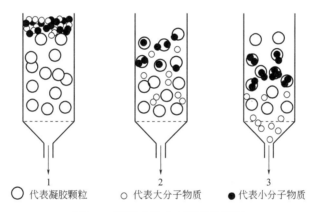

○ 代表凝胶颗粒　　○ 代表大分子物质　　● 代表小分子物质

图 2-6　凝胶色谱分离原理示意图

2. 凝胶的种类与性质

凝胶的种类很多，常用的有葡聚糖凝胶（Sephadex G）以及羟丙基葡聚糖凝胶（Sephadex LH-20）。Sephadex G-25 是由葡聚糖和甘油基通过醚桥相交联而成的多孔性网状结构，只在水中适用，不同规格适合分离不同分子量的物质，主要用于分离蛋白质、肽类、氨基酸、糖及苷类等水溶性成分。Sephadex LH-20 为 Sephadex G-25 经羟丙基化后得到的产物，除保留有 Sephadex G-25 原有的分子筛特性——可按分子量大小分离物质、可以在水中应用外，也可以在有机溶剂或它们与水组成的混合溶剂中溶胀后应用，如三氯甲烷、甲醇、四氢呋喃等，但在丙酮、乙酸乙酯、乙腈、甲苯中溶胀不多，最常使用的是三氯甲烷-甲醇溶剂系统，适用于不同类型有机物的分离，在天然产物成分的分离中具有广泛的应用。

2.3.5 根据解离程度不同进行分离

天然产物中的化学成分，具有酸性、碱性及两性基团的分子在水中多呈解离状态，据此可用离子交换色谱法进行分离。

1. 离子交换色谱法的原理

离子交换树脂（ion exchange resin）中含有可解离的酸性基团或碱性基团，这些可解离的基团在水溶液中能解离出本身的离子，并与溶液中的其他阳离子或阴离子交换，这种交换反应是可逆的。离子交换色谱（ion exchange chromatography）是以离子交换树脂作为固定相，以水或含水溶剂作为流动相，利用物质"交换（吸附）"与"逆交换（脱吸附）"能力的不同进行分离。当流动相流过交换柱时，样品中的中性分子及不能与离子交换树脂发生交换的化合物将先从柱底流出，能与树脂上的交换基团发生离子交换的酸性、碱性及两性化合物将被吸附到色谱柱上，再用离子浓度较强的水溶液进行逆交换将其从柱上洗脱下来，即可实现物质分离。离子交换树脂的交换能力强弱主要取决于离子交换基团的种类和数量。

2. 离子交换树脂的结构和类型

离子交换树脂是一种具有特殊网状结构和离子交换基团的合成高分子化合物，一般为球形颗粒，不溶于水、酸、碱和有机溶剂，但可在水中膨胀。以强酸性阳离子交换树脂为例，其基本结构如图2-7所示。

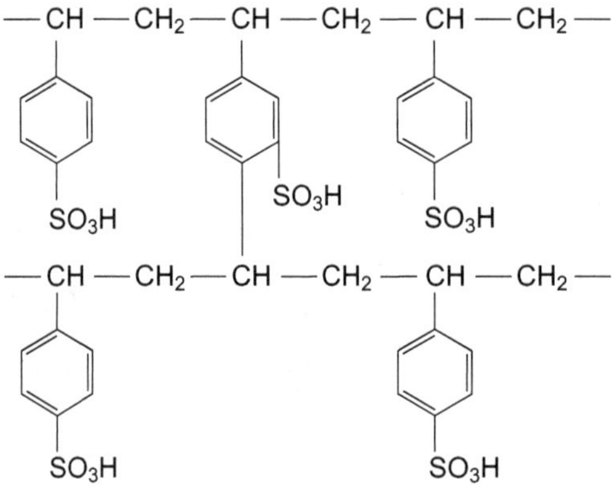

图 2-7　强酸性阳离子交换树脂的结构

离子交换树脂的结构由母核和离子交换基团两个部分组成。

（1）母核

母核为苯乙烯通过二乙烯苯（DVB）交联而成的大分子网状结构，网孔大小用交联度（即加入交联剂的百分比）表示。交联度越大，则网孔越小，质地越紧密，在水中越不易膨胀；交联度越小，则网孔越大，质地越疏松，在水中越容易膨胀。不同交联度适于分离不同大小的分子。

（2）离子交换基团

离子交换基团有磺酸基（—SO_3H）、羧基（—COOH）及—$N^+(CH_3)_3Cl^-$、—NH_2、—NHR、—NR_2 等。根据离子交换基团的不同，离子交换树脂分为：

阳离子交换树脂	阴离子交换树脂
强酸性（—$SO_3^-H^+$）	强碱性〔—$N^+(CH_3)_3Cl^-$〕
弱酸性（—COO^-H^+）	弱碱性（—NH_2、—NHR、—NR_2）

3. 离子交换色谱法的应用

离子交换色谱法在天然产物研究中主要用于氨基酸、肽类、生物碱、有机酸以及酚类等化合物的分离精制。首先，根据分离物质的电荷性质选择离子交换树脂的类型，如果待分离的是碱性成分，则选择有酸性基团的阳离子交换树脂；如果待分离的是酸性成分，则选择有碱性基团的阴离子交换树脂。

（1）不同类型成分的分离富集

天然产物水提取液依次通过强酸性（磺酸型）阳离子交换树脂和强碱性（季铵型）阴离子交换树脂分别洗脱，即可将提取液中的酸性、碱性及两性化合物分别富集，这在分离追踪有效部位时很有用处，具体可按图 2-8 的流程操作。

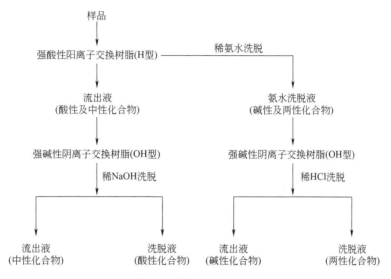

图 2-8　离子交换树脂法分离物质的流程

（2）相同类型成分的分离

以下列三种化合物为例，虽然均为生物碱，但碱性强弱不同（Ⅲ＞Ⅱ＞Ⅰ），仍可用离子交换树脂分离。例如，将三者混合物的水溶液通过 NH_4^+ 型弱酸性树脂，随后先用水洗下生物碱Ⅰ，继续用 NH_4Cl 洗下生物碱Ⅱ，最后用 Na_2CO_3 洗下生物碱Ⅲ。

2.4　色谱分离分析技术

色谱法（chromatography）（卢艳花，2007；Sarker et al.，2012；Sticher，2008；吴立军，2011），又称为色层法或层析法，包括多种固定相、分离原理和操作方式，有多种分类方法。可按固定相类型和分离原理来分类（详见 2.3），也可按固定相和流动相所处的物理状态分类。由于固定相只能是固相和液相，流动相只能是气相和液相，所以当流动相为液体时称为液相色谱（liquid chromatography，LC），此时根据固定相的不同，又可分为液-固色谱（liquid-solid chromatography，LSC）和液-液色谱（liquid-liquid chromatography，LLC）；当流动相为气体时称为气相色谱（gas chromatography，GC），此时根据固定相的不同，又可分为气-固色谱（gas-solid chromatography，GSC）和气-液色谱（gas-liquid chromatography，GLC）。

另一种分类是按实验操作方式进行。将固定相于载体上涂布成薄层，称为薄层色谱

(thin layer chromatography，TLC)；以滤纸为载体的称为纸色谱（paper chromatography，PC）；将固定相装在色谱柱内，称为柱色谱（column chromatography，CC）。薄层色谱和纸色谱分离量小，主要用于分析鉴定，也可用于半微量制备；柱色谱分离量较大，主要用于分离制备，柱色谱的最佳分离条件可以根据相应的薄层色谱结果进行选定。现将色谱法各种分类的名称列于表 2-6，本节对几种重要的色谱分离分析技术按操作方法进行介绍。

表 2-6　色谱法的分类

流动相	液体				气体	
固定相	固体			液体	固体	液体
按相态分类	液-固色谱(LSC)			液-液色谱(LLC)	气-固色谱(GSC)	气-液色谱(GLC)
按分离原理分类	吸附色谱	凝胶色谱	离子交换色谱	分配色谱	吸附色谱	分配色谱
按操作方式分类	薄层色谱、柱色谱	柱色谱			纸色谱、柱色谱	填充柱、毛细管柱

2.4.1　薄层色谱

1. 薄层色谱的分离机制

薄层色谱又称薄层层析，是一种固-液吸附色谱，系将适宜的固定相涂布于玻璃板、塑料或铝基片上，成一均匀薄层，待点样、展开后，通过化合物斑点颜色和比移值（R_f）来判断其存在，是预试验定性、柱色谱摸索条件和微量成分快速分离的一种很重要的实验技术，也用于跟踪反应进程。

薄层色谱根据各组分的吸附性能、分配系数的差异来达到分离的目的，常用的有吸附色谱和分配色谱两类。固定相或载体常用硅胶 G、硅胶 GF、硅胶 H、硅胶 GF$_{254}$、氧化铝、RP-18、聚酰胺、乙酰化纤维素等，颗粒直径一般要求为 $10\sim40\ \mu m$。其中，硅胶 GF$_{254}$ 在波长 254 nm 紫外灯照射下有荧光检出，使用最为广泛。

2. 薄层色谱操作方法

(1) 薄层板制备

称取一定量的含有黏合剂的薄层色谱吸附剂（250~300 目），按 1:2~1:3 的比例加入适量的水（0.5%~0.7%的羧甲基纤维素钠水溶液），调成糊状，然后涂布在洁净玻璃板或载玻片上，涂层厚度通常为 0.2~0.25 mm，室温下自然风干，然后再将板于 110℃烘箱中活化约 30 min，置于有干燥剂的干燥箱中备用。为了达到涂布效果，往往使用涂布器，将涂布器与玻璃板固定好，设置好厚度，将糊状物倒入涂布器中，平稳地迅速移动涂布器即可。涂布器涂布如图 2-9 所示。

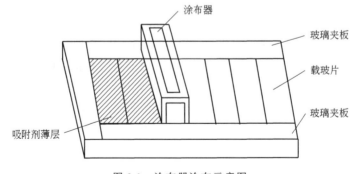

图 2-9　涂布器涂布示意图

（2）点样

通常选用易挥发的有机溶剂（甲醇、乙醇、丙酮、氯仿等）将试样完全溶解，尽量避免用水作溶剂（水溶液点样时斑点易扩散，且不易挥发），配制成1%～0.1%的样品溶液；在板上用铅笔画一条距底端10 mm的基线，用玻璃毛细管吸取少量液体点样于薄层板的基线上，斑点直径约为3～5 mm，样品间隔为1～1.5 cm。

（3）展开

将选择好的展开剂放入展开缸中，使缸内空气饱和几分钟。一般选用上行一维单次展开，将点好样品的薄层板以一定倾斜度（30°～60°）放入展开缸中，浸入展开剂的深度为距薄层板底边5～10 mm（切勿将样点浸入展开剂中），密封缸盖，待试样沿线展开到距离板最上端10 mm时取出，取出薄层板，晾干备用。薄层色谱展开如图2-10所示。

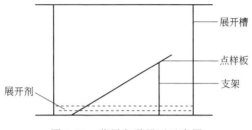

图2-10　薄层色谱展开示意图

（4）显色

展板结束后，先在日光下观察有无斑点，有的话则圈好做好标记，再在紫外灯254 nm和365 nm波长下观察有无荧光斑点或采用显色剂显色定位，实验室常用的几种显色剂如表2-7所示。

表2-7　常见的薄层色谱显色剂

显色剂	配制方法	使用方法	特征
浓硫酸	5%浓硫酸的乙醇溶液	在通风橱内喷雾后,110～120℃烘烤至碳化	通用,不同类型的成分显不同颜色
碘	碘结晶混合硅胶(用0.5%碘的三氯甲烷溶液也可)	在密闭容器的底部放入少量结晶,用碘蒸气进行显色(喷雾碘溶液)	通用,显黄色→黄棕色斑点,放置后会褪色
$K_2Cr_2O_7$-硫酸	将5 g $K_2Cr_2O_7$溶解于100 mL 40%硫酸中	喷雾后在150℃加热数分钟(常温也可)	通用,不同类型的成分显不同颜色
$KMnO_4$-硫酸	将0.5 g $KMnO_4$溶于15 mL 40%硫酸中(具有爆炸性,在使用前少量制备)	将展开剂加热去除后,冷却到50℃喷雾	含有不饱和键的还原性物质,淡红色背景上显黄色斑点
α-萘酚-硫酸(Molish试剂)	15% α-萘酚乙醇溶液21 mL,浓硫酸13 mL,乙醇87 mL及水8 mL混合后使用	喷雾后,110～120℃烘烤	多数糖呈蓝色,鼠李糖显橙色
Dragendorff试剂	BiI_3·KI 7.3 g,冰醋酸10 mL,加蒸馏水60 mL	喷雾,显色弱时稍加热	生物碱、有机碱显橙色
醋酸镁	1%醋酸镁的甲醇溶液	喷雾	紫外灯下观察,二氢黄酮、二氢黄酮醇类为天蓝色荧光,若有5-羟基黄酮则色泽更明显,而黄酮、黄酮醇和异黄酮类等显黄色→橙黄色→褐色

显色剂	配制方法	使用方法	特征
$SbCl_5$	$SbCl_5$-氯仿或四氯化碳（1∶4），用前新鲜配制	喷雾后在 110～120℃ 加热数分钟	三萜、甾体及其皂苷显蓝色、灰蓝色或灰紫色
茚三酮	在 95 mL 0.2%茚三酮丁醇溶液中，加入 5 mL 10%乙酸水溶液	喷雾后在 120～150℃ 加热 10～15 min	氨基酸、氨基糖类显蓝色、类脂长红紫色，维生素类物质显深紫色
溴甲酚绿	在 80%甲醇水溶液中溶解 0.3%，滴加数滴 30%NaOH	利用酸性溶剂时，溶剂完全去除后喷雾	羧酸在绿色底上显黄色
2,4-二硝基苯肼	把 0.5% 2,4-二硝基苯肼溶解在 2 mol/L HCl 中	喷雾	醛、酮显黄色→红色

（5）计算 R_f

实验结束后，通常用 R_f 来表示斑点的位置情况，R_f 值可以按图 2-11 中的公式计算。

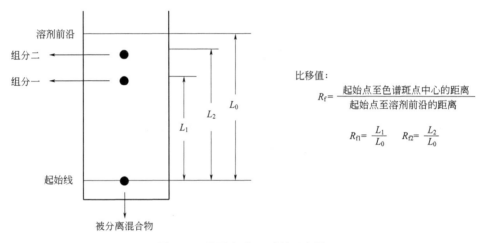

比移值：

$$R_f = \frac{起始点至色谱斑点中心的距离}{起始点至溶剂前沿的距离}$$

$$R_{f1} = \frac{L_1}{L_0} \qquad R_{f2} = \frac{L_2}{L_0}$$

图 2-11　薄层色谱 R_f 计算示意图

R_f 值是表示化合物的一种物理常数，在相同展开剂、相同吸附剂的条件下，同一化合物应具有同一 R_f 值。影响 R_f 值的主要因素是展开剂和化合物的结构，展开剂极性越大，化合物 R_f 值就越大；化合物的极性越大，R_f 值就越小。当 R_f 值为 0 时，表示组分留在原点未被展开；当 R_f 值为 1 时，表示组分随展开剂至溶剂前沿，即组分不被固定相保留；良好的分离，R_f 值应在 0.15～0.75 之间，否则应该更换展开剂重新展开。

3. 制备薄层色谱法

制备色谱一般采用柱色谱法，但少量化合物（1 mg～1 g，通常在 10～100 mg）的快速制备通常采用制备薄层色谱法（preparative thin layer chromatography，PTLC）。PTLC 和鉴定用的 TLC 基本操作相似，但也有不同之处。

（1）吸附剂

PTLC 的固定相或载体的粒度和相应的 TLC 级吸附剂相似。薄层吸附剂的厚度调节到 0.5～2 mm，板的尺寸一般为 20 cm×20 cm 或 20 cm×40 cm。

（2）上样

上样是 PTLC 分离一个最关键的步骤，通常采用带状点样法。样品液浓度应在 5%～10%，最好选用挥发性溶剂溶解（低挥发性溶剂可引起点样带变宽），条状点样带应该尽量窄，以获得更好的分离效果。一般来讲，一块厚度为 1 mm、尺寸为 20 cm×20 cm 的硅胶或氧化铝薄层板可分离 10～100 mg 的样品。

（3）展开

展开剂的选择可用分析型 TLC 预试验来确定，样品带状点样，薄层板的一边浸入展开剂第一次展开，取出纸或薄层板，挥去展开剂，转 90°后选择另一种展开剂二次展开，利用二维展开法可浓缩被制备的物质，如图 2-12 所示。

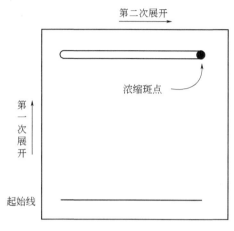

图 2-12　二维展开法

（4）被分离物质的回收

展开结束后，色谱带位置的确定最好采用物理方法（如紫外分析），无紫外吸收的化合物，可采用板上覆盖一块玻璃板，然后在板的边缘喷洒显色剂来确认色带的位置。在确定各组分色带的位置后，用刮刀将该色带从板上刮下，然后用极性尽量低且对该化合物溶解度好的溶剂洗脱，过滤除去吸附剂，收集洗脱液，回收溶剂，即可。甲醇可溶解硅胶及其中含有的一些杂质，因此，并不适合用来洗脱，较适合的溶剂是丙酮、乙醇或氯仿。

2.4.2　纸色谱

纸色谱是一种以滤纸为载体，以结合于滤纸纤维上的水分为固定相，用展开剂进行展开的液-液分配色谱，主要用于水溶性或亲水化合物如醇类、羟基酸、氨基酸、糖类和黄酮类等的分离检验，或为分配柱色谱摸索条件。纸色谱的点样、展开及显色与薄层色谱类似，和薄层色谱一样，纸色谱中各组分的移动情况也通常用 R_f 值来表示。由于影响 R_f 值的因素较多，因而一般采用与已知物斑点的位置与颜色（或荧光）对比的方法进行未知物的鉴定。纸色谱具有费时、易产生拖尾、不耐腐蚀性显色剂等缺点，随着薄层色谱的发现和应用，纸色谱的应用已逐渐减少。

2.4.3　柱色谱

柱色谱是将待分离混合物均匀地加在装有固定相的玻璃或金属柱子（称为色谱柱）中，再加入适当的溶剂（即流动相，称为洗脱剂）冲洗，由于固定相和流动相相对各组分的亲和力不同，对固定相亲和力最弱的组分随洗脱剂首先流出，通过分段定量收集洗脱液而使各组分实现分离。相对于薄层色谱和纸色谱，柱色谱技术可以采用较大直径的色谱柱及更多的固定相，能够分离更大量的样品，是制备分离天然产物最常用的方法。柱色谱分离过程如图 2-13 所示。

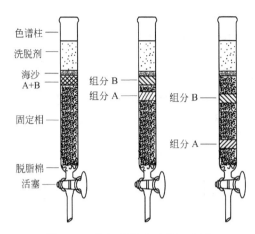

图 2-13 柱色谱分离过程示意图

1. 吸附柱色谱

（1）装柱

将色谱柱洗净、干燥，下端用脱脂棉或玻璃纤维塞住，管内装入吸附剂，如硅胶、氧化铝。吸附剂的用量一般为样品量的 30～60 倍，样品极性较小、难以分离者，吸附剂用量可适当提高至样品量的 100～200 倍。吸附剂的颗粒尽可能保持大小均匀，通常以 100～300 目左右为宜。装柱的方法通常有两种：

① 干法装柱　将吸附剂用漏斗慢慢地加入色谱柱，轻轻敲打管壁使填料均匀下沉填实，然后沿管壁缓缓加入初始洗脱剂浸润填料，使洗脱剂流经整个柱床，排尽柱内气泡，并始终保留一定液面；或在色谱柱中加入适量的洗脱剂，旋开活塞使洗脱剂缓缓滴出，然后自管顶缓缓加入吸附剂，使其均匀地润湿下沉，在管内形成松紧适度的吸附层。

② 湿法装柱　将吸附剂与初始洗脱剂混合调成混悬液，搅拌除去空气泡，慢慢地加入柱内，同时打开下端活塞，使洗脱液缓缓滴出，带动吸附剂沉降填实。待加完吸附剂后，继续加入洗脱剂充分平衡柱床，直到吸附剂的沉降不再变动，并保留 1 cm 高的液面。湿法装柱填充比较均匀，且不易产生气泡，是采用较多的一种装柱方法。

（2）上样

① 溶液上样法　以少量洗脱液溶解样品，制成样品溶液（该溶液要求体积小、浓度高），以利样品在吸附剂柱上形成狭窄的原始谱带，小心均匀地加到装好柱的吸附剂表面，注意动作要轻，不能扰动柱床表面。

② 拌样上样法　如果样品不能溶于初始的洗脱液，则可采用干法——拌样加样法。可选用合适的易挥发的有机溶剂溶解样品后，按 1：2～1：3 的比例均匀地拌入适量吸附剂，挥干溶剂，研粉后均匀置于柱顶，尽量使样品带平整，再覆盖一层海沙或玻璃珠。

（3）洗脱

加入选择好的洗脱剂不断冲洗柱床，分段定量收集洗脱液，也可用自动流分收集器收集，采用薄层色谱或纸色谱定性检查，合并组分相同（斑点一致）的流分。操作过程中应保持吸附层上方有充足的洗脱剂。

2. 分配柱色谱

方法和吸附柱色谱基本一致。装柱前，先将载体和固定液混合，然后分次移入色谱柱中并用带有平面的玻璃棒压紧。样品可溶于固定液，混以少量载体，加在预制好的色谱柱上端。洗脱剂需先加固定液混合使之饱和，以避免洗脱过程中两相分配的改变。

2.4.4 真空液相色谱法

真空液相色谱法（vacuum liquid chromatography，VLC）是利用柱后减压，使洗脱剂迅速通过固定相，从而很好地分离样品。VLC 法具有操作快速、设备简易、高效、价格低廉、样品处理量大等优点，目前已广泛应用于天然产物有效部位的分离富集。

VLC 实质上是柱色谱，它综合了制备薄层色谱（PTLC）和真空抽滤技术。柱色谱和快速色谱中溶剂洗脱是连续的，操作过程中绝对不能使柱内溶剂液面低于固定相表面而使固定相"干掉"；而 VLC 在进行溶剂洗脱时，是将溶剂在真空下全部抽出，使固定相"干掉"后，再更换溶剂，并进行下一个流分的收集，与 PTLC 的多次展开极为类似。

真空液相色谱装置如图 2-14 所示，（a）装置适用于小量样品（100 mg～1 g）的分离，（b）装置适用于较大量样品（5 g 或更多）的分离。VLC 装置的主要部分是砂芯漏斗柱或布氏漏斗，充当"色谱柱"使用，柱中填料固定相通常使用薄层色谱用硅胶（如 Merck 60H 或 60G，10 μm）或薄层色谱用氧化铝。干法装填吸附剂，轻轻敲击柱身，使吸附剂在真空作用下被压实，同时用橡皮塞轻轻按压吸附剂表面，直至填充层变硬。放气后，快速向吸附剂的表面加入低极性的溶剂，并继续抽真空，将柱子抽干，关闭活塞。与柱色谱法一样，样品可采用溶液上样法或拌样上样法，为使样品带平整，再覆盖一层海沙或玻璃珠。洗脱液分批加入，每次加入洗脱剂的量至少要覆盖填充层的表面，每次加完洗脱剂后必须将柱内液体抽干，而后恢复大气压，从活塞处收集每个组分，如此反复上述操作，还可以不断变化洗脱剂极性梯度，并用薄层色谱跟踪监测每个收集分内化合物分离流出情况。

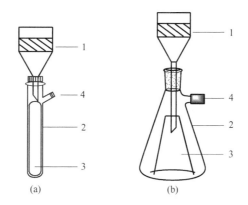

图 2-14　真空液相色谱装置图

1—烧结砂芯漏斗；2—吸滤瓶；3—洗脱剂收集瓶；4—流水泵

2.4.5 加压液相柱色谱

经典的分配柱色谱中使用的载体（如硅胶）粒径较大（100～150 μm），流动相仅靠重力作用自上向下缓慢流过色谱柱，流出液分段收集后再进行分析，因此柱效较低，费时较长，近来各种加压液相柱色谱的出现可以效弥补上述不足。加压液相柱色谱是在常规柱色谱的基础上发展起来的快速分离分析技术，按加压大小不同，可以分为快速色谱（约 0.2 MPa）、低压液相色谱（<0.5 MPa）、中压液相色谱（0.5～2 MPa）及高效液相色谱（>2 MPa）等。分离中所用的色谱柱及固定相颗粒大小需根据分离的难易程度而定。一般对于难分离的样品，应采用小颗粒的固定相及稍长的色谱柱，分离所需压力也会加大。

1. 快速色谱法

常压柱色谱分离时长时间的洗脱可造成敏感化合物的分解，并使色带拖尾，这两个问题在天然产物分离中经常会遇到，快速色谱（flash chromatography）技术通过加压而使洗脱速度加快，因此可大大缩短分离所需时间，从而避免产生上述问题。

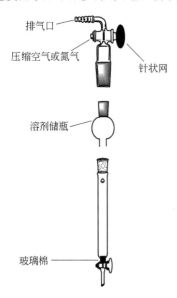

图 2-15 为一典型的快速色谱分离装置。该装置由"矮胖"的耐压磨口玻璃柱、球形磨口加液球、空气调节阀和压缩空气源组成。整个操作过程和常规柱色谱差别不大。首先是洗脱剂的选择，一般使薄层色谱中组分的 R_f 值达到 0.2～0.3 的溶剂系统可用作柱色谱分离该相应组分的最佳溶剂系统；其次是装柱，吸附剂采用球形硅胶（230～400目），干法或湿法装柱，装填高度：直径≈2∶1，例如，分离粗品 10 g，可使用一根直径 8 cm 的玻璃珠，则装填硅胶高度约 16 cm；样品可采用溶液上样法或拌样上样法，为使样品带平整，再覆盖一层海沙或玻璃珠；加入选择好的洗脱剂不断冲洗柱床，分段定量收集洗脱液。利用不同尺寸的色谱柱对 10 mg～10 g 样品所进行的分离通常可以在 15～30 min 内完成。

图 2-15　快速色谱分离
装置示意图

2. 中、低压液相色谱

低压液相色谱（low pressure liquid chromatography，LPLC，压力<0.5 MPa）和中压液相色谱（middle pressure liquid chromatography，MPLC，压力 0.5～2 MPa）（袁黎明，2005）的填料类型和粒度、柱入口压力与快速色谱法近似，只是操作系统更为复杂。一般采用恒流泵提供所需恒定的流动相流速（5～180 mL/min），用进样器进样；柱子一般用玻璃柱，可自装填料如硅胶及 RP-8、RP-18 等键合相硅胶等，低压分离的固定相粒度相对较大（40～60 μm），中压分离的固定相粒度可为 15～25 μm、25～40 μm 或 40～63 μm，也可买市售的制备型中低压色谱柱，常用的有 Merck 公司的 Lobar 系列产品；流动相可以通过 TLC 和分析型 HPLC 检测确定合适的溶剂系统；通常使用在线检测器和流分自动收集器。

低压液相色谱和中压液相色谱的操作和仪器基本一致，只是后者采用了更小粒度的固定相、更高的柱操作压力、更高的流动相流速，能够在更短的时间内分离更多的样品。

3. 高效液相色谱

高效液相色谱（high performance liquid chromotagraphy，HPLC）（于世林，2019）又称高压液相色谱、高速液相色谱、高分离度液相色谱。其分离原理和常规柱色谱相同，包括吸附色谱、分配色谱、凝胶色谱、离子交换色谱等多种方法。高效液相色谱仪主要由泵、进样器、色谱柱、检测器、记录仪五部分组成（图 2-16），其采用了微粒型填充剂（颗粒直径 5～20 μm）。高压输液泵将具有不同极性的单一溶剂或不同比例的混合溶剂、缓冲液等流动相泵入装有固定相的色谱柱，经进样阀注入样品，由流动相带入柱内。柱内各成分被分离后，在色谱柱出口处常配以紫外吸收检测器、示差折光检测器（RID）、二极管阵列检测器（DAD）等高灵敏度的检测器以及记录仪自动描记、部分收集的装置，从而使得 HPLC 在分离速度和分离效能等方面远远超过常规柱色谱。HPLC 具有高效化、高速化和自动化的特点，并且保持了液相色谱对样品的使用范围广、流动相改变灵活性大的优点，对于难气化、

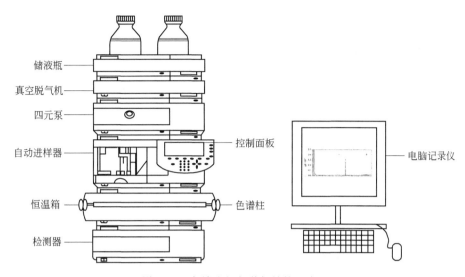

储液瓶
真空脱气机
四元泵
自动进样器
控制面板
恒温箱
色谱柱
检测器
电脑记录仪

图 2-16　高效液相色谱仪结构示意图

分子量较高的成分或对热不稳定的成分都可应用。

制备型 HPLC 还能用于分离制备较大量纯度较高的样品，因而在天然产物化学成分的分离、定性检识和定量分析等方面占有越来越重要的地位。在实验室暂无制备型 HPLC 时，分析型液相色谱便常被用于半制备分离。95％的 HPLC 分离工作是使用反相 RP-18 键合相硅胶填装，色谱柱尺寸一般为 250 mm×4.6 μm，每次可进样 5～100 μg；大多采用恒定的洗脱剂条件进行等度洗脱，对于难分离的样品，有时也需在分离过程中采用梯度洗脱；经过多次反复进样分离，便可获得足够的纯品化合物。

2.4.6　气相色谱法

气相色谱（GC）（齐美玲，2020）是利用试样中各组分在色谱柱中的气相和固定相中分配系数不同进行分离的方法。GC 中的流动相为气体，称为载气。色谱柱分为填充柱和毛细管柱两种，填充柱内装吸附剂、高分子多孔小球或涂渍固定液的载体；毛细管柱内壁或载体涂渍固定液或交联固定液。注入进样口的样品被加热气化，并被载气带入色谱柱，在柱内各成分被分离后，先后进入检测器，色谱信号用记录仪或数据处理器记录。挥发油是一类具有较强生理活性的天然产物，因其具有沸点低、易挥发的特性，故气相色谱法特别适宜对其进行分离分析。采用气相色谱-质谱联用（GC-MS）技术，利用气相色谱作为分离手段，质谱充当分析工具，可以同时完成待测组分的分离、鉴定和定量，被广泛用于复杂组分中有机化合物的快速定量、定性分析。

2.4.7　液滴逆流色谱

液滴逆流色谱（曹学丽，2005）是一种在逆流分配法基础上改进的液-液分配技术，它的设备由数百个单元部件组成。流动相形成的液滴在细的分配萃取管中与固定相有效接触、摩擦，不断形成新的表面，促使溶质在每一个单元的两相溶剂中分配，然后将其中的一层转移到下一个单元中去再分配，使混合物中的各化学成分在互不相溶的两相液滴中因分配系数不同而达到分离（图 2-17）。该法适用于各种极性较强的天然产物化学成分的分离，如苷类等难分离的强极性成分的纯化。其分离效果往往比逆流分配法好，且不会产生乳化现象，用氮气压驱动流动相，被分离物质不会因遇大气中氧气而氧化。但本法必须选用能生成液滴的溶剂系统，且处理样品量小。

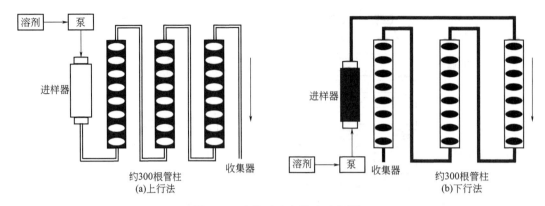

图 2-17　液滴逆流色谱法示意图

2.5　天然产物化学成分的结构鉴定方法

天然产物的有效成分经过提取、分离与精制成为单体化合物后，必须进行鉴定，确定其化学结构，方有可能为生物活性、人工合成或结构修饰及药物设计研究提供可靠的依据。在结构研究之前必须确定化合物的纯度，纯度不合格会增加结构鉴定的难度，甚至得出错误的结论。判断化合物纯度的方法有很多，如：晶型和色泽均匀一致、熔距较小（在 2℃以内），薄层色谱或纸色谱用三种展开系统进行检查均呈单一斑点，气相色谱或高效液相色谱显示单峰。

2.5.1　天然产物化学成分结构研究的一般程序

天然产物化学成分结构研究的程序和方法大致如图 2-18 所示。

2.5.2　结构研究中的主要谱学方法

在近代物理方法问世前，一个天然产物的结构研究往往经过几代人的努力才得到解决，例如，阿片中的吗啡，1804 年得到纯品，1847 年确定分子式，到 1925 年才基本确定了化学结构。现在由于紫外光谱（UV）、红外光谱（IR），特别是质谱（MS）、核磁共振谱（NMR）、旋光光谱（ORD）、圆二色谱（CD）及单晶 X 射线衍射等近代物理方法的应用（陈焕文，2016；柯以侃 等，2016；宁永成，2010；潘铁英 等，2009；杨峻山 等，2016；秦海林 等，2016），即使比较复杂的结构，一般经过几个月或 1～2 年的努力，就能得到正确的结论。因此有时确定一个单体结构的时间往往比分离它所花的时间还短。本节对天然产物结构鉴定中常用的几种谱学方法进行简要介绍。

1. 质谱

质谱（mass spectrometry，MS）是以某种方式使有机分子电离、碎裂，然后按照离子质荷比（m/z）的大小把生成的各种离子分离，检测其强度，并将它们排列成谱。横坐标表示离子的质荷比，纵坐标表示离子峰的强度，在测定时将最强的离子峰强度定为 100%，称为基峰（base peak），将其他离子信号强度与基峰进行比较，得其相对强度，称为相对丰度（relative abundance）。质谱法所需样品量少，具有较高的灵敏度和专属性，可以准确测定化合物的分子量、分子式以及分子碎片结构，而分子式的确定对化合物的结构推导至关重要。

(1) 分子式的确定

① 高分辨质谱法（high resolution mass spectrometry，HR-MS）　该方法可通过测定化

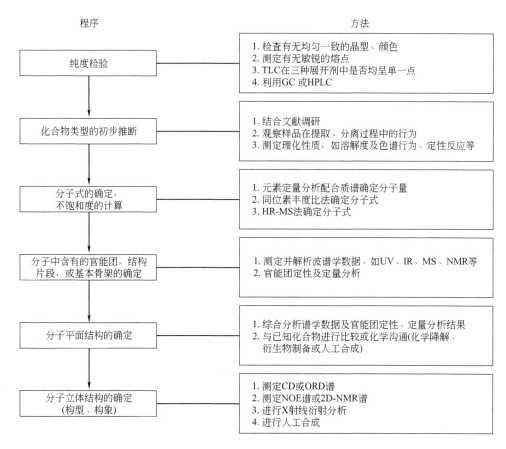

图 2-18　天然产物化学成分结构研究的程序和方法

合物的精确分子量直接计算给出化合物的分子式。在计算原子量时，人为规定 ^{12}C 的原子量为 12.00000000，其余同位素原子量是与 ^{12}C 相比较而言的，都具有唯一的、特征的"质量亏损"，例如，^{1}H 1.00782506、^{14}N 14.00307407、^{16}O 15.9949147，因此不同元素原子组合可能有相同的整数质量，而小数点后的尾数不同。例如，Fumigaclavine C 的 HR-ESI-MS，如图 2-19 所示。

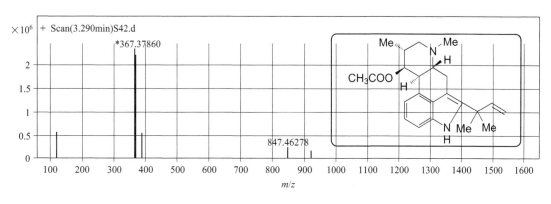

图 2-19　Fumigaclavine C 的 HR-ESI-MS

② 同位素丰度法　天然化合物中常见元素按它们的同位素组成特点分为三类（表 2-8）。

表 2-8　天然化合物中常见元素分类

元素	A		A+1		A+2		元素类型
	质量	丰度/%	质量	丰度/%	质量	丰度/%	
H	1	100	2	0.015			A+1
C	12	100	13	1.1			A+1
N	14	100	15	0.37			A+1
O	16	100	17	0.04	18	0.2	A+2
Si	28	100	29	5.10	30	5.1	A+2
S	32	100	33	0.80	34	0.8	A+2
Cl	35	100			37	32.5	A+2
Br	79	100			81	98	A+2
F	19	100					A
P	31	100					A
I	127	100					A

"A"类元素为只有 1 个天然稳定的同位素的元素，如 F、P、I；"A+1"类元素为有 2 个同位素的元素，其中丰度较小的同位素比最丰富的同位素重 1 个质量单位，如 C、N、H；"A+2"类元素为有 1 个比最丰富的同位素重 2 个质量单位的重同位素，如 O、Si、S、Cl、Br。对于大多数有机化合物而言，在 MS 图上如果能够出现稳定的分子离子峰 $[M]^+$，则在高出其 1~2 个质荷比（m/z）处还可同时出现 $[M+1]^+$ 及 $[M+2]^+$ 的同位素峰。对某一化合物来说，其 $[M]^+$、$[M+1]^+$ 及 $[M+2]^+$ 峰的相对强度应为一定值，可利用分子离子 $[M]^+$ 及其同位素离子 $[M+1]^+$ 或 $[M+2]^+$ 丰度比推测分子式。一般先找出所有的"A+2"元素，如 $^{35}Cl : ^{37}Cl = 100 : 32.5$（近似于 3 : 1），$^{79}Br : ^{81}Br$ 为 100 : 98（近似于 1 : 1），把它们的丰度贡献分别列在单独一栏中；然后再确定可能的 C 原子数，估算碳原子数上限 $n \approx [(M+1)/M] \div 1.1\%$（取整数），同样把它列于单独的一栏中；最后由差数确定"A"元素的种类和原子个数。

（2）不饱和度的计算

不饱和度（degree of unsaturation，以 f 表示）的计算对确定化合物结构至关重要。根据不饱和度可判定化合物所含双键、三键的个数以及成环数。分子式确定后，可按下式计算化合物分子中的不饱和度：

$$f = 1 + n_4 + (n_3 - n_1)/2$$

式中，n_1、n_3、n_4 分别为分子中一价（如 H、X）、三价（如 N、P）和四价原子（如 C、Si）的数目。O、S 等二价原子与不饱和度无关，故无需考虑。

以青蒿素 $C_{15}H_{22}O_5$ 为例，其不饱和度计算如下：

$$f = 1 + n_4 + (n_3 - n_1)/2 = 1 + 15 + (0 - 22)/2 = 5$$

（3）质谱的类型

一般，MS 测定采用"硬电离"，即电子轰击质谱法（electron impact mass spectrometry，EI-MS）。先将样品加热气化，使之进入离子化室，而后才能电离，故容易发生热分解的化合物或难以气化的化合物，往往测不到分子离子峰，需进行乙酰化或甲基硅烷化，生成对热稳定性好的挥发性衍生物后再进行测定。故近来开发了多种使样品不必加热气化而直接电离的"软电离"，如化学电离（chemical ionization，CI）、场致电离（field ionization，FI）、场解析电离（field desorption ionization，FD）、快速原子轰击电离（fast atom bombardment ionization，FAB）、电喷雾电离（electrospray ionization，ESI）、基质辅助激光解吸电离（matrix-assisted laser desorption ionization，MALDI）等，为对热不稳定的化合物如醇、糖苷、部分羧酸的研究提供了方便，实现了对蛋白质、核酸、多糖、多肽等大分子物质的准确分子量测定，以及多肽和蛋白质中氨基酸序列的测定。其中，HPLC-ESI-MS 联用技术使得复杂有机混合物的快速分离和定性鉴定得以实现，扩大应用范围。

2. 紫外-可见吸收光谱

物质分子吸收电磁波的能量不是连续的，而是具有量子化特征，只能吸收等于两个能级之差的能量：

$$\Delta E = h\nu = hc/\lambda$$

式中，ΔE 为能级差；h 为普朗克常数，其值为 6.626×10^{-34} J·s；c 为光速；ν 为频率；λ 为波长。物质分子选择性吸收电磁波的能量，从基态（ground state）跃迁到激发态（excited state）。分子吸收波长范围在 $200 \sim 780$ nm 区间的电磁波产生的吸收光谱为紫外-可见吸收光谱（ultraviolet-visible absorption spectrum，UV-vis），为电子跃迁光谱。

紫外-可见吸收光谱图以波长 λ（nm）为横坐标，以吸光度 A（absorbance）或者摩尔吸光系数 ε（或其对数 $\log \varepsilon$）为纵坐标。图 2-20 为香豆素化合物 pestalotiopsin A 的紫外-可见吸收光谱。含有不饱和基团的生色团（例如共轭双键、不饱和羰基、芳香结构等）及与含有饱和杂原子的助色团（—OH、—NH$_2$ 等）相连的生色团分子，在紫外及可见光区域产生的吸收即由相应的 $\pi \to \pi^*$ 及 $n \to \pi^*$ 跃迁引起，其中最大吸收波长 $\lambda_{\max}$ 与跃迁时的能级差大小成反比，$\varepsilon_{\max}$ 与跃迁概率的大小成正比（$\pi \to \pi^*$ 跃迁概率大，$n \to \pi^*$ 跃迁概率小），因此紫外-可见吸收光谱主要用于推断结构中有无共轭体系以及生色团的类型。

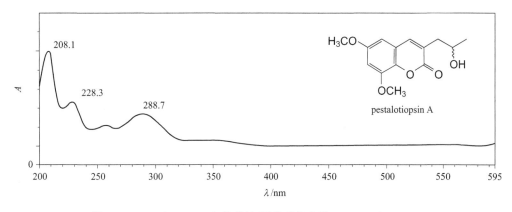

图 2-20 pestalotiopsin A 的紫外-可见吸收光谱（Xu et al.，2009）

紫外-可见吸收光谱提供的信息有以下几点：①化合物在 $200 \sim 780$ nm 内无吸收峰，则可能是直链烷烃、环烷烃、饱和脂肪族化合物或仅含一个双键的烯烃、炔烃或不饱和羧酸及酯；②$220 \sim 250$ nm 内有强吸收峰 [$\varepsilon_{\max} > 10000$ L/(mol·cm)或更高]，则有共轭二烯或 α,β-不饱和醛、酮结构；③$250 \sim 300$ nm 内有中等强度的吸收峰 [$\varepsilon_{\max}$ 约为 200 L/(mol·cm)] 且有精细结构，200 nm 附近有强吸收带，则含苯环或杂环芳烃；④$270 \sim 350$ nm 内有低强度吸收峰 [$\varepsilon_{\max} = 10 \sim 100$ L/(mol·cm)]，则含有 n 电子的生色团，如羰基或共轭羰基；⑤300 nm 以上有强吸收峰或延伸至可见光区，则说明有更长的共轭体系或稠环化合物。

紫外-可见吸收光谱虽然只能给出分子中部分结构的信息，不能给出整个分子的结构信息，但对于某些具有共轭体系类型的天然产物有效成分，如黄酮类、蒽醌类、香豆素类及强心苷类等的结构确定仍具有重要的实际应用价值。尤其是黄酮类成分，在加入某种诊断试剂后，其紫外-可见吸收光谱因分子结构中取代基的类型、数目及取代位置不同而发生不同改变，故还可用于该类化合物精细结构的测定。再者，紫外-可见吸收光谱在解决双键顺反异构、空间位阻等立体化学问题上也有重要应用。此外，紫外-可见吸收光谱还可用于定量分析，测定提取物中某一组分或多组分的含量，例如总黄酮、总酚、总皂苷的含量测定。

3. 红外光谱

红外光谱（infrared spectroscopy，IR）与紫外-可见吸收光谱都是分子吸收光谱。红外线的能量比紫外线低，当红外光照射分子时不足以引起分子中价电子能级的跃迁，而能引起分子振动能级和转动能级的跃迁，所以红外光谱又称作分子振动光谱或振-转光谱。

红外谱图多以波数 $\sigma(\text{cm}^{-1})$ 为横坐标，表示吸收峰的位置；透光率 $T(\%)$ 为纵坐标，表示吸光强度，例如图 2-21 为表二氢羟基马桑毒素的 IR 光谱图。通常研究的红外光谱是分子中官能团价键的伸缩及弯曲振动在 4000～400 cm^{-1} 处产生的吸收光谱，不同化合物中的同种官能团，振动频率总是出现在一个窄的波数范围内，据此红外谱图按波数可分为以下几个区域：4000～1500 cm^{-1} 称为特征频率区，也称官能团区（functional group region），该区域又可划分为氢键区、三键区和累积双键区、双键区，许多特征官能团〔如羟基、氨基以及重键（C═C、C═O、N═O）〕及芳环等吸收均出现在这个区域，吸收峰数目不是很多，但具有很强的特征性；1500～400 cm^{-1} 的区域为指纹区（finger print region），又称为单键区，主要是 C—X（X 为卤素、C、N、O 等）单键的伸缩振动及各种弯曲振动，峰多而复杂，分子结构上的微小差别都能在该区域的光谱上反映出来，犹如人的指纹因人而异，可据此与红外光谱的标准谱图比较来鉴定化合物。红外光谱的分区见表 2-9。

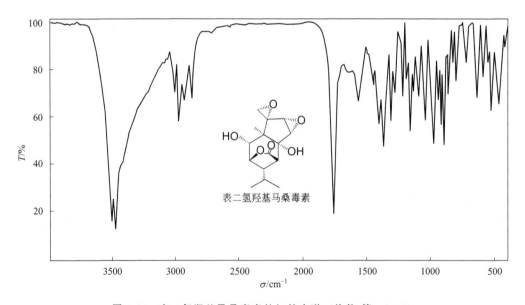

图 2-21　表二氢羟基马桑毒素的红外光谱（徐静 等，2007）

表 2-9 红外光谱的分区

区域名称	特征频率区			指纹区
	氢键区	三键和累积双键区	双键区	单键区
频率范围	4000~2500 cm⁻¹	2500~2000 cm⁻¹	2000~1500 cm⁻¹	1500~400 cm⁻¹
基团及振动形式	X—H等含氢基团的伸缩振动区 活泼氢：O—H 3630 cm⁻¹；N—H 3350 cm⁻¹；S—H 2570 cm⁻¹；P—H 2400 cm⁻¹	C≡C,C≡N,N≡N等三键和 C=C=C,N=C=O 等累积双键的伸缩振动	C=O,C=C,C=N,NO₂,苯环等双键基团的伸缩振动	C—C,C—O,C—N,C—X(卤素)等单键的伸缩振动及C—H,O—H等含氧基团的弯曲振动
饱和氢 >3000 cm⁻¹	—CH₃ 2960 cm⁻¹, 2870 cm⁻¹；—CH₂ 2926 cm⁻¹, 2853 cm⁻¹；—CH 2890 cm⁻¹	RC≡CH 2120 cm⁻¹；RC≡CR′ 2210 cm⁻¹；R=R′时，无红外吸收	R₂C=O 1715 cm⁻¹；RHC=O 1725 cm⁻¹；C=C 1650 cm⁻¹	伸缩振动：C—O 1100 cm⁻¹；C—N 1000 cm⁻¹；C—C 900 cm⁻¹
不饱和氢 <3000 cm⁻¹	≡C—H 3330 cm⁻¹；Ar—H 3060 cm⁻¹；=C—H 3020 cm⁻¹	RC≡N 2120 cm⁻¹	芳环 C=C 1650~1450 cm⁻¹ 有2~4个峰	弯曲振动：H—C=C—H 960 cm⁻¹（反）；H—C=C—H 750 cm⁻¹（顺）；R—Ar—H 650~900 cm⁻¹；H—C—H 1450 cm⁻¹

红外光谱主要用于官能团的确认、芳环取代类型的判断以及区别构型、构象等，如 25R 与 25S 型螺甾烷型皂苷元，在 960~900 cm⁻¹ 附近有显著区别，很容易鉴别。当被测物可能为已知物时，只要与对照品在相同条件下测定其红外光谱并进行比较，若二者红外光谱完全一致，则可推测为同一物质；对结构比较复杂的未知成分，须配合紫外-可见吸收光谱、核磁共振谱和质谱等多种方法综合判断，方可初步确定其结构。

4. 核磁共振波谱

化合物分子在磁场中受电磁波的辐射，有磁矩的原子核（如 ¹H、¹³C 等）吸收特定辐射频率的能量产生能级的跃迁，即发生核磁共振，以吸收峰的频率对吸收强度作图所得图谱为核磁共振谱（nuclear magnetic resonance spectrum，NMR）。核磁共振谱能提供分子中有关氢及碳原子的类型、数目、相互连接方式、周围的化学环境及构型、构象等结构信息。近年来随着脉冲傅里叶变换核磁共振波谱仪的普及，各种同核（如 ¹H-¹H）及异核（如 ¹H-¹³C）二维核磁共振技术的迅速发展和日趋完善，大大提高了结构测定工作的速度和效率。目前，分子量在 1000 以下，几毫克的微量物质甚至仅用 NMR 技术即可确定分子结构。作为天然产物化学成分结构鉴定的手段，NMR 的作用尤为重要。

NMR 测定时一般都将四甲基硅烷（TMS）作为内标和样品一起溶解于合适的氘代试剂中，即溶剂中的 ¹H 全部被 ²D 所取代。常用氘代试剂核磁共振 ¹H 和 ¹³C 信号如表 2-10 所示。

表 2-10 常用氘代试剂核磁共振 ^{1}H 和 ^{13}C 信号

溶剂	分子式	^{1}H 值(δ_H)	峰的多重性	^{13}C 值(δ_C)	峰的多重性	备注
氘代丙酮	CD_3COCD_3	2.04	5	206 29.8	(13) 7	含微量水
氘代苯	C_6D_6	7.15	1(宽)	128.0	3	
氘代氯仿	$CDCl_3$	7.26	1	77.7	3	含微量水
重水	D_2O	4.60	1			
氘代二甲亚砜	CD_3SOCD_3	2.49	5	39.5	7	含微量水
氘代甲醇	CD_3OD	3.30 4.78	5 1	49.3	7	含微量水
氘代二氯甲烷	CD_2Cl_2	5.32	3	53.8	5	
氘代吡啶	C_5D_5N	8.71 7.55 7.19	1(宽) 1(宽) 1(宽)	149.9 135.5 123.3	3 3 3	

（1）核磁共振氢谱（^{1}H-NMR）

氢同位素中，^{1}H 的天然丰度比最大，信号灵敏度也高，故 ^{1}H-NMR 谱测定比较容易，应用也最广泛。^{1}H-NMR 谱可以提供的重要结构信息参数主要包括化学位移、峰面积（^{1}H 的数目）和偶合常数（信号的裂分，说明相邻原子或原子团的信息），对天然产物成分的平面、立体结构测定具有十分重要的意义。

① 化学位移（chemical shift，δ） 与不同类型 ^{1}H 核所处的化学环境有关，^{1}H 核周围的电子云密度及绕核旋转产生的磁屏蔽效应不同，^{1}H 核共振信号出现的区域不同。电子云密度大，处于高场（upfield），δ 值小；电子云密度小，处于低场（downfield），δ 值大。^{1}H-NMR 谱的化学位移 δ 范围在 0~20。各种官能团中 ^{1}H 的化学位移范围如表 2-11 所示。

表 2-11 各种官能团中 ^{1}H 的化学位移范围

官能团	化学位移	官能团	化学位移
R—CH	0.2~2.0	I—CH	2.1~2.6
C=C—CH	1.8~2.3	Br—CH	2.6~3.2
⟨苯环⟩—CH	2.1~2.8	⟨苯环⟩—H	6.8~8.5
R-C(O)-CH	2.0~2.5	R-C(O)-O-CH	3.6~4.4
＼N—CH	2.5~3.2	R-C(O)-H	9.0~10
⟨苯环⟩—OH	4.0~12.0	R-C(O)-O-H	10~13
HO—CH	3.3~4.0	Cl—CH	3.0~3.5
R—CH=CH—R	5.4~6.2	F—CH	4.2~4.7
$R_2C=CH_2$	4.7~5.3	R—C≡C—H	2.0~3.0
R—OH	1.0~6.0	RO—CH	3.2~3.9
R—NH$_2$	0.4~3.5	⟨苯环⟩—NH$_2$	2.9~5.0

② 峰面积　¹H-NMR 谱上积分面积与分子中的总质子数成正比，当分子式已知时，就可以算出每个信号所相当的¹H 的数目。

③ 偶合常数　磁不等价的两个或两组¹H 核在一定距离内会因相互自旋偶合干扰而使信号裂分为多重峰，裂分峰的间距称为偶合常数（coupling constant），用 J 表示（单位：Hz）。裂分峰数目符合"$n+1$ 规律"，表现为不同的峰形，如 s（singlet，单峰）、d（doublet，二重峰）、t（triplet，三重峰）、q（quartet，四重峰）、m（multiplet，多重峰）等；多重峰的强度比符合二项式 $(a+b)^n$ 的展开式系数比，n 为干扰核的数目。通常超过三个单键的偶合可以忽略不计，但在 π 系统中，如烯丙基、芳环、萘环等可发生远程偶合，如烯丙基偶合、W 型偶合，但 J 较小。图 2-22 为 Cytospyrone 的 400 MHz ¹H-NMR 谱。

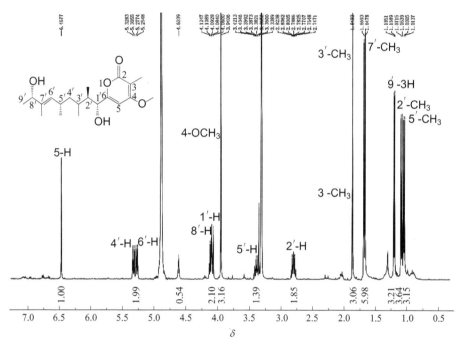

图 2-22　Cytospyrone 的 ¹H-NMR 谱（Xu et al.，2020）

（2）核磁共振碳谱（¹³C-NMR）

碳原子构成了天然有机化合物的骨架，在结构鉴定中，¹³C-NMR 比 ¹H-NMR 有着更为重要的作用。但是由于 NMR 的测定灵敏度与磁旋比（γ）的三次方成正比，而 ¹³C 的磁旋比仅为 ¹H 的 1/4，¹³C 的天然丰度是 ¹H 的 1.1%，所以 ¹³C-NMR 信号的灵敏度只有 ¹H-NMR 的 1/6000，致使 ¹³C-NMR 长期以来不能投入实际应用。随着脉冲傅里叶变换核磁共振波谱仪（pulse FT-NMR）的出现及应用，才使这个问题得以真正解决。

¹³C-NMR 谱的类型很多，最常用的为噪声去偶谱和无畸变极化转移技术，下面就这两种 ¹³C-NMR 进行简单介绍。

① 噪声去偶谱（proton noise decoupling spectrum）　也称为宽带去偶谱（broad band decoupling spectrum，BBD）或全氢去偶谱（proton complete decoupling spectrum，COM），是采用宽频的电磁辐射照射所有 ¹H 核使之饱和后测定的 ¹³C-NMR 谱。此时，¹H 对 ¹³C 的偶合影响全部消除，图谱得到简化，所有的 ¹³C 信号在图谱上均以单峰出现，故无法区别其上连接的 ¹H 数，但对判断 ¹³C 信号的化学位移十分方便。另外，因照射 ¹H 后产生核 Overhauser

效应（NOE），连有^{1}H 的^{13}C 信号强度将会增加，季碳信号因不连^{1}H，将表现为较弱的吸收峰，故峰强度不能定量地反映碳原子的数量，所以在质子噪声去偶谱中只能得到化学位移的信息。

一般来说，^{13}C-NMR 中化学位移（δ_C）是最重要的参数，它直接反映了^{13}C 核周围的化学环境及电子云密度，即核所受屏蔽作用的大小。^{13}C-NMR 的化学位移范围比^{1}H-NMR 宽得多，一般在 0～250，故信号之间重叠较少，易于识别。碳原子的δ_C从高场到低场的顺序与和它们相连的氢原子的δ_H有一定的对应性，但并非完全相同，如饱和碳在较高场、炔碳次之、烯碳和芳碳在较低场，而羰基碳在更低场。各种官能团中^{13}C 的化学位移范围如表 2-12 所示。

表 2-12 各种官能团中^{13}C 的化学位移范围

官能团		化学位移	官能团		化学位移
C=O	酮	175～225	C=C（Y）	芳环碳（取代）	125～145
	α,β-不饱和酮	180～201			
	α-卤代酮	160～200			
C=O（H）	醛	175～205	C=C	芳环	110～135
	α,β-不饱和醛	175～195			
	α-卤代醛	170～190			
—COOH 羧酸		160～185	C=C	烯烃	110～150
—COCl 酰氯		165～182			
—CONHR 酰胺		160～180	—C≡C— 炔烃		70～100
(—CO)$_2$NR 酰亚胺		165～180	—C—C— 烷烃		5～55
—COOR 羧酸酯		155～175			
(—CO)$_2$O 酸酐		150～175	环丙烷		−5～5
—(R$_2$N)$_2$CS 硫脲		150～170			
C=NOH 肟		155～165	—C—C—（季碳）		35～70
(RO)$_2$CO 碳酸酯		150～160	—C—O—		70～85
C=N— 甲亚胺		145～165	—C—N—		65～75
—N≡C 异氰化物		130～150	—C—S—		55～70
—C≡N 氰化物		110～130	—C—X（卤代烃）		35(I)～75(Cl)
—N=C=S 异硫氰化物		120～140	H C—C（叔碳）		30～60
—S—C≡N 硫氰化物		110～120	H C—O		60～75
—N=C=O 异氰酸盐（酯）		115～135	H C—N		50～70
—O—C≡N 氰酸盐（酯）		105～120	H C—S		40～55
X—C= 杂芳环		135～155			
C=C（X） 杂芳环		115～140			

官能团	化学位移	官能团	化学位移
$\overset{\diagdown}{\underset{\diagup}{C}}\!\!-\!\!X$（X 为卤素）（含 H）	30(I)~60(Cl)	$\mathrm{H_2C}\!\!-\!\!X$（X 为卤素）	-10(I)~45(Cl)
$\mathrm{H_2}$ $-\mathrm{C}\!\!-\!\!\mathrm{C}\!\!\diagdown$（仲碳）	25~45	$\mathrm{H_3C}\!\!-\!\!\mathrm{C}\!\!\diagdown$（伯碳）	-20~30
$\mathrm{H_2}$ $-\mathrm{C}\!\!-\!\!\mathrm{O}\!\!-$	40~70	$\mathrm{H_3C}\!\!-\!\!\mathrm{O}\!\!-$	40~60
$\mathrm{H_2}$ $-\mathrm{C}\!\!-\!\!\mathrm{N}\!\!\diagup$	40~60	$\mathrm{H_3C}\!\!-\!\!\mathrm{N}\!\!\diagup$	20~45
$\mathrm{H_2}$ $-\mathrm{C}\!\!-\!\!\mathrm{S}\!\!-$	25~45	$\mathrm{H_3C}\!\!-\!\!\mathrm{S}\!\!-$	10~30
		$\mathrm{H_3C}\!\!-\!\!X$（X为卤素）	-35(I)~35(Cl)

另外，官能团对周围 ^{13}C 核的化学位移方向（高场或低场）及幅度已经累积了一定经验规律，常见的有苯的取代基位移（substitution shift）、羟基的苷化位移（glycosylation shift）、酰化位移（acylation shift）等，在天然产物的结构研究中均具有重要的作用，详见有关章节。

② 无畸变极化转移增强（distortionless enhancement by polatization transfer，DEPT）　主要用于碳原子级数的确定，它是通过改变照射 ^{1}H 的脉冲宽度（θ）使其作 45°、90°和 135°角的变化，使不同类型的碳信号在谱图上呈单峰形式分别向上或向下伸出，或者从谱图上消失，从而区别伯、仲、叔、季碳。$\theta=45°$ 时，除季碳不出峰外，其余的 $\mathrm{CH_3}$、$\mathrm{CH_2}$、CH 都向上出峰；$\theta=90°$ 时，只有 CH 出峰；而 $\theta=135°$ 时，$\mathrm{CH_3}$、CH 向上出峰，$\mathrm{CH_2}$ 则向下出峰，由此即可将全去偶碳谱中各个碳原子的级数确定下来。实际应用中 DEPT135 谱应用最广。图 2-23 和图 2-24 为 Cytospyrone 的 ^{13}C-NMR 和 DEPT 谱。

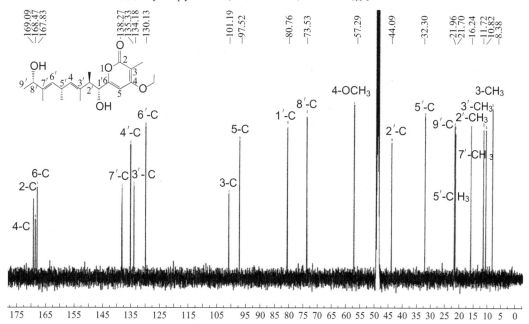

图 2-23　Cytospyrone 的 ^{13}C-NMR 谱（Xu et al.，2020）

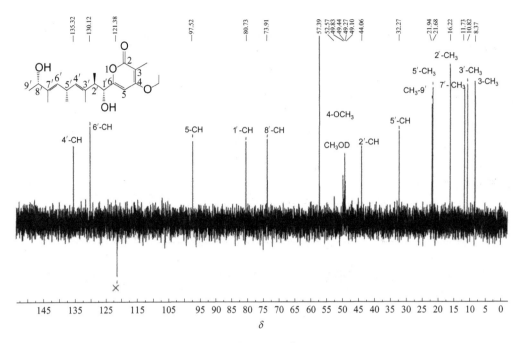

图 2-24　Cytospyrone 的 DEPT 谱 (Xu et al.，2020)

(3) 二维核磁共振谱 (2D-NMR)

在上述的一维核磁共振谱 (1D-NMR) 中，如果信号过于复杂或者堆积在一起难以分辨，结合二维核磁共振技术则信号归属会得到良好的效果。常用的 2D-NMR 多为化学位移相关谱，包括同核相关谱^{1}H-^{1}H COSY、NOESY，以及异核相关谱^{13}C-^{1}H COSY（HMQC或 HSQC）、远程^{13}C-^{1}H COSY（HMBC）等。

①^{1}H-^{1}H COSY（^{1}H-^{1}H correlation spectroscopy，^{1}H-^{1}H 相关谱）　该谱中横轴、纵轴均为^{1}H-NMR 谱，同一^{1}H 核信号在对角线上相交，形成对角峰（diagonal peak），对角线以外的点叫相关峰（cross peak，correlation peak）。通过相关峰找出各氢之间的连接及偶合关系，确定可能的结构单位。图 2-25 为 Cytospyrone 的^{1}H-^{1}H COSY 谱。

② HMQC 和 HSQC　HMQC 为^{1}H 的异核多量子相关（^{1}H detected heteronuclear multiple quantum coherence）谱，HSQC 为^{1}H 的异核单量子相关（^{1}H detected heteronuclear single quantum coherence）谱。HMQC 和 HSQC 都是把该^{1}H 核与其直接相连的^{13}C关联起来，横轴、纵轴分别为^{1}H-NMR 和^{13}C-NMR 谱，谱中交叉峰表示^{13}C-^{1}H 直接相连，可确认各碳上可能存在的氢。如一个碳与两个化学位移不同的氢有相关峰，则表示这两个H 均与此 C 相连（CH$_2$）。HMQC 和 HSQC 图谱外观完全一样，但 HSQC 的氢谱分辨率更高。图 2-26 为 Cytospyrone 的 HSQC 谱。

③ HMBC（^{1}H detected heteronuclear multiple bond correlation）　为^{1}H 异核多键远程相关谱，谱中交叉峰可将^{1}H 和间隔二键或三键的^{13}C 核的 C—H 相关（$^2J_{CH}$、$^3J_{CH}$），尤其是质子与季碳的远程偶合也有相关峰，从中得到有关季碳及因杂原子存在而被切断的偶合系统之间的结构信息，将分子的结构单元相连接。图 2-27 为 Cytospyrone 的 HMBC 谱。

④ NOESY（nuclear overhauser effect spectroscopy）　是为了在二维谱上观察 NOE 效应而开发出来的一种新技术，图谱外观和^{1}H-^{1}H COSY 相似，差别是当不同的氢核的空间距离<0.4 nm 时 NOESY 谱中的相关峰便可观察到，据此可提供分子空间结构和立体化学方面的重要信息，是研究天然产物相对构型的重要工具。图 2-28 为 Cytospyrone 的 NOESY 谱。

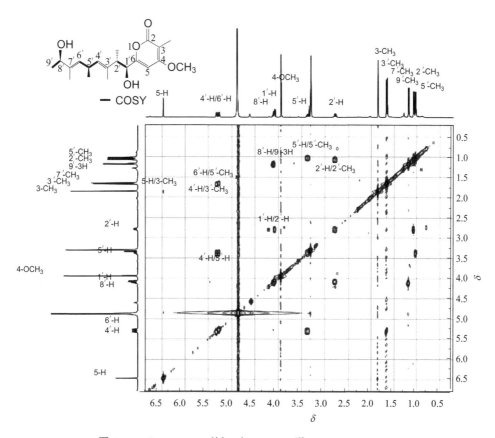

图 2-25　Cytospyrone 的 ¹H-¹H COSY 谱（Xu et al.，2020）

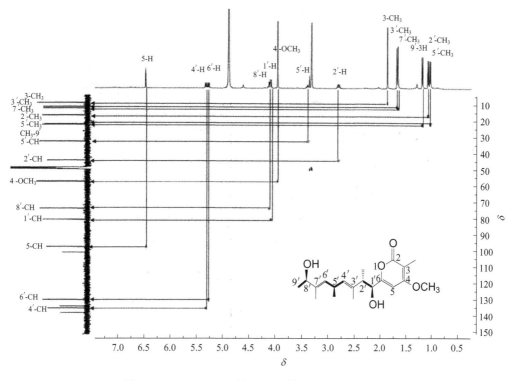

图 2-26　Cytospyrone 的 HSQC 谱（Xu et al.，2020）

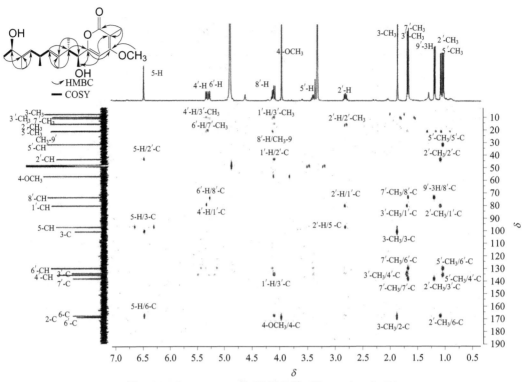

图 2-27　Cytospyrone 的 HMBC 谱（Xu et al.，2020）

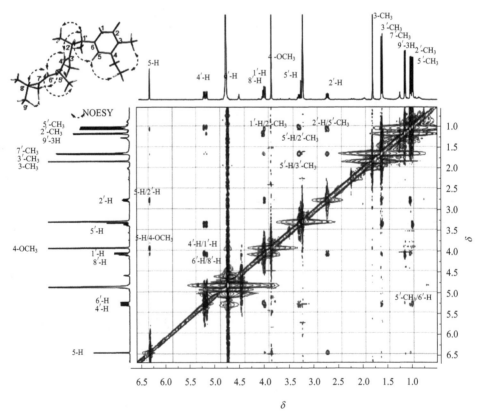

图 2-28　Cytospyrone 的 NOESY 谱（Xu et al.，2020）

（4）推导未知物结构的 NMR 解析步骤

通过[13]C-NMR 谱，确定碳的总数；DEPT 谱确认伯、仲、叔、季碳，推测碳的骨架结构；COSY 谱找出各氢之间的连接及偶合关系，确定可能的结构单位；HMQC 指认[1]H-NMR 谱中各碳上可能存在的氢；HMBC 将分子的结构单元相连接确定化合物的平面结构；NOESY 确认分子结构的相对立体构型。

5. 旋光光谱和圆二色谱

平面偏振光通过手性物质时，偏振平面发生旋转，称为旋光现象。偏振光透过长 1 dm、浓度 1 g/mL 的旋光性物质的溶液，在一定波长与温度下测得的旋光度称为比旋光度 $[\alpha]$。$[\alpha]$ 是光学活性物质的一种物理常数，许多天然产物具有光学活性，故无论是已知物还是未知物，在鉴定化学结构时都应测试其 $[\alpha]$。

$$[\alpha]_D^t = \frac{100\alpha}{lc}$$

式中，$[\alpha]$ 为比旋光度；t 为测试时的温度，℃，标准测试温度为 25℃；D 为钠光谱 D 线，波长为 589.3 nm；α 为实测的旋光度；l 为测定管长度，dm；c 为每 100 mL 溶液中含有被测物质的质量，g/100mL。

用紫外及可见光区（200～760 nm）的偏振光照射光学活性物质，以波长 λ 对比旋光度 $[\alpha]$ 或摩尔比旋光度（Φ）作图所得的谱线为旋光光谱（optical rotatory dispersion，ORD）；以波长 λ 对左旋圆偏光和右旋圆偏光的吸光系数之差（$\Delta\varepsilon = \varepsilon_L - \varepsilon_R$）或摩尔椭圆度 $[\theta]$ 作图（$[\theta] = 3300\Delta\varepsilon$）所记录的谱线即为圆二色谱（circular dichroism，CD）。

ORD 和 CD 是一种光学现象的两种表现，因此获得的信息是一致的。光学活性分子中如果含有羰基、双键、不饱和酮、内酯、硝基以及苯基类等发色团，则产生异常的 ORD 和 CD 谱，出现峰和谷，得到所谓 Cotton 效应谱线，可用于指认分子的立体化学结构（构型、构象）、确定某些官能团在手性分子中的位置。当前，将计算化学和 ORD、CD 联合起来的"计算化学方法"也被用来确定手性化合物的立体结构。

6. 单晶 X 射线衍射

单晶 X 射线衍射（single crystal X-ray diffraction）是利用单晶体对 X 射线的衍射效应来测定晶体结构，不仅能测出化合物的一般结构，还能测定出化合物结构中的键长、键角、构象、绝对构型等立体结构，是一种独立的结构分析方法。该技术不需要借助任何其他波谱学方法即可独立地完成被测样品的晶体结构分析工作，被广泛用于化合物的结构研究中。该法的前提是需要培养单晶，通常选用铜（Cu）靶或钼（Mo）靶产生特征谱的 X 射线，Cu 靶可用于绝对构型的测定。

参 考 文 献

曹学丽. 高速逆流色谱分离技术及应用 [M]. 北京：化学工业出版社，2005.

陈焕文. 分析化学手册.9A. 有机质谱分析 [M]. 第 3 版. 北京：化学工业出版社，2016.

郭维图. 微波技术在中药提取研发与生产中的应用 [J]. 医药工程设计，2006，27（6）：50-58.

柯以侃，董慧茹. 分析化学手册.3B. 分子光谱分析 [M]. 第 3 版. 北京：化学工业出版社，2006.

姜文倩. 高速逆流色谱技术及其在天然产物分离中的应用 [J]. 机电信息，2017，2（6）：26-43.

刘湘，汪秋安. 天然产物化学 [M]. 北京：化学工业出版社，2005.

卢艳花. 中药有效成分提取分离实例 [M]. 北京：化学工业出版社，2007.

宁永成. 有机波谱学谱图解析 [M]. 北京：科学出版社，2010.

潘铁英，张玉兰，苏克曼. 波谱解析法 [M]. 上海：华东理工大学出版社，2009.

裴月湖，娄红祥. 天然药物化学 [M]. 北京：人民卫生出版社，2016.

齐美玲 . 气相色谱分析及应用 [M]. 北京：科学出版社，2012.

钱叶飞，尚尔鑫，段金廒，等 . 基于液质联用数据库技术的中药及天然产物化学成分快速鉴定方法的建立 [J]. 中国中药杂志，2012，37（21）：3256-3263.

秦海林，于德泉 . 分析化学手册 . 7A. 氢-1 核磁共振波谱分析 [M]. 第 3 版 . 北京：化学工业出版社，2016.

邱峰 . 天然药物化学 [M]. 北京：清华大学出版社，2013.

沈文娟，岳亮，何英翠，等 . 天然药物常用提取技术与方法研究概况 [J]. 中南药学，2011，9（2）：127-130.

汪茂田 . 天然有机化合物提取分离与结构鉴定 [M]. 北京：化学工业出版社，2004.

吴立军，沙沂，高慧媛，等 . 天然药物化学实验指导 [M]. 北京：人民卫生出版社，2011.

徐任生 . 天然产物化学 [M]. 北京：科学出版社，2004.

徐静，管华诗，林强 . 木奶果根中的新倍半萜内酯 [J]. 中草药，2007，38（10）：17-19.

杨峻山，马国需 . 分析化学手册 . 7B. 碳-13 核磁共振波谱分析 [M]. 第 3 版 . 北京：化学工业出版社，2016.

杨昱，白靖文，俞志刚 . 超声辅助提取技术在天然产物提取中的应用 [J]. 食品与机械，2011，27（1）：176-180.

于世林 . 图解高效液相色谱技术与应用 [M]. 北京：科学出版社，2009.

袁黎明 . 制备色谱技术及应用 [M]. 北京：化学工业出版社，2005.

章怀云，刘俊，毛绍名，等 . 天然产物活性成分提取分离研究进展 [J]. 经济林研究，2017，35（3）：244-250.

赵丹，尹洁 . 超临界流体萃取技术及其应用简介 [J]. 安徽农业科学，2014，42（15）：4772-4780.

张圣燕 . 纤维素酶在天然产物提取中的应用研究 [J]. 广东化工，2011，38（9）：59-60，66.

Bucar F，Wube A，Schmid M. Natural product isolation how to get from biological material to pure compounds [J]. Natural Product Reports，2013，30（4）：525-45.

Sarker S D，Nahar L. An introduction to natural products isolation [J]. Methods in Molecular Biology，2012，864：1-25.

Sarker S D，Nahar L. Isolation of natural products by low-pressure column chromatography [J]. Methods in Molecular Biology，2012，864：155-187.

Sticher O. Natural product isolation [J]. Natural Product Reports，2008，25（3）：517-554.

Wei C W，Deng Q，Sun M Y，Xu J. Cytospyrone and Cytospomarin：Two New Polyketides Isolated from Mangrove Endophytic Fungus，*Cytospora* sp. [J]. Molecules，2020，25：4224-4233.

Xu J，Kjer J，Sendker J，et al. Cytosporones，coumarins，and an alkaloid from the endophytic fungus *Pestalotiopsis* sp. isolated from the Chinese mangrove plant *Rhizophora mucronata* [J]. Bioorganic & Medicinal Chemistry Letters，2009，17（20）：7362-7367.

第 3 章　糖和糖苷

糖类（saccharides）（徐寿昌，1993）是由 C、H、O 三种元素组成的多羟基醛或酮及其聚合物。大多数糖分子中氢和氧的比例是 2∶1，符合 $C_x(H_2O)_y$ 的通式，所以，糖又称为碳水化合物（carbohydrates），但有的糖分子组成并不符合这个通式，比如鼠李糖分子式为 $C_6H_{12}O_5$。糖类的英文名常以-ose（单糖、寡糖）或-saccharide/-glycan（多糖）作后缀。

糖类与核酸、蛋白质、脂质构成生命活动所必需的四大类化合物，在细胞黏附、细胞识别、受精、胚胎形成、神经细胞发育、激素激活、细胞增殖、细菌和病毒感染、免疫调节等许多基本生命过程中有重要作用，所以对糖类的研究一直十分活跃。

糖类广泛存在于生物界，特别是植物界中，是植物光合作用的初生产物，分布于植物的各个部位，植物的根、茎、叶、花、果实、种子等大多含有葡萄糖、果糖、淀粉和纤维素等糖类物质，占植物干重的 80%～90%，占微生物的 10%～30%，人和动物的小于 2%。糖类不仅是植物的贮藏养料和骨架成分，还是天然产物生物合成的初始原料，其生物活性和药理学功能多样，如：枸杞多糖（免疫调节）、香菇多糖（抗癌）、茯苓多糖（抗癌）、灵芝多糖（抗癌）等。

糖类按照其水解后的产物，可以分成为单糖、低聚糖和多糖三类。

① 单糖（monosaccharide）　单糖是不能水解的最简单的多羟基醛或酮的碳水化合物，是组成糖类及其衍生物的基本单元。现已发现的天然单糖有 200 余种，从三碳糖至八碳糖都有存在，以五碳糖和六碳糖最多。其多数在生物体内呈结合态，只有葡萄糖、果糖等少数单糖游离存在。单糖一般为无色晶体，且具有甜味，能溶于水。成苷常见的单糖有 D-葡萄糖、L-阿拉伯糖、D-木糖、L-鼠李糖、D-甘露糖、D-半乳糖、D-果糖、D-葡萄糖醛酸以及 D-半乳糖醛酸等，也有去氧糖或的衍生物如氨基糖、糖醛酸等其他糖。

② 低聚糖（oligosaccharide）　低聚糖又称为寡糖，是水解后每一分子能生成 2～10 个单糖分子的碳水化合物。含有两个单糖单位的寡糖叫二糖，含有三个单糖单位的寡糖叫三糖。常见的二糖有蔗糖（sucrose）、龙胆二糖（gentiobiose）、麦芽糖（maltose）、芸香糖（rutinose）、槐糖（sophorose）等，例如，蔗糖水解后生成一分子葡萄糖和一分子果糖，麦芽糖水解后生成两分子葡萄糖。低聚糖一般也是晶体，仍具有甜味，且易溶于水。

③ 多糖（polysaccharide）　多糖是水解后每一分子能生成 10 个以上单糖分子的碳水化合物。天然多糖一般由几百到几千个单糖单元构成，大多是无定形固体，已失去一般单糖的性质，一般无甜味，也无还原性。例如，淀粉（starch）、纤维素（cellulose）、黏液质（mucilage）、树胶（gum）、褐藻多糖（fucoidan）、琼脂（agar）是植物多糖；茯苓多糖（pachymaran）、灵芝多糖（ganoderan）是菌类多糖；糖原（glycogen）、肝素（heparin）、甲壳素（chitin）是动物多糖。

天然产物中几乎所有类型的化合物都可以与糖形成苷类（glycosides），因此本章内容也将为后续各章中其他结构类型天然产物的介绍构建基础。

3.1 单糖的立体化学

3.1.1 单糖结构式的表示方法

单糖处于游离状态时为开链结构，通常用 Fischer 投影式表示；单糖在水溶液中形成半缩醛环状结构，可用 Haworth 透视式表示。单糖的开链结构、环状结构以及 Fischer 式与 Haworth 式之间可以发生互变异构。例如，D-葡萄糖（D-glucose）的开链结构，在形成吡喃糖半缩醛环状结构时，通过 C5—OH 对 C1 位醛基亲核加成，变成半缩醛环式结构；将 Fischer 式向右倾倒 90°，手性碳原子右侧的基团置于环平面的下方，左侧的基团置于环平面的上方，就得到 Haworth 式（李艳梅 等，2014）。

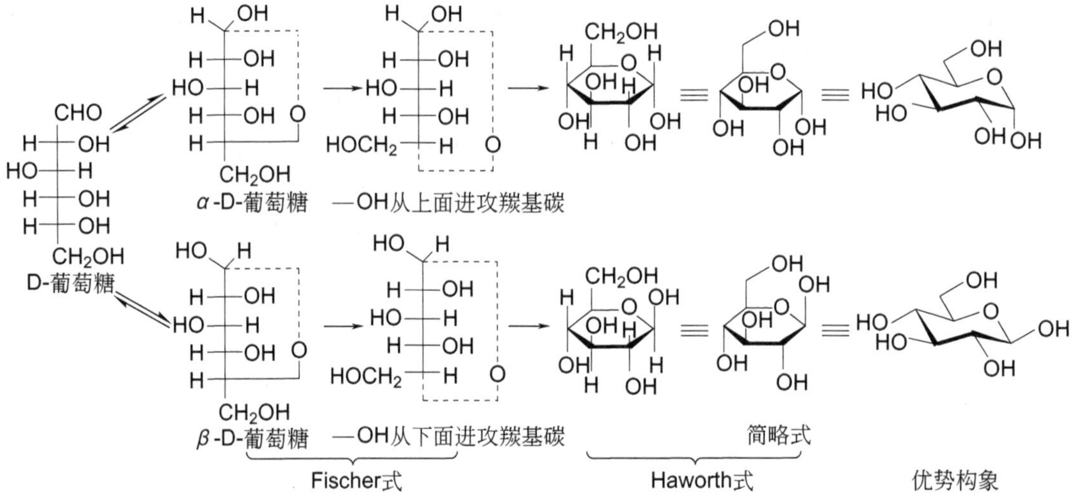

单糖在水溶液中形成 Haworth 式半缩醛或半缩酮环状结构时，理论上，羰基碳 C1 与 C5、C4、C3、C2 上的—OH 均有成环的可能，而事实上由于五、六元环张力小，所以自然界都以六元或五元氧环存在，即成吡喃糖（pyranose）和呋喃糖（furanose）。例如，D-葡萄糖在吡啶溶液中平衡后，用气相色谱测定，证明含有 63.6% β-吡喃糖、36.4% α-吡喃糖、<1%呋喃糖、<0.01%开链式结构，但当糖成苷以后就固定为一种结构。

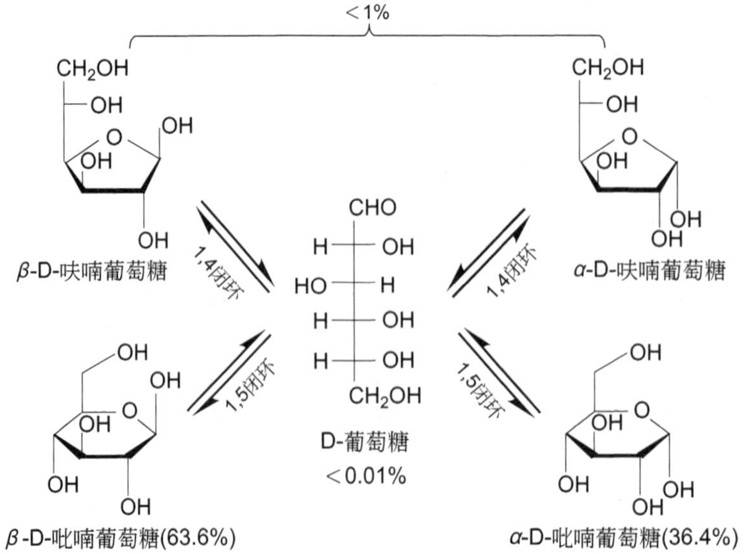

3.1.2 单糖的绝对构型

单糖的绝对构型通常采用 D/L 标志法,以自然界最简单的单糖 D-(＋)-甘油醛(D-glyceraldehyde)为标准,在 Fischer 式中离羰基碳最远的手性碳原子构型与甘油醛做比较,而确定整个糖分子的绝对构型,其羟基向右的为 D 型(该手性碳为 R 构型),向左的为 L 型(该手性碳为 S 构型)。Haworth 式中则看决定构型的手性碳原子上取代基的取向,在己醛糖构成的吡喃糖中,决定构型的手性碳原子 C5 参与成环,C5 取代基在环的上方者为 D 型,在环的下方者为 L 型。

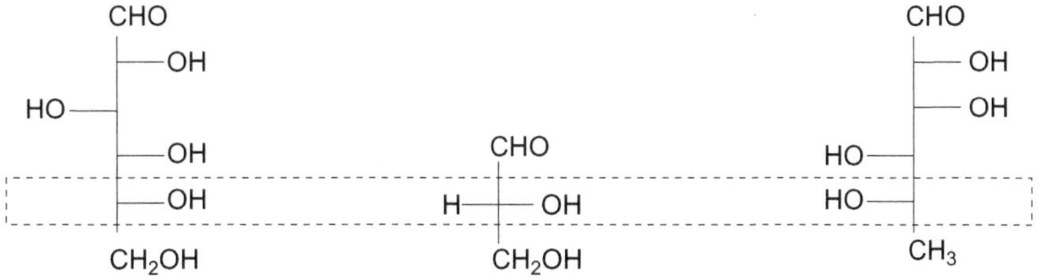

D-葡萄糖   D型 α-OH甘油醛   L-鼠李糖

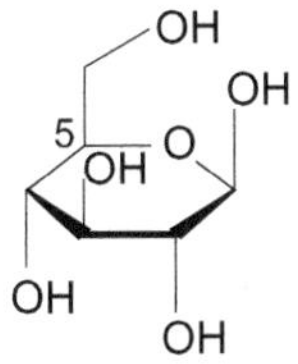

β-D-葡萄糖 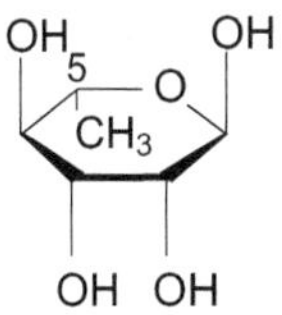   α-L-鼠李糖

在戊醛糖和己酮糖形成的吡喃型 Haworth 式中,由于构型的手性碳原子 C4—OH 或 C5—OH 不参与成环,故可直接根据它们的位置判断构型,即戊醛糖的 C4—OH 或己酮糖的 C5—OH 处于环上者为 L 构型,环下者为 D 构型,例如 D-木糖、D-果糖。在己醛糖形成的呋喃糖 Haworth 式中,由于 C5—C6 部分成为环外侧链,判断构型时仍以 C5 为标准,例如 D-呋喃半乳糖。

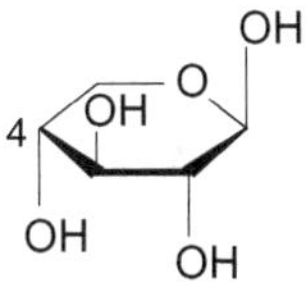

D-木糖 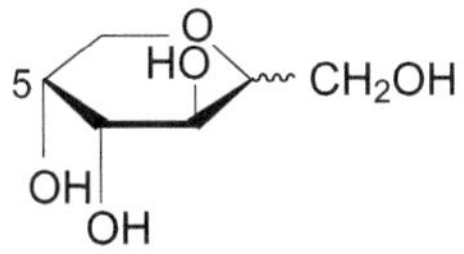   D-果糖 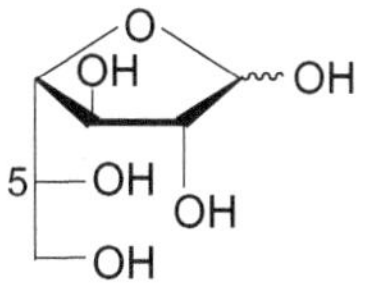   D-呋喃半乳糖

3.1.3 单糖的相对构型

单糖成环形成半缩醛后形成了一个新的手性碳原子,该原子称为端基碳(又称为异头碳,anomeric carbon),形成的一对异构体称为端基差向异构体(anomer),又称为异头体,具有 α、β 两种相对构型。观察决定构型的手性碳原子,从 Fischer 式看,端基碳原子上—OH(C1—OH)与距离羰基最远的手性碳原子上的—OH 在同侧者为 α 型,异侧者为 β 型;从 Haworth 式看,习惯上将 D 型糖中 C1—OH 处环上者为 β 型,环下者为 α 型,在 L 型糖中相反。另外,在己醛糖形成的吡喃糖中,可通过观察端基碳原子上—OH(C1—OH)与环上距离羰基最远的手性碳原子上的取代基(葡萄糖中为 C5 取代基)之间的关系,在同侧者为 β 型,异侧者为 α 型,D、L 型糖都可用此方法判断。

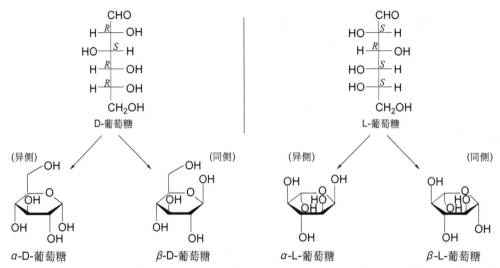

实际上，α、β 表示的仅是糖基端基碳的相对构型，β-D-糖苷与 α-L-糖苷的端基碳原子的绝对构型均为 R，α-D-糖苷与 β-L-糖苷的端基碳原子的绝对构型均为 S。

3.1.4 单糖的优势构象

吡喃糖以椅式构象为优势构象，大基团在 e 键，小基团在 a 键，能量最低。而椅式构象有 C1 式和 1C 式两种，通常 D 型糖以 C1 式更稳定，L 型糖以 1C 式，它们处于动态平衡之中。β 构型的端基—OH 总是处于平伏键。呋喃型五元氧环糖，其信封式为优势构象。

C1式构象 β-D-葡萄糖   1C式构象

3.2 糖苷的分类

苷类亦称为糖苷或配糖体，是由糖或糖的衍生物等与另一非糖物质（苷元或配基）通过糖的半缩醛或半缩酮羟基与苷元脱水形成的一类化合物。其中，连接苷元与糖之间的化学键称为苷键；苷元上形成苷键以连接糖的原子，称为苷键原子，也称为苷原子，通常是氧原子，也有硫原子、氮原子，少数情况下，苷元碳原子上的氢与糖的半缩醛羟基缩合，形成碳碳直接相连的苷键。天然产物中几乎所有类型的化合物都可以与糖形成苷，故其性质和结构类型各异，在生物中的分布情况也不同，苷类的英文名常以-in 或-oside 作后缀。

苷键原子   苷元   苷键   端基碳原子

β-D-葡萄糖苷 α-L-鼠李糖苷   R=苷元

由于单糖有 α 及 β 两种端基异构体，因此形成苷的构型也有 α-苷和 β-苷。在天然的苷类中，由 D 型糖衍生而成的苷，多为 β-苷（例如 β-D-葡萄糖苷），而由 L 型糖衍生的苷，多为

α-苷（例如 α-L-鼠李糖苷）。

糖苷的分类方法主要有五类：①根据苷元的化学结构分类，如黄酮苷、蒽醌苷、苯丙素苷等；②根据糖苷在生物体内的存在状态分为原生苷和次生苷，如原存在于植物体内的苷称为原生苷，原生苷水解后失去一个以上单糖的苷称为次生苷；③根据糖的名称分类，如葡萄糖苷、半乳糖苷、木糖苷等；④根据连接单糖基的数目分类，如单糖苷、双糖苷、三糖苷等；⑤根据苷键原子不同可分为氧苷、硫苷、氮苷和碳苷，这是最常用的苷类分类方式，其中最常见的是氧苷。

3.2.1 氧苷

氧苷（O-苷）可进一步根据苷键原子的来源划分为醇苷、酚苷、氰苷、酯苷和吲哚苷等，其中以醇苷和酚苷居多。

（1）醇苷

苷元上的醇羟基与糖端基羟基脱一分子水缩合而成的苷称为醇苷，如具有抗抑郁、增强免疫作用的红景天苷（salidroside）（Grech-Baran et al.，2015）。强心苷和皂苷是醇苷中的重要类型，如用于加强心肌收缩和减慢心率的洋地黄毒苷（digitoxin），抗病毒、抗炎活性的甘草酸（glycyrrhizic acid）等都属于醇苷。

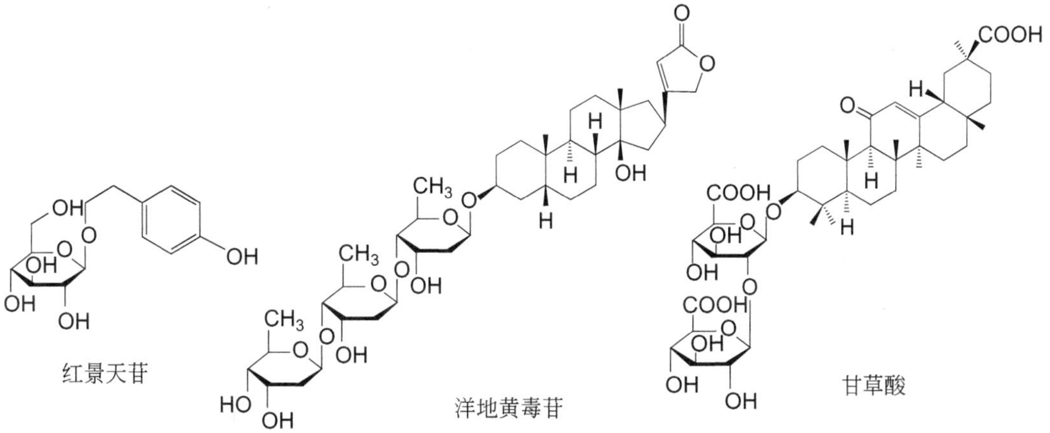

红景天苷　　　　　　　洋地黄毒苷　　　　　　甘草酸

氨基糖苷类抗生素（aminoglycoside antibiotics，AGs）是由两个或多个与氨基环醇核心连接的氨基修饰的糖组成的高效广谱抗生素。例如，放线菌灰链霉菌（*Streptomyces griseus*）产生的链霉素（streptomycin），是继青霉素后第二个生产并用于临床的抗生素，具有抗结核杆菌的特效作用，结核病被人类所攻克，必须归功于链霉素的发现；庆大霉素（gentamicin）是我国独立自主研制成功的广谱抗生素，从紫小单孢放线菌（*Micromonospora purpurea*）发酵培养液中提取得到，主要用于治疗细菌感染，尤其是革兰氏阴性菌引起的感染（吴佳慧 等，2019）。

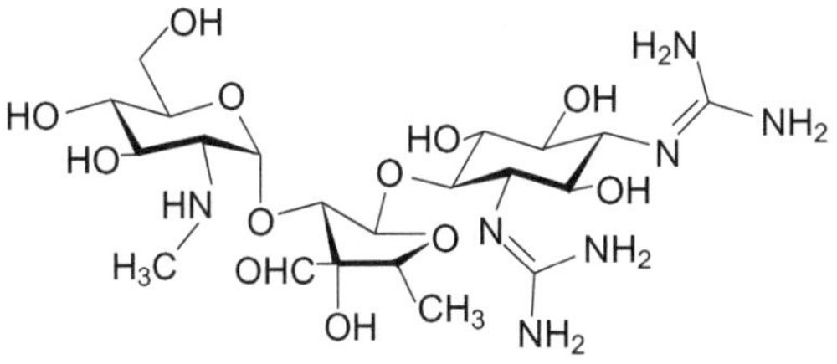

链霉素 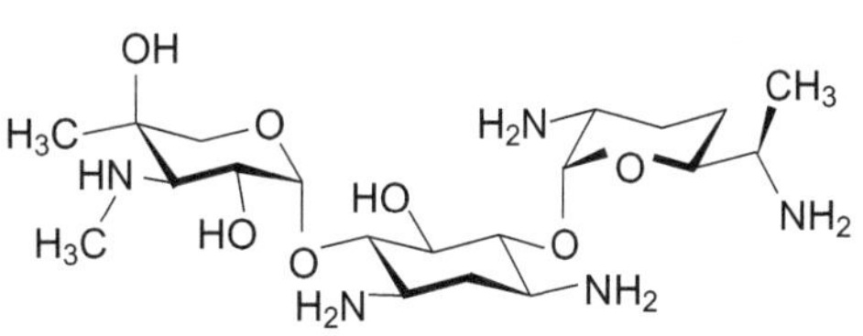　　　　　　　　　　　　　庆大霉素

（2）酚苷

苷元上的酚羟基与糖端基羟基脱一分子水缩合而成的苷称为酚苷，黄酮苷、蒽醌苷多属此类。如天麻（*Gastrodia elata*）中的镇静有效成分天麻素（gastrodin）；柑橘属果实中的黄酮苷类化合物橘皮苷（hesperidin），具有软化血管的作用。

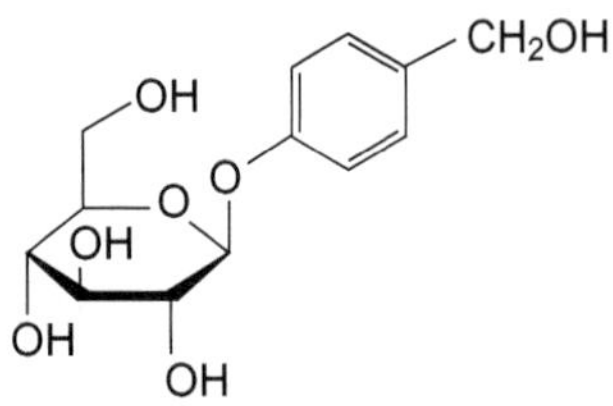

天麻苷 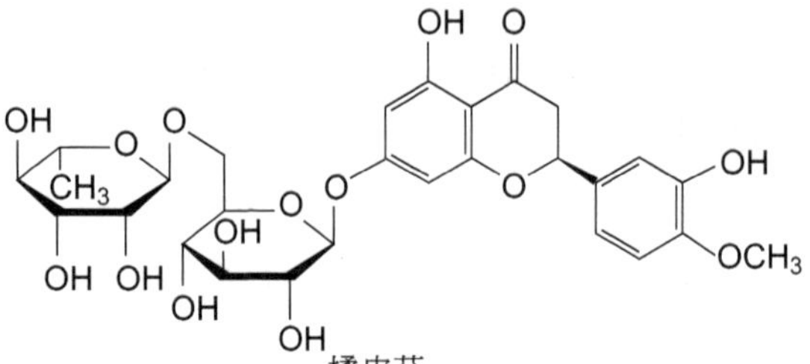　　　　　　　　　橘皮苷

（3）氰苷

氰苷主要是指 α-羟基腈与糖端基羟基脱一分子水缩合而成的苷。α-羟基腈在有酸存在和酶催化时水解生成的 α-羟基腈苷元很不稳定，立即分解为醛（酮）和氢氰酸；而在碱性条件下苷元易发生异构化。例如，存在于苦杏种子中的苦杏仁苷（amygdalin）是芳香族氰苷，在人体内会缓慢分解生成不稳定的 α-羟基苯乙腈，进而分解为具有苦杏仁味的苯甲醛，并释放少量 HCN，是止咳的有效成分，量大时也易引起人和动物中毒。

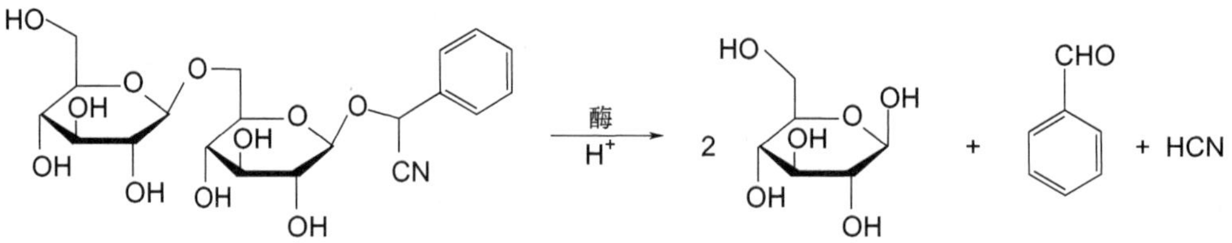

苦杏仁苷

（4）酯苷

苷元上的羧基与糖端基羟基脱一分子水缩合而成的苷称为酯苷。其苷键既有缩醛性质又有酯的性质，易为稀酸和稀碱所水解。例如，郁金香属植物杂交郁金香（*Tulipa hybrida*）中的化合物山慈菇苷 A（tuliposide A），有抗霉菌活性，但该苷不稳定，久置易发生酰基重排反应，苷元由 C1—OH 转至 C6—OH 上，同时失去抗霉菌作用，水解后苷元立即环合生成山慈菇内酯 A。

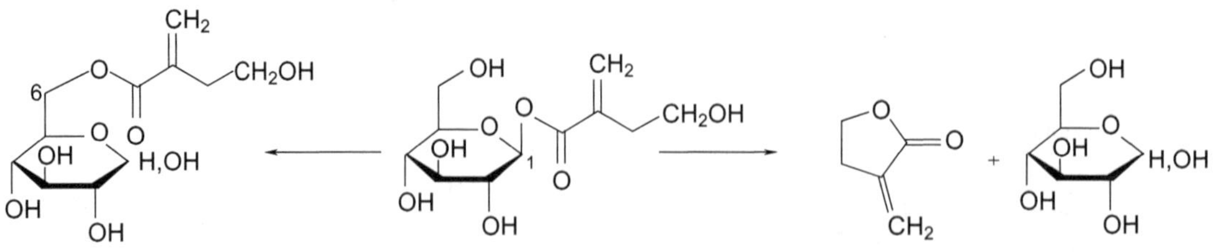

山慈菇苷A　　　　　　　山慈菇内酯A

（5）吲哚苷

吲哚醇羟基与糖端基羟基脱一分子水缩合而成的苷称为吲哚苷。如在豆科（Leguminosae）和蓼科（Polygonaceae）中特有的靛苷（indican）是一种吲哚苷，其苷元吲哚醇无色，

但易氧化成暗蓝色的靛蓝（indigotin），靛蓝具有反式结构，中药青黛就是粗制靛蓝，民间用以外涂治腮腺炎，有抗病毒作用。

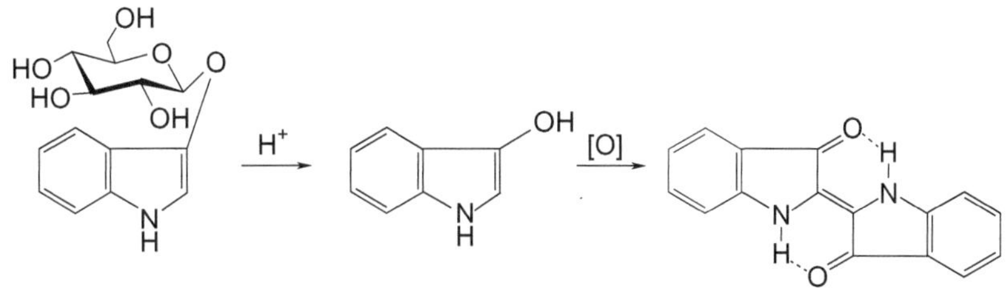

靛苷 → 靛蓝

3.2.2　硫苷

苷元上巯基与糖端基羟基脱一分子水缩合而成的苷称为硫苷（S-苷），如萝卜中的萝卜苷（glucoraphenin），煮萝卜时的特殊气味与含硫苷元的分解产物有关。芥子苷是存在于十字花科植物中的一类硫苷，具有如下通式并几乎都以钾盐形式获得，如黑芥子（*Brassia nigra*）中的黑芥子苷（sinigrin），经其伴存的芥子酶水解后生成的芥子油含有异硫氰酸酯类、葡萄糖和硫酸盐，具有止痛消炎作用。

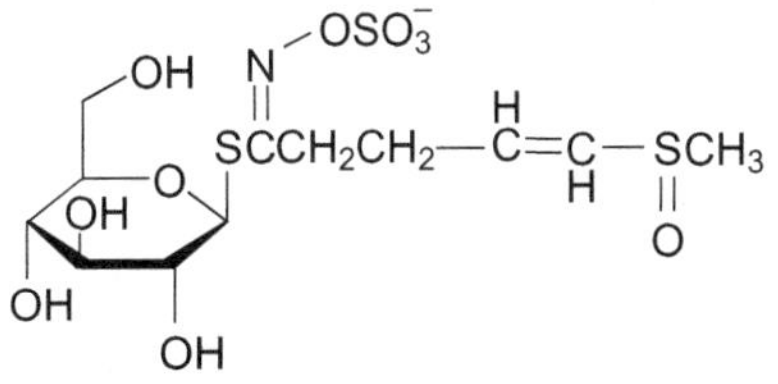

萝卜苷 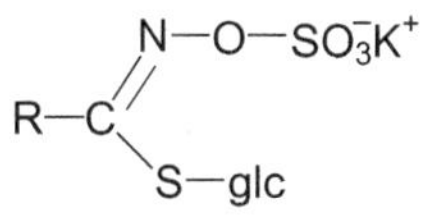　　　　　芥子苷通式 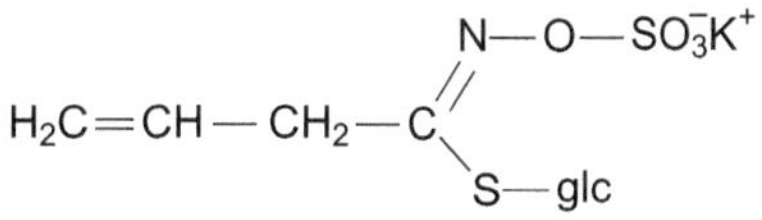　　　　　黑芥子苷

3.2.3　氮苷

苷元上的氨基与糖端基羟基脱一分子水缩合而成的苷称为氮苷（N-苷），如核苷类化合物腺苷（adenosine）、鸟苷（guanosine）、胞苷（cytidine）、尿苷（uridine）。在中药巴豆中分离得到的巴豆苷（crotonoside），可以刺激肠道蠕动，引起剧烈腹泻。

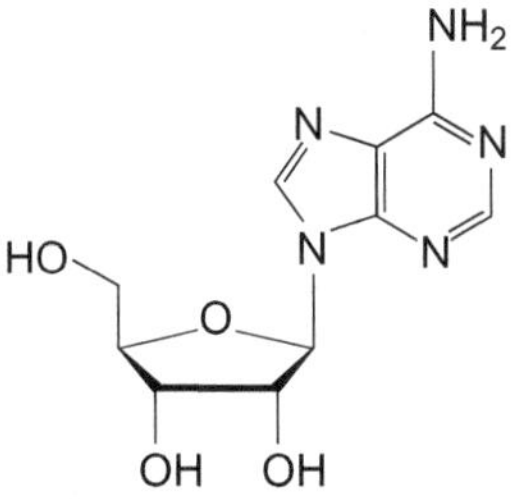

腺苷 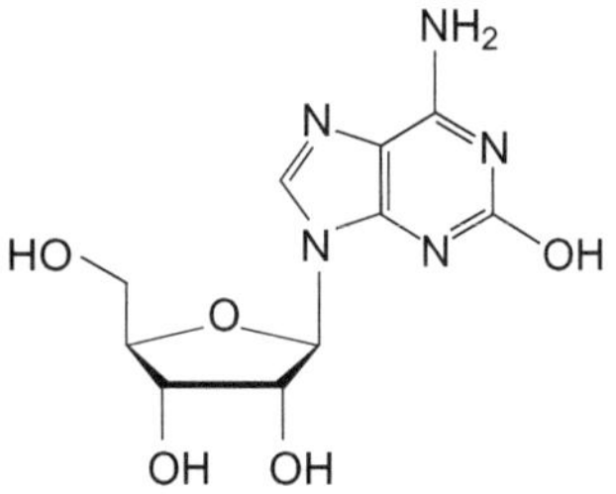　　　　　巴豆苷

3.2.4　碳苷

碳苷（C-苷）是一类糖基和苷元直接相连的苷类。组成碳苷的苷元多为酚类化合物，例如黄酮、查尔酮、色酮、蒽醌和没食子酸等，尤其在黄酮类化合物中最为常见。碳苷常与氧苷共存，它是由苷元酚羟基所活化的邻位或对位氢与糖的端基羟基脱一分子水缩合而成的，例如，黄酮碳苷中糖基均取代在黄酮 A 环的 6 位或 8 位。碳苷类具有溶解度小、难水解的共同特点，如异牡荆素（isovitexin）和葛根素（puerarin）都是碳苷类。

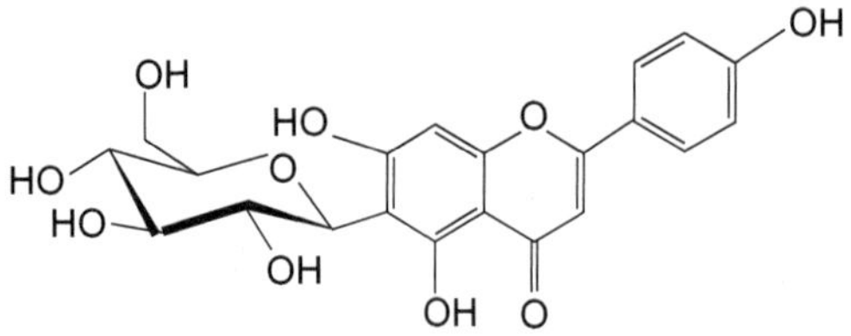

异牡荆素 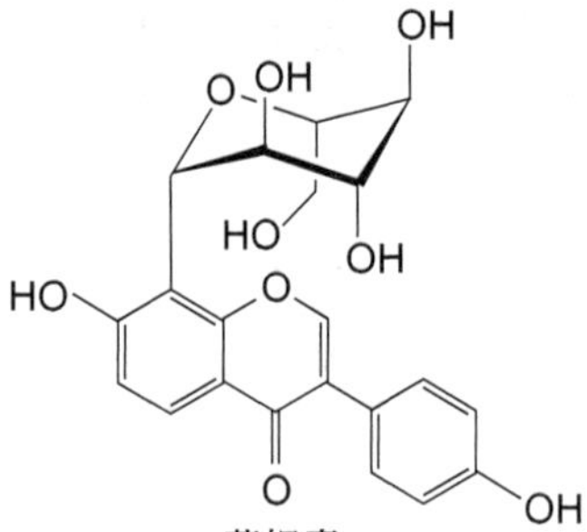　　　　　　　　　葛根素

3.3　糖苷的性质

3.3.1　性状

　　苷类均为固体，其中糖基少的可结晶；糖基多的，如皂苷，则多呈具有吸湿性的无定形粉末状。苷类一般无味，但也有很苦和有甜味的，如人参皂苷有苦味，从甜叶菊（*Stevia rebaudiana*）的叶子中提取得到的甜菊苷（stevioside）比蔗糖甜 300 倍，临床上用于糖尿病患者的甜味剂，无不良反应（Rajab et al.，2009）。苷类化合物的颜色是由苷元的性质决定的，如共轭系统的大小及助色团的有无，糖的部分有没有颜色。

3.3.2　旋光性

　　苷类由于含有糖基，具有多个不对称碳原子，所以具有旋光性。多数苷呈左旋，苷类水解后由于生成的糖是右旋的，而使混合物呈右旋，因此，比较水解前后旋光性的变化，也可用以检识苷类的存在。但必须注意，有些低聚糖或多糖的分子中也都有类似的苷键，因此一定在水解产物中找到苷元，才能判定苷类的存在。

3.3.3　溶解性

　　苷类极性较大，其亲水性与糖基的数目、连接位置密切相关，往往随糖基的增多而亲水性增强，在水中的溶解度也就增加，大多数可溶于甲醇、乙醇、正丁醇等极性大的有机溶剂，一般也能溶于水。碳苷的溶解性较为特殊，和一般苷类不同，无论是在水还是在其他溶剂中，碳苷的溶解度一般都较小。苷元一般呈亲脂性，易溶于亲脂性有机溶剂或不同浓度的醇。因此，在用不同极性的溶剂顺次提取中药时，除了挥发油部分、石油醚部分等非极性部分外，在极性小、中等极性或极性大的提取部分中都有存在苷类的可能，但主要存在于极性大的部位。

3.3.4　苷键的裂解

　　苷键裂解反应是一类研究多糖和苷类化合物的重要反应。苷键具有缩醛结构，通过该反应可以使苷键切断，水解成为苷元和糖，从而更方便地了解苷元的结构、所连糖的种类和组成、苷元与糖的连接方式、糖与糖的连接方式。常用的方法有酸水解、碱水解、乙酰解、酶水解、氧化开裂等。

1. 酸水解

　　苷键属于缩醛结构，易为稀酸催化水解，反应一般在水或稀醇溶液中进行，常用的酸有 HCl、H_2SO_4、乙酸、甲酸等。苷键酸水解的机理是苷键原子首先质子化，然后断裂生成苷元和碳阳离子或半椅式的中间体，在水中溶剂化成糖。

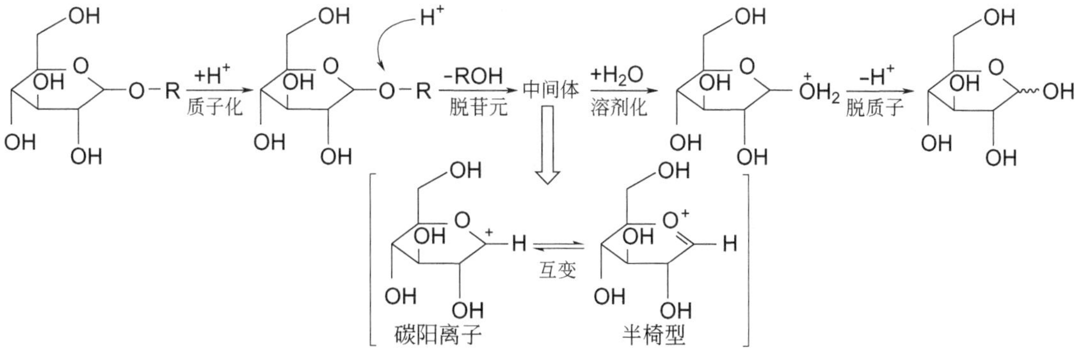

由上述机理可以看出，影响水解难易程度的关键因素在于苷键原子的质子化是否容易进行。凡使苷原子电子云密度增加或者空间环境有利于接受质子的因素，均有利于苷键的酸水解。

酸水解规律如下：

① 苷原子不同时，酸水解难易顺序：N-苷$>O$-苷$>S$-苷$>C$-苷。原因是 N-苷中 N 最易接受质子，而 C-苷的 C 上无未共享电子对，不能质子化，在一般水解条件下是不能被水解的，通常把不能被水解作为鉴别 C-苷的证据之一。

② 糖部分：呋喃糖苷>吡喃糖苷，呋喃糖苷的水解速率比吡喃糖苷大 $50\sim100$ 倍，因为呋喃五元环成信封式构象，直立键多，各键重叠，环张力大，不稳定；酮糖>醛糖，因为酮糖多为呋喃环结构，且端基上连有大基团—CH_2OH；在吡喃糖苷中，吡喃环 C5 位上取代基对质子进攻有立体阻碍，C5 取代基越大越难水解，水解速率为五碳糖>甲基五碳糖>六碳糖>七碳糖，当 C5 位上有—COOH 取代时，诱导效应使苷原子电子云密度降低，最难水解；由于 C2—OH 对苷原子的吸电子效应及 C2 位氨基对质子的竞争性吸引，水解的顺序为：2,6-二去氧糖苷>2-去氧糖苷>6-去氧糖苷>羟基糖苷>2-氨基糖苷。

③ 苷元部分：芳香属苷（如酚苷）因苷元部分有供电子结构，水解比脂肪属苷（如萜苷、甾苷）容易得多，某些酚苷，如蒽醌苷、香豆素苷不用酸，只加热也可能水解。当苷元为小基团时，直立键（a 键）对质子进攻有立体阻碍不易于水解，平伏键（e 键）苷键易水解；当苷元为大基团时，直立键（a 键）苷的不稳定性，促使苷键易水解。

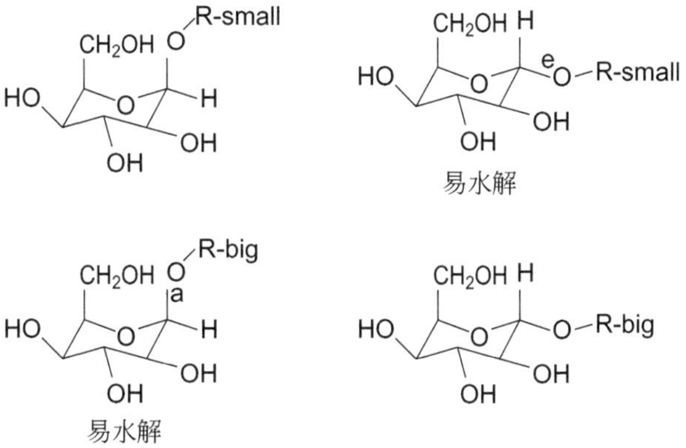

酸完全水解的条件，比如酸的种类与浓度、水解温度、反应时间的选择，由苷的结构所决定。通常，α 型较 β 型易水解，吡喃型戊聚糖较吡喃型己聚糖易水解，呋喃糖苷键一般较吡喃糖苷键易水解，含有糖醛酸或氨基糖的苷类不易水解。例如，己聚糖水解条件通常用 1 mol/L H_2SO_4 于 100℃水解 $4\sim6$ h，戊聚糖为 0.25 mol/L H_2SO_4 于 70℃水解 8 h，氨基葡聚糖则为 4 mol/L HCl 于 100℃水解 9h，但对连有阿拉伯呋喃糖的糖苷，其阿拉伯糖部

分极易水解，需严格控制水解条件以防止发生降解反应。

同一个化合物采用不同的酸水解条件，会产生苷元相同或相关、糖链长度不同的酸水解产物。例如，从龙葵（*Solanum nigrum*）中提取得到甾体皂苷类化合物薯蓣皂苷（dioscin），用浓度为 2% 的 H_2SO_4 于 90℃ 反应 75 min 水解，主要得到 γ-薯蓣皂苷水解产物，此条件下具有很好的选择性；而用 5% 的 H_2SO_4 于 75℃ 反应 75 min 水解，则主要得到 β-薯蓣皂苷水解产物（刘国臣 等，2007；Friedman et al.，1993）。

2. 碱水解

一般苷键对稀碱是稳定的，但某些特殊的苷易为碱水解，例如，酯苷、酚苷、烯醇苷、β-吸电子基取代的苷。

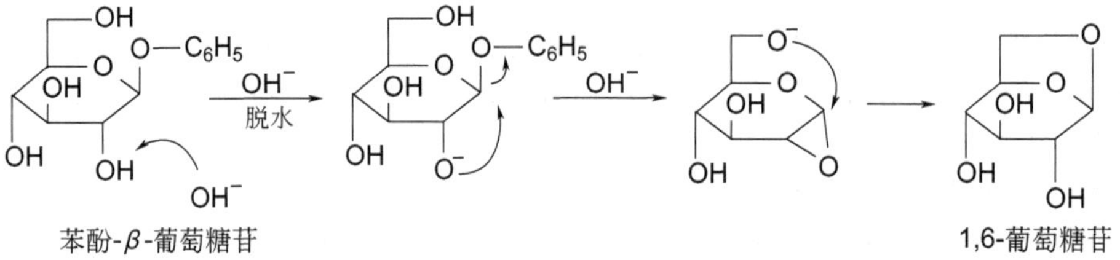

苯酚-β-葡萄糖苷　　　　　　　　　　　　　　　　　　　　1,6-葡萄糖苷

3. 酶水解

酶水解是一种反应条件温和、专属性高的方法，可选择性地催化水解某一构型的苷，得到保持苷元结构不变的真正苷元。例如，苦杏仁酶（emulsin）和纤维素酶（cellulase）水解 β-葡萄糖苷键，麦芽糖酶（maltase）水解 α-葡萄糖苷键，转化糖酶（invertase）水解 β-果糖苷键。

4. 乙酰解

在多糖苷的结构研究中，为了确定糖与糖之间的连接位置，常应用乙酰解开裂一部分苷键，保留另一部分苷键，然后用 PC/TLC 或 GC-MS 鉴定在水解产物中得到的乙酰化单糖和乙酰化低聚糖。苷键乙酰解的速率与糖之间的连接位置有关，其易难程度为：1,6-苷键＞1,4-苷键、1,3-苷键＞1,2-苷键。反应试剂为乙酸酐与不同酸（硫酸、高氯酸、醋酸、氯化锌、三氟化硼等）的混合液（蒋可 等，1993）。

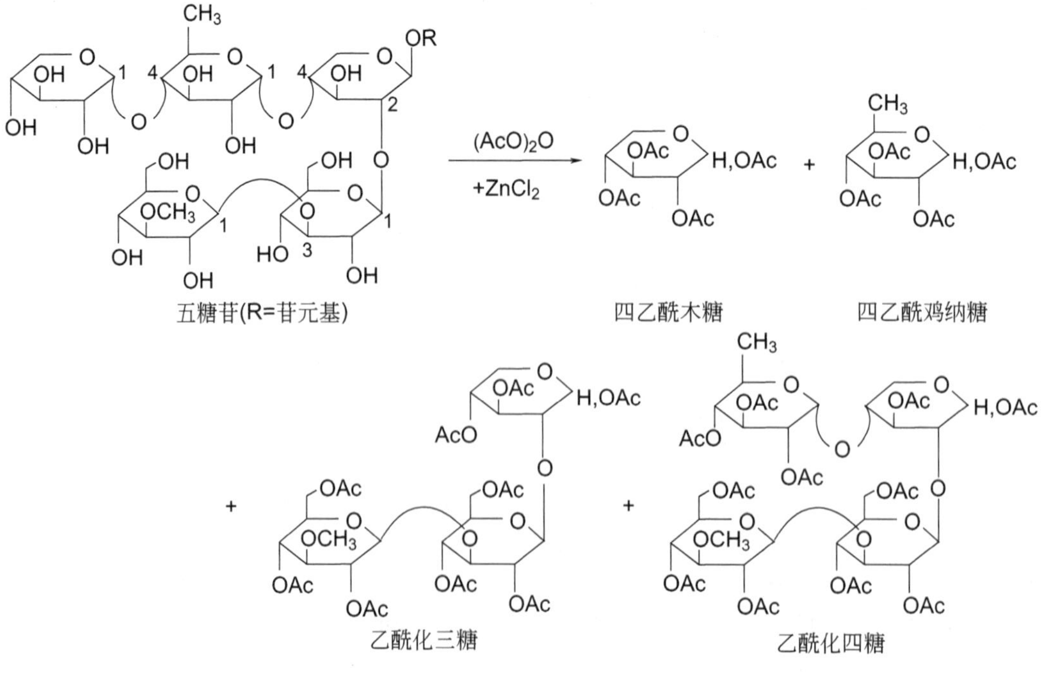

五糖苷(R=苷元基)　　　　　　　　四乙酰木糖　　　　　　四乙酰鸡纳糖

乙酰化三糖　　　　　　　　　　　　乙酰化四糖

5. 氧化开裂法（Smith 裂解法）

苷类分子中的糖基具有邻二醇结构，可以被过碘酸氧化开裂。Smith 裂解是常用的氧化开裂法，适用于苷元不稳定的苷（皂苷）和难水解的碳苷，可避免使用剧烈的酸水解，并可得到完整的苷元，这对苷元的结构研究具有重要的意义。此法先用 $NaIO_4$ 氧化糖苷使之生成二元醛和甲酸，再以 $NaBH_4$ 还原，生成相应的二元醇，然后调节 pH＝2 左右，室温下与稀酸作用，就能使其水解成苷元、多元醇和羟基乙醛。但此法不适用于苷元上也有 1,2-二醇结构的苷类。

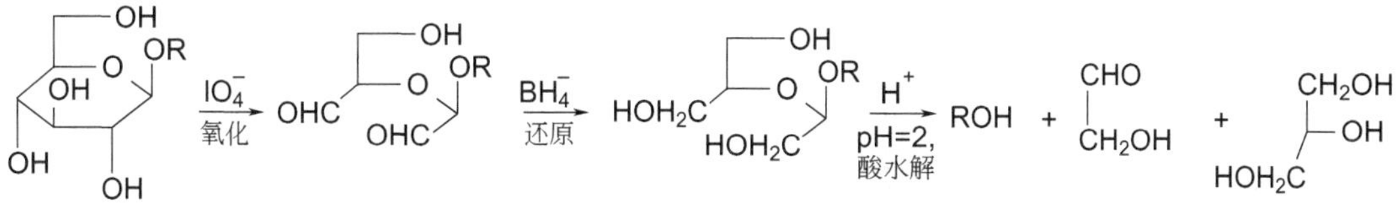

实际工作中，常先用酶水解去除部分糖基，降低糖链长度和复杂度，再进行氧化裂解制备苷元。该方法可弥补单一氧化裂解收率低以及酶水解无法制备苷元的缺点。例如，以罗汉果皂苷为起始原料，经 β-葡萄糖苷酶水解 1 次，再以过量 100％ 的高碘酸钠于 60℃ 氧化裂解制备罗汉果醇和 11-氧代罗汉果醇（李炳辰 等，2017）。

3.3.5 苷的显色反应

显色反应可用来判断天然原料是否含有苷类，鉴别糖苷常用的显色反应或显色试剂如表 3-1 所示。其中，Molisch 反应（又称酚醛缩合反应）是糖类特征显色剂，其操作是将样品的水提取液置于试管中，先加入 α-萘酚试液 1 滴，摇匀，再沿管壁加入浓硫酸，单糖、低聚糖和多糖在浓酸作用下脱水生成糠醛衍生物，衍生物与 α-萘酚缩合，则在两种溶液的交界处可产生紫红色或其他颜色的环。

表 3-1 鉴别糖苷常用的显色反应或显色试剂

显色反应/显色试剂	苷	糖	苷元	鉴别特点
Molish 反应 （α-萘酚、浓硫酸）	阳性（＋）	阳性（＋）	阴性（－）	紫色缩合物， 苷与苷元的鉴别
斐林试剂 （碱性硫酸铜）	阴性（－）	阳性（＋）	阴性（－）	Cu_2O 砖红色沉淀， 还原糖特有
托伦试剂 （硝酸银氨溶液）	阴性（－）	阳性（＋）	阴性（－）	银镜反应， 还原糖特有

3.4 糖苷的提取与分离

植物体内，苷类常与水解苷类的酶共存，因此在提取时，需明确提取的目的，根据提取的是原生苷、次生苷还是苷元，采用不同的提取方法。在提取原生苷时，必须抑制酶的活性，常用的方法是在中药中加入碳酸钙，或用甲醇、乙醇或沸水提取，同时提取过程中要尽量勿与酸或碱接触，以免苷类水解；在提取次生苷、苷元时，利用酶的活性，或加酸水解/碱水解，或有机溶剂醇、苯、氯仿、石油醚提取。

各种苷类分子由于苷元结构的不同，所连接糖的数目和种类也不一样，很难有统一的提取方法，如果用极性不同的溶液按极性从小到大的次序进行萃取，则在每一提取部分，都可能有苷的存在。最常用的提取方法是系统溶剂提取法，再结合各类色谱法如离子交换色谱、纤维素柱色谱、凝胶柱色谱，或者季铵盐沉淀法、分级沉淀等进一步分离。苷类化合物常用的提取流程如图 3-1 所示。

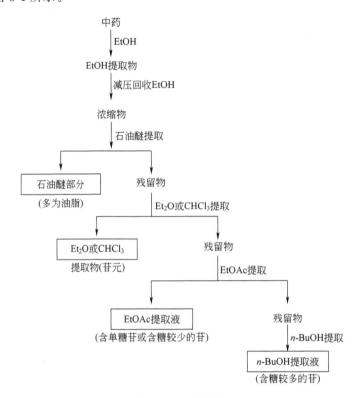

图 3-1　苷类化合物常用的提取流程

3.5　糖苷结构的测定

糖苷的结构研究主要包括苷元的结构研究、糖的鉴定、糖链的结构测定及苷键构型的研究等几个方面的内容。其中苷元结构类型的研究较多，可按其所属类型分别进行研究，其方法见其余各章。下面重点介绍糖的鉴定、糖链的结构测定及苷键构型的研究等方面的内容。

3.5.1　糖的鉴定

将糖苷用稀酸或酶进行水解，使其生成苷元和各种单糖，然后再对这些水解产物进行鉴定。具体方法为：取样品 10 mg，加 0.5～1 mol/L 硫酸溶液 2 mL，充氮除氧后封管，在 100℃水解 6 h，水解液用饱和氢氧化钡中和至中性，离心抽滤去除生成的硫酸钡沉淀，滤液经适当浓缩后用于鉴定（刘咏 等，2005）。

1. 纸色谱（PC）

糖的纸色谱分析通常采用极性较大的水饱和有机溶剂展开，常用的展开剂为正丁醇-醋酸-水（4∶1∶5，BAW）、正丁醇-乙醇-水（4∶1∶2.2，BEW）、氯仿-甲醇-水（65∶35∶10）、水饱和苯酚等溶剂系统。糖的亲水性较强，R_f 值和溶剂的含水量有很大关系，在一般含水量少的溶剂系统中层析时，R_f 值很小；常用的显色剂有两种——苯胺-邻苯二甲酸溶液（1 g

对茴香胺盐酸盐与 0.1 g 亚硫酸氢钠溶液溶于 10 mL 甲醇中，再以正丁醇稀释至 100 mL）和苯胺-草酸溶液（0.93 g 苯胺和 1.66 g 草酸溶于水饱和的 100mL 正丁醇中），喷雾显色，以 D-葡萄糖、D-甘露糖、L-阿拉伯糖、L-鼠李糖、D-木糖、D-半乳糖等标准糖溶液做对照，根据样品和对照品的 R_f 值及斑点颜色鉴定单糖的性质和种类（吴梧桐 等，1984）。本法操作快，准确度高，成本低；但不能分辨 α-糖和 β-糖。

2. 薄层色谱法（TLC）

糖的薄层色谱分析常用硅胶作吸附剂。但由于糖的极性强，因此在硅胶薄层上进行色谱分析时，可用 0.1 mol/L 磷酸二氢钠溶液调配硅胶 G 制备薄层板，经 100℃ 活化后用纸色谱同样的对照品、展开剂，也可采用正丁醇：乙酸乙酯：异丙醇：乙酸：吡啶：水（7：20：12：7：6：5）或正丁醇：吡啶：水（5：2：3）作为展开剂（邓国栋 等，2004），层析后采用香草醛-硫酸试剂、间苯二酚硫酸试剂、$AgNO_3$-NaOH 试剂在 100℃ 加热数分钟显色检出薄层斑点，根据 R_f 值进行鉴定，用薄层扫描仪测定各单糖的峰面积求得各种糖的分子比。一般点样量不能大于 5 μg；采用硼酸溶液或无机盐溶液（例如，0.1 mol/L 的磷酸氢二钠或磷酸二氢钠水溶液）代替水调制吸附剂进行铺板，点样量可增加至 400～500 μg，并显著改善分离效果。苷中各单糖的比例可以采用双波长薄层扫描法，再换算成分子比。

也可选用纤维素薄层层析，选择乙酸乙酯-吡啶-醋酸-水（7.0：3.0：0.2：1.4）为展开剂分离多糖水解后的单糖组分，用苯胺-邻苯二甲酸的正丁醇饱和溶液喷雾显色（邓勇 等，2018）。

3. 气相色谱与质谱分析联用（GC-MS）

气相色谱常用于单糖的定性和定量分析。糖苷水解液中和后，将糖制备成三甲基硅醚（TMS）或全甲基化衍生物增加其挥发性。多糖的测定常以甲醇解反应制成单糖的甲苷，然后再用硅烷化试剂制成单糖甲苷的三甲基硅醚衍生物，以减少异构物，有利于分辨。氨基糖的盐酸用 HMDS 和 TMCS 在吡啶中不能得到氨基的硅醚衍生物，而需改用双三甲硅基乙酰胺（BSA）或双三甲硅基三氟乙酰胺（BSTFA）作为三甲基硅醚化试剂。醛糖可用 $NaBH_4$ 还原成多元醇，制成乙酰化物或三氟乙酰化物。GC-MS 联用分析，与标准品单糖的衍生物保留时间 t_R 和测得的分子量进行对照，利用峰面积值进行定量，不仅可测出多糖的组成，并可测得单糖之间的物质的量之比（郝林华 等，2005）。气相色谱灵敏度较纸色谱高，可分辨 α-糖和 β-糖，例如 α-鼠李糖比 β-鼠李糖的滞留时间短，但不能用于分子量大的糖的分析，内标物常用甘露醇或肌醇。

4. 高效液相色谱法（HPLC）

高效液相色谱也可用于单糖的定性和定量分析。当采用 $HRC-NH_2$ 色谱柱时，以乙腈-水（75：25）为流动相，流速 0.8 mL/min，差示折光检测器通过比较各种标准糖的保留时间确定不同单糖组分（杨挺，1997）。也可采用 RP-18 ODS 色谱柱，用 1-苯基-3-甲基-5-吡唑啉酮（PMP）进行单糖柱前衍生化，具体方法为：20 μL 1 mg/mL 单糖溶液置于 1.5 mL 的离心管中，然后依次向其中加入 0.3 mol/L 的 NaOH 溶液和 0.5 mol/L 的 PMP 各 0.5 mL，于 70℃ 加热 30 min，反应后的样品以 10000 r/min 离心 5 min，取 0.5 mL 上层清液于 10 mL 离心管中，依次加入 0.3 mol/L 的盐酸溶液和蒸馏水各 0.25 mL，再加入 1 mL 氯仿萃取，离心，取上清液，以磷酸盐缓冲液 [Na_2HPO_4-NaH_2PO_4，PBS，0.1 mol/L，pH 6.9]-乙腈（83：17）为流动相，流速为 0.8 mL/min，紫外 DAD 检测器在波长 245 nm 比较各种标准糖的保留时间确定不同单糖组分（李伟 等，2015）。高效液相色谱法适合分析对热不稳定的、不挥发的单糖，但灵敏度不及气相色谱法。

3.5.2 糖链的结构测定

1. 糖连接位置的确定

常用的有两种方法，第一种测定方法是将糖链进行全甲基化，用 6％～9％盐酸的甲醇溶液进行甲醇解，可得到未完全甲醚化的各种单糖，其中甲基化单糖中游离羟基的部位就是糖与糖之间的连接位置，发生全甲基化的单糖即是末端糖，甲醚化单糖甲苷的鉴定常用 TLC 法或 GC-MS 法，测定时与标准品进行对照。糖苷的全甲基化物的甲醇解反应如下：

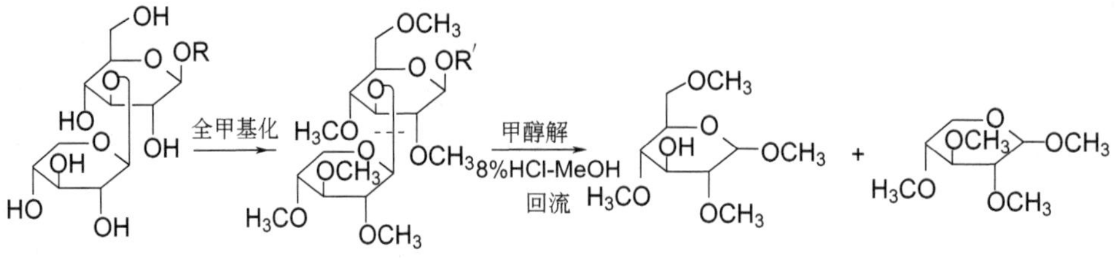

R=苷元基　R'=全甲基化苷元基

第二种测定方法是通过测定苷化位移（glycosidation shift，GS），将糖苷化合物先进行甲醚化或乙酰化，测得其 ^{13}C-NMR 谱，然后将其水解，再测其水解产物的 ^{13}C-NMR 谱，比较苷元上 α-C、β-C 和糖上端基碳的变化，以推断苷键的连接位置。通常，糖苷化后端基碳和苷元 α-C 化学位移值均向低场移动，而 β-C 稍向高场移动（偶尔也有向低场移动的），对其余碳的影响不大；但酯苷和酚苷的苷化位移值较特殊，酯苷和酚苷的端基碳和苷元 α-C 一般均向高场位移。

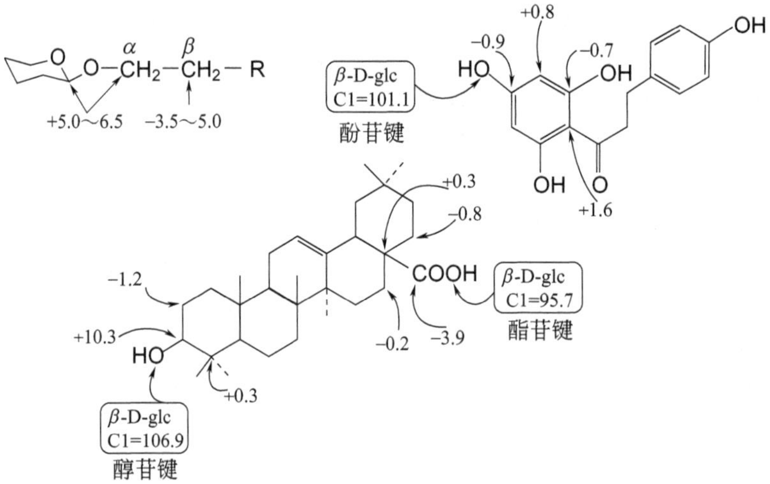

2. 糖链连接顺序的确定

一般可采用 3.3.4 中的酸水解、酶水解或乙酰解的方法，使糖苷发生部分苷键裂解而使部分糖水解脱去，再通过薄层色谱等方法对产物进行鉴定，经分析比较，从而确定糖与糖之间的连接顺序。也可采用质谱分析，如 FAB-MS、FD-MS 谱中糖苷分子离子峰与苷元碎片离子峰分子量之差，判定结构中所含糖数目，通过归属各种脱去不同程度糖基的碎片离子峰，与特征性末端糖数据相比较，确定糖与糖之间的连接顺序。例如，从大叶牛奶菜（*Marsdenia koi*）中分离得到具有明显抗生育活性的甾体皂苷大叶牛奶菜苷甲（marsdecoiside A），经酸水解确定其苷元为二氢肉珊瑚苷元（dihydrosarcostin），分子还含有一分子加拿大麻糖（cymarose）和茯苓二糖（pachybiose）。FAB-MS 显示其分子峰为 *m/z* 962，而 *m/z* 801、*m/z*

657 为依次失去一分子糖基的碎片离子峰，其中 m/z 801 应为分子离子失去一分子六碳糖（m/z 161）后所得的碎片离子，即表明加拿大麻糖（六碳糖）处于糖链的末端，结合其他结构信息可确定该糖苷的基本结构是 12-cinnamoyl-dihydrosarcostin-3-O-methyl-6-deoxy-β-D-allopyranosyl-(1→4)-O-β-D-oleandropyranosyl-(1→4)-O-β-D-cymaropyranoside（Yuan et al.，1992）。

marsdekoiside A的FD-MS谱 [M]⁺=962

3.5.3 苷键构型的测定

苷键构型有 α-苷键和 β-苷键两种，苷键构型的测定方法主要有酶水解法、Klyne 经验公式计算法及核磁共振法。

1. 酶催化水解法

利用第 3.3.4 节所述酶水解的专属性，即特定的酶只能水解特定糖的特定构型的苷键而进行苷键构型的测定。

2. 利用 Klyne 经验公式进计算法

利用分子旋光差法分别测定未知苷键构型的苷和其水解所得苷元的旋光度，再通过计算得到单糖的比旋光度：$[\alpha]_D=[\alpha]_D^{苷}-[\alpha]_D^{苷元}$。将此差值与形成该苷的单糖的一对甲苷（$\alpha$-、$\beta$-）的分子比旋光度相比较，其数值相近的就是此单糖的苷键构型。

3. 利用核磁共振法测定

核磁共振法是测定苷键构型的重要方法。利用 ^{1}H-NMR 中端基质子的化学位移值和端基质子的偶合常数判断苷键构型是最常用的方法，但有些糖不适用这种方法，而需要借助 ^{13}C-NMR数据分析确定苷键的 α 或 β 构型（侯成敏 等，2012；裴月湖 等，2011）。

(1) ^{1}H-NMR 判断糖苷键的相对构型

核磁共振氢谱中端基质子化学位移（δ）为 5.0 左右，该区信号少容易辨认，其他质子出峰位置在 δ 3.5～4.5，呈现多重干扰堆峰。利用糖的端基质子的偶合常数 [3]$J_{(C1-H,C2-H)}$ 来判断苷键的构型，吡喃糖 β-苷键和 α-苷键的 C1—H 与 C2—H 的优势构象不同，而相邻碳原子上质子偶合常数的大小与二者之间的立体夹角 Φ 有关，如 D-葡萄糖的优势构象中，C2—H 处于直立键，当 C1—OH 处在平伏键上时，C1—H 和 C2—H 的两面夹角近 180°，J 值在 6～9 Hz 之间；当 C1—OH 处在直立键上时，C1—H 和 C2—H 的两面夹角近 60°，J 值在 2～3.5 Hz 之间，由此可以区分 α 和 β 异构体；在 L-鼠李糖、D-甘露糖中，C2—H 处于平伏键，无论形成 α-苷或 β-苷，C1—H 和 C2—H 的两面夹角近 $60°$，J 值均在 2 Hz 左右，无法通过 $^3J_{(C1-H,C2-H)}$ 区分苷键构型；呋喃型糖偶合常数变化不大，不能用端基质子偶合常数判断苷键构型。

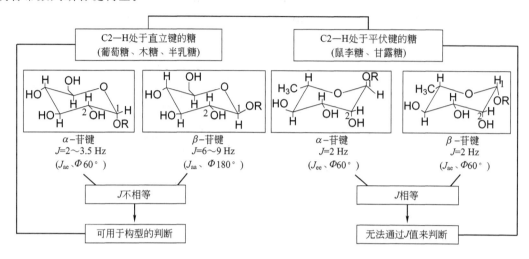

(2) ^{13}C-NMR 判断糖苷键的相对构型

糖与苷元连接后，糖中端基碳原子向低场位移，其化学位移值明显增大，利用碳谱中端基碳原子的化学位移值判断 α-苷和 β-苷的苷键构型，如 D-葡萄糖吡喃糖苷端基碳原子 δ_{C1} 值 α 型为 97～101；β 型为 103～106；其他碳原子的化学位移则变动不大，$\delta_{(C2,C3,C4)}$ 值为 70～85，δ_{C6} 值为 62 左右，δ_{CH_3} 小于 20。

也可使用偶合常数 $^1J_{C1-H1}$ 值判断苷键构型。如 D-葡萄糖、D-甘露糖和 L-鼠李糖形成的苷，α-苷的 $^1J_{C1-H1}$ 值为 170 Hz，而 β-苷的 $^1J_{C1-H1}$ 值为 160 Hz，两者相差约 10 Hz，故可用以区分苷键构型。

参 考 文 献

邓国栋，郁建平，郑宝山．TLC 法测定茶叶多糖的单糖组成研究 [J]．西南大学学报，2004，26 (6)：703-705．

邓勇，张杰良，王兰英，等．薄层色谱法分析不同虫草多糖的单糖组成 [J]．药物分析杂志，2018，38 (1)：13-21．

郝林华，陈磊，仲娜，等．牛蒡寡糖的分离纯化及结构研究 [J]．高等学校化学学报，2005，26 (7)：1242-1247．

侯成敏，陈文宁，陈玉放．糖类结构的光谱分析的特点 [J]．天然产物研究与开发，2012，24 (4)：556-561．

蒋可，陈宇东．乙酰解方法测定痕量糖链中 $\alpha1\rightarrow6$ 联接的分枝点 [J]．化学学报，1993，51 (5)：502-505．

李艳梅，赵圣印，王兰英．有机化学 [M]．北京：科学出版社，2014．

李炳辰，符毓夏，羊学荣，等．酶水解与氧化裂解联用制备罗汉果醇和 11-氧代罗汉果醇 [J]．中国医药工业杂志，2017，48 (5)：735-739．

李伟，张旭，吴明江．HPLC 法分析羊栖菜与铜藻多糖的单糖组成 [J]．高师理科学刊，2015 (7)：53-57．

刘国臣，李盛钰，何大俊，等．甾体皂苷的选择性酸水解研究 [J]．东北师范大学报，2007，39 (2)：87-91．

刘咏，成战胜．茶叶多糖的提取纯化及其单糖组分的鉴定 [J]．食品与发酵工业，2005，31 (6)：138-140．

裴月湖，华会明，李占林，等．核磁共振法在苷键构型确定中的应用 [J]．药学学报，2011 (2)：127-131．

吴佳慧，刘鹏宇．氨基糖苷类抗生素的发展历程 [J]．中国抗生素杂志，2019，44 (11)：1275-1282．

吴梧桐，余品华，夏尔宁，等．银耳孢子多糖 TF-A、TF-B、TF-C 的分离、纯化及组成单糖的鉴定 [J]．Acta Biochimica et Biophysica Sinica，1984 (4)：67-72．

徐寿昌．有机化学 [M]．北京：高等教育出版社，1993．

杨挺．低分子糖的高效液相色谱分析 [J]．华南师范大学学报，1997 (3)：49-52．

Friedman M，Mcdonald G，Haddon W F. Kinetics of acid-catalyzed hydrolysis of carbohydrate groups of potato glycoalkaloids. alpha. -chaconine and alpha. -solanine [J]. Journal of Agricultural and Food Chemistry, 1993, 41 (9): 1397-1406.

Grech-Baran M, Syklowska-Baranek K, Pietrosiuk A. Biotechnological approaches to enhance salidroside, rosin and its derivatives production in selected *Rhodiola* spp. *in vitro* cultures [J]. Phytochemistry Reviews, 2015, 14 (4): 657-674.

Rajab R, Mohankumar C, Murugan K, et al. Purification and toxicity studies of stevioside from *Stevia rebaudiana* Bertoni [J]. Toxicology International, 2009, 16 (1): 49-54.

Yuan J L, Lu Z Z, Chen G X, et al. The pregnane glycoside marsdekoiside a from *Marsdenia koi* [J]. Phytochemistry, 1992, 31 (3): 1058-1060.

第4章 生物碱

4.1 概述

生物碱（alkaloids）是广泛存在于自然界中的一类含氮有机化合物（不包括蛋白质、肽类、氨基酸及B族维生素）。生物碱大多数具有较复杂的氮杂环结构且氮原子在杂环内，显碱性且能和酸结合生成盐，并具有显著的生理活性。

我国早在两三千年前就已使用含生物碱的中草药进行治疗，在《神农本草经》中有多种含生物碱的中草药，如上品的黄连、石斛；中品的麻黄、防己、贝母、苦参、百合、吴茱萸、厚朴；下品的乌头、藜芦、常山、莨菪子等。从十九世纪德国学者 F. W. Sertürner 从鸦片中分离出吗啡以来，迄今已知的生物碱类成分数目已多达13万个。

生物碱主要来源于植物，到目前为止，50多科120余属的植物中证明有生物碱的存在，已发现生物碱约6000种，并且仍以每年约100种的速度递增（周贤春等，2006），已有80多种运用于临床。生物碱在系统发育较高级的植物类群中分布较多，双子叶植物中分布最多，并较为集中地分布于防己科（Menispermaceae）、毛茛科（Ranunculaceae）、罂粟科（Papaveraceae）、夹竹桃科（Apocynaceae）、豆科（Leguminosae）、马钱科（Loganiaceae）、茄科（Solanaceae）等；裸子植物中，仅松属（*Pinus*）、云杉属（*Picea*）、红豆杉属（*Taxus*）、三尖杉属（*Cephalotaxus*）等植物中含有少量生物碱；单子叶植物中，生物碱分布较少，主要存在于百合科（Liliaceae）、石蒜科（Amaryllidaceae）、百部科（Stemonaceae）等。在系统发育较低级的植物类群中生物碱存在较少甚至没有。蕨类植物中除少数简单生物碱如烟碱外，结构复杂的生物碱集中分布于小叶形的真蕨，如卷柏科（Selaginellaceae）、木贼科（Equisetaceae）、石松科（Lycopodiaceae）等植物当中；地衣、苔藓类植物中含有少量简单的吲哚生物碱；藻类、水生植物、异养植物尚未发现生物碱的存在。微生物也是生物碱的主要生产者，如青霉属（*Penicillium*）真菌产生的 β-内酰胺类抗生素青霉素，麦角菌属（*Claviceps*）产生的麦角生物碱类毒素。迄今为止在动物中发现的生物碱极少，如肾上腺素（adrenalin）、河豚毒素（TTX）、箭蛙毒素（batrachotoxin）、蟾蜍色胺（bufotenine）、肉毒碱（carnitine）等。

生物碱在植物中的分布规律：同一科属或亲缘关系相近的植物往往含有化学结构相同或相似的生物碱，如茄科的颠茄属（*Atropa*）、赛莨菪属（*Scopolia*）、天仙子属（*Hyoscyamus*）、曼陀罗属（*Datura*）等植物中都含有莨菪碱（hyoscyamine）；同一种生物碱也可分布于不同科中，如在毛茛科（Crypteroniaceae）、小檗科（Berberidaceae）、防己科与芸香科（Rutaceae）的一些植物中都有小檗碱（又名黄连素）；同种植物中所含生物碱常不止一种，有的可含数种至数十种，不同部位，不但生物碱的含量有差异，而且生物碱的种类也可能不同；植物体内生物碱的含量差别很大，但一般都较低（1%以下），如金鸡纳树皮中含奎宁可达 1.5% 以上，黄连中小檗碱的含量可达 8% 以上，而长春花中的长春新碱含量仅为百万分之一，美登木中美登素含量更少，仅千万分之二，通常把含量在 0.1% 以上的植物称为生物碱植物；生物碱极少与萜类、挥发油共存于同一植物中。这些关联和分布特点为发现和寻找新的药物资源提供了有效的途径（王锋鹏，2008）。

生物碱在生物体内除少数碱性极弱而不易或不能和酸结合生成盐以游离态形式存在外，多数有一定碱性的生物碱以有机酸盐或无机酸盐的形式存在，常见的有机酸如柠檬酸、草酸、酒石酸、琥珀酸，较少见的如乌头酸、绿原酸，无机酸常见的有硫酸、盐酸，如盐酸小檗碱、硫酸吗啡等。

游离态的生物碱根据分子中 N 原子所处的状态主要分为六类：①胺类和酰胺类，如那可汀、喜树碱等；②季铵碱，为水溶性生物碱，如小檗碱、轮环藤酚碱、药根碱等；③苷类，少数生物碱与糖结合以糖苷的形式存在；④酯类，多数生物碱分子中的羧基，常以甲酯形式存在，如三尖杉酯碱（harringtonine）、乌头碱（aconitane）等；⑤N-氧化物，在植物体中已发现的含 N-氧化物结构的生物碱约一百余种，如氧化苦参碱（oxymatrine）；⑥两性生物碱，结构中既有碱性氮原子，又有酸性基团（酚羟基、羧基），如酚性生物碱吗啡。

生物碱通常具有比较特殊而广泛的生理活性，临床应用主要表现为抗癌、抗菌、抗炎、抗病毒以及作用于心血管系统和神经系统等，往往是药用植物、包括许多中草药有效成分。例如，阿片中的镇痛成分吗啡，麻黄的抗哮喘成分麻黄碱，颠茄的解痉成分阿托品，长春花的抗癌成分长春新碱，黄连的抗菌消炎成分小檗碱等（Kittakoop et al.，2013）。但生物碱在生物体内的功能仍不清晰，有待进一步研究解决。

生物碱的命名方法有两种：①以生物来源的属、种的名称命名，如胡椒碱（piperine）分离自胡椒科植物胡椒（*Piper nigrum*）的成熟果实，烟曲霉文丙（fumigaclavine C）分离自曲霉属真菌烟曲霉（*Aspergillus fumigatus*）；②以生理活性或药效命名，如吗啡可促进睡眠，吐根碱（emetine）能够促进呕吐。

生物碱结构的研究为现代合成药物提供了先导化合物。科学家们在阐明化学结构的同时亦研究它们的结构与疗效的关系，同时进行结构的改进，寻找疗效更高、结构更为简单并且可大量生产的新型化合物。例如，人们对吗啡药效团的研究推动了异喹啉生物碱的研究，并导致了镇痛药杜冷丁的发现。植物古柯中的有效成分古柯碱（又名可卡因）虽有很强的局部麻醉作用，但是毒性较大，久用容易成瘾，对它进行结构改造，从中找到普鲁卡因，不但结构较古柯碱简单，毒性也大大降低，成为临床广泛使用的局部麻醉药物。

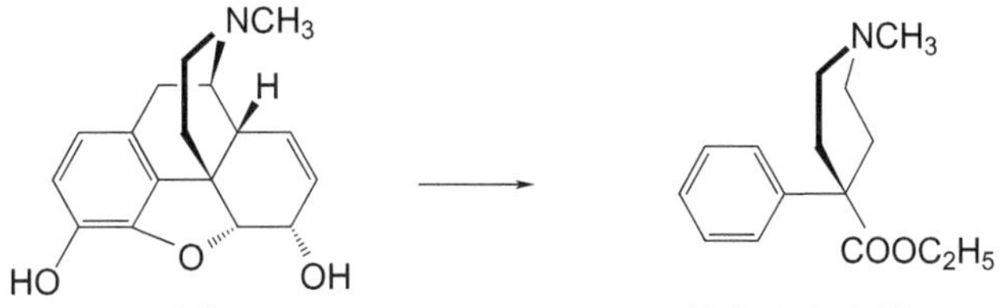

吗啡　　　　　　杜冷丁(合成品)

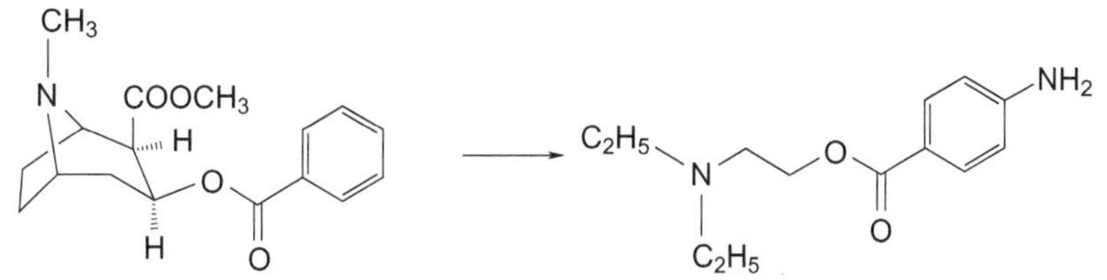

古柯碱　　　　　　普鲁卡因(合成品)

4.2 生物碱的分类

生物碱的分类方法主要有三种：①根据植物来源分类，如石蒜生物碱、长春花生物碱；②根据化学结构分类，如异喹啉生物碱、甾体生物碱；③根据生源结合化学分类，如来源于鸟氨酸的吡咯生物碱。较常用的是按照生物碱分子化学结构的基本母核进行分类，大致分为如下几类（O'Hagan，2000；Joseph，2004；徐任生，2004；徐智 等，2014）。

4.2.1 有机胺类生物碱

有机胺类生物碱通常是指氮原子不在环内的胺和酰胺。例如，麻黄碱和伪麻黄碱都是芳烃仲胺类生物碱，主要来源于植物麻黄，均为拟肾上腺素药，能促进人体内去甲肾上腺素的释放而显效，具有松弛支气管平滑肌和促进中枢神经系统兴奋作用，二者均是制备甲基苯丙胺（冰毒）的原料，我国制定了《麻黄素管理办法》，对本品的生产和使用进行了严格控制；秋水仙碱（colchicine）是环庚三烯酮醇的衍生物，分子中有两个骈合七元碳环，氮在侧链上成酰胺，临床上用以治疗急性痛风，并有抑制癌细胞生长的作用。

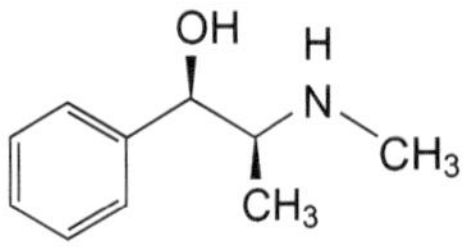

麻黄碱(1*R*,2*S*) 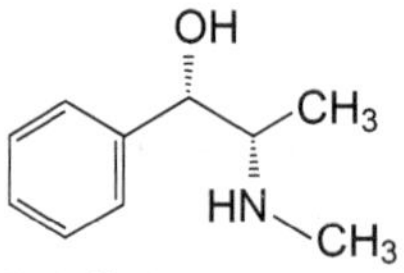　　　伪麻黄碱(1*S*,2*S*) 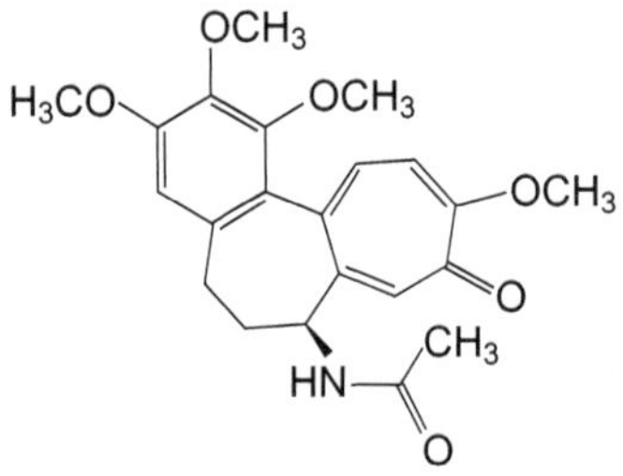　　　秋水仙碱

4.2.2 吡咯烷生物碱

由吡咯及四氢吡咯（又称吡咯啶）衍生的生物碱称为吡咯烷生物碱。该类型的生物碱主要有：简单的吡咯衍生物、吡咯里西啶衍生物和吲哚里西啶衍生物。

灵菌红素（prodigiosin，PG）是具有三吡咯环骨架的简单的吡咯衍生物类生物碱，是主要来源于黏质沙雷菌（*Serratia marcescens*）及其他多种细菌、放线菌的天然红色素。该色素具有抗细菌、抗真菌、抗疟疾、免疫抑制和抗肿瘤等活性，近年来的研究主要集中在其作为抗肿瘤药物的潜在临床应用上（Wang et al.，2016）。

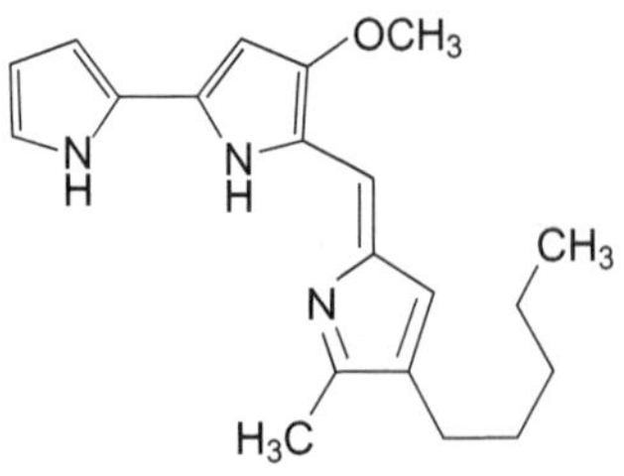

灵菌红素 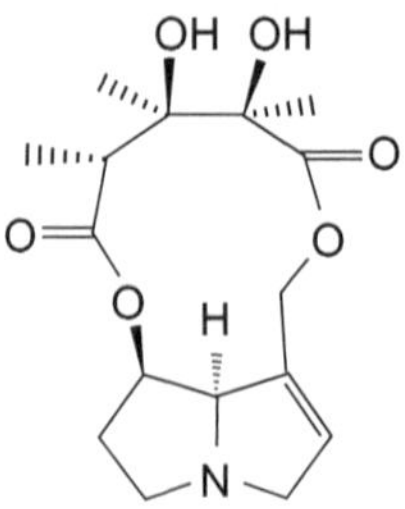　　　　　野百合碱 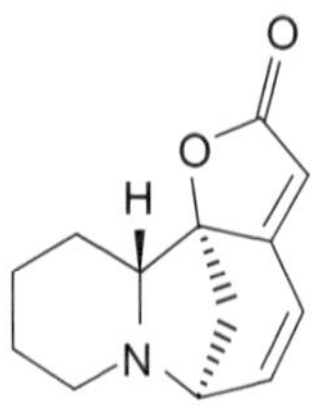　　　　　一叶萩碱

吡咯里西啶（pyrrolizidine）衍生物由一个三价氮原子形成稠合的两个吡咯啶环，故又称双稠吡咯啶，主要分布在菊科千里光属、豆科猪屎豆属，如野百合属植物农吉利（*Crotalaria sessiliflors*）中的抗癌有效成分野百合碱（monocrotaline）。吲哚里西啶（indolizidine）衍生物是由吡咯啶和六氢吡啶并合而成的杂环，如从大戟科植物一叶荻（*Securinega suf-*

frucosa）中分离出的一叶萩碱（securinine），有兴奋中枢神经的作用，临床可用于治疗面神经麻痹、神经衰弱，亦用于小儿麻痹症和其后遗症。

4.2.3 吡啶生物碱

由吡啶或六氢吡啶（又称哌啶）衍生的生物碱称为吡啶生物碱。该类型的生物碱主要有简单吡啶衍生物和喹诺里西啶衍生物。

猕猴桃碱（actinidine）属于简单吡啶衍生物，该化合物是一种油状液体生物碱，具有强壮补精作用，分离自猕猴桃属植物木天蓼（*Actinidia polygama*）的叶；烟碱对自主神经和中枢神经有先兴奋后麻痹的作用，40 mg 致死，中国市售香烟每支含烟碱约为 1~1.4 mg，吸烟过多的人会引起慢性中毒，烟碱可作杀虫剂；石杉碱甲（huperzine A）分离自苔藓植物蛇足石杉（*Huperzia serrata*），是一种可逆性胆碱酯酶抑制剂，临床用于治疗阿尔茨海默病、重症肌无力和小儿麻痹症。

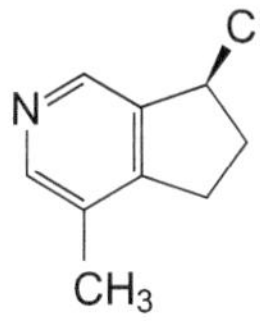

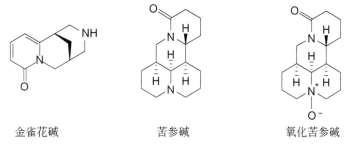

猕猴桃碱 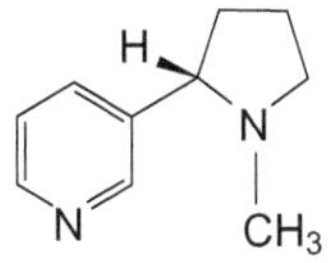　　　　　烟碱 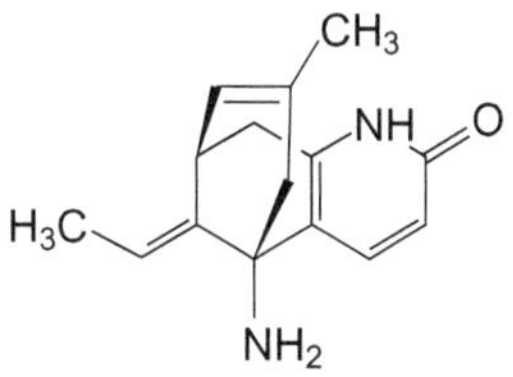　　　　　石杉碱甲

金雀花碱（cytisine）属于喹诺里西啶（quinolizidine）衍生物，其具有兴奋中枢神经的作用，可从野决明（*Thermopsis lanceolata*）种子中获得。豆科植物苦参（*Sophora flavescens*）根中的主要成分是苦参碱（matrine）和氧化苦参碱（oxymatrine），二者均有抗癌活性。

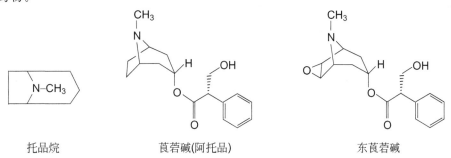

金雀花碱　　　　　苦参碱　　　　　氧化苦参碱

4.2.4 托品烷生物碱

托品烷（tropane）又称为莨菪烷，是由吡咯啶和哌啶并合而成的杂环。该类生物碱主要有颠茄生物碱（belladonna alkaloids）和古柯生物碱（coca alkaloids）。

颠茄生物碱又称茄科生物碱，是从茄科植物颠茄、莨菪等中分离得到的一类生物碱，如莨菪碱和阿托品有解痉镇痛作用。莨菪碱呈左旋光性（L-），而阿托品是其消旋体（D-/L-），没有旋光性；东莨菪碱（scopolamine）与莨菪碱的生物活性相似，常用作防晕药和镇静药物。

托品烷　　　　　莨菪碱(阿托品)　　　　　东莨菪碱

古柯生物碱通常指爱康宁（ecgonine）的衍生物。如古柯碱，即苯甲酰爱康宁的甲酯，是一种局部麻醉药，常用于表面麻醉。

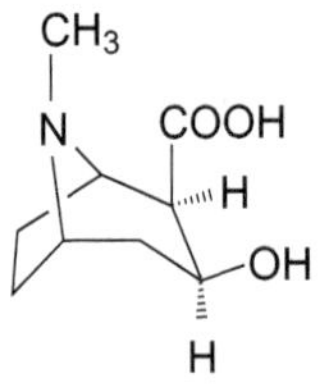

爱康宁 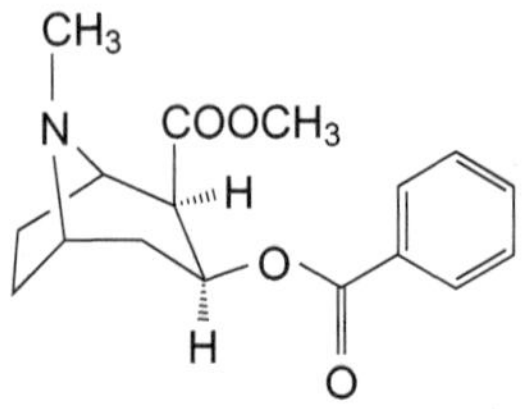   古柯碱

4.2.5 喹啉生物碱

具有喹啉（quinoline）母核的生物碱称为喹啉生物碱，如从我国南方特有植物珙桐科喜树（*Camptotheca acuminata*）中分离得到的抗癌活性成分喜树碱，之后进一步分离得到10-羟基喜树碱，应用于临床，可治疗肝癌与头颈部癌，且毒性远小于喜树碱；奎宁，俗称金鸡纳霜，是茜草科植物金鸡纳（*Cinchona ledgeriana*）及其同属植物的树皮中的主要生物碱，作为第一代抗疟特效药，具有治疗疟疾的作用。

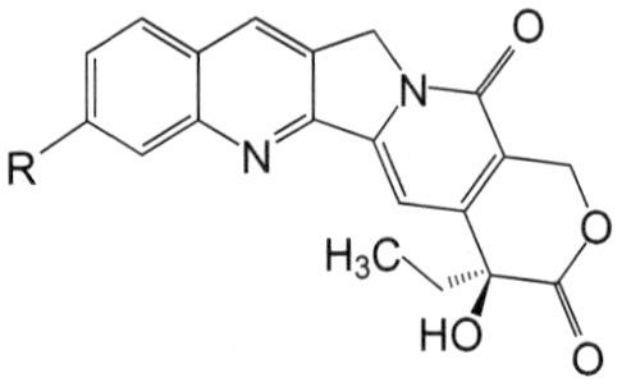

喜树碱   R=H
10-羟基喜树碱   R=OH   奎宁

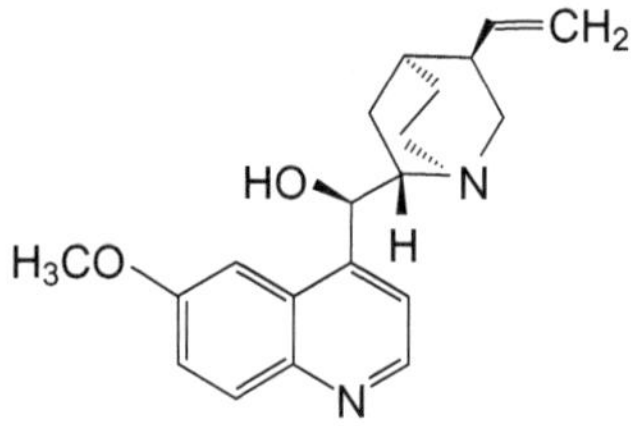

4.2.6 异喹啉生物碱

异喹啉类生物碱称是生物碱中数目和类别最多的一类，仅就其主要类型说明如下：

① 1-苯甲基异喹啉（1-benzyl-isoquinoline）型生物碱：鸦片中的那可丁（narcotine）属于此类生物碱，镇咳作用与可卡因相似，但无成瘾性，可替代可卡因。

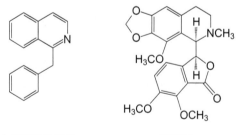

1-苯甲基异喹啉   那可丁

② 双苯甲基异喹啉（bisbenzyl-isoquinoline）型生物碱：是由两分子的苯甲基异喹啉衍生物通过醚氧键结合而成的一类生物碱。如唐松草碱（thalicarpine），其结构是阿朴啡和苄异喹啉的二聚物，对瓦克氏癌瘤-256 有显著抑制作用。

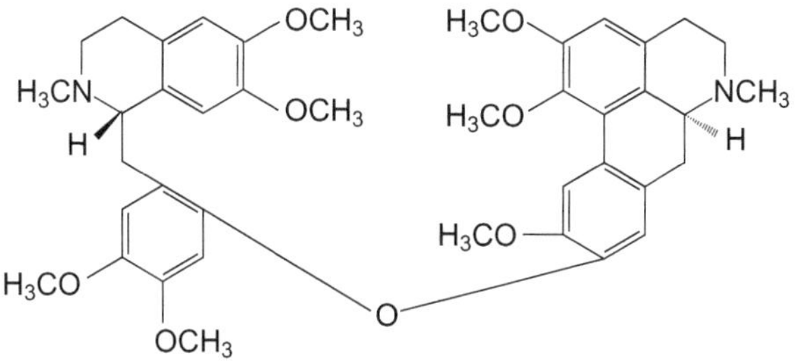

唐松草碱

③ 原小檗碱（protoberberine）型生物碱：可认为是由苯甲基四氢异喹啉衍变而来的，如小檗碱和药根碱（jatrorrhizine）属于此类型的生物碱，存在于黄连、黄柏及三颗针等植物中。

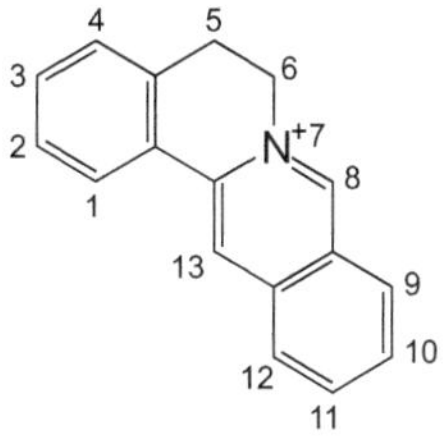

原小檗碱 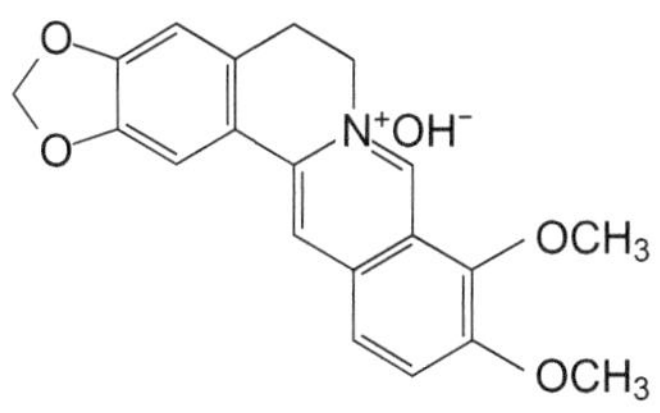   小檗碱 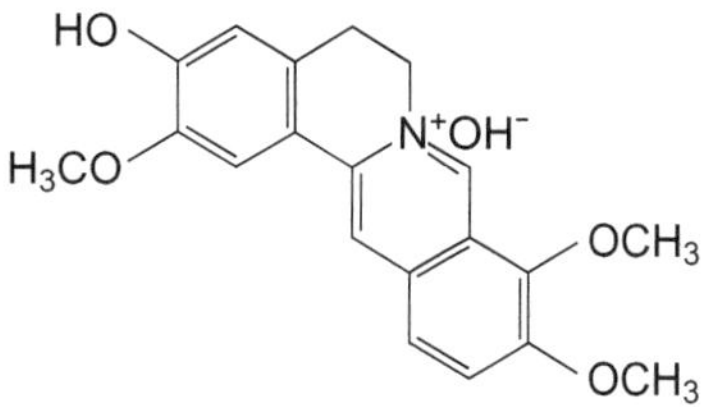   药根碱

四氢黄连碱（tetrahydrocoptisine）和延胡索乙素（corydalis B，即消旋四氢掌叶防己碱）也属此类型生物碱，二者存在于罂粟科紫堇属植物延胡索（*Corydalis yanhusuo*）的干燥块茎中。延胡索乙素具有显著的镇痛作用，临床上用以代替吗啡治疗内脏疾病的锐痛。

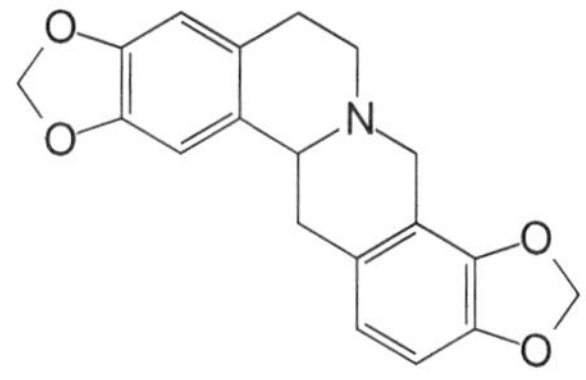

四氢黄连碱 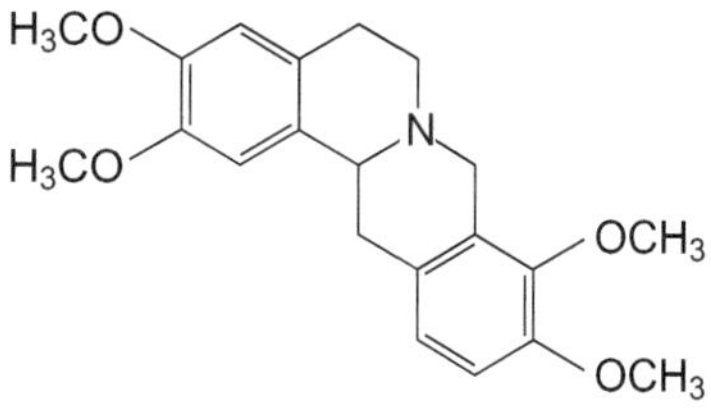   延胡索乙素

④ 阿朴菲（aporphine）型生物碱：是由苯甲基四氢异喹啉衍生物分子内脱去两个氢原子，使苯环与苯环相结合，形成了菲核。如土藤碱（tuduranine）存在于中药防己（*Sinomenium acutum*）的根中，具有祛风湿的功效。

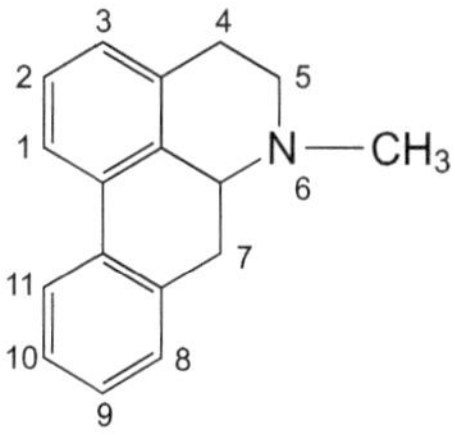

阿朴菲   土藤碱

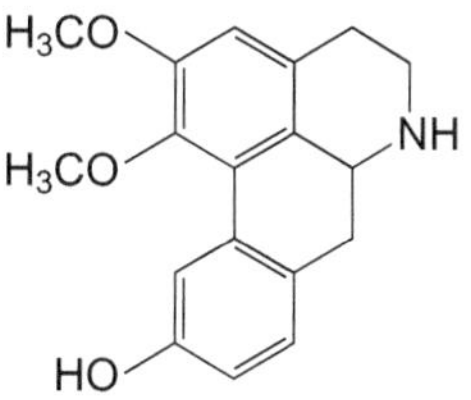

⑤ 原阿朴菲（proaporphine）型生物碱：常伴阿朴菲型生物碱共存于植物中，故认为是阿朴菲型生物碱的前体。如光千金藤碱（stepharine）的分子中含醌式结构，有类似利血平的镇定作用。若与 1.5 mol/L 的硫酸加热，分子中五元环易重排而转变为六元环的土藤碱，则失去镇定作用。

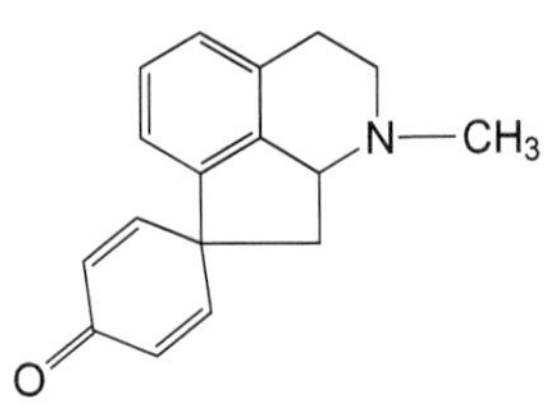

原阿朴菲 　　　　　　　光千金藤碱　　　　　　　　　　　　　　土藤碱
　　　　　　　　　　　（具镇定作用）　　　　　　　　　　　　（无镇定作用）

⑥ 吗啡烷（morphinane）型生物碱：属于苯甲基异喹啉的衍生物，又同时是菲的部分饱和衍生物，主要分布在罂粟科和防己科植物中。如吗啡、可待因是鸦片中的成分；存在于青藤中的青藤碱（sinomenine）也属于此类型生物碱，具有显著的镇痛和消炎作用。

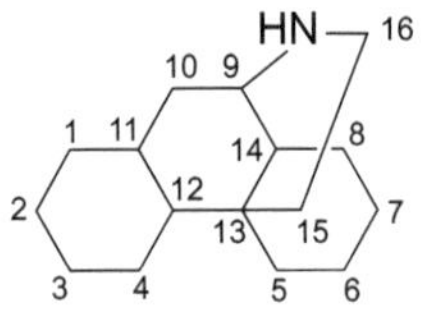

吗啡烷 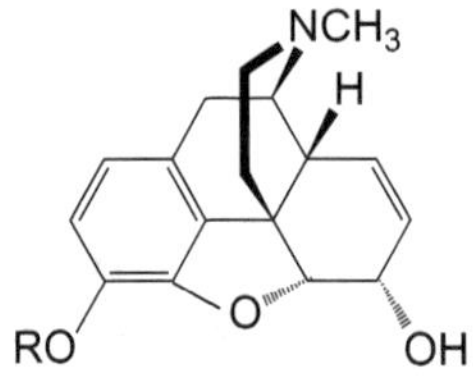　　　　　　吗啡　　R=H　　　　　　　　　青藤碱
　　　　　　　　　　可待因　R=CH₃

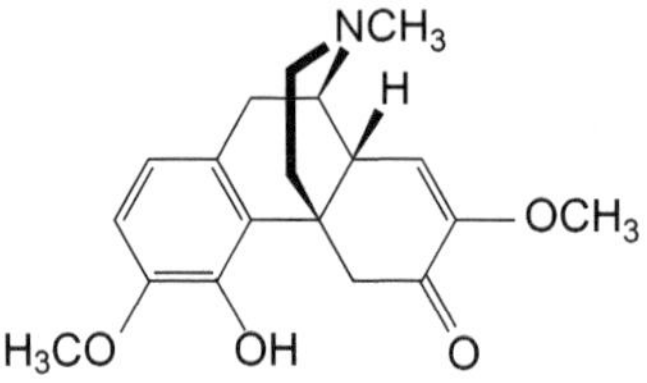

⑦ 原托品碱（protopine）型生物碱：在原托品碱的分子中有一个含氮的十元环结构，并无异喹啉环的存在，因此不是真正的异喹啉衍生物。但它却常与异喹啉类衍生物共同存在于同一植物中，可能是形成苯甲基异喹啉生物碱的中间产物，因此归为异喹啉类生物碱。

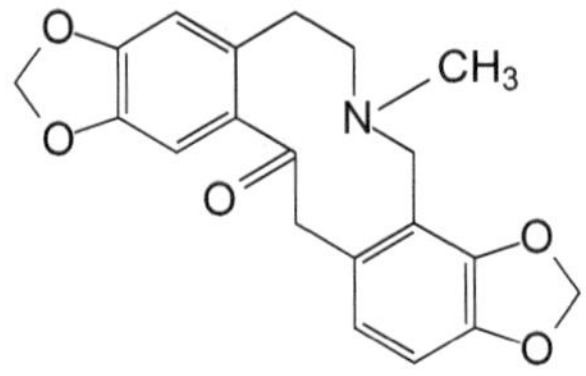

原托品碱

4.2.7　菲啶生物碱

具有菲啶（phenanthridine）母核或氢化母核的生物碱，属异喹啉类衍生物。该类生物碱主要有：苯并菲啶类（benzophenanthridines）和吡咯并菲啶类（pyrrophenanthridines）。

白屈菜碱（chelidonine）属于苯并菲啶类生物碱，具有四个并合环系，两端两个环为芳香苯环，中间两个环为氢化芳环。该化合物具有一定强度的镇痛作用和抗菌活性，是白屈菜中的有效成分之一；石蒜碱（lycorine）属于吡咯并菲啶类生物碱，其结构中均含有吡咯与菲啶并合的多环系。该化合物有催吐、祛痰作用，可作为恶心性去痰药用；还具有一定的抗癌活性，其氧化产物氧化石蒜碱（oxylycorine）具有明显的抗癌作用，对胃癌、肝癌、头面部恶性肿瘤有效。

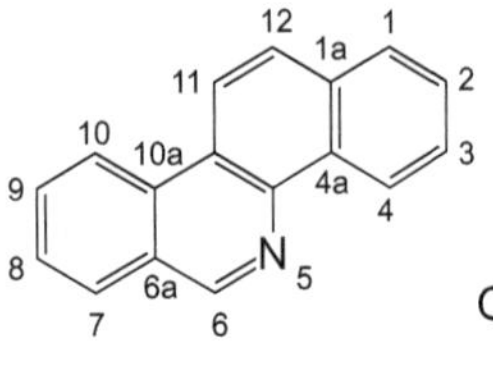

苯并菲啶 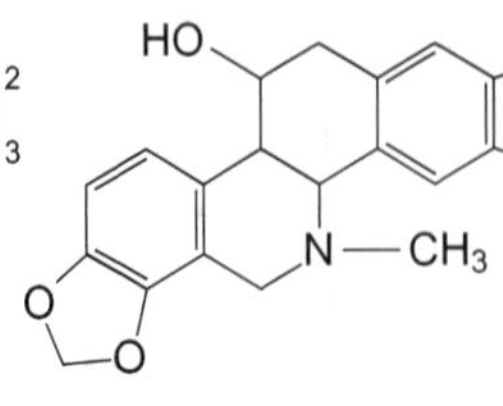　　　　　白屈菜碱 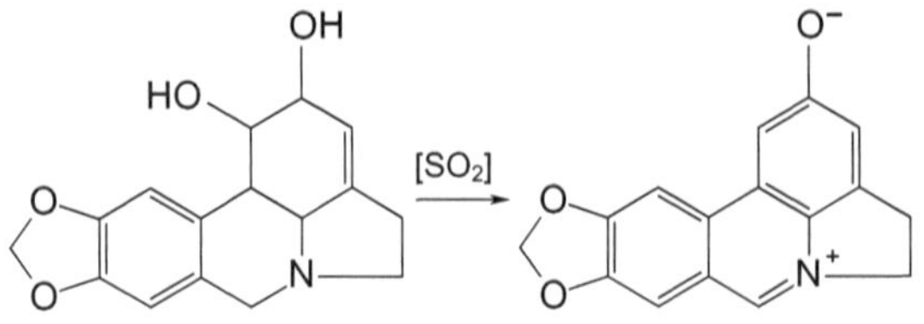　　　　　　石蒜碱　　　　　　氧化石蒜碱

4.2.8 吖啶酮生物碱

芸香科鲍氏山油柑（*Acronychia baueri*）中的山油柑碱即属于吖啶酮（acridone）生物碱。其具有显著抗癌作用，抗瘤谱较广，现已有人工合成品。

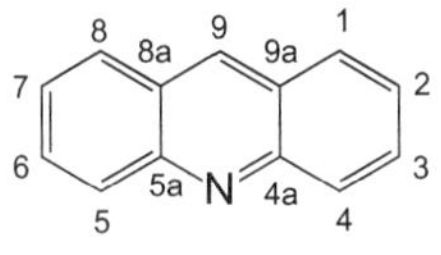

吖啶 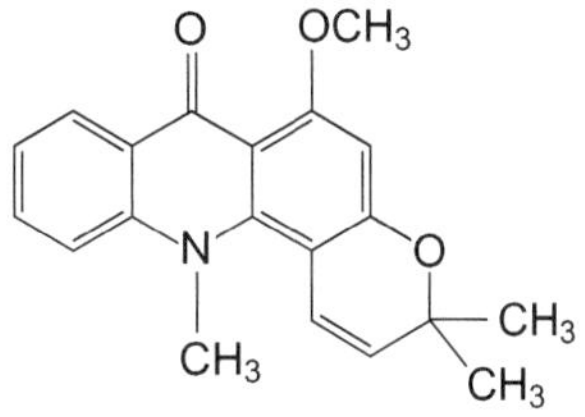   山油柑碱

4.2.9 吲哚生物碱

具有简单吲哚（indole）和二吲哚类衍生物的生物碱称为吲哚生物碱。该类型生物碱数量较多且结构比较复杂，长春花、马钱子等中药中含有的生物碱均属于此类型。如利血平存在于萝芙木（*Rauvolfia verticillata*）的根茎中，对治疗高血压有较好疗效，且毒性低，并有显著的镇静和安定作用；毒扁豆碱（physostigmine）分离自豆科植物毒扁豆（*Physostigma venenosum*），是一种副交感神经兴奋药，用于青光眼的治疗；麦角新碱（ergonovine）分离自黑麦（*Secale cereale*）内生麦角菌科麦角菌（*Claviceps purpures*），临床用于产后使子宫收缩，减少充血而促其复原；长春新碱是一种二吲哚型生物碱，疗效比长春碱约高 10 倍，可用于治疗急性淋巴细胞性白血病（Jordan et al.，1985）。

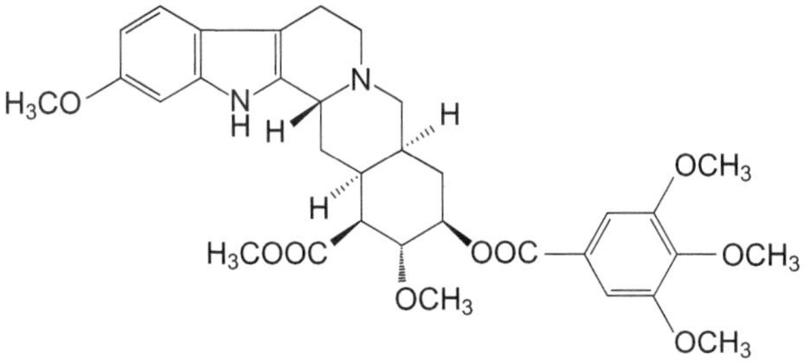

利血平 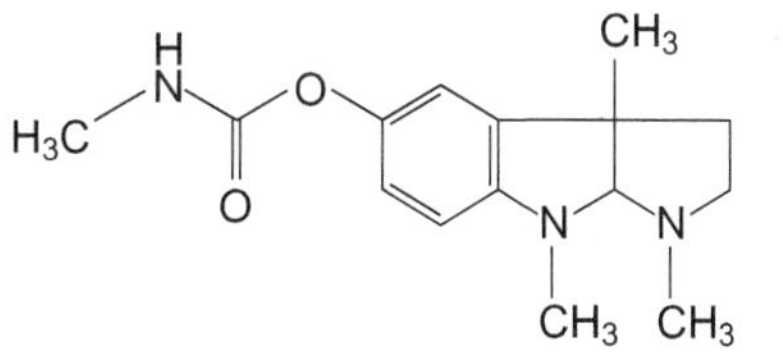   毒扁豆碱

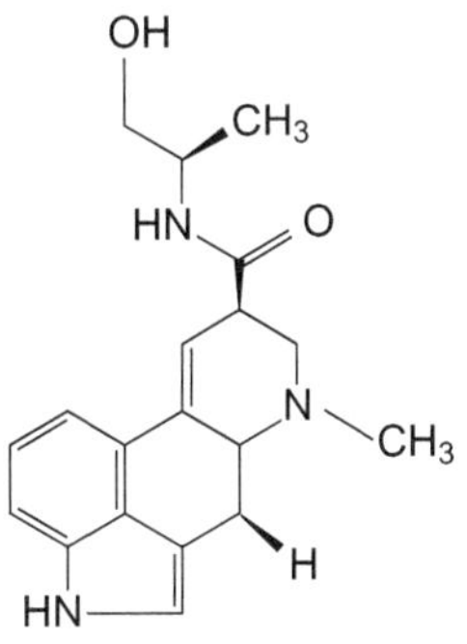

麦角新碱

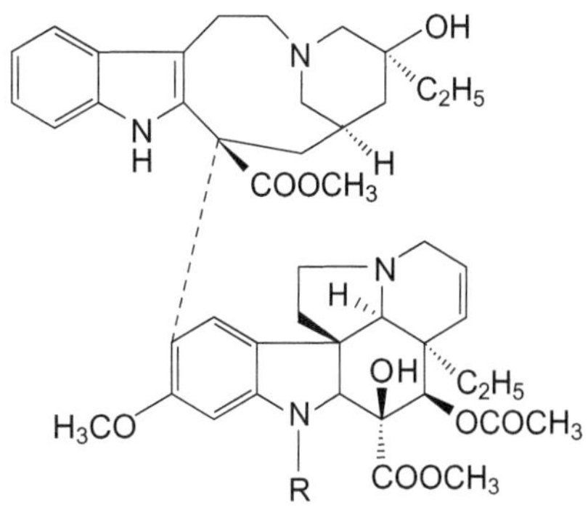

长春碱   R=CH$_3$
长春新碱   R=CHO

4.2.10 咪唑生物碱

咪唑（imidazole）生物碱种类不多，较重要的有毛果芸香碱，又称匹鲁卡品（pilocarpine），来源于毛果芸香（*Pilocarpus jaborandi*）及其他同属植物的叶片，临床上主要用于青光眼的治疗。

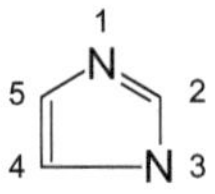

咪唑 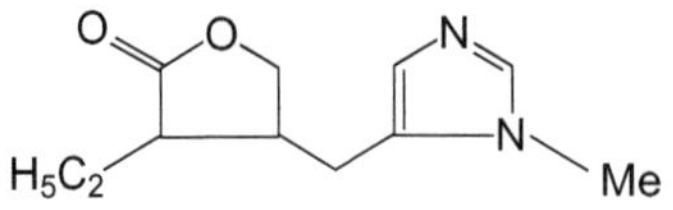　　　　　　　　毛果芸香碱 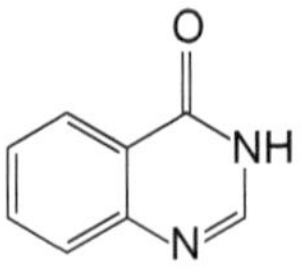　　　　　　　　喹唑酮 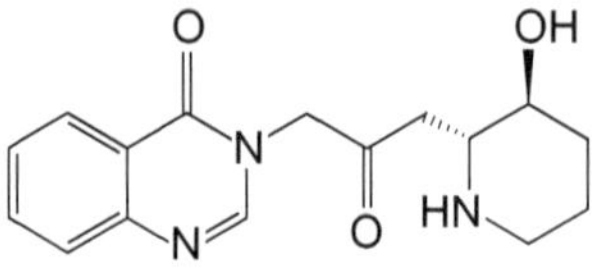　　　　　　　　常山碱

4.2.11 喹唑酮生物碱

常山碱（*β*-dichroine，febrifugine）属于喹唑酮（quinazolidone）生物碱，分离自中药常山（*Dichroa febrifuga*），具有抗疟作用，由于具有恶心、呕吐等副作用，故临床应用受到一定限制。

4.2.12 嘌呤生物碱

含有嘌呤（purine）母核的生物碱称为嘌呤生物碱。如咖啡因是一种中枢神经兴奋剂和利尿剂、强心药；茶碱（theophylline）临床上可用于治疗心绞痛和哮喘；可可豆碱（theobromine）用于心脏性水肿病的治疗，也可作利尿剂；香菇嘌呤（eritadenine）是从香菇（*Lentinus edodes*）中分离得到的一种生物碱，具有显著降血脂作用，临床作为防治冠心病的药物。

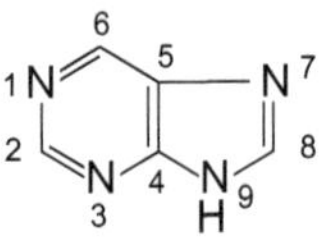

嘌呤 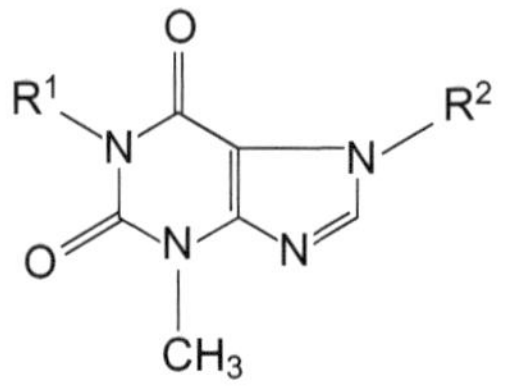　　　　　　咖啡因　$R^1=CH_3, R^2=CH_3$　　　　香菇嘌呤
　　　　　　　　茶碱　　$R^1=CH_3, R^2=H$
　　　　　　　　可可豆碱　$R^1=H, R^2=CH_3$

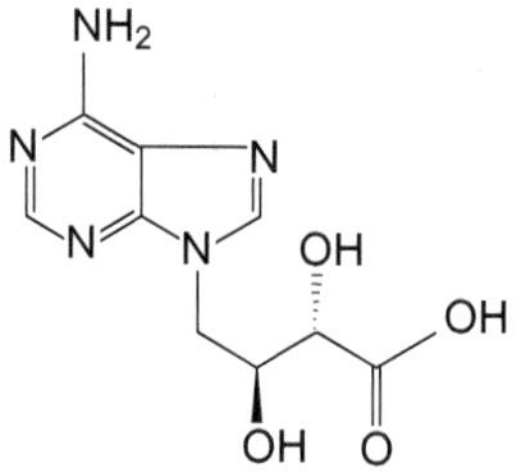

4.2.13 萜类生物碱

萜类生物碱的氮原子在萜的环状结构中或在萜的侧链上，又与甾体生物碱统称为伪生物碱。该类型生物碱主要有：单萜生物碱、倍半萜生物碱、二萜生物碱、三萜生物碱等。如雷公藤碱（wilfordine）是从雷公藤（*Tripterygium wilfordi*）中分离出的一种倍半萜生物碱，有一定毒性，有显著的杀虫作用，可用于制造生物杀虫农药（舒孝顺 等，2003）；紫杉醇属于二萜类生物碱，分离自从美国太平洋紫杉树皮，作为一种作用机制独特的植源性抗癌新药，对癌症发病率较高的卵巢癌、子宫癌和乳腺癌等有特效，是世界上第一个利润超过10亿美元的抗癌药物（Goodman et al.，2002）；乌头碱（aconitine）也属于二萜类生物碱，具强心与止痛作用，我国17世纪从乌头中提取得到，比国外文献记述最早的生物碱吗啡（1806年）早约200年。

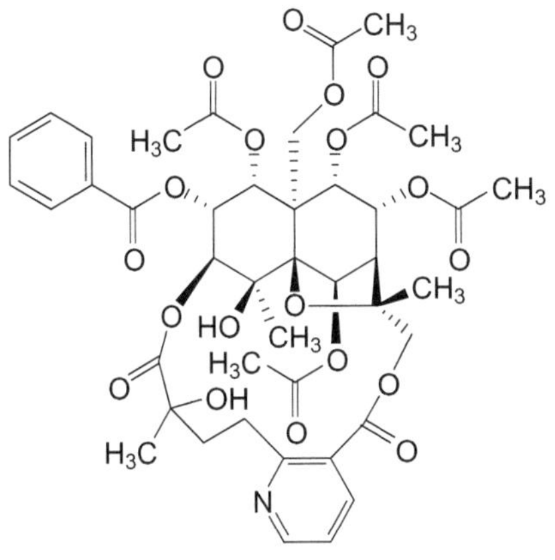

雷公藤碱

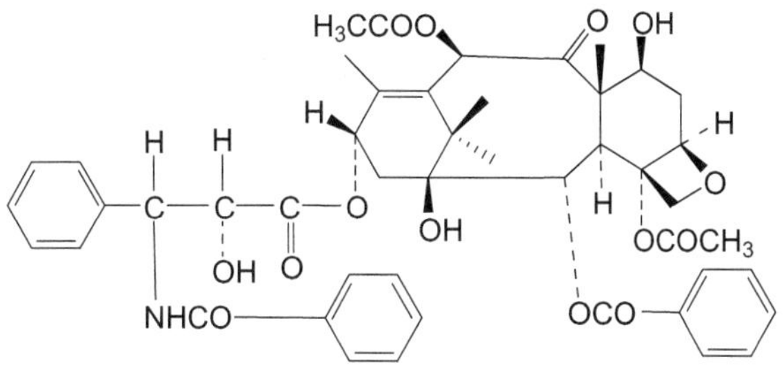

紫杉醇

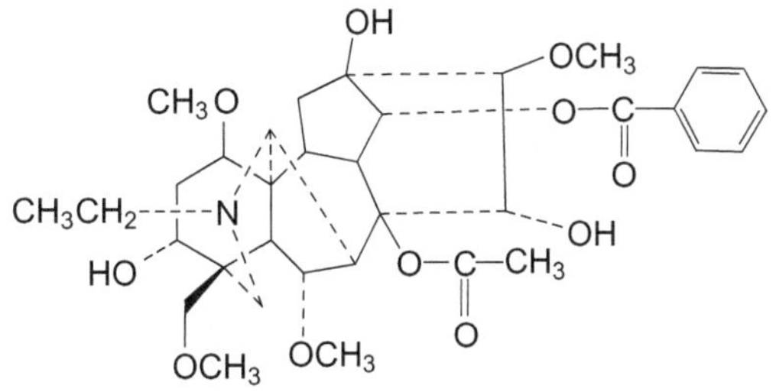

乌头碱

4.2.14 甾体类生物碱

甾体类生物碱是天然甾体化合物的含氮衍生物，包括甾类生物碱和异甾类生物碱。如箭毒蛙毒素（batrachotoxin）是从箭毒蛙（poison dart frog）中分离得到的孕甾烷类生物碱，是迄今发现的毒性最强的神经毒素之一，1 g 可导致 1.5 万人死亡。异甾类生物碱氮原子大多数在甾环中，如贝母碱（verticine）是中药浙贝母（*Fritillaria thunbergii*）和川贝母（*Fritillaria cirrhosa* D. Don）的主要成分，具有止咳镇定的作用。

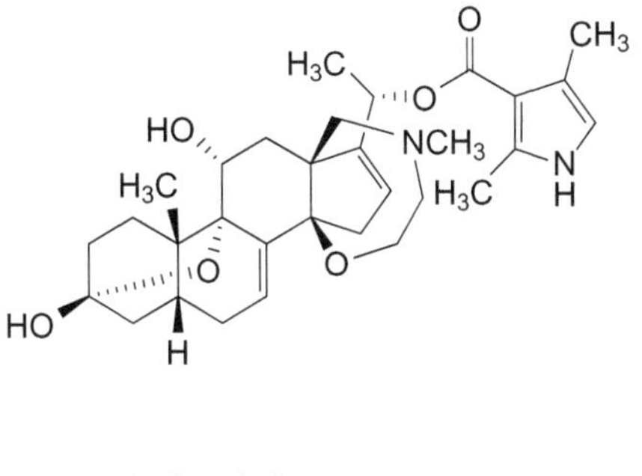

箭毒蛙毒素

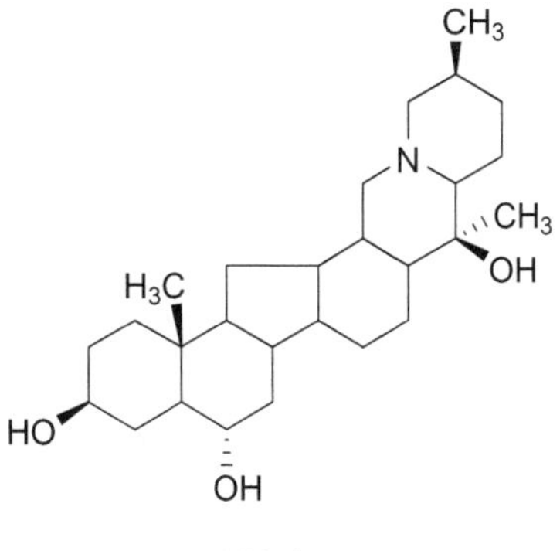

贝母碱

4.2.15 大环类生物碱

美登素是含有 8 个手性中心与一对共轭双键的 19 元大环内酰胺化合物，存在于卫矛科美登木属（*Maytenus Molina*）及其亲缘植物中，首次分离自非洲的齿叶美登木（*Maytenus ouatus*），收率仅为 2‰。该成分主要用于白血病的治疗，是一种高效低毒、安全性强的抗癌活性成分；番木瓜碱（carpaine）是从番木瓜（*Carica papaya*）中分离得到的主要成分，具有降血压、抗癌和驱虫的作用。

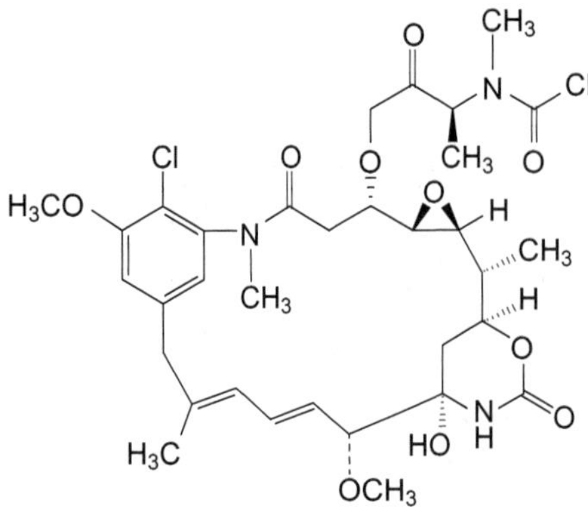

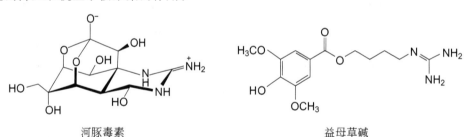

美登素

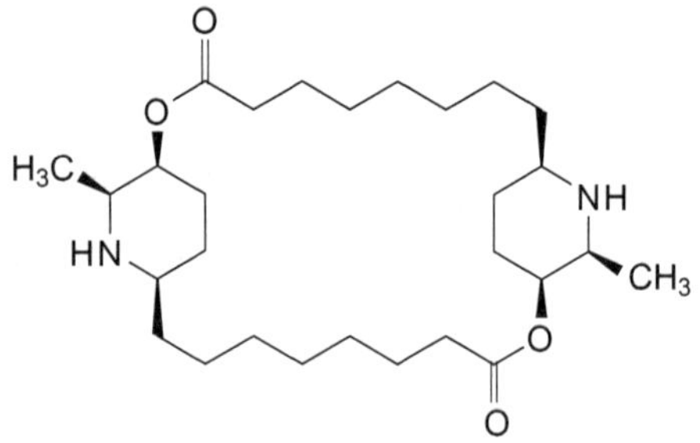

番木瓜碱

4.2.16 胍类生物碱

胍类（guanidinium）生物碱是一类具有胍基的强碱性生物碱（pK_a＝13.6），在一般的生理环境中处于完全质子化状态，并能在较宽的 pH 范围内保持正电性。如从鲀鱼类（俗称河豚）中分离得到的河豚毒素，是自然界中所发现的毒性最大的神经毒素之一，可高选择性和高亲和性地阻断神经兴奋膜上的钠离子通道，其毒性比剧毒的氰化钠还要高 1250 多倍，0.5 mg 即可致死，每克纯品市场价可达 21 万美元，具有极高商业价值；益母草碱（leonurine）是中药益母草中的有效成分，能收缩子宫，对子宫有增强其紧张性与节律性作用，并有一定的降压和抗血小板聚集的作用。

河豚毒素

益母草碱

4.2.17 其他类型生物碱

中药川芎（*Ligusticum Wallichii* Franch.）中的生物碱川芎嗪（ligustrazine），其结构为四甲基吡嗪，用于治疗各种闭塞性血管疾病。千金藤属植物千金藤（*Stephania japonica*）中的间千金藤碱（metaphanine）是一个含有莲氏花烷骨架的生物碱，为白细胞增生药，可用于因肿瘤化疗、放疗引起的粒细胞缺乏症和其他原因引起的白细胞减少症。青霉素是一类 β-内酰胺类（β-lactams）抗生素，是一种高效、低毒、临床应用广泛的治疗细菌性感染且副作用小的药物，它的研制大大增强了人类抵抗细菌性感染的能力，带动了抗生素家族的发展。

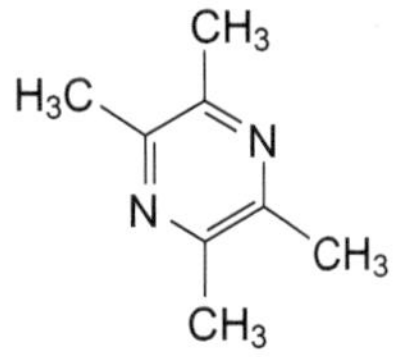

川芎嗪(四甲基吡嗪)

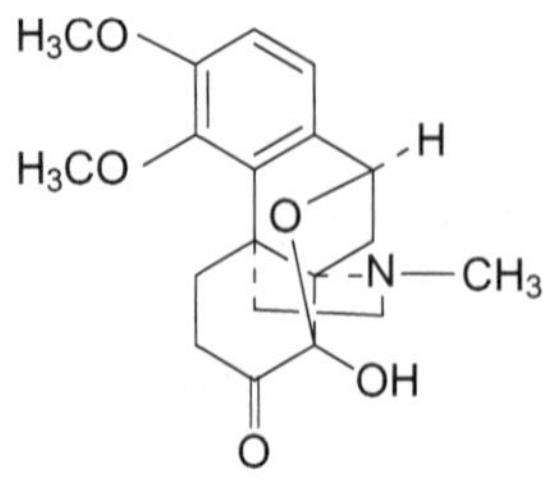

间千金藤碱

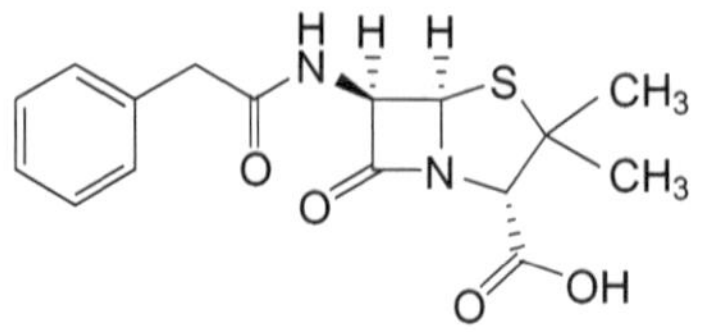

青霉素

4.3 生物碱的性质

4.3.1 性状

多数生物碱为结晶性固体形状，只有少数是非结晶的粉末，有一定的熔点，少数生物碱在常温时为液体（如烟碱、槟榔碱），少数有升华性（如茶叶中的咖啡因）。生物碱一般是无色或白色的化合物，只有少数生物碱有颜色，主要原因是它们结构中有共轭体系存在，如小檗碱呈现黄色，经硫酸和锌粉的还原反应，生成四氢小檗碱为无色。生物碱多具苦味，如盐酸小檗碱等。

4.3.2 旋光性

生物碱分子中有手性碳原子或本身为手性分子的，则有光学活性，且多数为左旋光性。少数生物碱不含手性碳原子，没有不对称因素存在，则无旋光性，如原托品碱。有的生物碱产生变旋现象，在不同溶剂中的旋光性不同，如麻黄碱在氯仿中呈左旋，在水中则右旋；烟碱在中性条件下为游离态呈左旋，但在酸的条件下则成盐变为右旋。生物碱的生理活性与旋光性关系密切，一般左旋体有较强的生理活性，而右旋体则没有或仅有很弱的生理活性，如L-莨菪碱的扩瞳作用是D-莨菪碱的100倍，但也有少数生物碱与此相反，如D-古柯碱的局麻作用优于L-古柯碱。

4.3.3 溶解度

生物碱在生物体内以何种形式存在、极性基团的数目和溶剂类型决定了其溶解性。游离生物碱极性较小，大多数不溶于水或难溶于水，能溶于氯仿、乙醚、丙酮、乙醇或苯等有机溶剂；生物碱盐类极性较大，大多易溶于水和醇，不溶或难溶于氯仿、乙醚、丙酮、乙醇或苯等有机溶剂，其溶解性与游离生物碱恰好相反；苷类生物碱多数水溶性较大；含酸性基团如酚羟基、羧基的生物碱难溶于一般有机溶剂，因具有两性，故可溶于酸或碱中。各类生物碱的溶解性如表4-1所示。

表 4-1 各类生物碱的溶解性

生物碱类别		极性	溶解性	溶剂类型			
				水	酸水	有机溶剂	
						亲脂性	亲水性
游离态	胺类、酰胺	较弱	脂溶性	—	+	+	—
	季铵	强	水溶性	+	+	—	+
	苷类	强	水溶性	+	+	—	+
	酯类、氮氧化物	半极性	中等水溶性	±	+	+	+
两性生物碱	Ar—OH	较弱	脂溶性	—	+	+	—
	—COOH	强	水溶性	+	+	—	+
成盐		强	水溶性	+	+	—	+

4.3.4 碱性

生物碱分子中氮原子具有孤对电子，可接受质子而显碱性，因此除酰胺生物碱呈中性外，大多生物碱呈碱性，能与无机酸或有机酸成盐而溶于水。生物碱的碱性强弱一般用

pK_a表示，K_a是指碱的共轭酸的解离度，pK_a<2 为极弱碱，pK_a 2~7 为弱碱，pK_a 7~11 为中强碱，pK_a>11 以上为强碱。影响生物碱 pK_a 的因素有三个：①氮原子的杂化状态，N 原子的杂化程度越高，pK_a 越大，即 sp^3>sp^2>sp；②电子效应，诱导供电子效应导致 pK_a 增大，共轭和诱导吸电子效应导致 pK_a 减小；③是否形成分子内氢键，分子内氢键的形成可使 pK_a 增大。生物碱 pK_a 大小顺序一般为：胍类（~13.6）>季铵碱（11~12）>仲胺碱（~10.7）>伯胺碱（~10.6）>叔胺碱（~9.7）>sp^2（—N=C，5~6）>芳胺碱（~4.6）>酰胺碱（1~2）>sp（C≡N，0~1）。

4.3.5 沉淀反应

生物碱沉淀反应是利用生物碱能与某些沉淀试剂生成不溶性复盐或配合物沉淀，以用于检查生物样品中是否含有生物碱或指导生物碱的分离。生物碱的沉淀试剂种类较多，大多为重金属盐类，常用的几种如表 4-2 所示。

表 4-2 常用的生物碱沉淀试剂

类别	试剂名称	试剂主要组成	与生物碱反应产物
金属盐类	碘化铋钾（Dragendoff 试剂）	$BiI_3 \cdot KI$	多生成红棕色沉淀（$B \cdot BiI_3 \cdot HI$）
	碘化汞钾（Mayer 试剂）	$HgI_2 \cdot 2KI$	生成类白色沉淀，若加过量试剂，沉淀又被溶解（$B \cdot HgI_2 \cdot 2HI$）
	碘-碘化钾（Wagner 试剂）	KI-I_2	多生成棕褐色沉淀（$B \cdot I_2 \cdot HI$）
酸类	硅钨酸（Bertrand 试剂）	$SiO_2 \cdot 12WO_3$	浅黄色或乳白色沉淀（$4B \cdot SiO_2 \cdot 12WO_3 \cdot 2H_2O$）
	磷钼酸（Sonnenschein 试剂）	$H_3PO_4 \cdot 12MoO_3$	在中性或酸性溶液中反应，生成棕黄色沉淀
酚酸类	苦味酸（Hager 试剂）	2,4,6-三硝基苯酚	必须在中性溶液中反应，生成黄色晶形沉淀
复盐	雷氏铵盐	硫氰酸铬铵试剂	生成难溶性复盐，呈紫红色沉淀 {$BH^+[Cr(NH_3)_2(SCN)_4]$}

4.3.6 显色反应

显色反应可用于鉴别生物碱。可用于鉴别生物碱的显色试剂很多，它们往往因生物碱的结构不同而显示不同的颜色。生物碱常用的显色试剂或显色反应如表 4-3 所示。

表 4-3 生物碱常用的显色试剂或显色反应

名称	试剂	生物碱及反应结果
Mandelin 试剂	1%钒酸铵的浓硫酸溶液	阿托品显红色；奎宁显淡橙色；吗啡显蓝紫色；可待因显蓝色；士的宁显蓝紫色到红色
Frohde 试剂	1%钼酸钠/5%钼酸铵的浓硫酸溶液	乌头碱显黄棕色；吗啡显紫色转棕色；可待因显暗绿色至淡黄色
Marquis 试剂	0.2 mL 30%甲醛溶液与 10 mL 浓硫酸的混合液	吗啡显橙色至紫色；可卡因显洋红色至黄棕色；古柯碱和咖啡碱不显色
Ehrlich 试剂	1%对二甲氨基苯甲醛乙醇溶液	不同吲哚类生物碱显不同颜色
Labat 反应	5%没食子酸的醇溶液	具有亚甲二氧基结构的生物碱呈翠绿色

名称	试剂	生物碱及反应结果
Vitali 反应	发烟硝酸和苛性碱醇溶液	结构中有苄氢存在则呈阳性深紫色→暗红色→色消
硫酸铈-硫酸试剂(改良 Sonnenschein 试剂)	0.1 g 硫酸铈溶于 4 mL 水,加入 1 g 三氯乙酸,加热至沸后加入浓硫酸至澄清	不同生物碱显不同颜色
硫酸显色剂	5%浓硫酸甲醇溶液	秋水仙碱显黄色,可待因渐显淡蓝色,小檗碱显绿色,阿托品、古柯碱、吗啡及士的宁等不显色

4.4 生物碱的提取与分离

4.4.1 总生物碱的提取

生物碱类化合物以游离态(胺类和酰胺、季铵、苷类、酯类、N-氧化物和两性生物碱)和成盐两种存在于生物体中。在提取分离生物碱时,首先应考虑生物碱在生物体内以何种形态存在,以便选择科学合理的提取方法,保证生物碱的提取效率。

除了少数挥发性生物碱(如麻黄碱、烟碱)可以用水蒸气蒸馏法提取、易升华的生物碱可用升华法提取(如茶叶中咖啡因的提取)外,大部分生物碱均可采用溶剂提取法进行提取。应用相似相溶原理,各类型生物碱在生物体内的存在形式,或者说生物碱在溶剂中的溶解性,决定了应当使用哪种溶剂进行提取,各类生物碱的溶解性如表 4-1 所示。据此将溶剂提取法分为酸水提取法、亲脂性有机溶剂提取法和亲水性有机溶剂提取法(徐静 等,2006;蔡珺,2011)。

1. 酸水提取法

生物碱在植物体内多数以盐的形式存在,可直接溶于水;少数情况下以不稳定的盐或游离碱的形式存在,不能直接溶于水,可采用 1%~5% 的稀酸水如 HCl、H_2SO_4 或 HOAc 等进行渗漉、回流或冷浸,生成盐,溶于水而被提出,提取液浓缩得到总生物碱。该法适用于几乎所有类型生物碱,酸水提取液可采用离子交换树脂法和沉淀法进一步处理。酸水法提取生物碱的流程见图 4-1。

$$药材粗粉 \xrightarrow{0.1\%\sim1\%HCl、H_2SO_4、HOAc浸泡} \begin{cases} 强酸性或弱酸性离子交换树脂 \\ 沉淀法 \end{cases}$$

图 4-1 酸水法提取生物碱的流程

(1) 离子交换树脂法

经酸水提取法处理后,生物碱盐在水中呈离子状态,生物碱部分为阳离子,通过阳离子交换树脂时被交换吸附于树脂上,一些不能离子化的杂质,则随溶液流出,后用碱液洗脱,取代出交换在树脂上的生物碱,即可得游离的总生物碱。

(2) 沉淀法

① 酸提碱沉法:酸水液中生物碱成盐易溶于水,加碱碱化使生物碱盐转变成游离碱即可从中沉淀析出,或用亲脂性有机溶剂苯、氯仿、乙醚等萃取后浓缩,即得脂溶性总生物碱。水溶性生物碱如季铵碱或苷类,通常用强碱(如 NaOH)碱化后用正丁醇萃取得到水溶性总生物碱。

② 沉淀剂沉淀法:大多数生物碱在酸性水溶液中能与生物碱沉淀剂作用生成难溶于水

的复盐析出，以此达到与其他亲水性杂质分离的目的，常用沉淀试剂如前所述，如雷氏铵盐、苦味酸、硅钨酸、磷钼酸等。

③ 盐析法：酸水液中加入饱和的易溶性无机盐（如 NaCl），促使生物碱或生物碱盐在水中的溶解度降低而沉淀析出。

例如，黄柏中小檗碱的提取，称取黄柏粗粉 200 g，加入 1% 硫酸 600 mL，搅拌均匀，放置 30 min 后，装入渗漉筒内渗漉，流速以 5～6 mL/min 为宜。收集渗滤液 500～600 mL 即可停止渗漉；渗漉液加入石灰乳调 pH 至 11～12，放置沉淀，脱脂棉过滤，用浓盐酸调 pH 至 2～3，再加入溶液量 10% 氯化钠，搅拌使之溶解，溶液放置过夜，析晶，滤取结晶，得盐酸小檗碱粗品。

2. 亲脂性有机溶剂提取法

生物碱一般以盐的形式存在于生物体中，故先通过添加碱性物质（如 10% 碳酸钠或氨水）使生物碱盐转变成游离碱，再用亲脂性有机溶剂苯、氯仿、乙醚等通过浸渍、渗漉或回流的方式提取，其流程见图 4-2。此法选择性较强，主要用于脂溶性总生物碱的提取，缺点是非脂溶性生物碱未能被溶出。

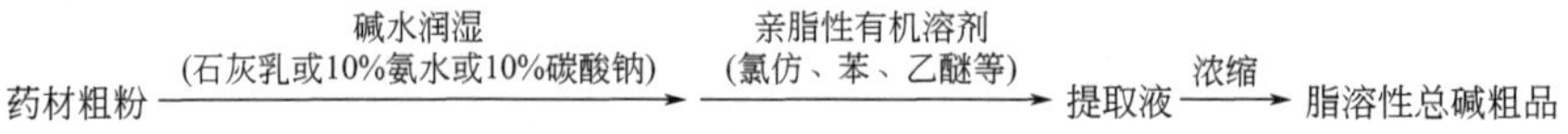

药材粗粉 $\xrightarrow[\text{(石灰乳或10\%氨水或10\%碳酸钠)}]{\text{碱水润湿}}$ $\xrightarrow[\text{(氯仿、苯、乙醚等)}]{\text{亲脂性有机溶剂}}$ 提取液 $\xrightarrow{\text{浓缩}}$ 脂溶性总碱粗品

图 4-2　亲脂性有机溶剂提取生物碱的流程

3. 亲水性有机溶剂提取法

采用不同浓度亲水性有机溶剂甲醇或乙醇，通过浸渍、渗漉或回流的方式提取，使生物碱以天然存在的形式被溶出，浓缩液加酸酸化使生物碱转化为盐的形式，过滤不溶性杂质，滤液碱化使生物碱盐转化为游离态，最后再用亲脂性有机溶剂（如氯仿或乙醚）萃取，浓缩后得较纯的总碱，其流程如图 4-3 所示。此法几乎适用于所有生物碱，使生物碱以天然存在的形式被提出，水溶杂质少，但脂溶杂质多。

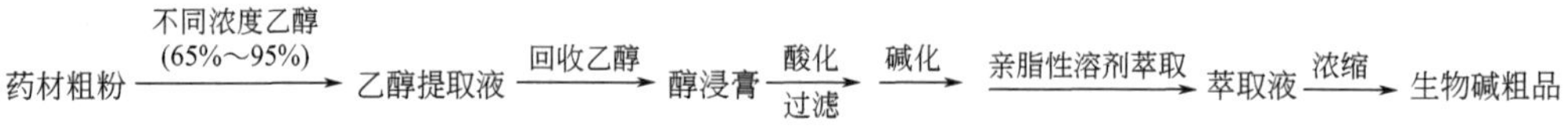

药材粗粉 $\xrightarrow[\text{(65\%～95\%)}]{\text{不同浓度乙醇}}$ 乙醇提取液 $\xrightarrow{\text{回收乙醇}}$ 醇浸膏 $\xrightarrow[\text{过滤}]{\text{酸化}}$ $\xrightarrow{\text{碱化}}$ $\xrightarrow{\text{亲脂性溶剂萃取}}$ 萃取液 $\xrightarrow{\text{浓缩}}$ 生物碱粗品

图 4-3　亲水性有机溶剂提取生物碱的流程

4.4.2　生物碱单体的分离

经酸水提取与溶剂提取所得的总生物碱含有较多的杂质，往往是多种结构相似的混合物，通常称为总生物碱，可采用以下方法进行下一步分离和精制。

1. 利用生物碱及其盐的溶解度不同进行分步结晶

① 利用生物碱在不同溶剂中的溶解度不同以达到分离的目的。先将总碱溶于少量乙醚、丙酮或甲醇中，放置，如果析出结晶，过滤，得一种生物碱结晶，母液浓缩至少量或加入另一种溶剂往往又可得到其他生物碱结晶。如先将苦参总生物碱溶于少量氯仿中，加入 10 倍量乙醚，氧化苦参碱在乙醚中溶解度小先行结晶析出。

② 许多生物碱的盐比其游离碱易于结晶，故可利用生物碱各种盐类在不同溶剂中的溶解度不同而进行分离。如麻黄碱与伪麻黄碱的分离，可利用它们草酸盐的溶解度不同，草酸麻黄碱能够先行结晶析出，草酸伪麻黄碱则留在母液中。

2. 利用生物碱的碱性强弱不同进行 pH 梯度萃取

根据生物碱的碱性强弱不同，可采用 pH 梯度萃取法，使用不同 pH 值的缓冲溶液对总生物碱进行分离，即碱性不同的生物碱混合物溶于酸水中后，用有机溶剂萃取，则弱碱先游离析出转入有机溶剂层，强碱与酸成盐仍留在水中；如逐步增加碱性，则游离出生物碱的碱性逐步增强，这样先后被非极性有机溶剂萃取出，而达到分离目的，如图 4-4 所示。例如，莨菪碱的分离，就是于混合生物碱的酸水溶液中，用碳酸氢钠溶液分次碱化，逐次用乙醚或氯仿萃取，可先分出碱性较弱的东莨菪碱，而碱性较强的莨菪碱仍以盐的形式留于水层中。

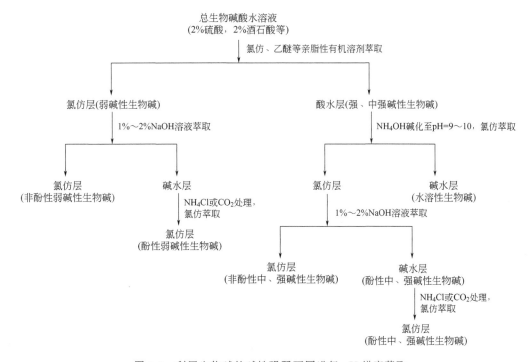

图 4-4　利用生物碱的碱性强弱不同进行 pH 梯度萃取

3. 利用生物碱分子中特殊官能团的性质进行分离

含酚羟基（Ar—OH）的生物碱易溶于氢氧化钠，用亲脂性有机溶剂萃取，与不溶性非酚性碱分离，如鸦片中的酚性碱吗啡及非酚性碱的分离。含内酯结构（R—O—C ═O）的生物碱可溶于碱液开环成盐，加酸又环合析出，从而可与非内酯生物碱分离，如喜树碱与其他生物碱的分离。具有酰胺键（—CO—NH—）的生物碱与碱性溶液发生皂化反应，可生成能溶于水的生物碱盐，从而与不能或不易皂化的其他生物碱分离，如氢氧化钾的乙醇溶液加热分离苦参碱，生成苦参碱酸钾，增大了水溶性，易同其他脂溶性生物碱分离。

4. 利用分馏方法进行分离

由不同沸点组成的液体生物碱总碱，往往可通过常压或减压分馏进行分离，如毒芹中的毒芹碱和羟基毒芹碱可通过减压分馏法进行分离。

5. 采用色谱法进行分离

当用一些简单方法不能达到分离的目的时，往往采用柱色谱进行分离，能使一些含量低、组分复杂的生物碱分离出单体（周文华 等，2003）。生物碱常用氧化铝、硅胶作吸附剂，根据吸附剂吸附能力不同而达到分离的目的。有时可用离子交换色谱法，根据碱性强弱不同分离。有时也可用大孔树脂和凝胶色谱法，根据分子量大小不同进行分离。近年来，高效液相色谱法和高速逆流色谱法制备样品纯度高、分离速度快，已经广泛应用于各类生物碱的制备性分离，如从长春花的根、茎、叶、种子中可分离出 70 余种生物碱，并且三分之一是吲哚类生物碱，并且长春碱、长春新碱已应用于临床。

在实际工作中，往往是上述几种分离提纯方法交叉与反复使用，一般首先试用分步结晶或成盐的方法，把能够分出的生物碱先分出，然后它的母液再用柱色谱或不同酸碱度方法进一步分离。

4.4.3 生物碱提取与分离实例

长春碱和长春新碱具有良好的抗癌作用，临床上用它们的硫酸盐治疗何杰金氏病、急性淋巴细胞性白血病、淋巴肉瘤、绒毛膜上皮细胞癌等恶性肿瘤。长春碱结构很复杂，是由维尔苄明（velbenamine）羧酸甲酯和文朵灵（vindoline）通过碳碳键结合而成的化合物。长春碱与长春新碱（醛基长春碱）的不同点，只是在吲哚环氮上的基团有区别，前者为甲基，后者为醛基（见 4.2.9）。

长春碱和长春新碱在长春花中的含量很低，前者约十万分之一，后者更低，仅约百万分之一，因而提取较为困难。提取方法主要根据这两个生物碱都是弱碱的特点，用苯渗漉药材，酒石酸萃取弱碱，再控制 pH 制备硫酸盐粗结晶，而后转成游离碱。经氧化铝柱色谱用氯仿-苯混合溶剂洗脱，可将二者分离，其流程如图 4-5 所示（生物系药学生物学专业毕业实践队，1975）。

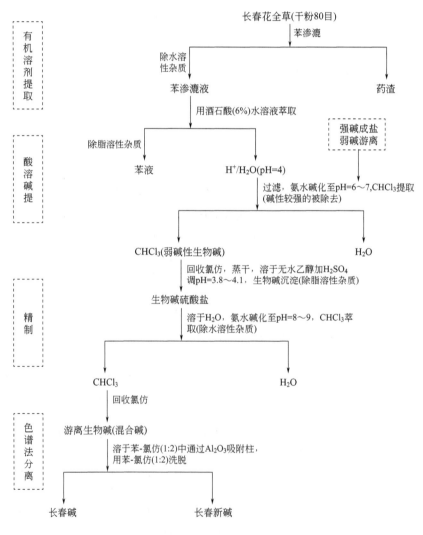

图 4-5　长春碱与长春新碱的提取与分离流程

4.5 生物碱的鉴定和结构测定

未知生物碱的结构鉴定方法包括：①化学降解法；②色谱分析法；③谱学特征分析法。

4.5.1 化学降解法

化学降解反应是经典的生物碱结构测定方法。其中，霍夫曼消除反应（Hofmann elimination），又称为彻底甲基化反应（exhaustive methylation），是最重要的化学降解反应，指胺（伯、仲、叔）与 CH_3I 等作用，形成具 β-H 的季铵盐后，再与碱加热发生 β-H 消除（或称 1,2-消除），生成水、烯和胺。通过 C—N 键裂解可了解氮原子的结合状态，基本明确生物碱的骨架。随着物理方法的广泛应用，目前这种化学降解方法已用得很少。

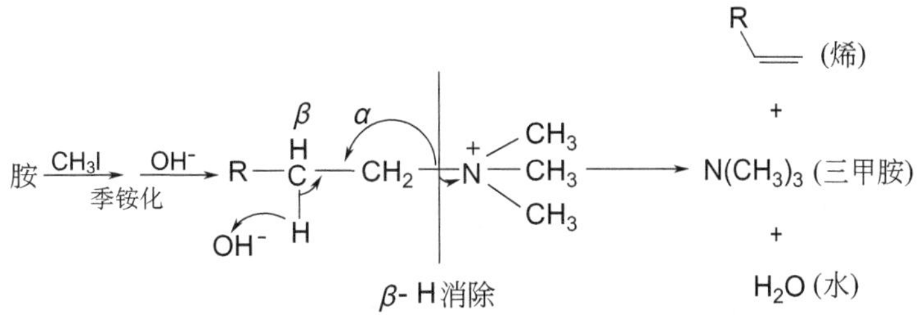

4.5.2 色谱分析法

常用薄层色谱、纸色谱进行鉴别。可用多种溶剂尝试，必须使溶剂系统的极性与生物碱的极性相适应，才可能获得单一而集中的斑点。

1. 薄层色谱（TLC）

生物碱常用的吸附剂为氧化铝，展开剂主要为以苯、氯仿组成的中性溶剂。若生物碱极性很弱，可以在展开剂中添加一些极性小的有机溶剂，如石油醚、己烷等；若生物碱的极性较强，则可在展开剂中增加一定比例极性大的有机溶剂，如乙醇、甲醇、丙酮等。有时也可采用硅胶作吸附剂，展开剂的配制可采用甲醇、丙酮、苯、氯仿、石油醚等，为避免拖尾现象出现，可在展开剂中加适量二乙胺。

2. 纸色谱（PC）

PC 主要是指以水为固定相的分配色谱。根据生物碱的存在形态，当生物碱以盐的形式存在时，由于离子化的生物碱的亲水性较强，故要求溶剂系统的极性也要大，最常用的溶剂系统为正丁醇-醋酸-水（4:1:5）；当生物碱以游离态存在时亲脂性较大，溶剂系统也应该具有较强的非极性，将甲酰胺加到滤纸上代替水作为固定相，以亲脂性溶剂如苯、氯仿或乙酸乙酯为移动相。

生物碱的薄层色谱和纸色谱的显色剂，除某些生物碱在可见光下即可观察到它的斑点（如小檗碱、巴马亭等）或在紫外线下能显出荧光（麦角生物碱、金鸡纳生物碱等）外，常用的显色剂是改良碘化铋钾试剂，多显橙红色。在应用时如果展开剂中含有挥发性碱，则必须将薄层于 $60\sim120℃$ 加热将碱除尽后，才能喷洒显色剂。

4.5.3 谱学特征分析法

与文献中所列化合物紫外光谱（UV）、红外光谱（IR）、核磁共振谱（NMR）、质谱（MS）的谱学特征进行对照，以确定该化合物的可能的骨架类型和结构信息。

1. 紫外光谱（UV）

UV 谱一般用来反映分子所含共轭系统的情况，如共轭双键及芳烃环的存在与否。若生色团组成分子的基本骨架，如吡啶、喹啉、吲哚类生物碱，UV 谱可反映生物碱的基本骨架与类型特征，且受取代基的影响很小，对生物碱骨架的测定有重要的作用（柯以侃 等，2016）。

简单吲哚
200 nm, 280～290 nm

二氢吲哚
250 nm (s)

α-羰基吲哚
320 nm

N-酰吲哚
257 nm, 280 nm(s), 290 nm

2. 红外光谱（IR）

利用其特征吸收峰，对分子结构中主要的官能团进行定性分析，在生物碱结构测定中作用有限。如酮羰基在 1690 cm^{-1} 左右的 $\nu_{C=O}$ 吸收峰，3735 cm^{-1}、1296 cm^{-1} 显示酚羟基的吸收等。在反式喹诺里西啶环中，N 上的孤对电子与两个邻位 C 上的 H 成反式双直立键关系时，则在 2800～2700 cm^{-1} 区域出现两个以上明显的 ν_{C-H} 吸收峰（Bohlmann 带），而顺式异构体此区域则无峰或极弱，常用于立体构型的诊断（柯以侃 等，2016）。

3. 核磁共振谱（NMR）

NMR 谱是生物碱结构测定中最强有力的工具之一。氢谱可提供有关含氢官能团的信息，如 NCH_3、NC_2H_5、NH、OH、CH_3O、C≡C、Ar—H 等；碳谱、^{15}N-NMR 和 ^{2}D-NMR 谱可提供生物碱的碳骨架信息，在大量的文献中有生物碱常见类型化合物的光谱数据（吕永俊 等，1990；秦海林 等，2016；杨峻山 等，2016；Guha et al.，2004；Hanuman et al.，1994；Roeder，1990；Yagudaev，1986）。NMR 谱使用也较方便，在不同程度上为结构鉴定提供了大量的结构信息，是其他光谱方法所难以比拟的。因此核磁共振谱是生物碱结构测定中应用最广的方法。

4. 质谱（MS）

质谱是推测生物碱分子量、分子式和分子组成以及阐明结构的重要手段。根据生物碱结构不同，有不同的裂解方式，产生不同的碎片离子峰，查阅文献，结合主要生物碱类型的质谱特征进行解析，可以提供大量的结构信息。高分辨质谱可直接给出生物碱的分子式。通常，母核稳定的化合物，如 4-喹酮、吖啶酮、喹啉去氢阿朴菲等由芳香结构组成的生物碱，或有多环系、分子结构紧密的生物碱，由于取代基或侧链裂解，一般易产生特征离子；母核不稳定、涉及骨架的裂解，则易于发生以 N 原子为中心的 α 均裂，生成的含 N 部分多为基峰或强峰，如金鸡宁、托品、石松碱等生物碱；含有环己烯结构的生物碱，骨架易发生逆Diels-Alder（RDA）裂解，产生一对互补离子，可用于骨架结构判断，如四氢原小檗碱型生物碱的裂解（丛浦珠 等，2011；董巍 等，2011）。

4.5.4 生物碱结构鉴定实例

本小节将以狗牙根（*Cynodon dactylon*）内生烟曲霉（*Aspergillus fumigatus*）代谢产生的免疫抑制活性先导化合物麦角生物碱烟曲霉文丙（fumigaclavine C，FC，化合物 1）为例（谭仁祥等 2003，Xu et al. 2014），针对如何使用各种光谱、质谱对其代谢产物结构解析进行详细阐述。

FC 为无色柱状晶体（甲醇），碘化铋钾显色反应呈阳性，呈橙黄色斑点，提示化合物 1 可能是生物碱类成分。UV（MeOH）光谱在 λ_{max} 228 nm 和 281 nm 处有吸收峰，提示结构中存在共轭结构。阳离子 HR-ESI-MS（图 4-12）在 m/z 367.37860 处给出 [M＋H]$^+$ 峰（计算 $C_{23}H_{31}N_2O_2$，367.23855），因此该化合物分子式为 $C_{23}H_{30}N_2O_2$，不饱和度为 10。结合化合物 1 的 ^{1}H-NMR（图 4-6）和 ^{13}C-NMR（图 4-7）数据推测 5 个不饱和度来自碳碳

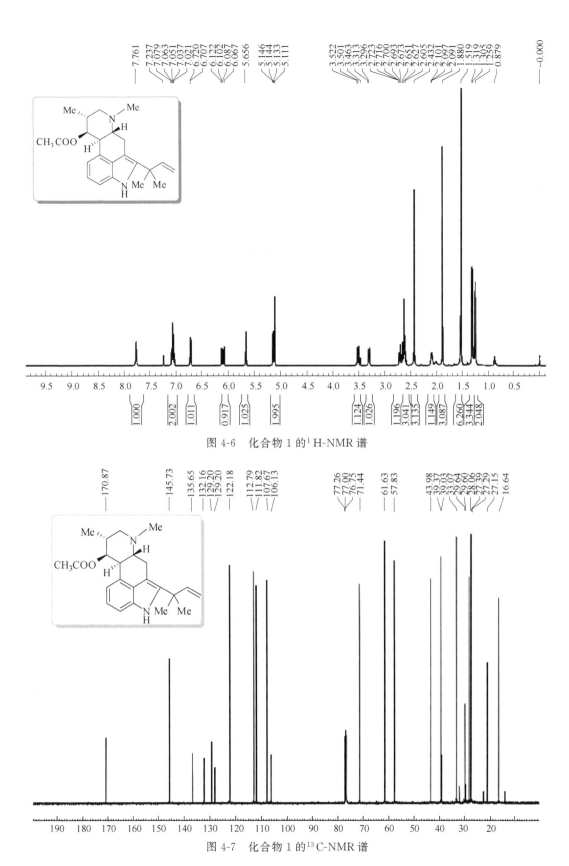

图 4-6　化合物 1 的 ^{1}H-NMR 谱

图 4-7　化合物 1 的 ^{13}C-NMR 谱

双键，1 个不饱和度来自羰基，因此另外 4 个不饱和度应该来自四个环系。

　　在 ^{1}H-NMR（500 MHz，CDCl$_3$）谱中，低场区含有三个邻位芳香氢信号 δ 6.71（1H，d，J＝7.0 Hz，H12）、7.03（1H，dd，J＝8.0，7.0 Hz，H13）、7.07（1H，d，J＝8.0 Hz，H14），一对反式异戊烯基烯氢信号 δ 6.09（1H，dd，J＝17.5，10.0 Hz，H22）、5.13（1H，d，J＝11.0，H$_a$23）、5.12（1H，d，J＝17.5，H$_b$23），提示化合物 1 具有 clavine 型麦角生物碱骨架。经与文献（Cole et al.，1977；Liu et al.，2004）中 FC 数据对比，确定化合物 **1** 为烟曲霉文丙。但间位取代的芳香碳信号 δ_C 122.2（C13）、107.7（C14）与文献报道数据有所差别，^{1}H-^{1}H COSY 谱（图 4-8）证明，H13 同时与 H12 和 H14 相关；另外，HMBC 谱（图 4-9）显示 H13 同时与 129.2（C11）、132.2（C15）相关，H14 同时与 112.8（CH，C12）、128.0（C，C16）相关。综合分析 ^{1}H-NMR 谱、^{13}C-NMR 谱、^{1}H-^{1}H COSY 谱、HSQC 谱（图 4-10）和 NOESY 谱（图 4-11），FC 文献数据纠正为 C13（δ 122.2）、C14（δ 107.7）。其核磁数据见表 4-4。

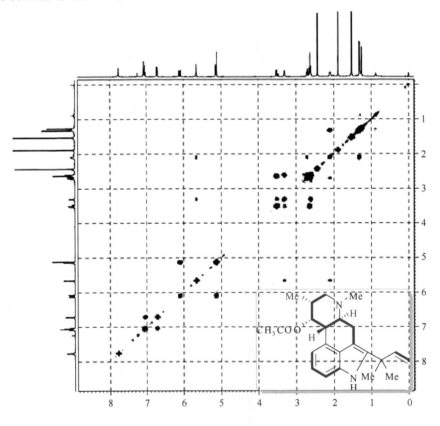

图 4-8　化合物 1 的 ^{1}H-^{1}H COSY 谱

　　化合物 1 的结构早在 1977 年就由 Richard J. Cole 等人从一株分离自发霉饲料中的烟曲发酵物中纯化得到，但 C8 的绝对构型始终未能确认，在文献中 C8S 和 C8R 均被指认为 FC（Wallwey et al.，2011）。本研究通过培养单晶，采用 Cu Kα 低温 X 射线衍射得到化合物 1 的结构，首次确认 FC 的构型为（5R，8R，9S，10R）。

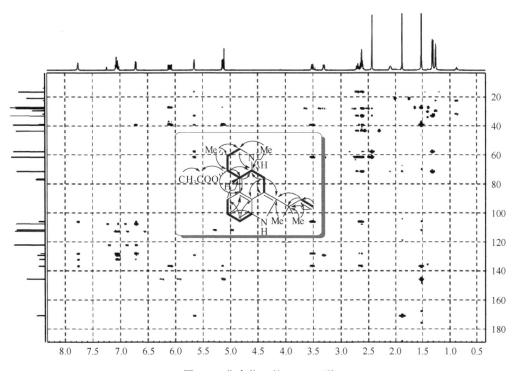

图 4-9 化合物 1 的 HMBC 谱

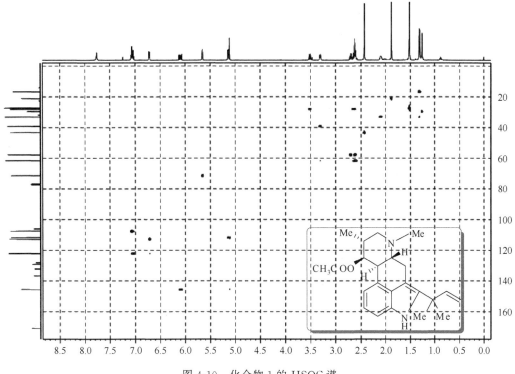

图 4-10 化合物 1 的 HSQC 谱

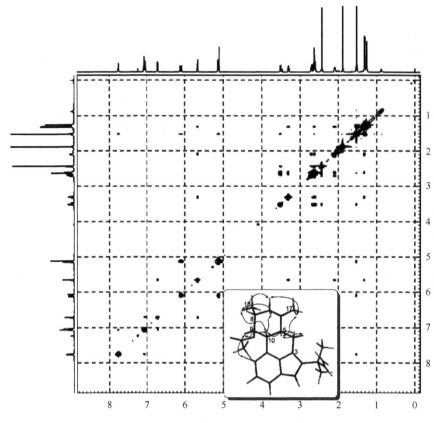

图 4-11 化合物 1 的 NOESY 谱

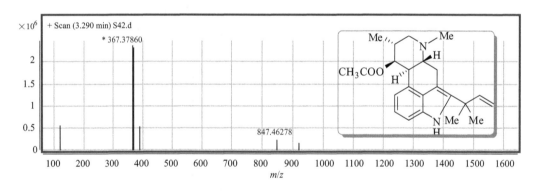

图 4-12 化合物 1 的 HR-ESI-MS 谱

表 4-4 FC 的 ^{1}H-NMR 和 ^{13}C-NMR 数据

序号	FC		文献数据*	
	δ_H	δ_C	δ_H	δ_C
1	7.76,s		7.97,s	
2		136.7(s)		136.6(s)
3		106.1(s)		105.9(s)
4	3.51(br d,10.5)	28.1(t)	3.57(br d,11.0)	27.9(t)
	2.66(t,11.0)		2.71(t,11.0)	

序号	FC		文献数据[*]	
	δ_H	δ_C	δ_H	δ_C
5	2.61(br d,11.0)	61.6(d)	2.68(dd,11.0,8.5)	61.5(d)
7	2.71(dd,11.5,3.5)	57.8(t)	2.76(dd,12.0,3.5)	57.5(t)
	2.64(br d,11.5)		2.64(br d,12.0)	
8	2.09(m)	33.1(d)	2.15(dd,3.5,2.0)	32.9(d)
9	5.66(br s)	71.4(d)	5.72(br s)	71.3(d)
10	3.30(br d,8.5)	39.4(d)	3.36(br d,8.5)	39.2(d)
11		129.2(s)		129.2(s)
12	6.71(d,7.0)	112.8(d)	6.77(d,6.5)	112.6(d)
13	7.03(dd,8.0,7.0)	122.2(d)	7.09(dd,7.5,6.5)	107.7(d)
14	7.07(d,8.0)	107.7(d)	7.12(d,7.5)	122.0(d)
15		132.2(s)		132.1(s)
16		128.0(s)		128.0(s)
17	2.43(s)	43.5(q)	2.49(s)	43.4(q)
18	1.31(d,7.0)	16.6(q)	1.36(d,7.0)	16.5(q)
19		39.0(s)		38.9(s)
20	1.52(s)	27.2(q)	1.57(s)	27.1(q)
21	1.52(s)	27.4(q)	1.57(s)	27.3(q)
22	6.09(dd,17.5,10.5)	145.7(d)	6.14(dd,17.0,11.0)	145.6(d)
23	5.13(d,17.5)	111.8(t)	5.17(d,17.0)	111.7(t)
	5.12(d,10.5)		5.17(d,11.0)	
24		170.9(s)		170.9(s)
25	1.88(s)	21.2(q)	1.91(s)	21.1(q)

* Liu J Y, Song Y C, Zhang Z, et al. Biotechnol, 2004, 114, 279-287.

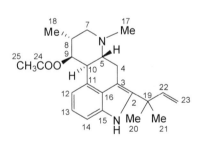

化合物 1 的结构式

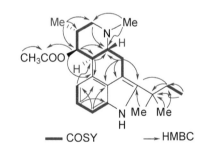

化合物 1 的主要 COSY 和 HMBC 相关

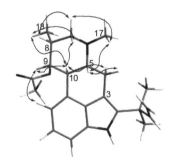

化合物 1 的主要 NOESY 相关（图 4-11）

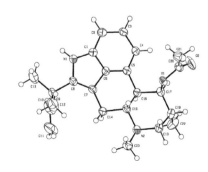

化合物 1 的单晶 X 射线衍射

参 考 文 献

陈焕文．分析化学手册．9A．有机质谱分析［M］．第 3 版．北京：化学工业出版社，2016．

蔡珺．生物碱提取方法综述［J］．商品与质量，2011（1）：164-164．

丛浦珠，李玉．天然有机化合物质谱图集［M］．北京：化学工业出版社，2011．

董巍，孙文军，王喜军．中药生物碱类成分的质谱裂解规律研究进展［J］．世界中西医结合杂志，2011，6（9）：
812-815．

柯以侃，董慧茹．分析化学手册．3B．分子光谱分析［M］．第 3 版．北京：化学工业出版社，2016．

吕永俊，陈英杰．BBI 生物碱核磁共振谱特征［J］．中国中药杂志，1990（3）：3-9．

秦海林，于德泉．分析化学手册．7A．氢-1 核磁共振波谱分析［M］．第 3 版．北京：化学工业出版社，2016．

生物系药学生物学专业毕业实践队．长春碱和长春新碱的提取、分离、制备与药理［J］．武汉大学学报，1975（4）：
63-73．

舒孝顺，高中洪，杨祥良．雷公藤生物碱的化学和药理活性研究进展［J］．广东药学院学报，2003，19（2）：150-152．

谭仁祥，徐强，赵颖，等．烟曲霉文丙在制备抗炎免疫抑制药中的应用．CN 1266149C［P］．2006-7-26．

王锋鹏．生物碱化学［M］．北京：化学工业出版社，2008．

徐静，梁振益，林强，等．植物中生物碱的提取方法及研究进展［J］．天然产物研究与开发，2006，S18：390-394．

徐任生．天然产物化学［M］．北京：科学出版社，2004．

徐智，吴德玲，张伟，等．生物碱类化合物的研究进展［J］．广东化工，2014，41（17）：84-85．

杨峻山，马国需．分析化学手册．7B．碳-13 核磁共振波谱分析［M］．第 3 版．北京：化学工业出版社，2016．

周贤春，何春霞．苏力坦·阿巴白克力．生物碱的研究进展［J］．生物技术通讯，2006，17（3）：476-479．

周文华，杨辉荣，岳庆磊．生物碱提取和分离方法的研究新进展［J］．当代化工，2003，32（2）：111-114．

Cole R J，Kirksey J W，Dorner J W，et al. Mycotoxins produced by *Aspergillus fumigatus* isolated from silage［J］. Journal of Agricultural & Food Chemistry，1977，25（4-6）：826-830．

Goodman J，Walsh V. The billion dollar molecule：Taxol in historical and theoretical perspective［J］. Clio Medica，2002，66：245-267．

Guha K P，Mukherjee B，Mukherjee R. Bisbenzylisoquinoline alkaloids-a review［J］. Journal of Natural Products，2004，42（1）：1-84．

Hanuman J B，Katz A. ^{1}H-NMR spectra of norditerpenoid alkaloids. A review［J］. Journal of Natural Products，1994，57（11）：1473-1483．

Jordan M A，Himes R H，Wilson，L. Comparison of the effects of vinblastine，vincristine，vindesine，and vinepidine on microtubule dynamics and cell proliferation *in vitro*［J］. Cancer Research，1985，45（6）：2741-2747．

Joseph P M. Quinoline，quinazoline，acridone alkaloids［J］. Natural Product Reports，2004，21：650-668．

Kittakoop P，Mahidol C，Ruchirawat S. Alkaloids as important scaffolds in therapeutic drugs for the treatments of cancer，tuberculosis，and smoking cessation［J］. Current Topics in Medicinal Chemistry，2013，14（2）：239-252．

Liu J Y，Song Y C，Zhang Z，et al. *Aspergillus fumigatus* CY018，an endophytic fungus in *Cynodon dactylon* as a versatile producer of new and bioactive metabolites［J］. Journal of Biotechnology，2004，114：279-287．

Michael J P. Quinoline，quinazoline and acridone alkaloids［J］. Natural Product Reports，2004，21：650-668．

O'Hagan D. Pyrrole，pyrrolidine，pyridine，piperidine and tropane alkaloids［J］. Natural Product Reports，2000，17（5）：435-446．

Roeder E. Carbon-13 NMR spectroscopy of pyrrolizidine alkaloids［J］. Phytochemistry，1990，29（1）：11-29．

Wallwey C，Li S M. Ergot alkaloids：structure diversity，biosynthetic gene clusters and functional proof of biosynthetic genes［J］. Natural Product Reports，2011，28：496-510．

Wang Z，Li B，Zhou L，et al. Prodigiosin inhibits Wnt/β-catenin signaling and exerts anticancer activity in breast cancer cells［J］. Proceedings of the National Academy of Sciences，2016，113（46）：13150-13155．

Xu J，Song Y，Guo Y，et al. Fumigaclavines D-H，new ergot alkaloids from endophytic *Aspergillus fumigatus*［J］. Planta Medica，2014，80（13）：1131-1137．

Yagudaev M R. Application of ^{1}H and ^{13}C NMR spectroscopy in structural investigations of *Vinca* indole alkaloids［J］. Chemistry of Natural Compounds，1986，22（1）：1-13．

第5章　黄酮类化合物

黄酮类化合物（flavonoids）是广泛分布于自然界的一大类化合物，属于植物次级代谢产物。植物光合作用固定的碳约有 2%（每年约 1×10^9 t）转变为黄酮及其衍生物。黄酮类化合物对植物的生长发育、开花结果以及抗菌防病等起着重要的作用。黄酮类化合物在植物体内因存在部位的不同，其存在状态也不同，少部分以游离态的苷元形式存在，存在于植物的木质部坚硬组织中；大部分与糖结合成苷类，存在于植物的花、叶、果实等组织中；皮、根、茎中既含有游离态，也含有黄酮苷。黄酮类化合物在植物、水果、蔬菜中皆含量较高，多数化合物易以结晶形式获得，所以它们是较早被人类发现的一类天然产物。19世纪20年代，国外把芦丁、槲皮素应用于临床后，引起了人们的广泛重视，成为国内外研究的热门课题。

据统计，到目前为止，国内外已发现的黄酮类化合物总数超过 1 万种，中草药、水果、蔬菜和粮食中均有分布，主要存在于高等植物中。已经发现有 5 000 多种植物中含有黄酮类化合物，例如，双子叶植物分布最多，单子叶植物、裸子植物及蕨类植物亦有所分布；苔藓类植物中所含黄酮类化合物较少；藻类、微生物及其他海洋生物中未发现黄酮类化合物。不同类型黄酮类化合物在植物不同科中的分布也有所不同，黄酮分布于芸香科、石南科（Ericaceae）、唇形科（Labiatae）、伞形科（Umbelliferae）、豆科（Leguminosae）等；黄酮醇类广泛分布于双子叶植物；二氢黄酮类在姜科（Zingiberaceae）、杜鹃花科（Ericaceae）、菊科（Compositae）、蔷薇科（Rosaceae）、豆科（Leguminosae）中分布较多；二氢黄酮醇类普遍存在于蔷薇科（Rosaceae）、豆科；异黄酮类以豆科、鸢尾科（Iridaceae）和桑科（Moraceae）中存在较多；查尔酮和橙酮分布于菊科（Compositae）、玄参科（Scrophulariaceae）、败酱科（Valerianaceae）；至于双黄酮类多局限分布于裸子植物，多存在松柏纲（Coniferopsida）和银杏纲（Ginkgopsida）等植物中（马云峰 等，2003）。黄酮类化合物最常见的是黄酮醇类，约占总数的三分之一，其次为黄酮类，占总数的四分之一以上。

黄酮类化合物是药用植物中一类重要的有效成分，具有强而广的药理活性且毒副作用小，包括扩冠作用，如槲皮素（quercetin）、葛根素（puerarin）；降低血管脆性及异常的通透性，如芦丁（rutin）、橙皮苷（hesperidin）；保肝作用，如水飞蓟素（silybin）、儿茶素（catechin）；抗炎作用，如芦丁、羟乙基芦丁（troxerutin）、橙皮苷甲基查尔酮（hesperidin methyl chalcone）；雌激素样作用，如染料木素（genistein）、大豆素（daidzein）；抗菌作用，如木犀草素（luteolin）、黄芩素（baicalein）、黄芩苷（baicalin）；抗病毒作用，如槲皮素、山奈酚（kaempferol）；泻下作用，如营实苷 A（multiflorin A）；解痉作用，如异甘草素（isoliquiritigenin）、大豆素；有的在镇咳、祛痰、免疫调节、降血糖、治疗骨质疏松、抗氧化、抗衰老、抗辐射等方面也有一定的治疗作用（郭萌 等，2018）。

5.1 黄酮类化合物的结构和分类

5.1.1 黄酮类化合物的基本结构

在 1952 年以前，黄酮类化合物主要是指基本母核为 2-苯基色原酮（2-phenyl-chromone，flavone）结构的化合物，且大多呈黄色或淡黄色，分子中亦多含有酮羰基，因此被称为黄酮。现在泛指由两个苯环（A 环与 B 环）通过中央三碳相互连接而成的一系列化合物，其基本骨架为 C_6-C_3-C_6（刘一杰 等，2016）。

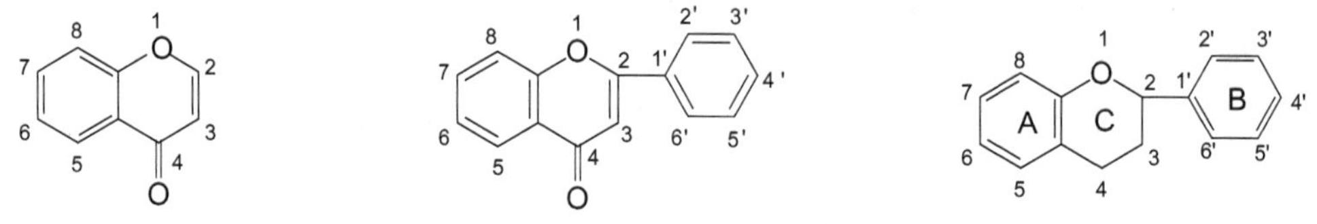

色原酮　　　　　　　　2-苯基色原酮　　　　　　　C_6-C_3-C_6基本骨架

黄酮类化合物的生物合成途径是由桂皮酸途径和醋酸-丙二酸途径复合，基本骨架是由3 个丙二酰辅酶 A（生成 A 环）和 1 个桂皮酰辅酶 A（生成 B 环）生物合成而产生的（图 5-1），其他黄酮类均由二氢黄酮衍生而来（方从兵 等，2005）。

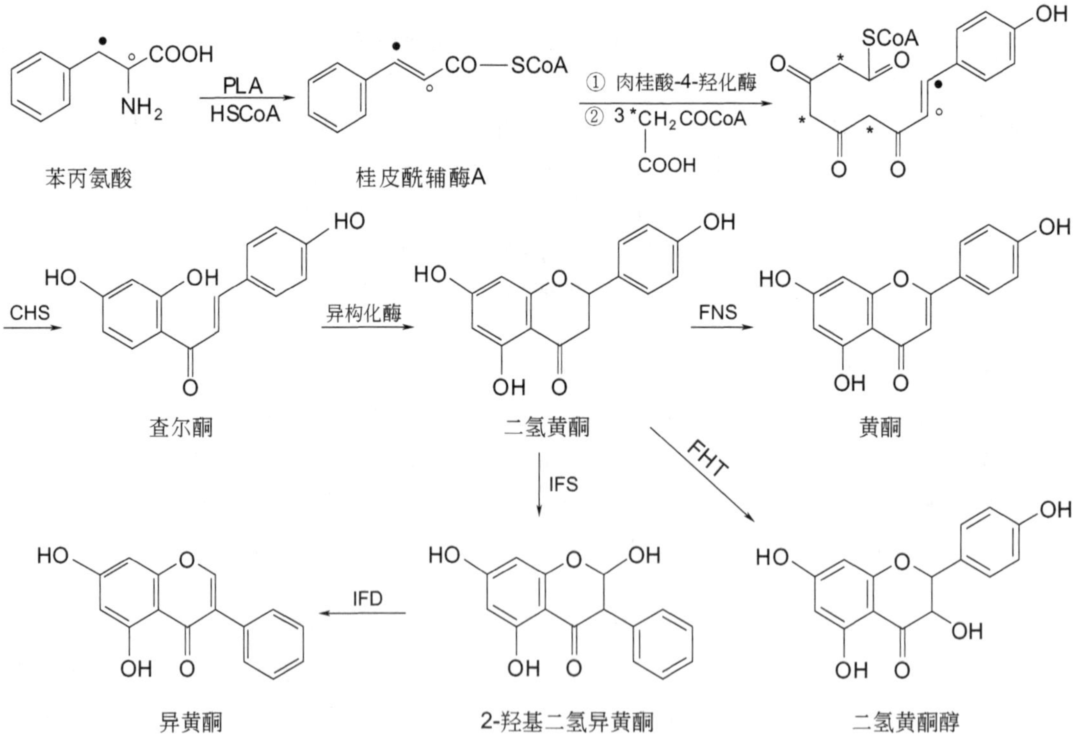

图 5-1　黄酮类化合物生物合成的基本途径

5.1.2 黄酮类化合物的分类

根据黄酮类化合物结构中基本母核的中央三碳链（C2、C3、C4）的氧化程度、B 环连接位置（C2 或 C3 位）以及中央三碳链是否成环的 3 个特点，可将黄酮类化合物大致分为14 类，如表 5-1 所示（胡云霞 等，2014）。

表 5-1　黄酮类化合物的主要结构类型和代表性化合物

类型	基本母核/结构特征	代表化合物
黄酮类 （flavones）	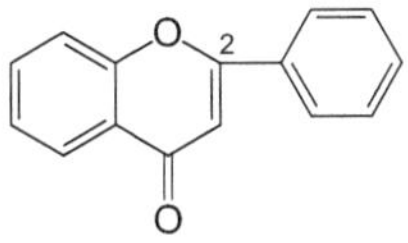 2-苯基色原酮， C2═C3 双键	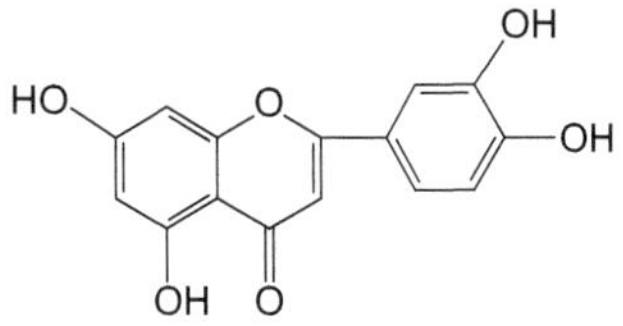 木犀草素,抗菌作用 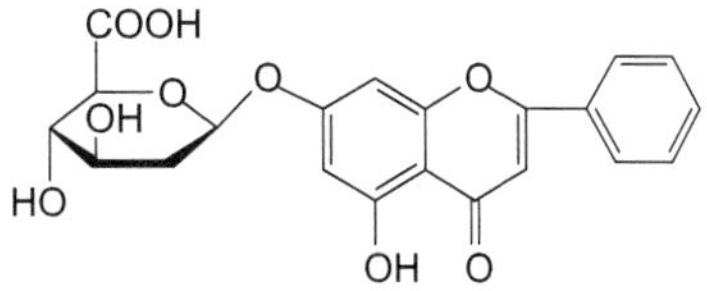 黄芩苷,清热解毒
黄酮醇类 （flavanol）	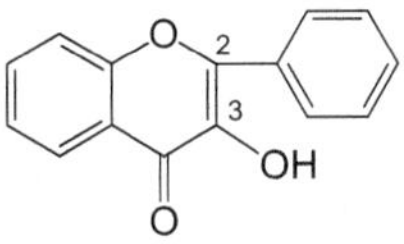 2-苯基色原酮,C2═C3 双键,3-OH	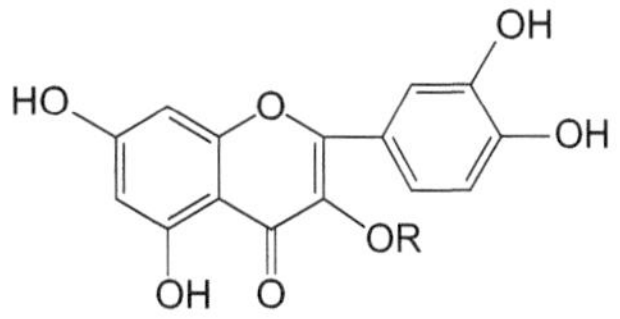 槲皮素：R＝H 芦丁：R＝芸香糖
二氢黄酮类 （flavanones）	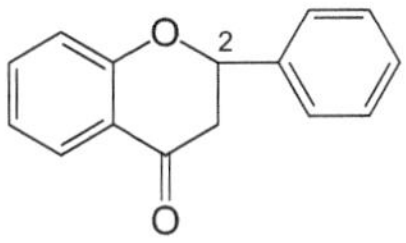 2-苯基色原酮, C2—C3 单键	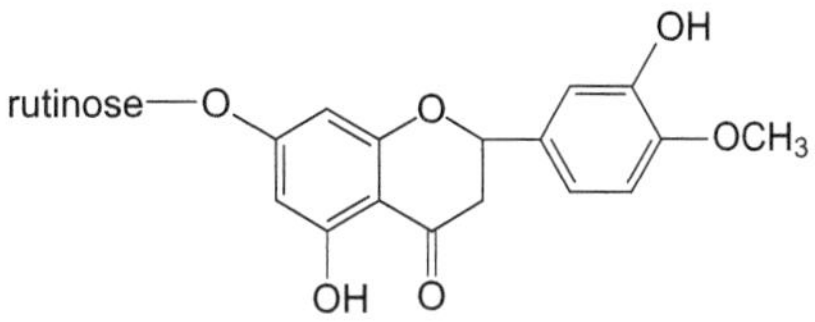 橙皮苷,Vpp 样作用 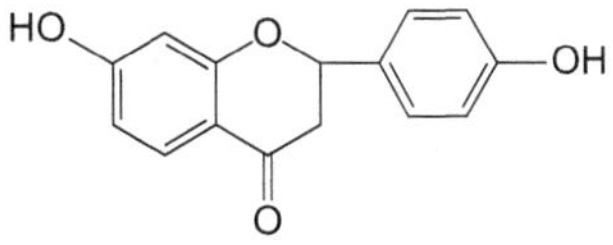 甘草素,对溃疡有抑制作用
二氢黄酮醇类 （flavanonols）	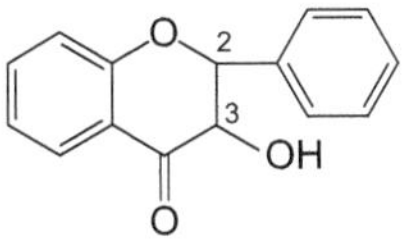 2-苯基色原酮, C2—C3 单键,3-OH	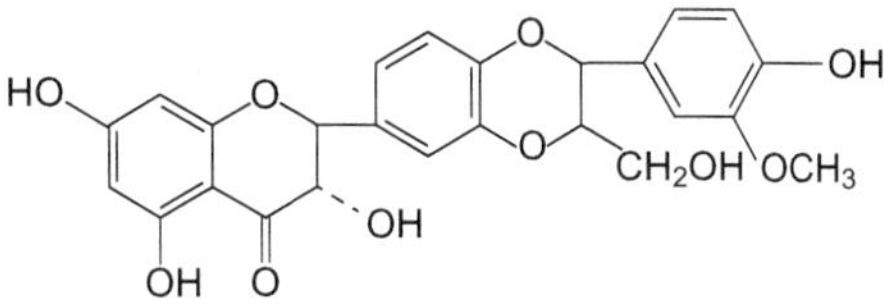 水飞蓟素,保肝作用
异黄酮类 （isoflavones）	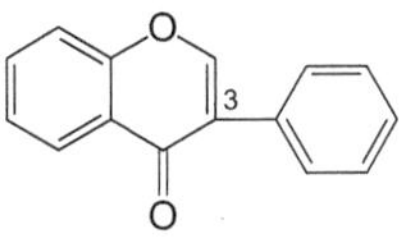 3-苯基色原酮, C2═C3 双键	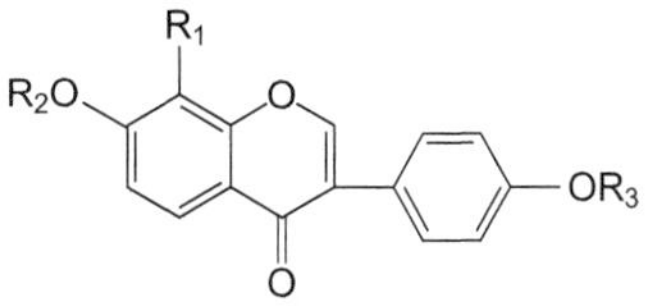 大豆素：R₁＝R₂＝R₃＝H 大豆苷：R₁＝R₃＝H,R₂＝glc 大豆素-7,4′-二葡萄糖苷：R₁＝H,R₂＝R₃＝glc 葛根素：R₂＝R₃＝H,R₁＝glc 葛根素-7-木糖苷：R₁＝glc,R₂＝xyl,R₃＝H

类型	基本母核/结构特征	代表化合物
二氢异黄酮类 （isoflavanones）	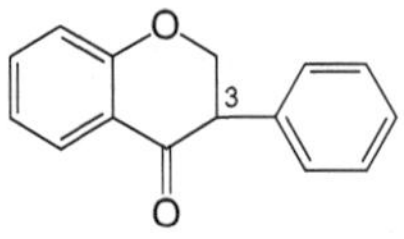 3-苯基色原酮， C2—C3 单键	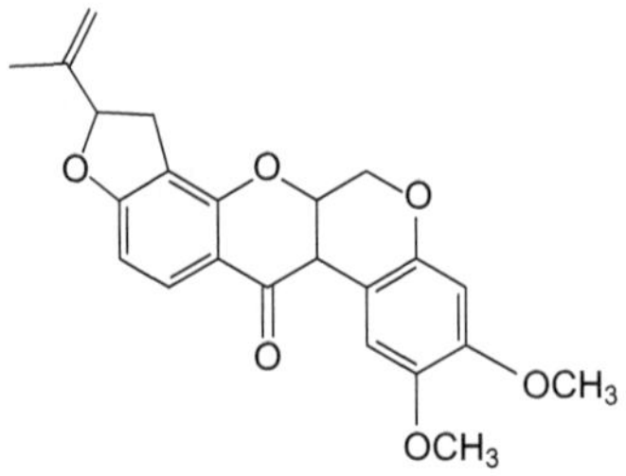 鱼鳞酮,农业杀虫剂
查尔酮类 （chalcones）	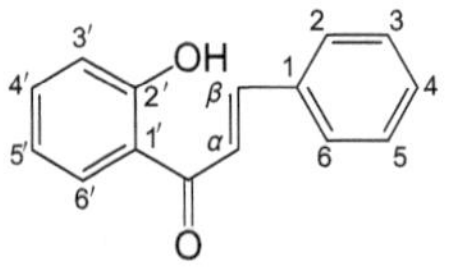 C环开环,中央三碳链为双键	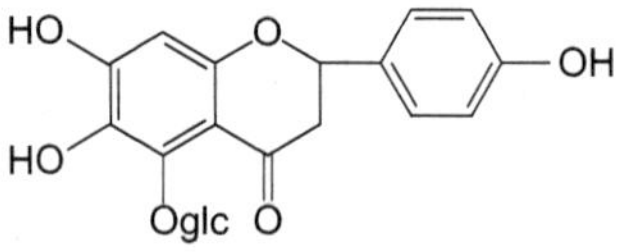 新红花苷(无色) 异构化 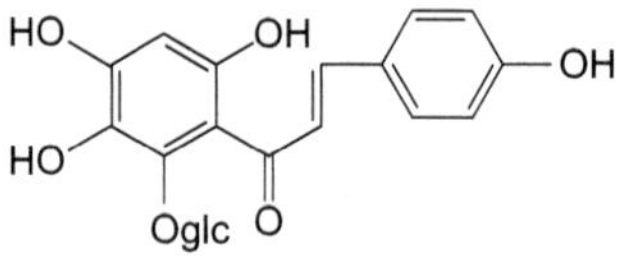 红花苷(黄色) 氧化酶 红花所含的色素红花苷是第一个发现的查尔酮类植物成分 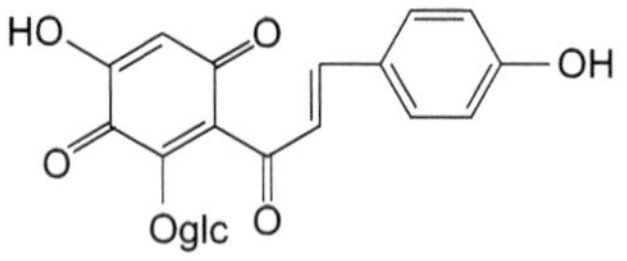 醌式红花苷(红色)
二氢查尔酮类 （dihydrochalcones）	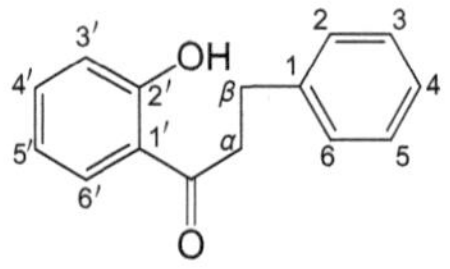 C环开环,中央三碳链为单键	
花色素类 （anthoyanidins）	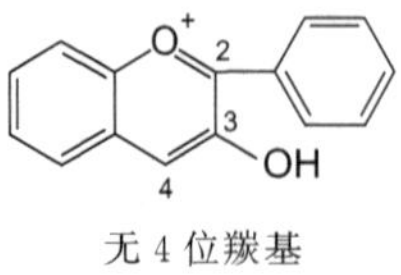 无 4 位羰基	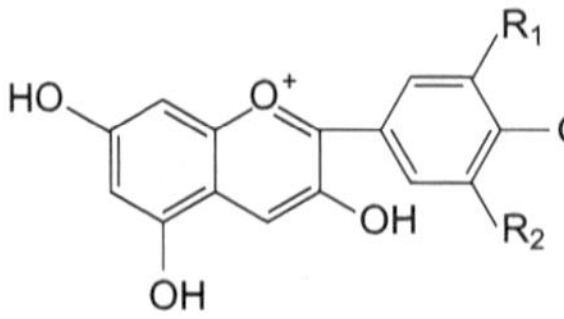 矢车菊素：R_1＝OH,R_2＝H 飞燕草素：R_1＝R_2＝OH 天竺葵素：R_1＝R_2＝H 锦葵花素：R_1＝R_2＝OCH$_3$

类型	基本母核/结构特征	代表化合物
黄烷-3-醇类 （flavan-3-ols）	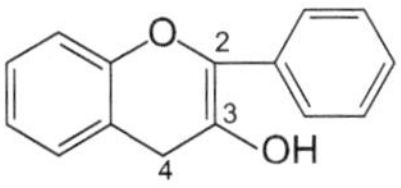 无 4 位羰基，3-OH	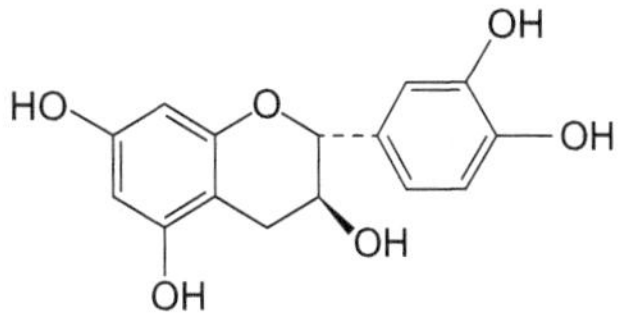 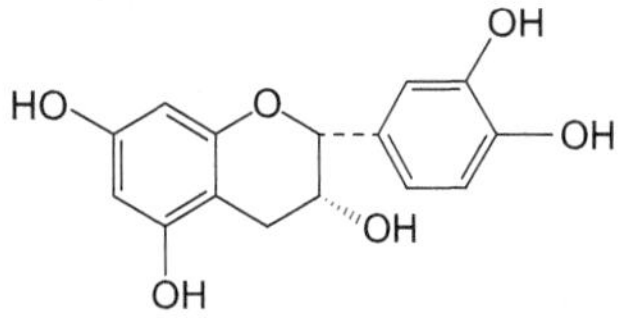 （±）-儿茶素，抗癌活性 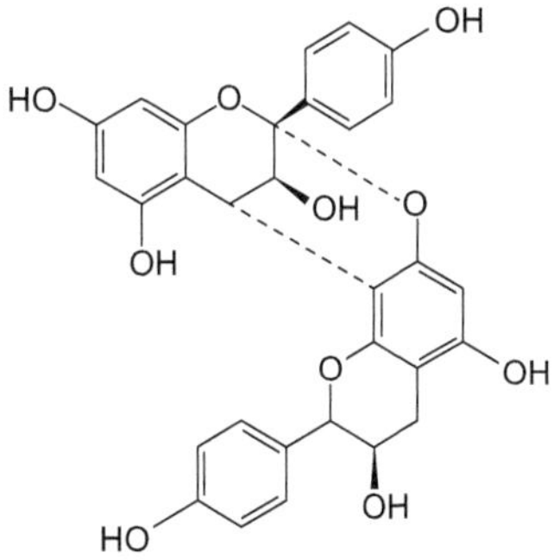 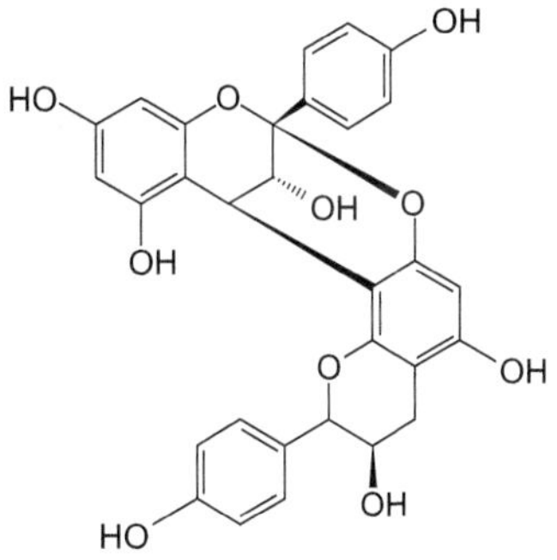
黄烷-3,4-二醇类 （flavan-3,4-diols）	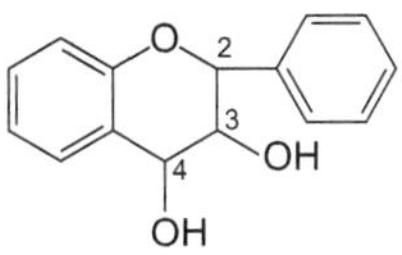 无 4 位羰基，3-OH，4-OH	 麻黄宁 A/B，抗癌活性
𠮧酮类 （xanthones）	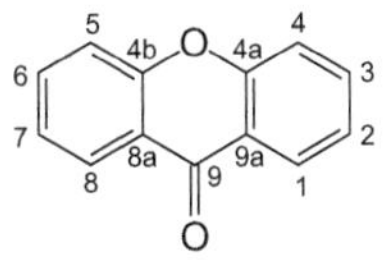 双苯吡喃酮，苯并色原酮	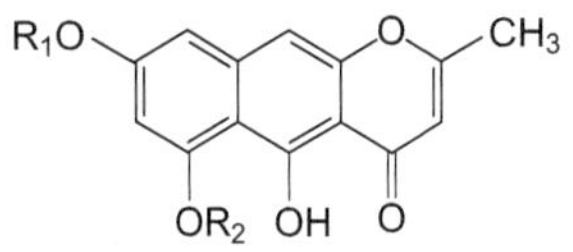 红镰霉素：R₁=CH₃，R₂=H 去甲红镰霉素：R₁=R₂=H 红镰霉素-6-β-龙胆双糖苷：R₁=CH₃，R₂=龙胆双糖基
橙酮 （aurone）	 C 环为五元环	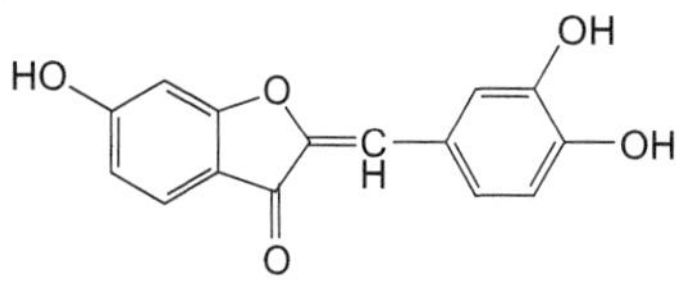 较少见 黄花波斯菊：硫黄菊素

类型	基本母核/结构特征	代表化合物
双黄酮类	有两分子黄酮,两分子二氢黄酮或一分子黄酮及一分子二氢黄酮,以 C—C 或 C—O—C 键连接而成的二聚物	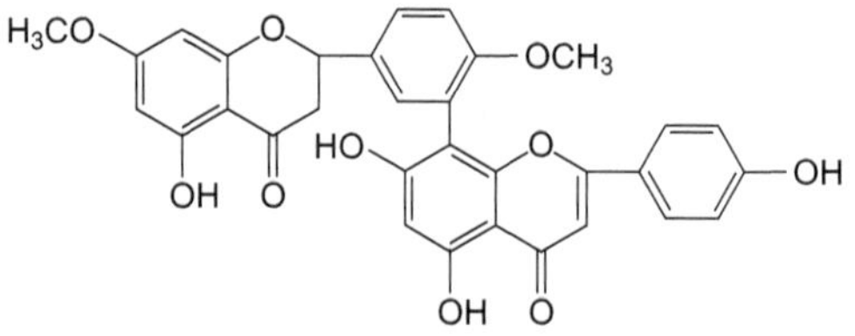 银杏素

5.1.3 黄酮类化合物的存在形式

黄酮类化合物有两种存在形式:黄酮苷元和黄酮苷。

1. 黄酮苷元

黄酮类化合物结构中常连接有酚羟基、甲氧基、甲基、异戊烯基等官能团。A 环的 C5、C7 和 B 环的 C3′、C4′常连有—OH、—OCH₃等取代基;A 环的 C6、C8 和 B 环的 C3′常连有—CH₃和异戊烯基等取代基。这些助色团的存在使该类化合物多显黄色。

2. 黄酮苷

天然黄酮类化合物多以苷类形式存在,并且由于糖的种类、数量、苷元与糖的连接位置及连接方式不同,可以组成各种各样的黄酮苷类。

① 根据苷键原子的类型,可分为 O-糖苷和 C-糖苷,且多为氧苷,只有少数为碳苷。其中,黄酮苷元与糖基以 C—O—C 方式连接形成的是 O-糖苷(酚苷),如由单糖形成的异槲皮素(isoquercetin),双糖形成的橙皮苷等;黄酮苷元与糖基直接相连形成的是 C-糖苷,糖基大多连接在 C6 或 C8 上,如葛根素的葡萄糖基不通过氧原子直接连在 C8 上,可用于治疗冠心病和心肌缺血。

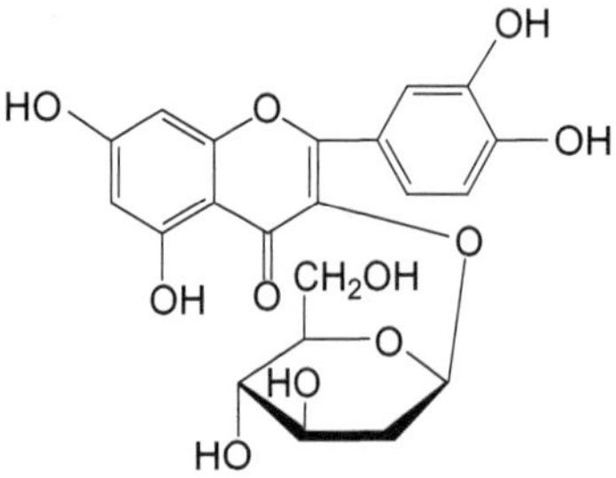

异槲皮素 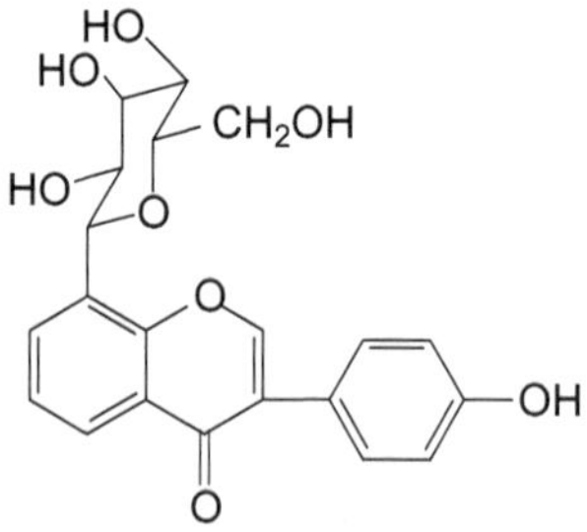　　　　　　　　　　葛根素

② 根据糖的种类和数量不同,可分为单糖类、二糖类、三糖类和酰化糖类。单糖主要有 D-葡萄糖(D-glucose, D-glc)、D-半乳糖(D-galactose, D-gal)、D-木糖(D-xylose, D-xyl)、D-甘露醇(D-mannose, D-man)、D-葡萄糖醛酸(D-glucuronic acid, D-gluA)、L-鼠李糖(L-rhamnose, L-rha)、L-阿拉伯糖(L-arabinose, L-ara)等,例如,由 β-D-葡萄糖醛酸形成的黄芩苷。常见二糖有芸香糖 [rutinose, α-L-rha-(1→6)-β-D-glc]、新橙皮糖 [neohesperidose, α-L-rha-(1→2)-β-D-glc]、槐糖 [sophorose, β-D-glc-(1→2)-β-D-glc]、龙胆二糖 [gentiobiose, β-D-glc-(1→6)-β-D-glc] 等,例如,由芸香糖与苷元形成橙皮苷。常见三糖有龙胆三糖 [gentianose, β-D-glc-(1→6)-β-D-glc-(1→2)-β-D-fru]、槐三糖

[sophorotriose, β-D-glc-(1→2)-β-D-glc-(1→2)-β-D-glc]、鼠李三糖〔rhamninose, α-L-rha-(1→3)-α-L-rha-(1→6)-β-D-glc〕等。酰化糖类主要有 2-乙酰葡萄糖（2-acetylglucose）、咖啡酰基葡萄糖（caffeoyl glucose）等，例如，山奈素-3-O-(4″-咖啡酰基)葡萄糖苷。

黄芩苷   橙皮苷

山奈素-3-O-(4″-咖啡酰基)葡萄糖

黄酮苷中的糖连接位置与苷元的结构类型有关。例如，黄酮醇类常形成 3-单糖苷、7-单糖苷、3′-单糖苷、4′-单糖苷，或 3,7-二糖苷、3,4′-二糖苷及 7,4′-二糖苷；花色苷类常在 3-OH 上连有一个糖，或形成 3′,5-二葡萄糖苷。

5.1.4 黄酮类化合物的构效关系

黄酮类化合物因结构不同，表现出来的生物活性差异很大。其中，二氢黄酮、查尔酮、花色素类具有抗氧化、抗病毒、抗肿瘤等作用；黄酮、黄酮醇、异黄酮具有清除自由基、保护心血管等作用；橙酮主要具有抑菌和抗肿瘤的作用（Zhang et al.，2016）。近年来，对其结构与生物活性的相关性研究（structure-activity relationship，SAR）越来越受重视，这对从自然界中寻找高药效和选择性强的黄酮类先导化合物（lead compounds）并进行结构改造或修饰，从而创制新药具有重要意义。

通常，黄酮类化合物分子 C 环的 α-、β-不饱和吡喃酮是其具有各种生物活性的关键，C7 位羟基糖苷化和 C2、C3 位双键氢化及糖苷化，均易导致其活性降低。绝大多数黄酮苷的活性低于其苷元，例如芦丁（槲皮素-3-O-芸香糖苷）的抗氧化性低于它对应的糖苷配基槲皮素。而 A、B、C 三环的各种取代基则决定了其特定的药理活性，从而决定了其不同生物活性，一般情况下，母核上的羟基取代程度越大，活性越强（尤其是清除氧自由基活性），邻位羟基取代往往对活性有利，即苯环上的邻二酚是重要的活性基团（Rice-Evans，1996）。

目前，黄酮类化合物的结构修饰主要集中在 C 环 C2、C3 位，A 环 C5、C6、C7、C8 位，B 环 C2′、C3′、C4′位，各种不同类型的取代基如卤素、烷（氧）基、芳基、吡啶基、氨基、羧基、磺酸基、磷酸基等及其他各种官能团均被引入，以此来丰富其种类和改良其生物活性（赵雪巍 等，2015）。

第 5 章　黄酮类化合物　　**103**

5.1.5 黄酮类化合物的命名

黄酮类化合物的命名方法有三种：

① 以生物来源的属、种的名称命名。与糖结合成苷，称之为"苷"，如黄芩苷分离自中药黄芩；以游离状态存在，直接命名或称之为"素"，如大豆素是由大豆中提取得到而命名。

② 系统命名法。母核是黄酮类化合物的结构类型，前面加上取代基的位置。

③ 苷类的命名。先命名苷元，后面加上糖基的命名。

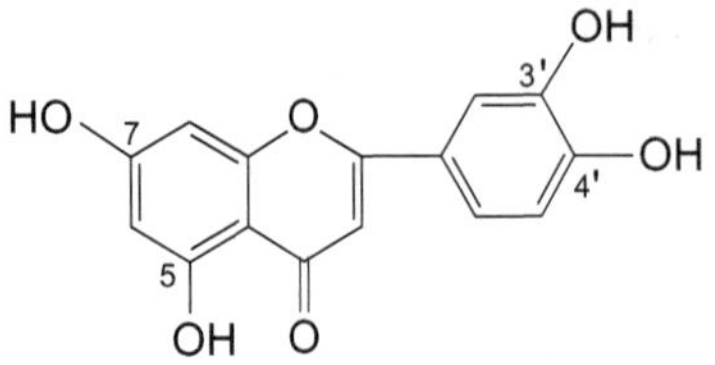

5,7,3',4'-四羟基黄酮
5,7,3',4'- tetrahydroxy flavone

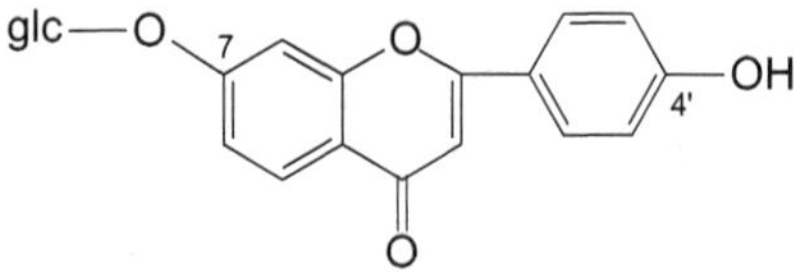

7,4'- 二羟基黄酮 -7-O-β-D-葡萄糖苷
7,4'-dihydroxy flavone -7-O-β-D-glucoside

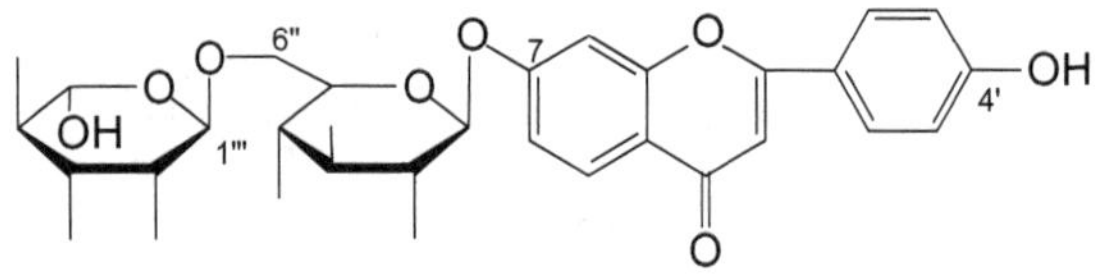

7,4'-二羟基黄酮-7-O-α-L-鼠李糖 -(1→6)-β-D-葡萄糖苷
7,4'-dihydroxy flavone-7-O-α-L-rhamnose -(1→6)-β-D-glucoside

5.2 黄酮类化合物的性质

5.2.1 性状

黄酮类化合物大多为结晶固体。黄酮苷、花色苷及苷元为无定形粉末。黄酮的色原酮部分无色，在 C2 上引入苯环后，即形成交叉共轭体系，使共轭链延长，而呈现出不同颜色。黄酮（醇）及其苷类多显灰黄色至黄色，查尔酮为黄色至橙黄色，异黄酮、二氢黄酮（醇）因共轭链短或不具有交叉共轭体系，故显微黄色或无色。在上述黄酮、黄酮醇分子中，尤其在 C7 位及 C4′位引入—OH 及—OCH$_3$ 等供电基助色团后，使化合物的颜色加深，但在其他位置引入—OH、—OCH$_3$ 等影响较小。花色苷及其苷元的颜色随 pH 不同而改变，一般显红色（pH＜7）、紫色（pH＝8.5）、蓝色（pH＞8.5）等颜色（图 5-2）。

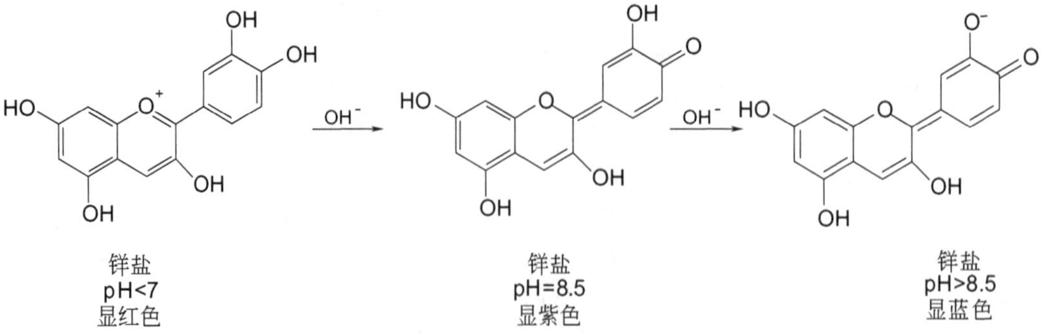

锌盐
pH<7
显红色

锌盐
pH=8.5
显紫色

锌盐
pH>8.5
显蓝色

图 5-2 花色素在不同 pH 下颜色变化情况

5.2.2 旋光性

化合物的旋光性取决于分子中不对称碳原子的有无。游离的二氢黄酮、二氢黄酮醇、黄烷及黄烷醇具有手性碳，所以有旋光性，其他游离黄酮类无旋光性；黄酮苷由于分子中引入糖，均有旋光性，且多为左旋。

5.2.3 溶解度

黄酮类化合物的溶解度因结构及存在状态（苷元、单糖苷、二糖苷或三糖苷）不同而有很大的差异，一般有以下的规律：

1. 游离苷元

游离苷元大多难溶或不溶于水，易溶于氯仿、乙醚、乙酸乙酯、乙醇或苯等有机溶剂及稀碱液中。其中，黄酮、黄酮醇、查尔酮是平面型结构，因堆砌较紧密，分子间引力较大，故更难溶于水；而二氢黄酮及二氢黄酮醇是非平面型结构，分子间排列不紧密，水分子易于进入，水溶性增大；花色素以离子形式存在，易溶于水。所以，游离苷元水溶性由易到难的顺序：花色素（离子型，平面型分子）＞非平面型分子（异黄酮/二氢黄酮）＞平面型分子（黄酮/黄酮醇/查尔酮）。另外，水溶性与取代基团的性质、数目及取代位置有关，C7 位及 C4′位上引入羟基且数目越多，水溶性越大；分子中的羟基甲基化（—OCH$_3$），则水溶性降低，易溶于亲脂性有机溶剂。

2. 苷类

苷类的水溶性比相应苷元大，易溶于水、甲醇、乙醇等强极性溶剂；难溶于苯、氯仿、石油醚等有机溶剂。黄酮苷的水溶性与糖基的数目和取代位置有关，糖链越长，则水溶性越大。苷类水溶性由易到难的顺序：三糖苷＞二糖苷＞单糖苷＞苷元；3-羟基苷的水溶性比 7-羟基苷大。

5.2.4 酸碱性

1. 酸性

黄酮类化合物因分子中多具有酚羟基，显酸性，可溶于碱水溶液、吡啶、甲酰胺、N,N-二甲基甲酰胺。酸性强弱因酚羟基数目、位置而异。C7 位及 C4′位上同时引入羟基，由于 p-π 共轭效应，使酸性增强而溶于稀 NaHCO$_3$ 水溶液；7-羟基或 4′-羟基只溶于稀 Na$_2$CO$_3$ 水溶液，不溶于稀 NaHCO$_3$ 水溶液；有一般酚羟基者只溶于稀 NaOH 水溶液；仅有 5-羟基者，因可与 C4 ═O 形成分子内氢键，故酸性最弱。黄酮类化合物酸性强弱顺序：7,4′-二羟基＞7-羟基或 4′-羟基＞一般位酚羟基＞5-羟基。因此，可用 pH 梯度萃取法来分离黄酮类化合物。

2. 碱性

因黄酮类化合物母核中 γ-吡喃酮环上的 1 位氧原子有未共用电子对，故表现出微弱的碱性，可与强无机酸（H$_2$SO$_4$、HCl）生成𬤊盐。某些𬤊盐常呈现出特殊的颜色，可用于黄酮类化合物结构类型的初步鉴别，例如，黄酮（醇）溶于浓硫酸中显黄色至橙色、并有荧光，二氢黄酮显橙红色（冷）、紫红色（热），查尔酮显橙红色至洋红色，（二氢）异黄酮显黄色，橙酮显红色至洋红色。但该盐极不稳定，加水后即可分解。

5.2.5 显色反应

黄酮类化合物的显色反应大多与分子中酚羟基及 γ-吡喃酮环有关。在早期的研究工作中，常以化学显色反应定性地判断生物样品中是否含有黄酮类化合物及其类别，按反应机理可分为四类：还原反应、金属盐类试剂的络合反应、硼酸显色反应、碱性试剂显色反应（表 5-2）。

表 5-2 黄酮类化合物常用的显色反应

	显色反应	操作方法	现象	阳性结果	备注
还原反应	HCl-Mg 反应	将样品溶于 1.0 mL 甲醇或乙醇溶中,加入少许镁粉振摇,再滴加几滴浓 HCl,1~2 min 内即可出现颜色;微热之随之加深	橙红色→紫红色	黄酮(醇)	通用
			橙红色→紫红色,少数蓝色;当 B 环上有-OH 或-OCH₃ 取代时,呈现的颜色随之加深	二氢黄酮(醇)	因黄酮分子母核结构不同而显示不同的颜色
	钠汞齐反应	样品溶于乙醇,加入钠汞齐或加热,过滤,滤液用盐酸酸化	红色	(二氢)黄酮,(二氢)异黄酮	
			黄(红)→淡红色	黄酮醇	
			棕红色	二氢黄酮醇	
	硼氢化钠/磷钼酸反应	在有样品中加入 0.1 mL 含等量 2% NaBH₄ 的乙醇液,1 min 后,加浓盐酸或浓硫酸数滴	红色→紫红色,棕褐色	二氢黄酮类化合物	专属,其他黄酮化合物均不显色
金属盐类试剂络合反应	AlCl₃ 反应	样品加入 1% AlCl₃	络合物多为黄色;黄色或黄绿色荧光	含 3-OH 或含 5-OH 或邻二酚羟基黄酮类化合物	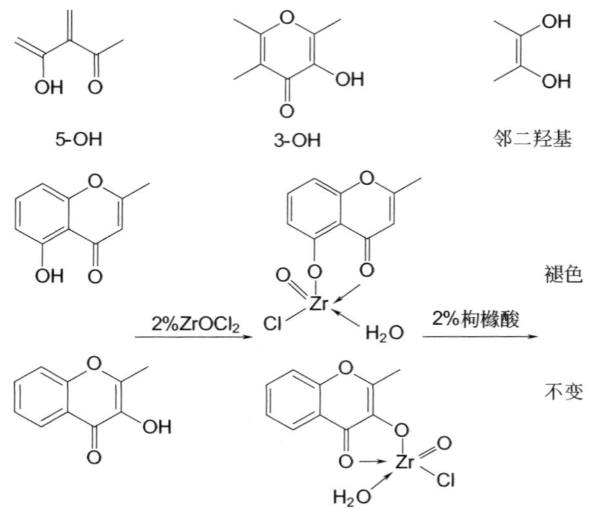
	锆盐-枸橼酸反应	样品溶于甲醇,加入 2%二氯氧锆 (ZrOCl₂) 的甲醇溶液,再加入 2% 枸橼酸的甲醇溶液	黄色不褪减	3-OH 黄酮或含 3-OH、5-OH 黄酮	
			黄色褪减	含 5-OH 黄酮,无 3-OH 黄酮	
	氨性 SrCl₂ 反应	样品加甲醇溶解,加入 0.01 mol/L 氯化锶(SrCl₂) 的甲醇溶液和被氨气饱和的甲醇溶液 3 滴	绿色,棕色,黑色沉淀	邻二酚羟基黄酮类化合物	
	三氯化铁反应	样品加 1%FeCl₃	紫色,绿色,蓝色	含酚羟基黄酮类化合物	
	五氯化锑	样品的无水四氯化碳溶液,加入五氯化锑	红色或紫红色沉淀	查尔酮	

续表

显色反应		操作方法	现象	阳性结果	备注
硼酸显色反应	硼酸 H₃BO₃	样品乙醇溶液 1 mL,在沸水浴上蒸干加入饱和硼酸丙酮溶液及 10%枸橼酸丙酮溶液各 0.5 mL	黄色,绿色荧光(草酸溶液);黄色,无荧光(枸橼酸-硼酸丙酮溶液)	含有 5-OH 或具有 2'-OH 的查尔酮	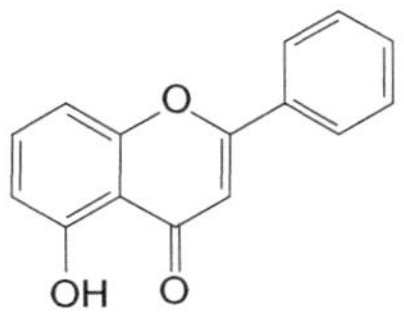 $5-OH$ 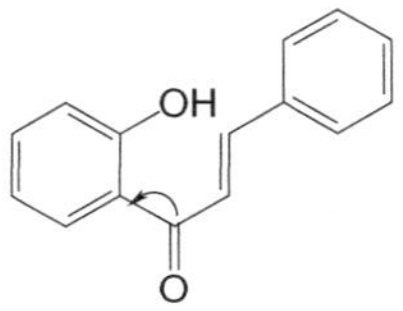 的查尔酮结构;含 2'-OH 的查尔酮
碱性试剂显色反应	氢氧化钠溶液	样品加入 10%氢氧化钠溶液	先呈黄色,通入空气变为绿色	黄酮类	遇碱开环生成查尔酮
			先呈黄色,通入空气后变为棕色	黄酮醇类	在碱液中易氧化
	稀氢氧化钠溶液	样品加入 2%氢氧化钠溶液	橙色至黄色	二氢黄酮	不稳定,易氧化
			黄色→深红色沉淀	邻三酚羟基取代或 3,4'-二羟基取代	
			暗绿色→蓝绿色	邻二酚羟基黄酮	
			黄色→深红色→绿棕色	邻二酚羟基黄酮	
	氨蒸气	样品通入氨蒸气	可见光 黄色	黄酮	氨蒸气显色可逆;碳酸钠溶液显色不可逆
			可见光 黄色	黄酮醇	
			可见光 黄色或橙红色	查尔酮	
			紫外光 黄绿色或暗紫色	黄酮	
			紫外光 亮黄色	黄酮醇	
			紫外光 暗红色或紫色	二氢黄酮	
			紫外光 紫色或浅黄色	查尔酮	
			紫外光 无色或浅黄色	异黄酮	
	碳酸钠溶液	样品加入 1%或 5%碳酸钠溶液	亮黄色	黄酮	
			黄棕色或灰棕色	黄酮醇	
			绿色或浅橙色	二氢黄酮	
			红色或橙色	查尔酮	
			灰绿色	异黄酮	

5.3 黄酮类化合物的提取与分离

5.3.1 黄酮类化合物的提取

黄酮类化合物种类多，在植物体内因存在状态（苷元、单糖苷、二糖苷或三糖苷）不同，物理化学性质差异较大，要根据其存在形式来选择适合的提取方法。

1. 溶剂提取法

应用相似相溶的原理，即黄酮类化合物在溶剂中的溶解性，决定了应当使用哪种溶剂进行提取。大多数游离苷元极性较小，宜用氯仿、乙醚、乙酸乙酯等中极性溶剂提取；而对于多甲氧基黄酮类游离苷元，因极性降低，可用苯等低极性溶剂进行提取。黄酮苷类以及极性稍大的苷元（如羟基黄酮等），一般可用丙酮、乙酸乙酯、甲醇、乙醇或某些极性较大的混合溶剂如甲醇-水（1:1）、乙醇-水（1:1）提取。一些黄酮苷类，可直接用沸水提取。以避免冷水提取时由于药材内含有水解酶而使其分解，例如沸水法提取黄芩中的黄芩苷。花色素类极性大，可加入少量酸（0.1%盐酸，应当慎用，避免发生水解）提取。

2. 碱提酸沉法

黄酮苷类虽有一定极性，可溶于水，但却难溶于酸水，易溶于碱水，故可先用碱性水溶液或碱性稀醇提取，再于碱水提取液中加入酸，黄酮苷类即可沉淀析出。常用碱水为稀氢氧化钠或石灰水，常用酸为 HCl 等。稀氢氧化钠溶出能力强，使含酚羟基化合物成盐溶解，但浸出杂质较多，如将其浸出液酸化，先析出的沉淀物多半是杂质，滤液中再析出的沉淀物可能是较纯的黄酮类化合物。石灰水的溶出能力不如稀氢氧化钠溶液，但可使含羧基杂质（果胶、黏液质、蛋白质等）形成钙盐沉淀不被溶出，有利于浸出液的纯化。此法简单易行，芦丁、橙皮苷、黄芩苷等都可用此法提取。

5.3.2 黄酮类化合物的分离

黄酮类化合物提取过程中常伴随大量的蛋白质、氨基酸、糖类、色素等杂质，为提高粗黄酮的纯度，应利用黄酮类化合物与其他组分之间物理化学性质的差异，对粗黄酮提取物进行分离纯化。目前，用于黄酮类物质的分离纯化方法主要有：溶剂萃取法、pH 梯度萃取法、柱色谱法和高效液相色谱。

1. 溶剂萃取法

利用黄酮类化合物与混入杂质的极性不同，即分配系数不同，选用不同溶剂进行萃取，在达到去除杂质精制纯化目的的同时，往往还可以实现分离苷和苷元、极性苷元与非极性苷元的效果。例如，可选用石油醚（全甲基化黄酮、叶绿素等脂溶性杂质）、氯仿（黄酮苷元）、乙酸乙酯（苷元、苷）、正丁醇（黄酮苷）、水（花色素、多糖/蛋白质等水溶性杂质）进行梯度萃取。

2. pH 梯度萃取法

pH 梯度萃取法适合于酸性强弱不同的黄酮苷元的分离。根据第 5.2.4 节所述黄酮类苷元酚羟基数目及位置不同其酸性强弱也不同的性质，可以将混合物溶于有机溶剂（如乙醚）后，依次用 5% $NaHCO_3$、5% Na_2CO_3、0.2% $NaOH$ 及 4% $NaOH$ 水溶液萃取，来达到分离的目的（图 5-3）。

3. 柱色谱法

柱色谱法是分离黄酮类化合物的常用方法。柱填充剂有聚酰胺、硅胶、葡聚糖凝胶、活性炭和大孔树脂等，其中最常用的是聚酰胺和硅胶柱色谱（陈丛瑾，2011）。

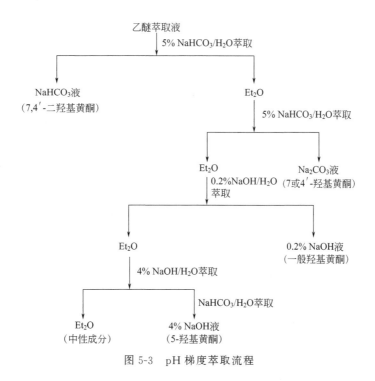

图 5-3 pH 梯度萃取流程

(1) 聚酰胺柱色谱

聚酰胺对黄酮类化合物有较好的分离效果，可用于分离各种类型的黄酮类化合物，是黄酮类化合物分离时的首选方法。其吸附强度主要取决于黄酮类化合物分子中酚羟基的数目和位置、连接糖的数目，以及溶剂与黄酮类化合物或与聚酰胺之间形成氢键缔合能力的大小。游离苷元分离常用的洗脱溶剂系统是氯仿、氯仿-甲醇、甲醇；黄酮苷分离常用的洗脱溶剂系统是乙醇-水、甲醇-水。洗脱先后顺序有如下规律：

① 苷元不同，芳香核、共轭双键越多则吸附能力越强，洗脱越慢，洗脱顺序一般是：异黄酮→二氢黄酮醇→黄酮→黄酮醇。

② 苷元相同，母核上酚羟基数目越多，则吸附能力越强，洗脱越慢。

③ 苷元相同，酚羟基数目相同，酚羟基的位置不同，洗脱顺序一般是：邻羟基→对（间）羟基。

④ 苷元相同，连接糖的数量越多，酚羟基比例下降，越容易洗脱，洗脱顺序一般是：三糖苷→二糖苷→单糖苷→苷元。

具体操作如下：

① 预处理和装柱 市售聚酰胺过 80～100 目筛去掉小于 0.2 mm 的粒子，以 90%～95% 乙醇浸泡，不断搅拌，除去气泡后装 1/2 柱高，待沉降后，用 3～4 倍体积的 90%～95% 乙醇洗脱，洗至洗脱液透明并在蒸干后无残渣（或极少残渣）。再依次用 2～2.5 倍体积 5% NaOH 水溶液、等体积的蒸馏水、2～2.5 倍体积的 10% 醋酸水溶液洗脱，最后用蒸馏水洗脱至中性，备用。

② 上样和洗脱 慢慢放掉水，用 20% 甲醇液品液上样，每 100 mL（床体积）聚酰胺可上样 1.5～2.5 g，再依次用 20%、30%、40%、75%、100% 甲醇洗脱，分段收集，每一段洗脱液用可见光或紫外光检查颜色，直到看不到色点，最后用 0.3～4.5 mol/L 盐酸洗脱。如果洗脱速度慢，可减压洗脱。

③ 柱活化重生 用 5% 氢氧化钠洗，然后用水洗，再用 10% 乙酸洗，最后用蒸馏水洗

至中性。

（2）硅胶柱色谱

此法应用范围最广，分离极性较小的黄酮类、异黄酮、二氢黄酮、二氢黄酮醇及高度甲基化（或乙酰化）的黄酮及黄酮醇类苷元。活化硅胶以吸附色谱的原理进行分离，常用的洗脱溶剂系统有氯仿-甲醇、氯仿-丙酮、石油醚-丙酮、石油醚-乙酸乙酯等。洗脱能力是羟基越多，极性越大，越难洗脱，与羟基类型是醇羟基还是酚羟基无关。少数情况下，加水去活化硅胶以分配色谱的原理进行分离，氯仿-甲醇-水（80：20：1）作为溶剂系统，也可用于分离黄酮苷或极性大的苷元，如多羟基黄酮醇及其苷类。

4. 高效液相色谱

近年来，高效液相色谱法已经广泛用于各类黄酮、黄酮苷类化合物的分离纯化以及定量和定性分析上。反相RP$_{18}$柱色谱的应用最为普遍，采用不同比例的乙腈-水、甲醇-水作流动相，可一次性分离多种单体物质，是目前最先进和有效的分离纯化方法。

5.3.3　黄酮类化合物提取与分离实例

槐米为我国所独有的豆科植物槐树（*Sophora japonica*）的花蕾。在两千年前我国即作药用，《神农本草经》将槐米列为上品。其中，芦丁是从槐米中提取的植物药，也称维生素P，抗坏血作用胜过维生素C十倍，可用于治疗毛细血管脆性引起的出血症，是心脑血管保护药，国内用于心脑血管药品制剂的主要成分，国外还大量用于食品添加剂和化妆品。

本节以碱提酸沉法提取槐米中芦丁为例说明该法的操作过程（图5-4）。称取槐米20 g加10倍水，在搅拌下缓缓加入石灰乳调pH至8～9，在此pH条件下加热回流提取2次，微沸20～30 min，趁热抽滤，合并滤液；在60～70℃下用浓盐酸调pH至4左右，放入冰箱中析出沉淀，待全部沉淀物析出后，减压抽滤；沉淀物水洗至中性，60℃干燥得芦丁粗品，按质量比约1：200的比例悬浮于蒸馏水中，煮沸10 min重结晶，60～70℃干燥后得到芦丁纯品（李颖平，2015；郭乃妮 等，2009）。

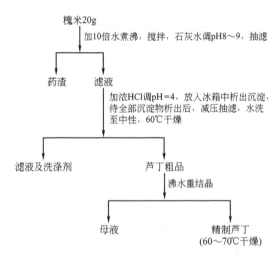

图5-4　碱提酸沉法提取槐米中芦丁的流程

5.4　黄酮类化合物的结构鉴定

黄酮类化合物结构比较简单，通常结构鉴定主要应用谱学手段，包括紫外光谱（UV）、核磁共振谱（^{1}H-NMR 和^{13}C-NMR）和质谱（MS）分析，必要时制成衍生物进行测定，即可推出结构。化学方法、色谱法和理化性质对于判断化合物类型有一定辅助作用，有些黄酮苷比较复杂，常先水解黄酮苷分析水解下来的糖和苷元结构，再来确定黄酮苷的结构（渠桂荣 等，2000）。

5.4.1　色谱法在黄酮类鉴定中的应用

黄酮类化合物的鉴定可在质谱测定分子量、分子式的基础上，与标准品或与文献对照纸色谱法（PC）或薄层色谱法（TLC）得到的 R_f 值。

1. 纸色谱法

纸色谱适合分离检识各种类型黄酮类化合物，包括苷和苷元。苷类成分可采用双向展开，第一向展开采用"醇性"展开剂，如正丁醇-醋酸-水（4∶1∶5，BAW 系统）、叔丁醇-醋酸-水（3∶1∶1，TBA 系统）、水饱和正丁醇，根据正相色谱的行为方式进行分离；第二向展开采用"水性"展开剂，如氯仿-醋酸-水（3∶6∶1）、2％～5％醋酸、3％氯化钠水溶液，根据反相色谱的行为方式进行分离。鉴定黄酮类化合物苷元，通常用"醇性"展开剂，如氯仿-醋酸-水（13∶6∶1）、醋酸-浓盐酸-水（10∶1∶1）；鉴定花色苷及其苷元，可用含盐酸或醋酸的展开剂。

不同类型的黄酮类化合物在双向 PC 展开中常出现在特定的区域，据此可以推测它们的结构类型以及判定是否成苷以及含糖的数量。在第一向"醇性"展开剂中，平面型分子，如黄酮（醇）、查尔酮等的 R_f 值大于非平面型分子，且结构中羟基数目越多，极性越强，R_f 值变小；母核相同时，R_f 值大小依次为苷元＞单糖苷＞双糖苷，以 BAW 中展开为例，除花色苷外，多数黄酮苷元 R_f 值在 0.70 以上，而苷类则小于 0.70。在第二向"水性"展开剂中，平面型分子如黄酮（醇）、查尔酮的 R_f 值小，几乎留在原点不动（$R_f<0.02$）；非平面型分子，如二氢黄酮（醇）、二氢查尔酮的亲水性较强，R_f 值在 0.10～0.30 之间；苷类的 R_f 值可在 0.5 以上，糖链越长，则 R_f 值越大。

2. 薄层色谱法

薄层色谱法仍然是分离和鉴定黄酮类化合物的重要方法之一，通常采用吸附薄层色谱，吸附剂大多用硅胶和聚酰胺。硅胶薄层色谱适用于弱极性黄酮，主要用于分离与鉴定大多数苷元，也可用于分离苷，常用展开剂如甲苯-甲酸甲酯-甲酸（5∶4∶1）、苯-甲醇（95∶5）、苯-甲醇-冰醋酸（35∶5∶5）。聚酰胺薄层色谱适用范围较广，特别适合于分离含游离酚羟基的黄酮苷与苷元，常用展开剂中大多含有醇、酸或水，如乙醇-水（3∶2）、丙酮-水（1∶1）。

纸色谱或薄层色谱鉴定黄酮类化合物可在紫外灯下直接检查斑点，以氨蒸气处理后会产生明显的颜色变化；也可以喷洒 2％三氯化铝甲醇液，在紫外光下显色或加入 1％ $FeCl_3$-1％ $K_3Fe(CN)_6$（1∶1）等水溶液显色。

5.4.2　紫外光谱

通常，使用紫外光谱判断黄酮类化合物结构的鉴定程序为：先测定待测样品在甲醇中的 UV 光谱，判断黄酮类化合物的结构类型；测定待测样品在甲醇中加入各种诊断试剂后的 UV 光谱，观察吸收峰移动的情况，判断酚羟基取代基的位置及数目，常用的诊断试剂有 $NaOCH_3$、$NaOAc$、$NaOAc/H_3BO_3$、$AlCl_3$、$AlCl_3/HCl$；黄酮苷类，测定水解前后的紫外光谱，判断糖连接位置。

1. 黄酮类化合物在甲醇溶液中的紫外光谱特征

黄酮类化合物的紫外光谱与分子中存在的交叉共轭体系及助色团（—OH、—CH₃）等的类型、数目及取代位置有关。交叉共轭体系在紫外光谱中形成 300～400 nm（带 Ⅰ）和 220～280 nm（带 Ⅱ）两个主要吸收峰，带 Ⅰ 是由桂皮酰基（cinnamoyl）的电子跃迁引起的吸收峰，带 Ⅱ 是由苯甲酰基（benzoyl）的电子跃迁引起的吸收峰，如图 5-5 所示。不同类型黄酮在甲醇中的 UV 光谱吸收带 Ⅰ、吸收带 Ⅱ 强度不同，根据带 Ⅰ 和带 Ⅱ 的峰位和峰形（强度），推测黄酮类化合物的结构类型，见表 5-3（柯以侃 等，2016；郭珍，2006）。

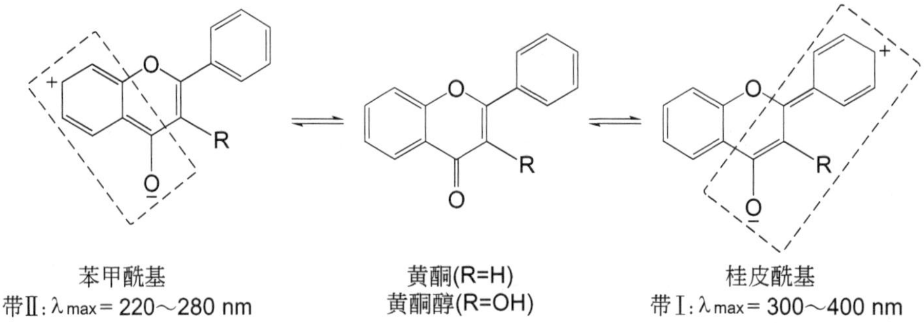

苯甲酰基
带Ⅱ：λ_{max} = 220～280 nm

黄酮(R=H)
黄酮醇(R=OH)

桂皮酰基
带Ⅰ：λ_{max} = 300～400 nm

图 5-5　黄酮类化合物结构中的交叉共轭

表 5-3　黄酮类化合物在甲醇溶液中的紫外光谱特征

黄酮类型	λ/nm		谱带峰型	备注
	带 Ⅱ	带 Ⅰ		
黄酮	240～280	304～350	带 Ⅰ、带 Ⅱ 等强	—OH 越多，带 Ⅰ、带 Ⅱ 越红移；B 环 3′、4′ 位有一 OH 基，带 Ⅱ 为双峰（主峰伴肩峰）
黄酮醇(3-OH)	240～280	352～385		
黄酮醇(3-OR 或苷)	240～280	328～357		
异黄酮	245～270	300～400	带 Ⅱ 主峰，带 Ⅰ 弱（肩峰）	B 环上有一 OH，一 OCH₃ 对带 Ⅰ 影响不大
二氢黄酮、二氢黄酮醇	270～295			
查尔酮	220～270	340～390	带 Ⅰ 强，带 Ⅱ 次强	2′-OH 使带 Ⅰ 红移的影响最大
橙酮				带 Ⅰ 有 3～4 个小峰

黄酮母核中引入—OH 等供电子助色团，使共轭程度增强，相应的吸收峰红移。通常，A 环引入—OH，带Ⅱ红移；B 环引入—OH，带Ⅰ红移。羟基甲基化或苷化后，原酚羟基的供电子能力下降，引起相应的吸收峰紫移，如：3-OH 甲基化或苷化，带Ⅰ紫移；5-OH（形成分子内氢键）甲基化，带Ⅰ、带Ⅱ均紫移 5～15 nm；4′-OH 甲基化，带Ⅰ紫移 3～10 nm。羟基乙酰化后，乙酰基的吸电子作用使原来酚羟基对共轭系统的供电子能力消失，对光谱的影响亦将完全消失。

2. 诊断试剂对黄酮类化合物紫外光谱谱图的影响

黄酮中具有酚羟基、羰基，加入诊断试剂，使其化学结构变化，吸收峰位移改变，根据 UV 光谱的变化，可以推测酚羟基取代基的位置及数目。以黄酮、黄酮醇为例，NaOMe 为强碱可使所有的酚羟基成盐变为离子化合物，共轭系统中的电子云密度和流动性增加，当存在 3-OH 或 4′-OH 时，吸收峰红移；带 Ⅰ 峰红移 40～60 nm 且强度不变，可推测结构中有 4′-OH；带 Ⅰ 峰红移 50～60 nm 且强度有所衰减，可推测结构中有 3-OH 无 4′-OH。NaOAc 为弱碱，与酸性强的 7-OH、4′-OH 成盐，若带 Ⅰ 红移 40～65 nm，提示存在 4′-OH，若带 Ⅱ 红移 10 nm，提示存在 7-OH；NaOAc/H₃BO₃ 可确定有无邻二酚羟基，带 Ⅰ

红移对应 B 环上有邻二酚羟基，带 II 红移对应 A 环上有邻二酚羟基；加入 $AlCl_3/HCl$ 生成 Al^{3+} 络合物，引起相应吸收带红移，可确定有无 5-OH 或 3-OH 等。几种主要的诊断试剂引起的黄酮类化合物紫外图谱特征变化如表 5-4 所示（裴月湖 等，2016）。

表 5-4　几种主要诊断试剂引起的黄酮类化合物紫外图谱特征变化

诊断试剂	位移规律		取代基归属	位移机理
	带 II	带 I		
NaOMe		红移 40～60 nm，强度不降	示有 4′-OH	碱性强，酚羟基易形成 PhOH-PhONa⁺，从而增加电子云密度和流动性，使 UV 红移
		红移 50～60 nm，强度下降	示有 3-OH,但无 4′-OH	
	立即测试光谱≠5 分钟后测试光谱		示有 3,4′-二羟基结构	
NaOAc（未熔融）	红移 5～20 nm		示有 7-OH	碱性较弱，只能使酸性较强的酚羟基解离而使 UV 红移
		在长波一侧有明显肩峰	示有 4′-OH,但无 3-OH 及/或 7-OH	
NaOAc（熔融）		红移 40～65 nm，强度下降	示有 4′-OH	碱性强，表现出与 NaOMe 类似的效果
	立即测试光谱≠5 分钟后测试光谱		示有对碱敏感的取代方式	
NaOAc/H_3BO_3	红移 5～10 nm		示 A 环有邻二酚羟基,但不包括 5,6-二羟基	邻二酚羟基与硼酸形成络合物显色
		红移 12～30 nm	示 B 环有邻二酚羟基结构	
$AlCl_3$ 及 $AlCl_3/HCl$	$AlCl_3/HCl$ 谱图＝$AlCl_3$ 谱图		示结构中无邻二酚羟基结构	有 3-OH、5-OH、邻二酚羟基时，可与 Al^{3+} 络合，引起红移。络合物稳定性：3-OH 黄酮醇＞5-OH 黄酮＞5-OH 二氢黄酮＞邻二酚羟基＞3-OH 二氢黄酮醇
	$AlCl_3/HCl$ 谱图≠$AlCl_3$ 谱图		示结构中可能有邻二酚羟基	
		紫移 30～40 nm	示 B 环上有邻二酚羟基	
		紫移 50～65 nm	示 A、B 环上均可能有邻二酚羟基	
	$AlCl_3/HCl$ 谱图＝MeOH 谱图		示无 3-OH 及 5-OH	
	$AlCl_3/HCl$ 谱图≠MeOH 谱图		示可能有 3-OH 及/或 5-OH	
	峰带 I 红移 35～55 nm		示只有 5-OH	
	峰带 I 红移 60 nm		示只有 3-OH	
	峰带 I 红移 50～60 nm		示可能同时有 3-OH 及 5-OH	
	峰带 I 红移 17～20 nm		除 5-OH 外尚有 6-含氧取代	

5.4.3 核磁共振氢谱

黄酮类化合物的^{1}H-NMR谱主要是根据C环质子的信号确定黄酮类化合物的结构类型；A、B环芳香质子，糖上质子及取代基质子的化学位移δ、峰面积、偶合常数J（峰形）等参数，解析取代基的种类（—OH、—CH$_3$、—OCH$_3$、—OCOCH$_3$）、位置、数目及成苷情况等。该类化合物常用的氘代溶剂有：氘代氯仿（CDCl$_3$）、氘代二甲基亚砜（DMSO-d$_6$）（于德泉 & 杨峻山，2016）、氘代吡啶（pyridine-d$_5$）等（秦海林 等，2016）。

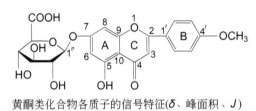

黄酮类化合物各质子的信号特征(δ、峰面积、J)

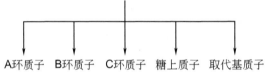

1. A 环质子

A环质子的化学位移与A环取代模式有关（表5-5）。例如，5,7-二羟基黄酮，H8（$\delta 6.10 \sim 6.90, d, J = 2.5\ Hz$）总比H6（$\delta 5.70 \sim 6.40, d, J = 2.5\ Hz$）低场。7-羟基黄酮，H5（$\delta 7.70 \sim 8.20, d, J = 9.0\ Hz$）受到C4羰基负屏蔽效应在较低场，与H6邻偶作用；H6（$\delta 6.40 \sim 7.10, dd, J = 9.0, 2.5\ Hz$）与H5邻偶、与H8间偶，化学位移总比H8（$\delta 6.30 \sim 7.00, d, J = 2.5\ Hz$）低场。

表 5-5 黄酮类化合物 A 环质子的化学位移

A环取代模式		A环质子化学位移		
5,7-二取代黄酮		H6(d, $J = 2.5$ Hz)		H8(d, $J = 2.5$ Hz)
黄酮类化合物结构图	黄酮、黄酮醇、异黄酮	6.0～6.2, d		6.3～6.5, d
	上述化合物 7-O-糖苷	6.2～6.4, d		6.5～6.9, d
	二氢黄酮、二氢黄酮醇	5.7～6.0, d		5.9～6.2, d
	上述化合物 7-O-糖苷	5.9～6.2, d		6.1～6.4, d
7-取代黄酮		H5 (d, $J = 9.0$ Hz)	H6 (dd, $J = 9.0, 2.5$ Hz)	H8 (d, $J = 2.5$ Hz)
黄酮类化合物结构图	黄酮、黄酮醇、异黄酮	7.9～8.2, d	6.7～7.1, dd	6.7～7.0, d
	二氢黄酮、二氢黄酮醇	7.7～7.9, d	6.4～6.5, dd	6.3～6.4, d

2. B 环质子

B环上质子较A环上质子的共振峰位于较低场。B环质子的化学位移也是与B环取代模式有关（表 5-6）。例如，4′-取代黄酮，H2′ 和 H6′ 信号由于 C 环对其的负屏蔽效应，一般较 B 环上其他质子低场；3′,4′-二氧取代异黄酮、二氢黄酮及二氢黄酮醇的 H2′、H5′ 和 H6′ 在 δ6.70～7.10 呈复杂的多重峰；3′,4′,5′-三氧取代黄酮，若 3′ 位和 5′ 位取代基相同，H2′ 和 H6′ 作为一个单峰，出现在 δ6.50～7.50，2H，若 3′ 位和 5′ 位取代基不相同，H2′ 和 H6′ 将以不同的化学位移分别作为二重峰出现，$J=2.5$ Hz。

表 5-6　黄酮类化合物 B 环质子的化学位移

B 环取代模式		B 环质子化学位移		
4′-取代黄酮		H2′,6′ (dd, $J=8.5,2.5$ Hz)	H3′,5′ (dd, $J=8.5,2.5$ Hz)	
	二氢黄酮类	7.1～7.3,d	6.5～7.1,d	
	二氢黄酮醇类	7.2～7.4,d		
	异黄酮类	7.2～7.5,d		
	查尔酮类	7.4～7.6,d		
	橙酮类	7.6～7.8,d		
	黄酮类	7.7～7.9,d		
	黄酮醇类	7.9～8.1,d		
3′,4′-取代黄酮		H2′ (d, $J=2.5$ Hz)	H5′ (d, $J=8.5$ Hz)	H6′ (dd, $J=8.5,2.5$ Hz)
	黄酮类 3′,4′-OH 及 3′-OH、4′-OMe	7.2～7.3,d	6.7～7.1	7.3～7.5,dd
	黄酮醇类 3′,4′-OH 及 3′-OH、4′-OMe	7.5～7.7,d		7.6～7.9,dd
	黄酮醇类 3′-OMe,4′-OH	7.6～7.8,d		7.4～7.6,dd
	黄酮醇类 3′,4′-OH,3-O-糖	7.2～7.5,d		7.3～7.7,dd
3′,4′,5′-取代黄酮		H2′,6′(d, $J=2.5$ Hz)		
		6.50～7.50,d		

3. C 环质子

黄酮的 H3 常作为一个尖锐的单峰信号出现在 δ6.3 处，常会与 H6 或 H8 信号相混，应注意区别。C 环质子的信号可用于确定黄酮类化合物的结构类型，有时出峰位置和氘代试剂有关，例如，异黄酮的 H2 常作为单峰出现在较低场，出峰位置和氘代试剂有关，δ7.6～7.8(1H,s,CDCl_3)，δ8.5～8.7(1H,s,DMSO-d_6)，质子化学位移 δ 和偶合常数 J 等信号特征如表 5-7 所示。

4. 糖上的质子

核磁共振氢谱中黄酮成苷的端基质子 H1″化学位移在 δ5.0 左右（表 5-8），该区信号少

表 5-7 黄酮类化合物 C 环质子的化学位移

C 环取代模式		C 环质子化学位移	
（黄酮类结构式）	黄酮类	H3	
		6.30,s	
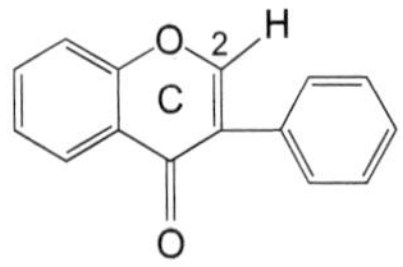 （异黄酮类结构式）	异黄酮类	H2	
		7.60～7.80(s,CDCl₃)	
		8.50～8.70(s,DMSO-d6)	
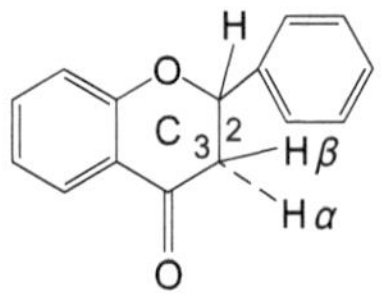 （二氢黄酮类结构式）	二氢黄酮类	H2 (d,J_{trans}=11 Hz) (d,J_{cis}=5 Hz)	H3 (dd,$J_{谐偶}$=17 Hz,J_{trans}=11 Hz) (dd,$J_{谐偶}$=17 Hz,J_{cis}=5 Hz)
		5.2,d	2.8,dd
（二氢黄酮醇类结构式）	二氢黄酮醇类	H2 (d,J=11 Hz)	H3 (d,J=11 Hz)
		4.90,d	4.30,d
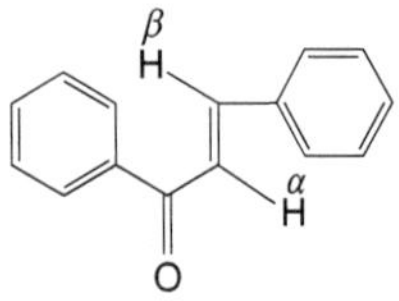 （查尔酮类结构式）	查尔酮类	α-H (d,J=17 Hz)	β-H (d,J=17 Hz)
		6.70～7.40,d	7.30～7.70,d
（橙酮结构式）	橙酮	苄氢	
		6.5～6.7(s,CDCl₃)	
		6.4～6.9(s,DMSO-d6)	

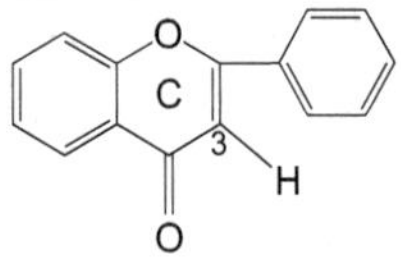

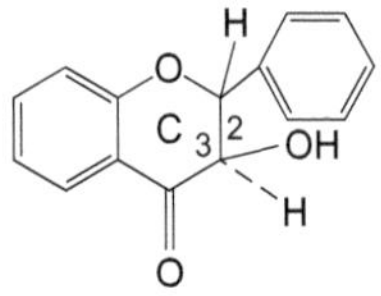

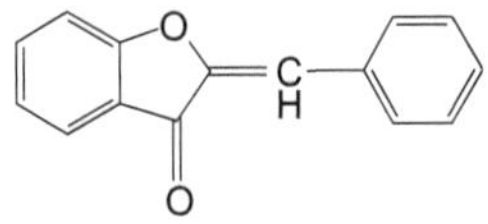

表 5-8 黄酮苷类化合物上糖的端基质子的化学位移

化合物	δ
黄酮醇 3-O-葡萄糖苷	5.70～6.00
黄酮醇 7-O-葡萄糖苷	4.80～5.20
黄酮醇 4′-O-葡萄糖苷	
黄酮醇 5-O-葡萄糖苷	
黄酮醇 6-C-糖苷,黄酮醇 8-C-糖苷	
黄酮醇 3-O-鼠李糖苷	5.00～5.10
二氢黄酮醇 3-O-葡萄糖苷	4.10～4.30
二氢黄酮醇 3-O-鼠李糖苷	4.00～4.20

容易辨认，$\delta_{H1''}$因连接不同的糖基或者酚羟基成苷位置不同而略有差异；其他质子出峰位置在δ3.5～4.5，呈现多重干扰堆峰。

5. 取代基质子

黄酮类化合物中常见取代基如羟基、甲基、乙酰氧基、甲氧基出峰位置如表 5-9 所示。

表 5-9　黄酮类化合物常见取代基的 ^{1}H-NMR 化学位移

—OH	化学位移	苯环上其他质子	化学位移
5-OH	12	—CH$_3$	2.04～2.45(s)
7-OH	11	—COCH$_3$	2.30～2.45(s)
3-OH	10	—OCH$_3$	3.45～4.10(s)
4′-OH	10		

5.4.4 核磁共振碳谱

黄酮类化合物碳谱中各碳的化学位移主要出现在 40～210，可提供的主要结构信息有：黄酮类化合物的骨架类型、取代模式和苷化位移（李俊杰 等，2014；吴立军 等，1991；杨峻山 等，2016）。

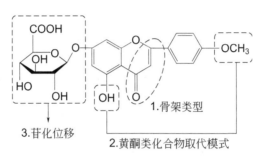

1. 黄酮类化合物骨架类型的判断

根据 C 环的三个碳原子信号推断黄酮类化合物的骨架类型，即先根据羰基碳的 δ 值，再结合 C2、C3 的裂分和 δ 值判断。表 5-10 为中央三碳的化学位移。

2. 黄酮类化合物取代模式的确定

黄酮母核的 ^{13}C-NMR 化学位移如下所示，常通过黄酮类化合物骨架上芳香碳的信号特征来确定取代基的取代模式。

表 5-10　^{13}C NMR 谱中黄酮类化合物结构的中央三碳的化学位移

化合物类型	$\delta_{C4=O}$	δ_{C2}	δ_{C3}
黄酮类	a.176.3～178.3.0(s) b.181.0～183.5(s)	160.0～165.0(s)	103.0～111.8(d)
黄酮醇类	a.172.5～174.0(s) b.175～177.7(s)	145.0～150.0(s)	136.0～139.0(s)
异黄酮类	a.174.5～178.6(s) b.181.0～182.5(s)	149.8～155.4(d)	122.3～125.9(d)
二氢黄酮类	a.188.6～194.6(s) b.195.0～198.0(s)	75.0～80.3(d)	42.8～44.6(t)
二氢黄酮醇类	188.0～197.0(s)	82.7(d)	71.2(d)
查尔酮类	188.6～194.6(s)	136.9～145.4(β-C,d)	116.6～128.1(α-C,d)
橙酮类	182.5～182.7(s)	146.1～147.7(s)	111.6～111.9(d) (=CH—)

注：a 表示氢键缔合，b 表示游离羰基。

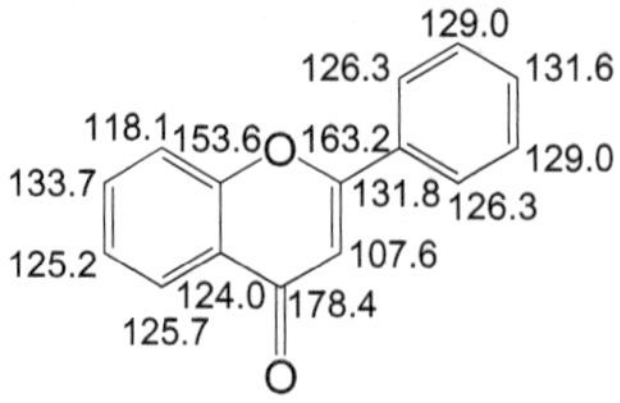

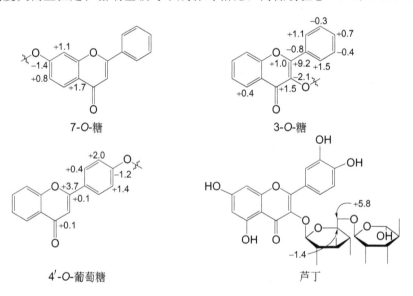

黄酮母核的^{13}C-NMR化学位移

取代基—OH 和—OCH$_3$的引入将使直接相连碳原子（α-碳）信号大幅地向低场位移，邻位碳原子（β-碳）及对位碳则向高场位移，间位碳虽也向低场位移，但幅度很小。A 环上引入取代基主要影响 A 环碳原子的化学位移，B 环上引入取代基主要影响 B 环碳原子的化学位移。C5 位引入—OH 影响 A 环和 C 环碳原子的化学位移。5,7-二羟基黄酮中 C6、C8 的化学位移为 90.0～100.0，当 C6、C8 有烷基或芳香基取代时，可通过观察化学位移值是否发生变化而确定，δ_{C6}化学位移值发生变化移动到 111～112，δ_{C8}化学位移值发生变化移动到 103～104。

黄酮类化合物 B 环上引入取代基时，其对 B 环上碳信号的化学位移影响有如表 5-11 所示的规律。

表 5-11　黄酮类化合物的 B 环上引入取代基时对化学位移的影响

取代基	Zi(α-C)	Zo(邻位)	Zm(间位)	Zp(对位)
—OH	+26.6	−12.8	+1.6	−7.1
—CHO	+31.4	−14.4	+1.0	−7.8

3. 苷化位移

苷元成苷后与糖相连的碳原子向高场位移，其邻、对位碳原子向低场位移，且对位碳原子的位移幅度大而且恒定；糖端基碳与未成苷时相比，向低场位移 4～6，δ100.0 左右。

7-O-糖

3-O-糖

4'-O-葡萄糖

芦丁

5.4.5 质谱

常用于黄酮类化合物的质谱检测方式有：电子轰击质谱（EI-MS）、场解吸质谱（FD-MS）、快原子轰击质谱（FAB-MS）。其中，多数黄酮类苷元在 EI-MS 可得到清晰的分子离子峰，往往为基峰；当黄酮类化合物成苷时，可用 FD-MS、FAB-MS 测定分子量，或将苷制成甲基化或三甲基硅醚化衍生物，再测 EI-MS。

在 EI-MS 中有途径 I 和途径 II 两种裂解方式（图 5-6）。黄酮类苷元主要以途径 I 裂解，分子离子峰 [M]$^+$ 为基峰，碎片离子峰主要有失去 CO 的 [M−28]$^+$、A$_1^+$和 B$_1^+$峰，可通过 A$_1^+$/B$^+$ 的质荷比确定 A 环/B 环的取代。黄酮醇苷元主要以途径 II 裂解，分子离子峰 [M]$^+$ 为基峰，碎片离子峰主要有 [M−28]$^+$ 和 B$_2^+$ 峰，可通过 B$_2^+$ 的质荷比推断 B 环的取代。上述两种基本裂解途径是相互竞争、相互制约的。并且，途径 I 裂解产生的碎片离子丰度大致与途径 II 裂解产生的碎片离子丰度互成反比。

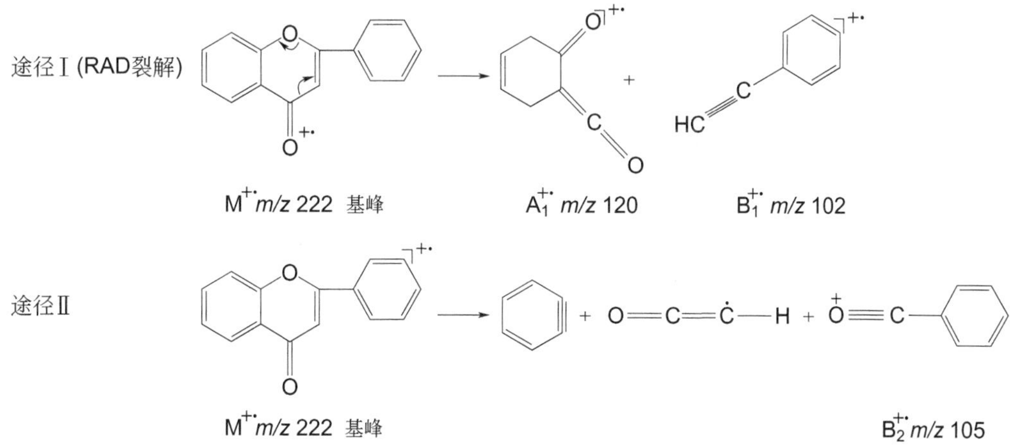

图 5-6 黄酮类化合物两种基本裂解方式

5.4.6 黄酮类化合物结构解析示例

从某中药中分离得到一淡黄色结晶化合物 I，盐酸-镁粉反应呈紫红色；Molish 反应呈阳性；FeCl$_3$ 反应呈阳性；ZrOCl$_2$ 反应呈黄色，但加入枸橼酸后黄色褪去，酸水解后所得苷元经 ZrOCl$_2$-枸橼酸反应黄色不褪，水解液中检出 D-葡萄糖和 L-鼠李糖。化合物 I 的紫外光谱及数据（图 5-7，表 5-12）、质谱、核磁共振氢谱和碳谱（图 5-8 和图 5-9）如下所示，现

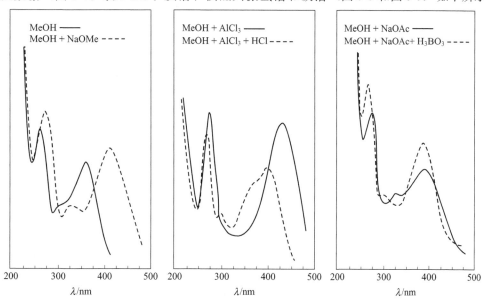

图 5-7 化合物 I 的紫外光谱

表 5-12　化合物 I 的紫外光谱数据

诊断试剂	λ_{max}/nm
MeOH	226,259,299(sh),359
NaOMe	272,327,410
NaOAc	271,325,393
NaOAc＋H_3BO_3	262,298,387
$AlCl_3$	275,303(sh),433
$AlCl_3/HCl$	271,300,364(sh),402

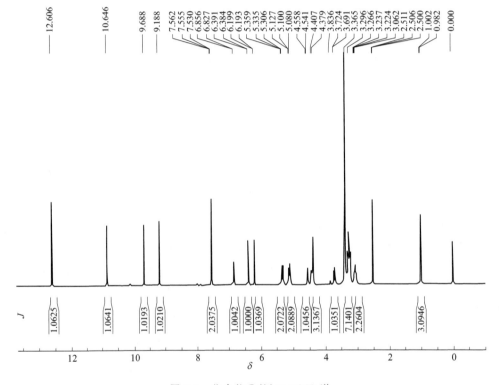

图 5-8　化合物 I 的 ^1H-NMR 谱

对其结构解析进行详细阐述。

化合物 I，淡黄色结晶，盐酸-镁粉反应呈紫红色，提示化合物为黄酮（醇）或二氢黄酮（醇）；Molish 反应呈阳性，提示化合物为黄酮或黄酮醇苷；$FeCl_3$ 反应呈阳性，提示结构含有酚羟基；$ZrOCl_2$ 反应呈黄色，但加入枸橼酸后黄色褪去，提示结构中含有 5-OH，但无 3-OH；化合物 I 经酸水解所得苷元，加入 $ZrOCl_2$-枸橼酸反应黄色不褪，说明糖配基在黄酮 C3 位上成苷；水解液中检出葡萄糖和鼠李糖，说明化合物 I 是二糖黄酮苷，二糖可能是芸香糖。

UV(MeOH) λ_{max}＝226 nm、259 nm、299 nm(sh)、359 nm，为典型的黄酮醇类化合物的吸收峰；加入诊断试剂 $NaOCH_3$，UVλ_{max}＝272 nm、327 nm、410 nm，带 I 从 359 nm 红移到 410 nm，提示有 3-OH 或 4'-OH；加入 NaOAc，UVλ_{max}＝271 nm、325 nm、393 nm，带 I 从 359 nm 红移到 393 nm，提示有 7-OH；加入 NaOAc/H_3BO_3，UVλ_{max}＝262 nm、

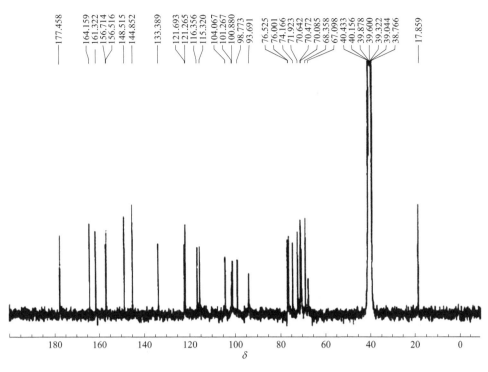

图 5-9　化合物 I 的 ^{13}C-NMR 谱

298 nm、387 nm，带 II 基本不变，带 I 从 359 nm 红移到 387 nm，提示 B 环有邻二酚羟基；AlCl$_3$＋HCl 谱图 ≠ AlCl$_3$ 谱图，提示结构中可能有邻二酚羟基；AlCl$_3$＋HCl 谱图 ≠ CH$_3$OH 谱图，提示结构中可能有 3-OH 或 5-OH；AlCl$_3$＋HCl 谱中带 I 从 359 nm 红移到 402 nm，提示结构中只有 5-OH 而无 3-OH；AlCl$_3$＋HCl 谱和 AlCl$_3$ 谱对比，带 I 从 433 nm 紫移到 402 nm，提示 B 环有邻二酚羟基。UV 光谱证明化合物 I 是 B 环连有邻二酚羟基，A 环连有 5-OH 和 7-OH，C3 位连有糖基的黄酮醇苷。

FAB-MS 在 m/z 633 处给出 ［M＋Na］$^+$ 峰，因此该化合物的分子量为 610。在 ^{1}H-NMR（300 MHz，DMSO-d_6）谱中含有四个低场羟基氢信号，即 δ12.61(1H,s,5-OH)，10.85(1H,s,7-OH)，9.69(1H,s,4'-OH)，9.20(1H,s,3'-OH)；五个芳香氢信号，即 δ6.20(1H,d,J＝2.0 Hz,H6)，6.39(1H,d,J＝2.0 Hz,H8)，6.84(1H,d,J＝7.5 Hz，H5')，7.53(1H,dd,J＝7.5,2.0 Hz，H6')，7.56(1H,d,J＝2.0 Hz,H')，提示可能分别存在两个苯环上的氢，其中一个是苯环的 ABX 系统；二个端基氢信号，即 δ5.34(1H,d，J＝7.30 Hz,H1")，来自 glc)，4.38(1H,bs,H1''')，来自 rha)；多个氧取代次甲基、亚甲基信号，即 δ 3.06～3.83；一个鼠李糖上的甲基信号，即 δ0.99(3H,d,6'''-CH$_3$)。

在 ^{13}C-NMR(300 MHz,DMSO-d_6) 谱中，低场区给出 15 个碳信号：一个羰基碳信号，即 δ177.5(C4)；14 个 sp^2 杂化的碳信号，即 δ156.5(C2)，133.4(C3)，161.3(C5)，98.8 (C6)，164.2(C7)，93.7(C8)，156.7(C9)，104.1(C10)，121.7(C1')，115.3(C2')，144.9(C3')，148.5(C4')，116.4(C5')，121.3(C6')。糖基碳信号：δ$_{3\text{-}O\text{-glu}}$101.3(C1")，74.2(C2")，76.5(C3")，70.1(C4")，76.0(C5")，67.1(C6")；δ$_{6''\text{-}O\text{-rha}}$100.9(C1''')，70.5 (C2''')，70.6(C3''')，71.9(C4''')，68.4(C5''')，17.9(C6''')。经与文献（Wu et al.，1994）对照，数据基本一致，因此确定化合物 I 为槲皮素-3-β-D-芸香糖苷，即芦丁。

化合物I的结构式

参　考　文　献

陈丛瑾．柱色谱法分离纯化黄酮类化合物研究进展［J］．西北药学杂志，2011，26（2）：150-153.

方从兵，宛晓春，江昌俊．黄酮类化合物生物合成的研究进展［J］．安徽农业大学学报，2005（4）：498-504.

郭乃妮，杨建洲．超声条件下碱提取酸沉淀法从槐米中提取芦丁的研究［J］．应用化工，2009，38（2）：207-209.

郭萌，张晴，闫丽萍，等．黄酮类化合物为主要活性成分的单味药和复方中药及其药理作用［J］．沈阳医学院学报，2018，20（6）：558-561.

郭珍．紫外光谱在天然产物结构鉴定中的应用［J］．光谱实验室，2006，23（3）：594-597.

胡云霞，樊金玲，武涛．黄酮类化合物分类和生物活性机理［J］．枣庄学院学报，2014，31（2）：72-78.

柯以侃，董慧茹．分析化学手册．3B．分子光谱分析［M］．第3版．北京：化学工业出版社，2016.

李俊杰，李晓波，王梦月，等．多甲氧基黄酮类化合物核磁共振氢谱规律［J］．中草药，2014，45（7）：137-143.

李颖平．用碱溶酸沉淀法从槐米中提取芦丁工艺的优化［J］．山西农业科学，2015，43（6）：113-115.

刘一杰，薛永常．植物黄酮类化合物的研究进展［J］．中国生物工程杂志，2016，36（9）：81-86.

马云峰，尚富德．黄酮类化合物在药用植物中的分布［J］．生物学杂志，2003，20（1）：35-39.

裴月湖，娄红祥．天然药物化学［M］．北京：人民卫生出版社，2016.

秦海林，于德泉．分析化学手册．7A．氢-1核磁共振波谱分析［M］．第3版．北京：化学工业出版社，2016.

渠桂荣，郭海明．黄酮苷类化合物分离鉴定的研究进展［J］．中草药，2000，31（4）：310-312.

吴立军，李铣，王素贤，等．13C-NMR在黄酮类化合物结构研究上的应用［J］．沈阳药科大学学报，1991（3）：219-222.

杨峻山，马国需．分析化学手册．7B．碳-13核磁共振波谱分析［M］．第3版．北京：化学工业出版社，2016.

赵雪巍．黄酮类化合物的构效关系研究进展［J］．中草药，2015，46（21）：3264-3271.

Rice-Evans C A，Miller N J，Paganga G．Structure-antioxidant activity relationships of flavonoids and phenolic acids［J］．Free Radical Biology and Medicine，1996，20（7）：933-956.

Wu T S，Chan Y Y．Constituents of leaves of *Uncaria Hirsuta* Haviland［J］．Journal of the Chinese Chemical Society，1994，41（2）：209-212.

Zhang Y，Zhao K，Jiang K，et al. A review of flavonoids from *Cassia* species and their biological activity［J］．Current Pharmaceutical Biotechnology，2016，17：1134-1146.

第6章　萜类化合物

6.1　概述

萜类化合物（terpenoids）是天然物质中最多的一类化合物。已经有许多具有较强生理或生物活性的萜类化合物应用于临床，家喻户晓的抗疟疾药物青蒿素和抗肿瘤药物紫杉醇都属于这一家族。同时，它们也是一类重要的天然香料，是化妆品和食品工业不可缺少的原料，比如人们日常生活中经常接触到的 β-胡萝卜素（β-carotene）、番茄红素（lycopene）、虾青素（astaxanthin）等。

萜类化合物是异戊二烯（isoprene）的聚合体及其含氧的饱和程度不等的衍生物，分子式符合（C_5H_8）$_n$ 通式的化合物都称萜类化合物。已有文献报道的萜类化合物超过 25000 种，主要分布于高等植物中，是构成某些植物的香精油、树脂、色素等的主要成分，如玫瑰油、桉叶油、松脂等都含有多种萜类化合物；某些动物激素、昆虫信息素等也属于萜类化合物，近年来从海洋生物中发现了大量的萜类化合物（Gershenzon et al.，2007）。

关于萜类化合物的生源合成，1887 年，Wallach 提出"经验的异戊二烯法则"（empirical isoprene rule），认为萜类化合物是由异戊二烯结构单元，以头尾相接的方式结合而成的异戊二烯聚合体或衍生物。

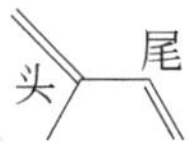

异戊二烯单元 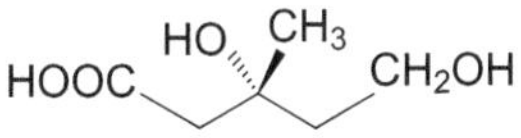　　　　　甲戊二羟酸

后来发现，许多萜类的碳架结构中异戊二烯的结合方式有头-头、尾-尾相接，有些甚至无法用异戊二烯的基本单元来划分，且植物的代谢过程中很难找到异戊二烯的存在。由此衍生出"生源的异戊二烯规则"（biogenetic isoprene rule），它认为焦磷酸异戊烯酯（IPP）及焦磷酸二甲基烯丙酯（DMAPP）是萜类化合物的真正前体，由甲戊二羟酸（mevalonic acid，MVA）途径合成（Chappell et al.，1995；Newman et al.，1999；梁宗锁等，2017）。实际工作中，还是以经验的异戊二烯法则为主。萜类化合物的生物合成途径如图 6-1 所示。

根据萜类化合物结构中所含的异戊二烯单位的数目，可分为单萜、二萜、三萜等（表 6-1）。另外，这类化合物按照结构中碳架结构是否成环及成环的数目，可分为链状、单环、双环和三环等；按照结构中含氧官能团的不同，可分为醇、醛、酮、羧酸、酯及苷类。

萜类化合物的命名分为普通命名法和系统命名法，例如香叶烯、α-蒎烯是普通命名法，它们的系统命名法分别为 7-甲基-3-亚甲基-1,6-辛二烯和 2,6,6-三甲基双环[3.1.1]-2-烯。在萜类化合物中广泛使用普通命名。

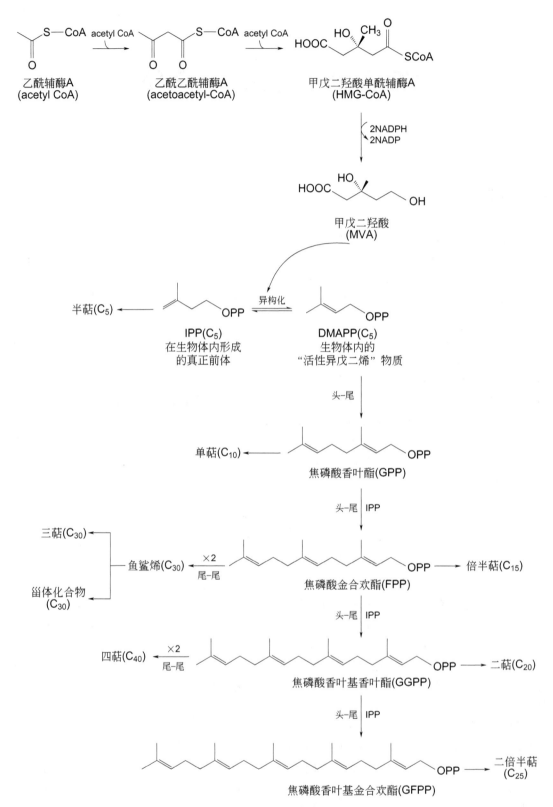

图 6-1　萜类化合物的生物合成途径

表 6-1　萜类化合物的分类与分布

分类	碳原子数	通式	分布
半萜	5	$(C_5 H_8)_n, n=1$	植物叶
单萜	10	$(C_5 H_8)_n, n=2$	挥发油
倍半萜	15	$(C_5 H_8)_n, n=3$	挥发油
二萜	20	$(C_5 H_8)_n, n=4$	树脂、苦味质、植物醇
二倍半萜	25	$(C_5 H_8)_n, n=5$	海绵、植物病菌、昆虫代谢物
三萜	30	$(C_5 H_8)_n, n=6$	皂苷、树脂、植物乳汁
四萜	40	$(C_5 H_8)_n, n=8$	植物胡萝卜素
多聚萜	$7.5 \times 10^3 \sim 3 \times 10^5$	$(C_5 H_8)_n, n>8$	橡胶、硬橡胶

6.2　萜类化合物的分类

6.2.1　单萜

　　单萜（monoterpene）是指结构中含有 2 个异戊二烯单位的萜烯及其衍生物。其结构通式为 $C_{10} H_{16}$，是植物精油的主要组分，常存在于唇形科、樟科（Lauraceae）、松科（Pinaceae）等高等植物的腺体、油室和树脂道等分泌组织中，多数是挥发油中沸点较低（140～180℃）部分的组成成分，其中含氧衍生物沸点较高（200～230℃），大多具有较强的生理活性和香气，是食品、医药、化妆品工业的重要原料。单萜类化合物的基本骨架有 30 多种，根据分子碳架是否成环的特征，可分为无环单萜、单环单萜、双环单萜、䓝酚酮类、环烯醚萜五类（刘娟等，2010）。

1. 无环单萜（acyclic monoterpene）

　　此类结构类型较少，常把它写成类似环状的结构，不少重要的单萜香料属于此类，是精油的主要成分之一。无环单萜化合物可分为萜烯、萜醇、萜醛、萜酮，重要的是一些含氧衍生物如萜醇、萜醛等。萜醇味觉和嗅觉较缓和，例如，香叶醇（又名"牻牛儿醇"，geraniol）、橙花醇（nerol）和香茅醇（citronellol），它们存在于玫瑰油、橙花油、香茅油中，为无色、有玫瑰香气的液体，均可用来制造香料；萜醛味觉和嗅觉较刺激，例如，橙花醛（neral，又名"β-柠檬醛"）和香叶醛（geranial，又名"α-柠檬醛"）互为顺反异构体，均具有强烈的柠檬香气，存在于新鲜的柠檬和柑橘皮中，可用于配制柠檬香精和合成维生素 A，其还原产物为香叶醇和橙花醇。

| 香叶醇 | 橙花醇 | 香茅醇 | 香叶醛 | 橙花醛 |

2. 单环单萜（monocyclic monoterpene）

　　单环单萜是由无环单萜环合作用衍变而来的，由于环合方式不同，产生不同的结构类型的薄荷烷（menthane）衍生物。例如，薄荷醇（menthol）是薄荷精油的主要成分，含量最高可达 90%，结构中有 3 个手性碳，故有 8 种异构体，天然薄荷醇是 l-薄荷醇（l-menthol），甲基、异丙基和羟基都位于 e 键上，所以相对其他异构体更稳定，具有清凉愉快的芳香气味，有杀菌、防腐、镇痛和止痒的作用，用于制造清凉油、人丹、牙膏、糖果等，是医药、食品、香料工业不可缺少的重要原料，其他的异构体无清凉作用；斑蝥素（cantharidin）存在于斑蝥、芫青干燥虫体中，可促进毛发生长、对皮肤有止痒的作用，其半合成产物 N-羟基斑蝥胺（N-hydroxycantharidimide）具有抗肝癌活性。

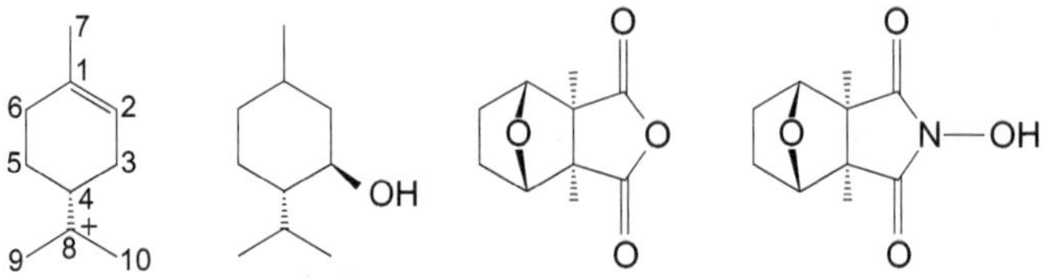

薄荷烷　　　l-薄荷醇　　　斑蝥素　　　N-羟基斑蝥胺

3. 双环单萜（bicyclic monoterpene）

双环单萜是由薄荷烷中的异丙基反折到环内，其中叔碳原子（即 8 位碳原子）与环上的碳原子相连，形成的桥环化合物。由于连接位点不同，可以形成莰烷（camphane）、蒎烷（pinane）、蒈烷（carane）和侧柏烷（thujane）等双环单萜。其中以蒎烯型和莰烯型最稳定，在香料化学中最为重要。

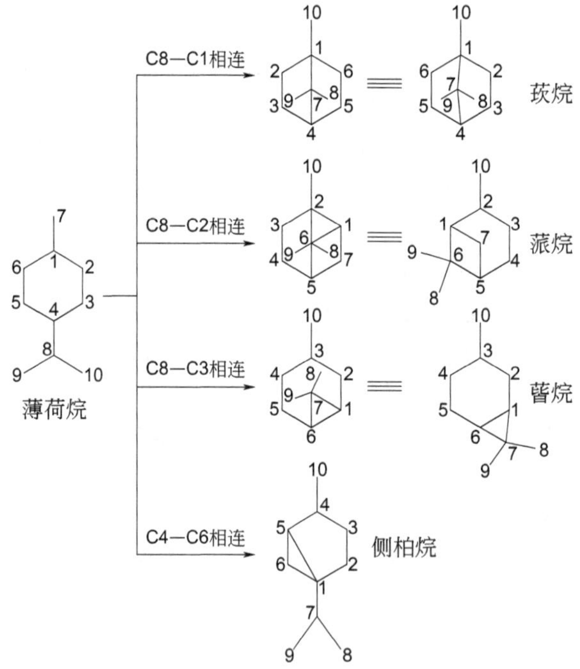

薄荷烷

C8—C1相连　　莰烷

C8—C2相连　　蒎烷

C8—C3相连　　蒈烷

C4—C6相连　　侧柏烷

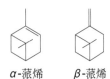

α-蒎烯　　β-蒎烯

例如，蒎烯（pinene）是蒎烷的不饱和衍生物，有 α 和 β 两种异构体，主要用于油漆工业以及合成冰片和樟脑。松节油中 α-蒎烯的含量达 80%，有局部止痛作用，涂擦松节油可以缓解剧烈运动后的肌肉疼痛。

龙脑、樟脑是莰烷最重要的含氧衍生物，存在于樟树中。龙脑俗称"冰片"，又称樟醇，白色结晶物，有 l-龙脑（l-borneol）和 d-龙脑（d-borneol）两种异构体，具有发汗、兴奋、解痉挛、防蛀、抗缺氧等作用，并有类似胡椒又似薄荷的香气，常用于香料、医药工业。樟脑（camphor）易升华，具有特殊的芳香气味，存在于樟脑挥发油中，具有局部刺激作用和防腐作用，可用于治疗神经痛及跌打损伤。芍药苷（paeoniflorin）

分离自芍药（*Paeonia lactiflora*），具有镇静、镇痛、抗炎、防治阿尔茨海默病的作用。

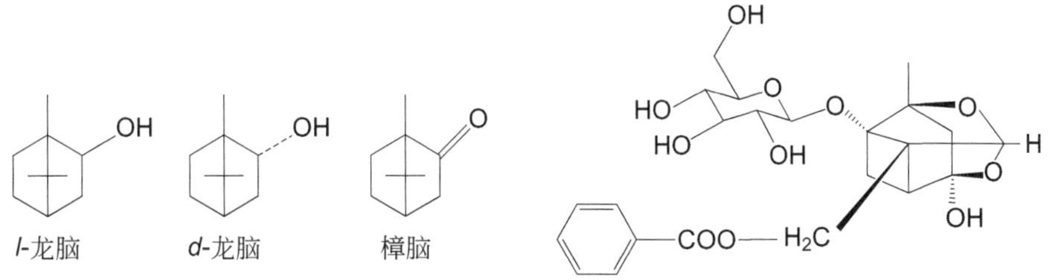

l-龙脑　　　*d*-龙脑　　　樟脑　　　　　　　　芍药苷

4. 䓬酚酮类（troponoide）

䓬酚酮类是一类变形的单萜，碳架不符合异戊二烯规则，结构中都有一个七元芳环的基本结构。其主要分布于霉菌的代谢产物、柏科植物的心材中，具有抗菌活性，但有毒性，如 *α*-、*β*-和 *γ*-崖柏素（thujaplicin）。

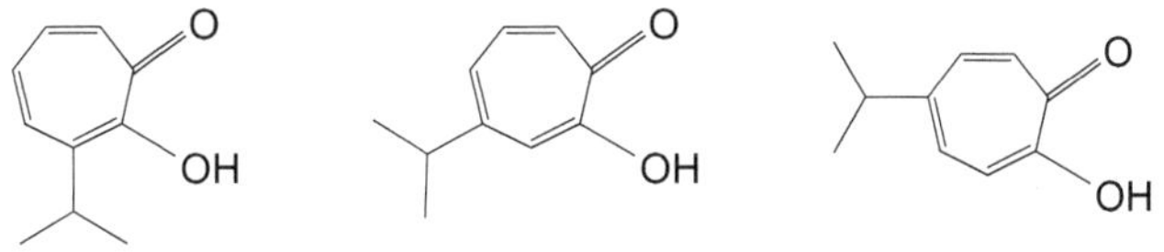

α-崖柏素　　　　　扁柏素　　　　　　γ-崖柏素

䓬酚酮类具有特殊性质：①具有酚的通性，酸性强弱介于酚类和羧酸之间，即：酚＜䓬酚酮＜羧酸；②Ar—OH 易于甲基化，不易酰化；③C＝O 类似于羧酸中羰基的性质，但不能和羰基试剂反应，IR 中示其羰基（1650～1600 cm^{-1}）和—OH（3200～3100 cm^{-1}）的吸收峰，较一般羰基略有区别；④能与多种金属离子形成络合物结晶体，并显示不同颜色，可用于鉴别，如铜络合物结晶为绿色，铁络合物结晶为红色。

5. 环烯醚萜（iridoid）

环烯醚萜是一类特殊的含氧单萜化合物，为蚁臭二醛（iridoidial）的缩醛衍生物，碳架不符合异戊二烯规则。其最早是由伊蚁（*Iridomyrmex humilis*）的分泌物中分离得到的，曾称为伊蚁内酯（iridomyrmecin），是从动物中发现的第一个抗生素。现今已从许多植物中分出多种环烯醚萜类化合物，以双子叶植物，尤其是唇形科、茜草科、龙胆科等植物中较为常见，如中药地黄、玄参、栀子、龙胆、车前草等。环烯醚萜大多数以苷形式存在，约有800 多个，非苷类仅 60 多个。按结构是否含有环戊烷结构单元，环烯醚萜可分为环烯醚萜苷（iridoid glucoside）和裂环环烯醚萜苷（secoiridoid glucoside）。

臭蚁二醛　　　　　环烯醚萜　　　　　　　　　　　4-去甲环烯醚萜

裂环环烯醚萜　　　裂环内酯环烯醚萜

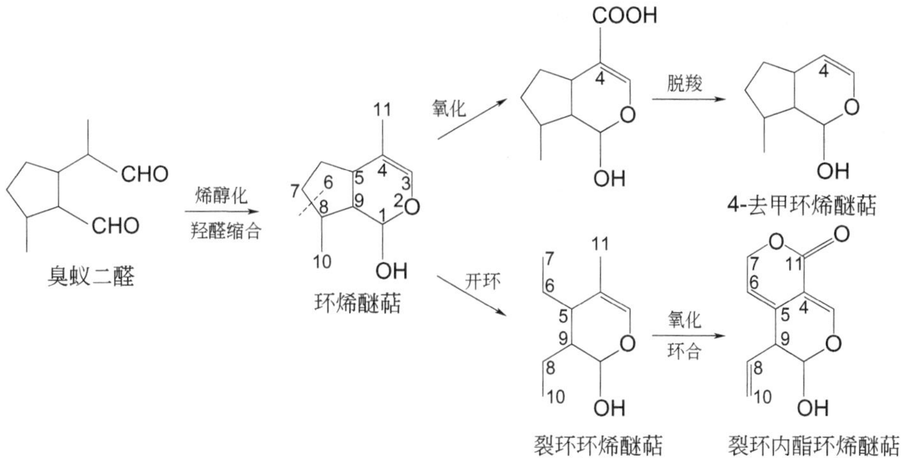

例如，栀子苷（gardenoside）是环烯醚萜苷，主要来源于中药山栀子，结构中 C1—OH 与葡萄糖成单糖苷，具有清热泻火的作用；龙胆苦苷（gentiopicroside）是裂环环烯醚萜苷，是龙胆、当药、獐牙菜中的苦味成分，具有泻肝火、除湿热的功效。

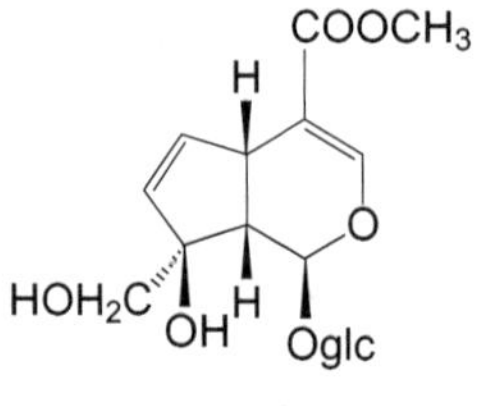

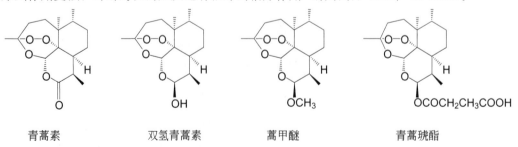

栀子苷 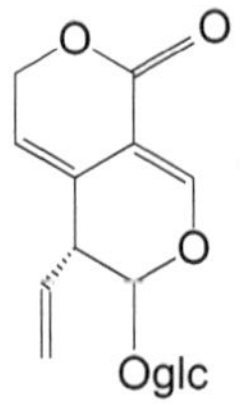　　　　　　　　龙胆苦苷

6.2.2　倍半萜

倍半萜（sesquiterpene）是由 3 个异戊二烯单位聚合而成，其结构通式为（C_5H_8）_3，含 15 个碳原子，分布在植物和微生物界，多是挥发油高沸程部分的主要组成成分。倍半萜在植物中多以醇、酮、内酯或苷的形式存在，也有以生物碱的形式存在，数目和结构骨架类型是萜类中最多的一类成分，迄今结构骨架超过 200 余种，化合物数千种。按碳环数目其可分为无环倍半萜、环状倍半萜、薁类衍生物（付佳等，2019）。

1. 无环倍半萜（acyclic sesquiterpene）

金合欢醇（farnesol），又称法尼醇，存在于玫瑰油、金合欢油中，含量虽低，但是珍贵香料，具有保幼激素活性，是一种新的杀虫剂。

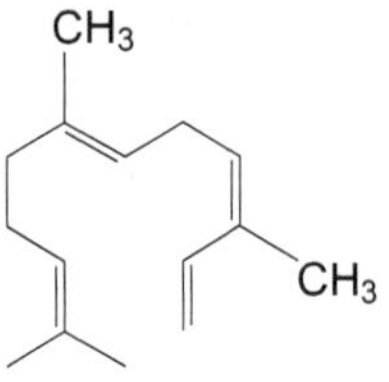

α-金合欢烯 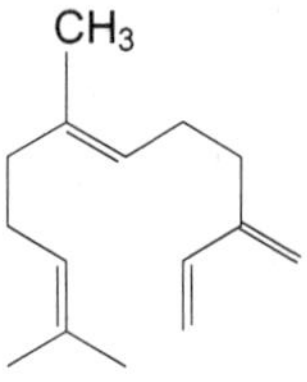　　　　　β-金合欢烯 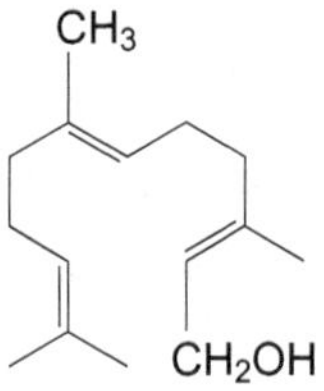　　　　　金合欢醇

2. 环状倍半萜（cyclic sesquiterpene）

青蒿素，又名"黄蒿素"，是我国青蒿素结构研究协作组 1972 年从民间抗疟草药菊科植物黄花蒿（*Artemisia annua* Linn.）中提取的一种具有过氧桥结构的倍半萜内酯抗疟新药（青蒿素结构研究协作组，1977），用于治疗恶性疟疾，可以有效降低疟疾患者的死亡率，被 WHO 称为"目前世界上唯一有效的疟疾治疗药物"，是我国第一个被国际公认的自主创新药物，为屠呦呦教授成为史上首位获得诺贝尔生理或医学奖的中国本土科学家奠定了坚实的基础。青蒿素在水及油中均难溶解，随后人们对其结构进行改造，合成了二氢青蒿素（dihydroartemisinin，DHA），再进行甲基化，将它制成油溶性的蒿甲醚（artemether）和水溶性的青蒿琥酯（artesunate）用于临床，这些衍生物保留了原有的抗疟活性基团过氧桥结构，结构稳定性更好，杀伤疟原虫作用更强，对耐药性的疟疾也有很好的治疗作用（屠呦呦，2009；Tu 2016）。

青蒿素　　　　　　双氢青蒿素　　　　　蒿甲醚　　　　　青蒿琥酯

菊科植物蛔蒿（*Seriphidium cinum*）中分离出的α-山道年（santonin）是强力驱蛔剂，但有黄视疟毒性，已被临床淘汰。α-紫罗兰酮（α-ionone）具有馥郁香气，用于配制高级香料；β-紫罗兰酮（β-ionone）可作为合成维生素 A 的原料。二者均存在于千屈菜科植物指甲花（*Impatiens balsamina*）的挥发油中。紫罗兰酮与传统意义上的 15 个碳的倍半萜相比，从生源上通过脱羧反应降解了两个碳，故称为降倍半萜。

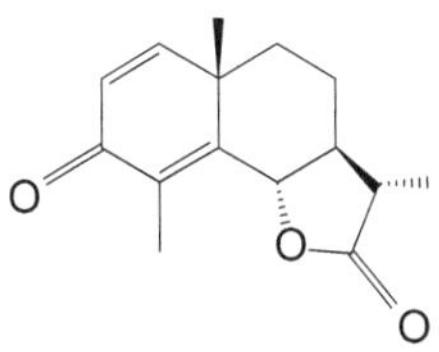

α-山道年 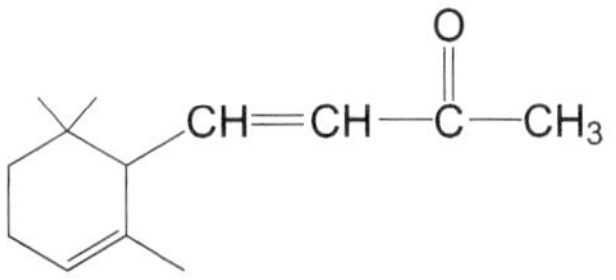   α-紫罗兰酮 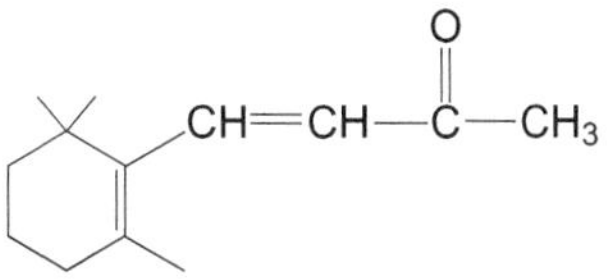   β-紫罗兰酮

3. 薁类衍生物（azulenoid）

由五元环与七元环并合而成的芳环骨架称为薁类化合物，是非苯环芳烃化合物，具有高度的共轭体系，多具有抑菌、抗肿瘤、杀虫等生物活性。挥发油分馏时，高沸点馏分可见到美丽的蓝色、紫色或绿色等现象，表示有薁类存在。预示挥发油中薁类成分：①Sabety 反应，挥发油/CHCl₃＋5％溴/CHCl₃→蓝紫色或绿色；②Ehrlich 试剂，挥发油＋对二甲氨基苯甲醛/浓硫酸→紫色或红色。

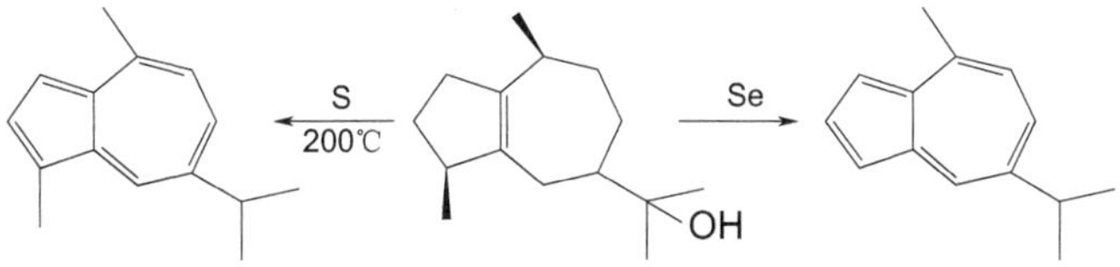

1, 4-二甲基-7-异丙基薁   愈创木醇   2, 4-二甲基-7-异丙基薁
（愈创木薁）

6.2.3 二萜

二萜（diterpene）是 4 个异戊二烯单位的聚合体，含 20 个碳原子的化合物类群，广泛分布于植物界（植物的乳汁和树脂），尤以松柏科最为普遍；菌类和海洋生物亦有分布。按碳环数目可分为：无环二萜、单环二萜、双环二萜、三环二萜、四环二萜、大环二萜。

1. 无环二萜（acyclic diterpene）和单环二萜（monocyclic diterpene）

植物醇（phytol）存在于植物叶绿素中，是一种含有多支链的脂肪醇。维生素 A 存在于动物肝脏、尤其是鱼肝中，是保持正常夜间视力的必需物质，成人每天需要量为 1.5 mg，体内缺少维生素 A 则引起眼角膜硬化症，初期的症状就是夜盲症。

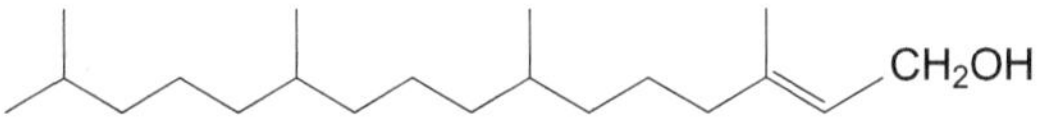

植物醇 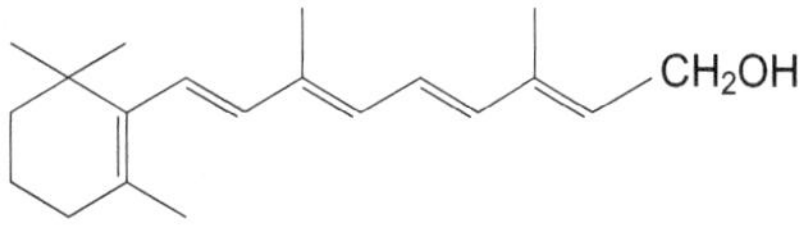   维生素A

2. 双环二萜（bicyclic diterpene）

穿心莲内酯（andrographolidume）具有抗炎活性，用于治疗急性菌痢、胃肠炎、咽喉炎、感冒发热等。银杏内酯（ginkgolides）是银杏（*Ginkgo biloba*）根皮及叶的强苦味成分，已分离出银杏内酯 A、B、C、M、J 等多种，作为拮抗血小板活化因子，用于治疗因血小板活化因子引起的种种休克状障碍（耿婷 等，2018）。

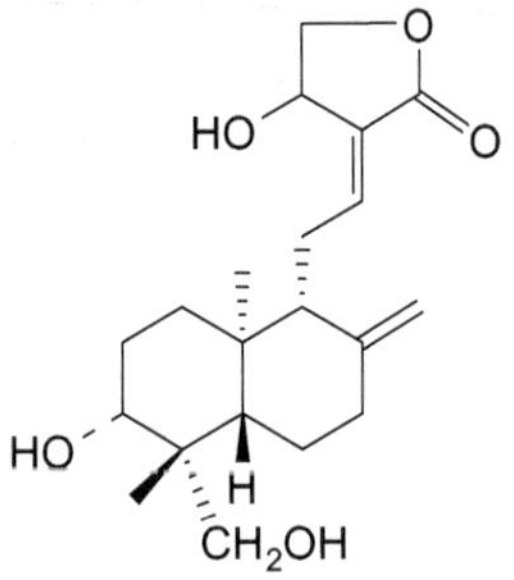

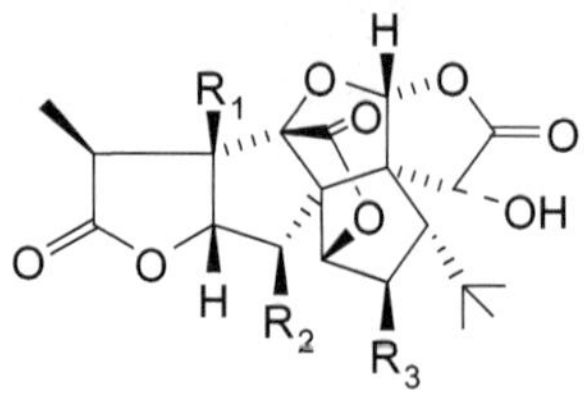

	R_1	R_2	R_3
银杏内酯 A	OH	H	H
银杏内酯 B	OH	OH	H
银杏内酯 C	OH	OH	OH
银杏内酯 M	H	OH	OH
银杏内酯 J	OH	H	OH

穿心莲内酯

3. 三环二萜 (tricyclic diterpene) 和四环二萜 (tricyclic diterpene)

雷公藤甲素 (triptolide) 是从雷公藤 (*Tripterygium wilfordi*) 中分离出的一种环氧化三环二萜内酯,具有免疫抑制、抗炎以及抗肿瘤等药理作用,临床用于类风湿性关节炎、红斑狼疮、肾病综合征等多种疾病的治疗 (刘文成 等,2017)。赤霉素 (gibberellin, GA) 是从水稻寄生赤霉菌 (*Gibberella fujikuroi*) 中分离得到的一类广谱性的四环二萜类植物激素,广泛应用于农业生产,可促进植物的生长和发育、提高产量,到目前为止已分离到 100 多种 (黎家 等,2019)。

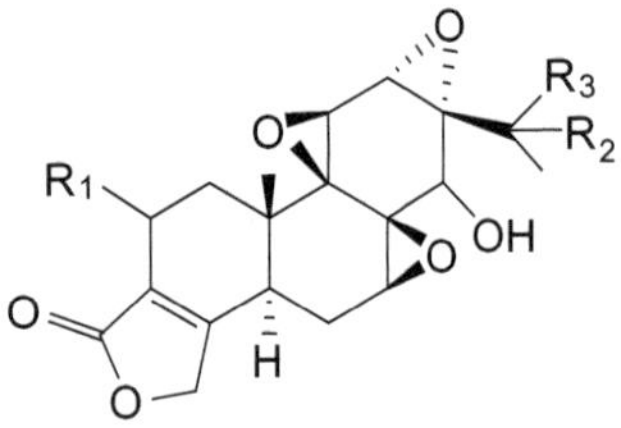

	R_1	R_2	R_3
雷公藤甲素	H	H	CH_3
雷公藤乙素	OH	H	CH_3
雷公藤内酯	H	OH	CH_3
16-羟基雷公藤内酯醇	H	H	CH_2OH

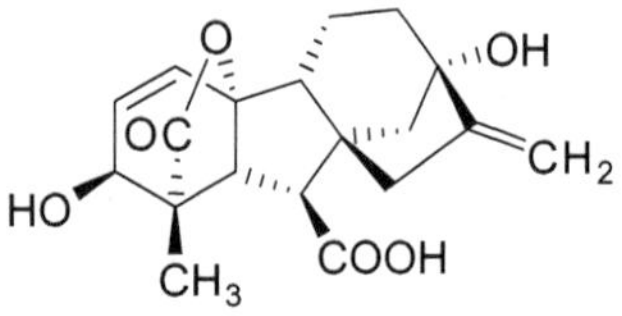

赤霉素

4. 大环二萜 (macrocyclic diterpene)

紫杉醇分离自美国太平洋紫杉 (又名"红豆杉",*Taxus brevifolia*) 树皮,1992 年底由美国 FDA 批准上市。作为一种作用机制独特的植源性抗癌新药,其对癌症发病率较高的卵巢癌、子宫癌和乳腺癌等有特效,之后被用于治疗非小细胞肺癌,是世界上第一个利润超过 10 亿美元的抗癌药物。但其含量不足万分之一,为解决紫杉醇含量低、难以获取的问题,采用在红豆杉的针叶和小枝中含 0.1% 的巴卡亭Ⅲ (baccatin Ⅲ) 和 10-去乙酰基巴卡亭Ⅲ (10-deacetyl baccatin Ⅲ) 作为前体进行半合成 (Guéritte-Voegelein et al.,1986)。

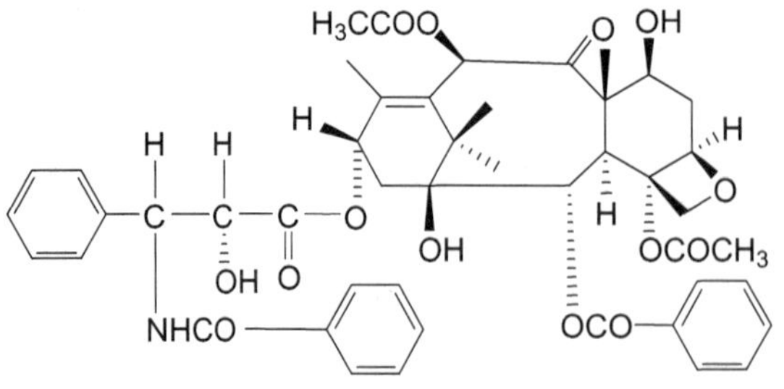

紫杉醇

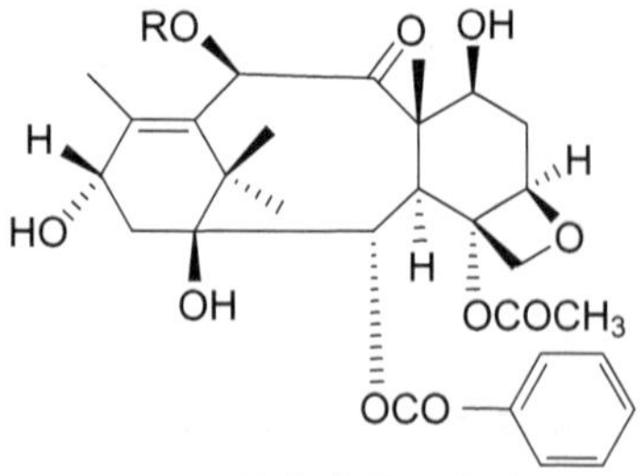

巴卡亭Ⅲ   R=Ac
10-去乙酰基巴卡亭Ⅲ   R=H

6.2.4　二倍半萜

二倍半萜 (sesterterpene) 由 5 个异戊二烯单位构成,其结构通式为 $(C_5H_8)_5$,含 25

个碳原子的化合物类群。这类化合物多为结构复杂的多环化合物，发现的化合物数量少，约有 6 种类型、30 余种化合物，主要分布在菌类、地衣类、海洋生物、昆虫的分泌物及羊齿植物中。蛇孢假壳素 A（ophiobolin A）是从寄生于稻植物病原菌芝麻枯萎病菌（*Fusarium oxysporum*）中分离出的第一个二倍半萜成分，具有 C_5-C_8-C_5 并环的基本骨架，该物质示有阻止白藓菌、毛滴虫菌等生长发育的作用。呋喃海绵素-3（furanospongin-3）是从海绵动物中得到的含呋喃环的链状二倍半萜（Cimino，1975）。

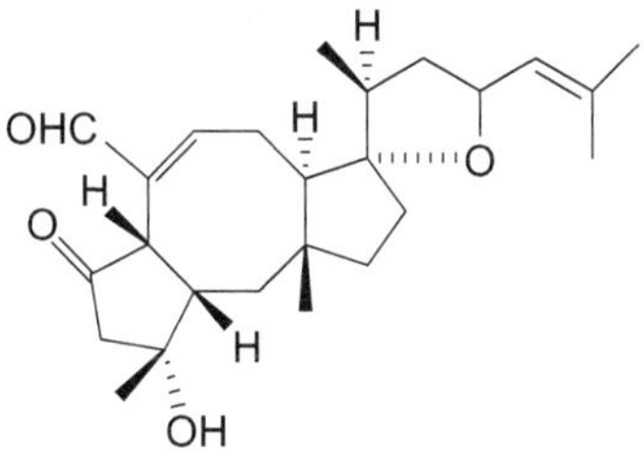

蛇孢假壳素A

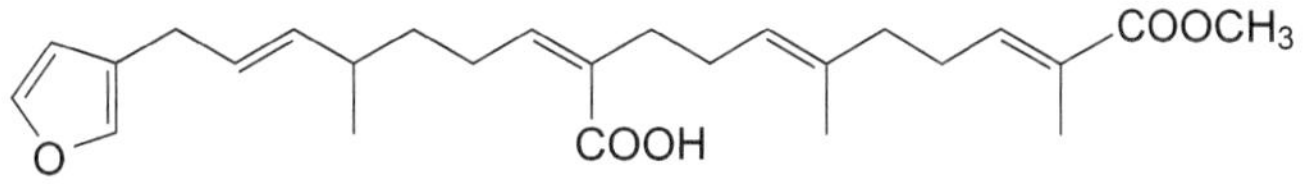

呋喃海绵素-3

6.2.5 三萜

三萜（triterterpene）是由 6 个异戊二烯单位构成，含 30 个碳原子的萜类化合物，可看作是由角鲨烯（squalene）通过不同方式环合而成，以游离形式或以与糖结合成苷或酯的形式存在于植物体内。目前已发现的三萜类化合物，多数为四环三萜和五环三萜，少数为无环、单环、双环和三环三萜，例如，从鲨鱼肝中分离出的角鲨烯、蓍属植物 *Achillea odorta* 中分离得到的蓍醇（achilleol A）、龙涎香中分离出的龙涎香醇（ambrein）等。

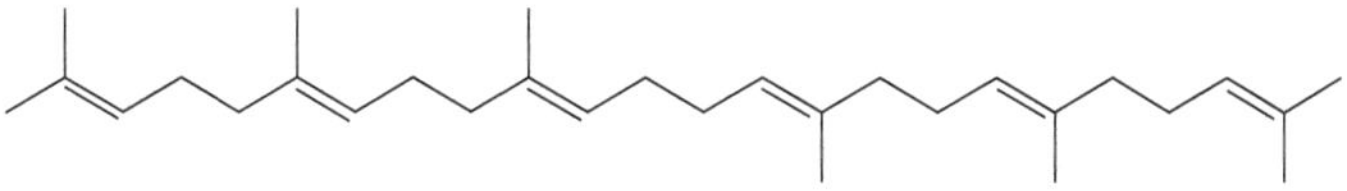

角鲨烯

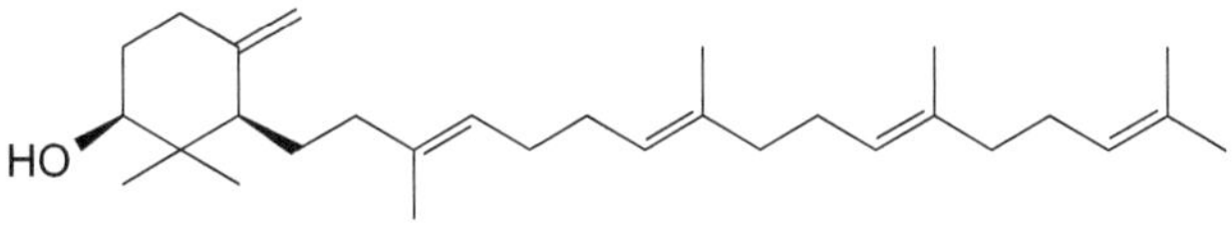

蓍醇

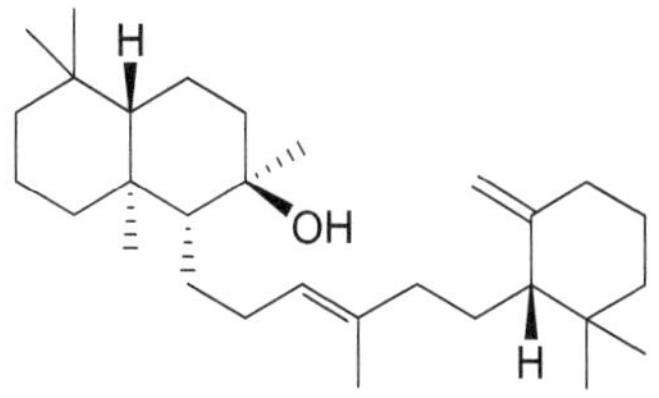

龙涎香醇

1. 四环三萜（tetracyclic triterpene）

大多数四环三萜化合物具有甾体母核，在甾体的 C17 位连有一条 8 个碳原子的侧链，母核上还有 5 个甲基，较多见的为羊毛脂烷型、达玛烷型、甘遂烷型、环阿屯烷型、葫芦烷型和楝烷型。

（1）羊毛脂烷（lanostane）型

A/B、B/C、C/D 环互为反式稠合，分子中共有 8 个手性碳，C5、C9 位 α-H，C8 位 β-H，C10、C13 位 β-CH$_3$，C14 位 α-CH$_3$，C17 为 β-侧链，C20 位 R 构型；例如，海参皂苷中分离得到的一系列羊毛脂烷型三萜皂苷，可作为海参属（*Holothuria* sp.）的化学分类依据（Silchenko et al.，2005）；从名贵药材灵芝当中分离得到灵芝酸（ganodenic acid）类化合物 100 余个，具有止痛、镇静、保肝、抗肿瘤等强药理活性。

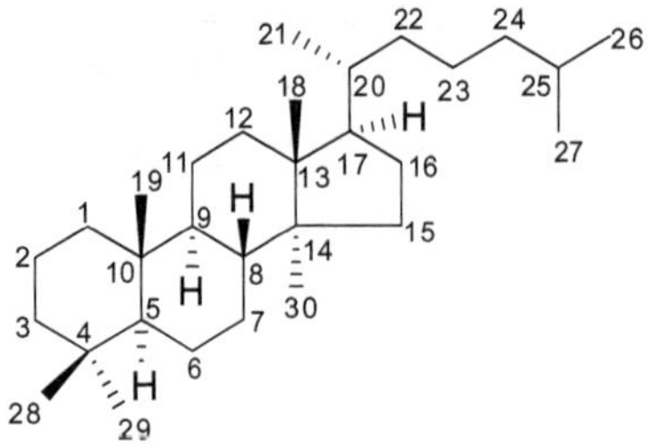

羊毛脂烷

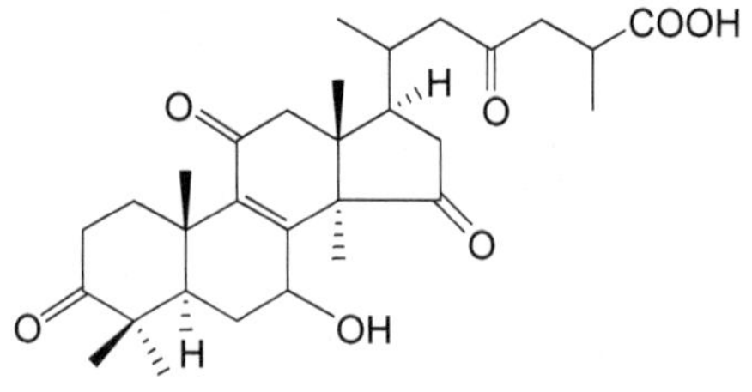

灵芝酸C

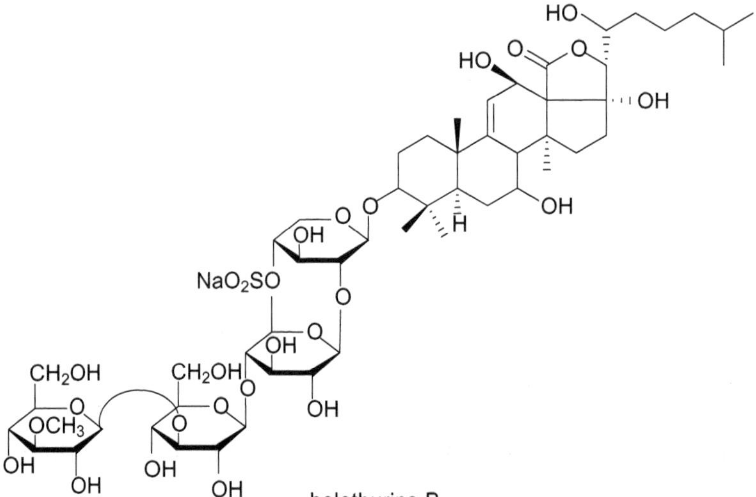

holothurins B₂

（2）达玛烷（dammarane）型

A/B、B/C、C/D 环均为反式，将羊毛脂烷型结构中 C8 位 β-H 变为 β-CH$_3$，C13 位 β-CH$_3$ 变为 β-H，羊毛脂烷结构就成为达玛烷型。与羊毛脂烷稍有不同的是，达玛烷中 C20 位构型为 R 或 S，C3 位多有羟基，或糖苷化，主要分布在五加科人参、三七、西洋参等中。（20S）-原人参二醇型是 A 型人参皂苷，有抗溶血作用，包含了最多的人参皂苷；而（20S）-原人参三醇型则是 B 型人参皂苷，具有显著的溶血作用。

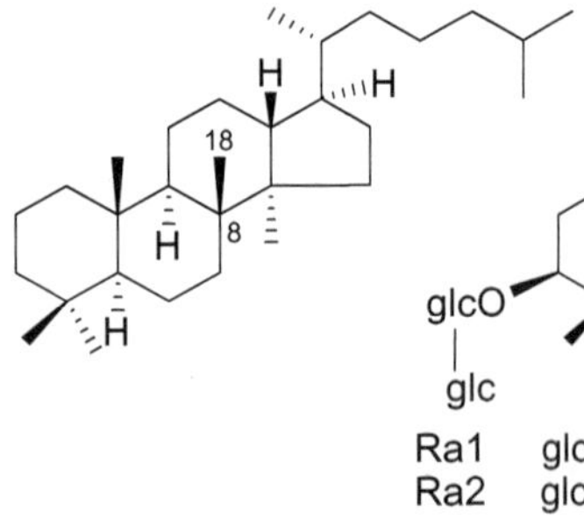

达玛烷

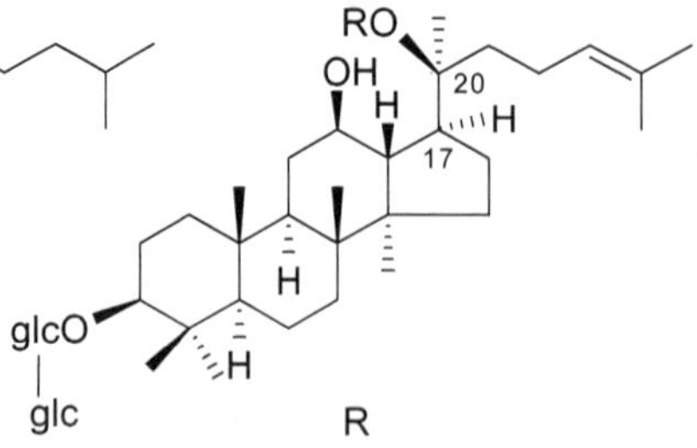

	R
Ra1	glc -(6→1)-ara-(4→1)-xyl
Ra2	glc -(6→1)-ara-(2→1)-xyl

（20S）-原人参二醇

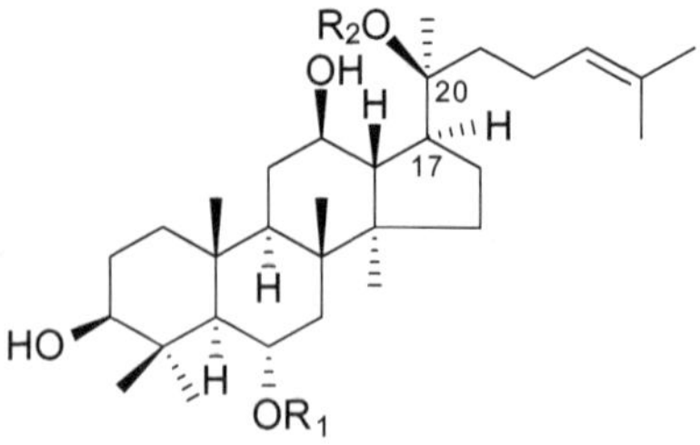

	R₁	R₂
Re	glc-(2→1)-rha	glc
Rf	glc-(2→1)-glc	H
Rg₁	glc	glc

（20S）-原人参三醇

（3）甘遂烷（tirucallane）型

基本骨架与羊毛脂烷型一样，A/B、B/C、C/D 环均为反式，C8 位 β-H，C10 位 β-CH$_3$，但 13-CH$_3$、14-CH$_3$ 构型与羊毛脂烷型相反，C13 位 α-CH$_3$、C14 位 β-CH$_3$，C17 位

为 α-侧链，C20 位构型为 S，如从藤橘属 *Paramignya monophylla* 的果实中分离得到 5 个甘遂烷型化合物（Kumar et al.，1991）。

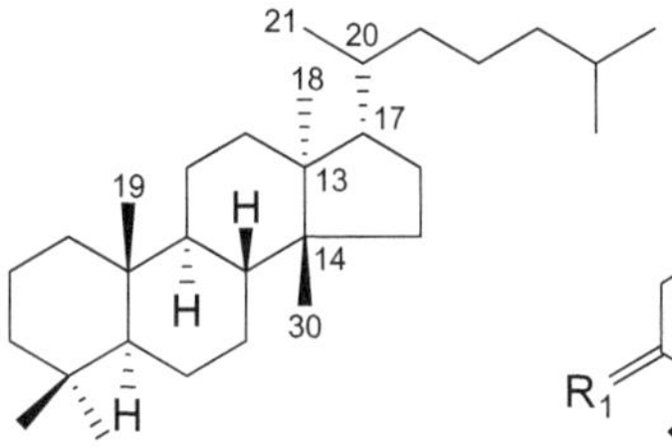

甘遂烷

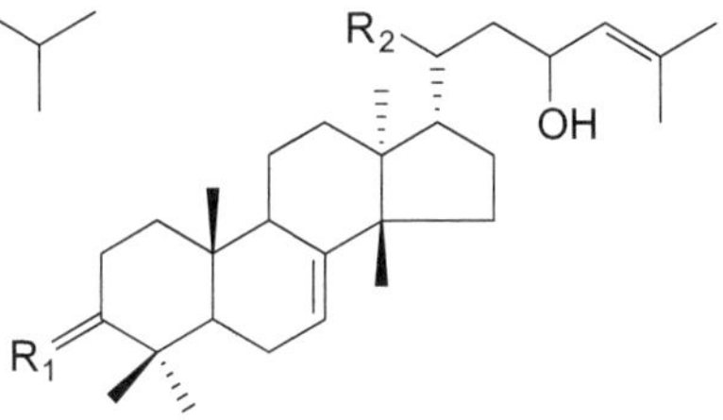

R_1= O R_2=CH$_3$
R_1= β-OH R_2=CH$_3$
R_1= O R_2=CH$_2$OH
R_1= β-OH R_2=CH$_2$OH

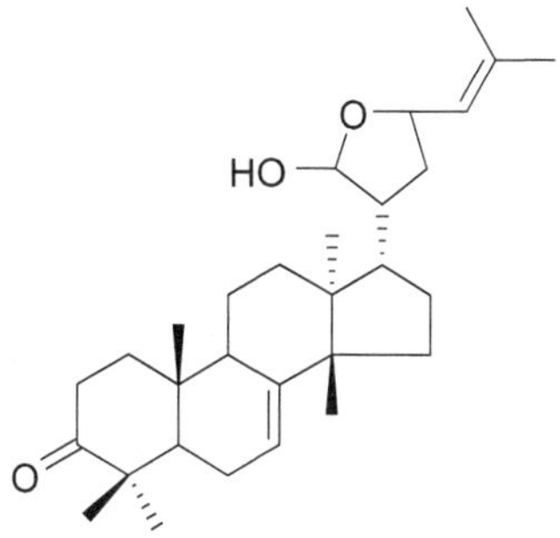

flindissone

（4）环阿屯烷（cycloartane）型

其基本骨架与羊毛脂烷相似，差别在于环阿屯烷 19-CH$_3$ 与 C9 位脱氢形成三元环。黄芪（*Astragalus membranacus*），补气诸药之最，从中分离得到的四环三萜多为环阿屯烷型，多数皂苷的苷元为环黄芪醇（cycloastragenol），如黄芪甲苷 I（astragaloside I）。

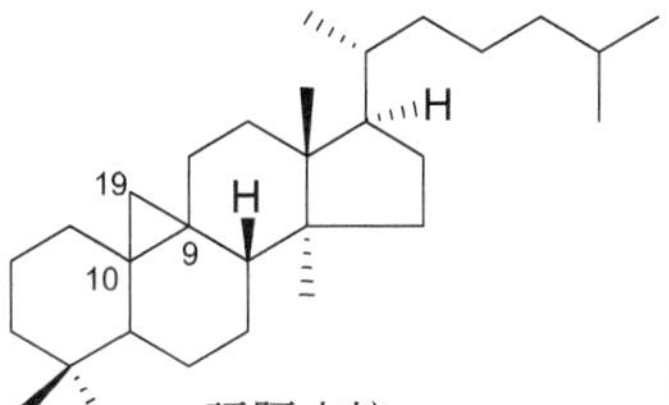

环阿屯烷

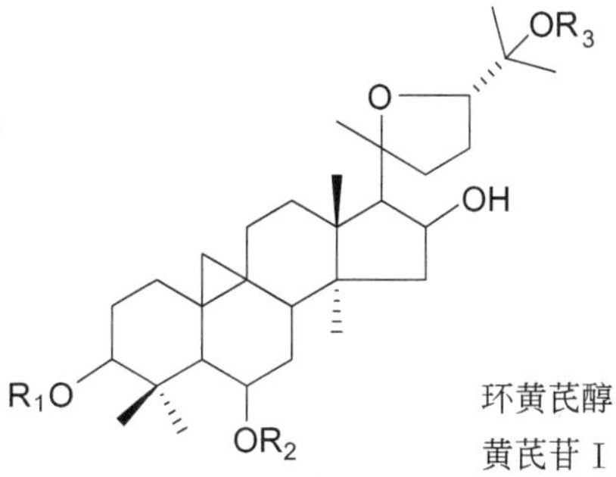

	R_1	R_2	R_3
环黄芪醇	H	H	H
黄芪苷 I	xyl -(2,3-diAc)	glc	H

（5）葫芦烷（cucurbitane）型

A/B 顺、B/C 顺、C/D 反，除了 C5 位 β-H、C10 位 α-H，C9 位连有 β-CH$_3$，其余与羊毛脂烷一样。例如，葫芦素 B（cucurbitacin B）是葫芦素家族中含量最丰富的成员，分离自葫芦科（Cucurbitaceae）植物的根，具有保肝、消炎和抗肿瘤等多种药理活性（朱靖静 等，2009）。

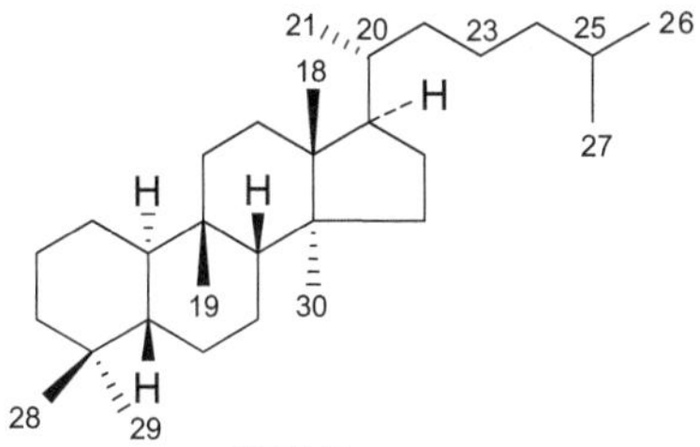

葫芦烷

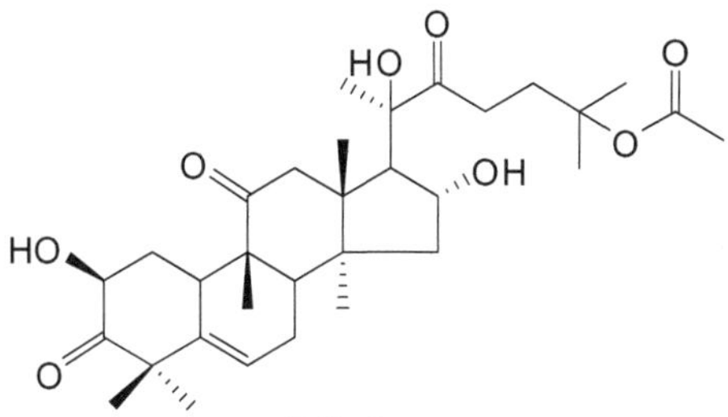

葫芦素B

（6）楝烷型（meliacane）

其骨架由 26 个碳构成，与羊毛脂烷型相比，具有 C8 位 β-CH$_3$、C13 位 α-CH$_3$、C14 位 β-H 和 C17 位 α-侧链，但侧链末端失去了 4 个碳原子，故又称为降四环三萜类，主要分布于楝科植物中。川楝素（又名苦楝素，toosendanin）存在于川楝（*Melia toosendan*）与苦楝（*Melia azedarach*）的果实、根皮和树皮中，是一种理想的植物源杀虫剂（徐士超 等，2019）。

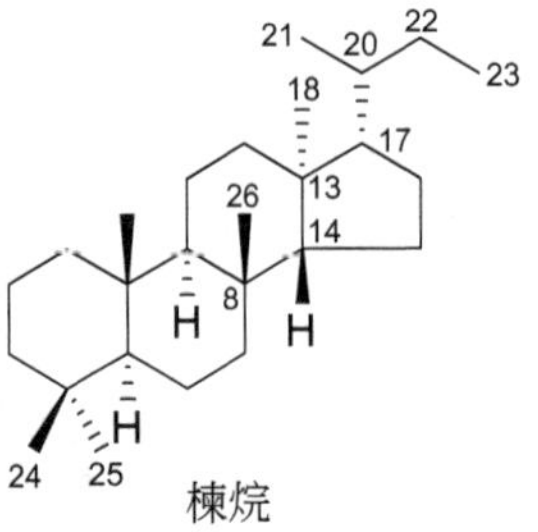

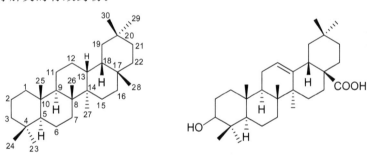

棟烷 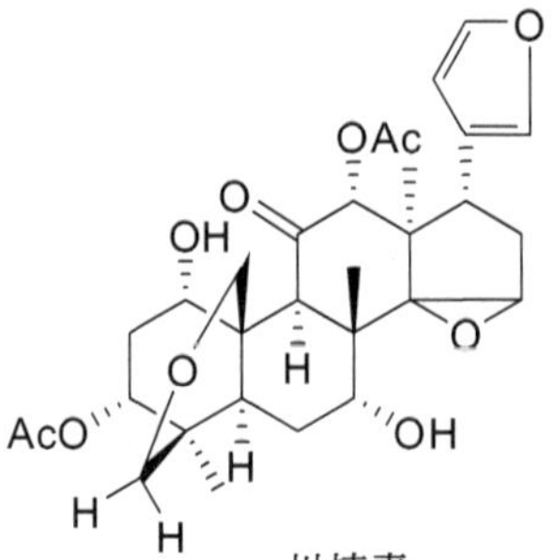   川楝素

2. 五环三萜（pentacyclic triterpene）

五环三萜类数目较多，主要有齐墩果烷型、乌索烷型、羽扇豆烷型和木栓烷型，在植物界常以苷的形式存在，即为五环三萜皂苷。

（1）齐墩果烷（oleanane）型

其又称 β-香树脂烷（β-amyrane）型，在植物界分布极为广泛。环的构型为 A/B 反，B/C 反，C/D 反，D/E 顺，C28 位常有—COOH，C3 位常有 β-OH，C12、C13 位往往有不饱和双键。例如，齐墩果酸（oleanolic acid，OA）是从木犀科植物齐墩果（*Olea europaea*）的叶和女贞子（*Ligustrum lucidum*）的果实中分离提取而得的一种五环三萜类化合物，以游离体和配糖体存在于多种植物中，明显降低转氨酶水平，并能促进肝细胞再生，防止肝硬变，已成为治疗肝炎的有效药物。

齐墩果烷   齐墩果酸

（2）乌索烷（ursane）型

其又称 α-香树脂烷（α-amyrane）型，与齐墩果烷型的区别是 29-CH₃ 由 α 变成 β 且连在 C19 位，大多是乌索酸的衍生物。乌索酸（ursolic acid），又称熊果酸，在植物界分布较广，女贞子、夏枯草、熊果叶、铁冬青等植物中均含有，临床用于治疗病毒性肝炎，并对中枢神经系统有明显的安定与降温作用。

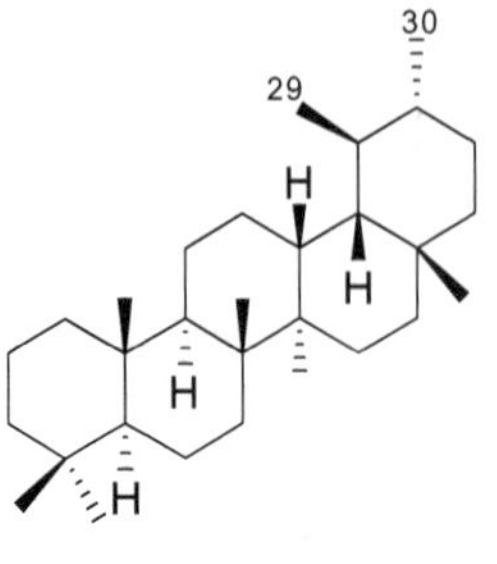

乌索烷 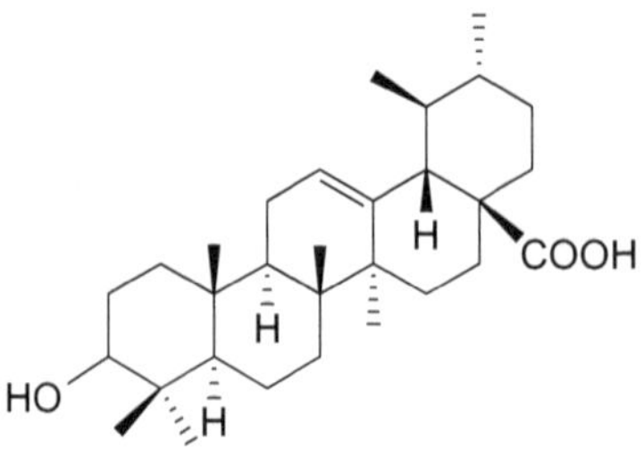   乌索酸

（3）羽扇豆烷（lupane）型

E 环为 5 元环，C19 位为 α 构型的异丙基，所有环/环之间均为反式。桦木科植物华北白桦（*Betula platyphylla*）树皮中分离得到白桦脂醇（betulin），该化合物具有消炎、抗病毒、促进头发生长等活性。

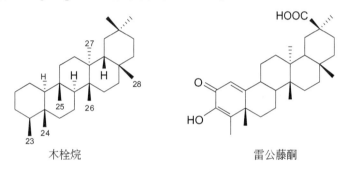

羽扇豆烷   白桦脂醇

（4）木栓烷（friedelane）型

23、24 位甲基分别连接在 C4 和 C5 上，且 C2、C3 多有羰基取代。例如，从雷公藤中分离得到雷公藤酮（triptergone）（张东明 等，1991）。

木栓烷   雷公藤酮

3. 三萜皂苷（triterpenoid saponin）

三萜皂苷的皂苷元主要是四环三萜皂苷和五环三萜皂苷，大多数在 C24 或 C28 位有羧基，故又称酸性皂苷；成苷的位置多为 C3 位醇皂苷或 C28 位酯皂苷；另外也有 C16、C21、C23、C29 位等醇羟基成苷。常见的三萜皂苷有单糖链三萜皂苷、二糖链三萜皂苷和三糖链皂苷。常见的糖有 D-葡萄糖、D-半乳糖、D-木糖、L-阿拉伯糖、L-鼠李糖、D-葡萄糖醛酸、D-半乳糖醛酸，另外还有 D-呋喃糖、D-鸡纳糖、D-芹糖、乙酰基糖和乙酰氨基糖等。例如，前述的海参属中分离得到的羊毛脂烷型三萜皂苷；A 型人参皂苷和 B 型人参皂苷属于达玛烷型三萜皂苷。

6.2.6 四萜

四萜类（tetraterpene）衍生物中最重要的一类就是多烯色素（polyene pigments），又称为胡萝卜素，化合物分子中都含有一个长链的全反式双键共轭体系（S-反式），所以它们多带有黄至红的颜色。在自然界存在的胡萝卜素大约有 600 种，如胡萝卜中含有大量的 β-胡萝卜素，人体摄入后可以转化成维生素 A，因此胡萝卜素又称维生素 A 原，是目前最安全补充维生素 A 的产品，可以改善夜盲症；番茄中的番茄红素，又称 ψ-胡萝卜素，是自然界中最强的抗氧化剂之一，不仅可以提高免疫力、抗老化，并可以提高男性生育能力；虾青素是广泛存在于甲壳类动物和腔肠动物体中的一种多烯色素，最初是从龙虾壳中发现的，可以使三文鱼、蛋黄、虾、蟹等呈现红色，是迄今为止人类发现自然界最强的抗氧化剂，清除自由基的能力是维生素 C 的 6000 倍、辅酶 Q_{10}（coenzyme Q_{10}）的 800 倍、花青素类（anthocyanins）的 700 倍、β-胡萝卜素的 100 倍，具有抗衰老、抗肿瘤、预防心脑血管疾病的作用，并且有望在他汀类（statins）和抗血小板药（antiplatelet drugs）之后掀起第三次预防性药物的浪潮（孟昂 等，2019）。

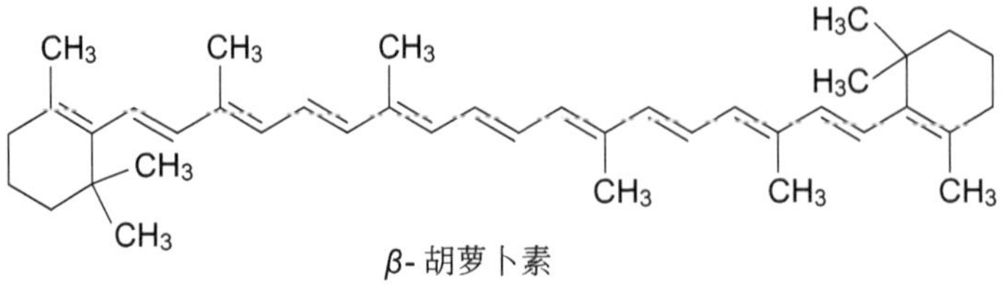

β- 胡萝卜素

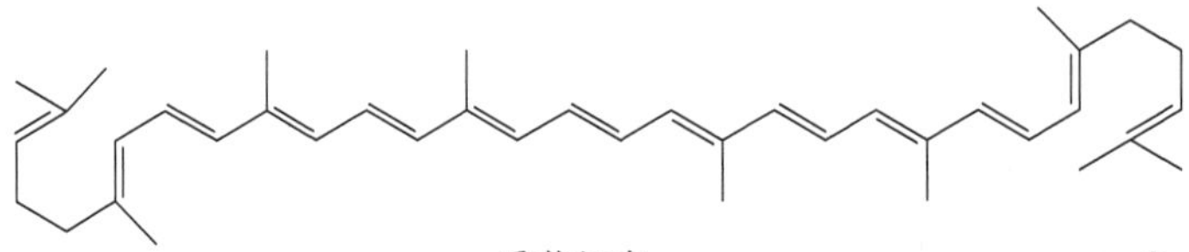

番茄红素

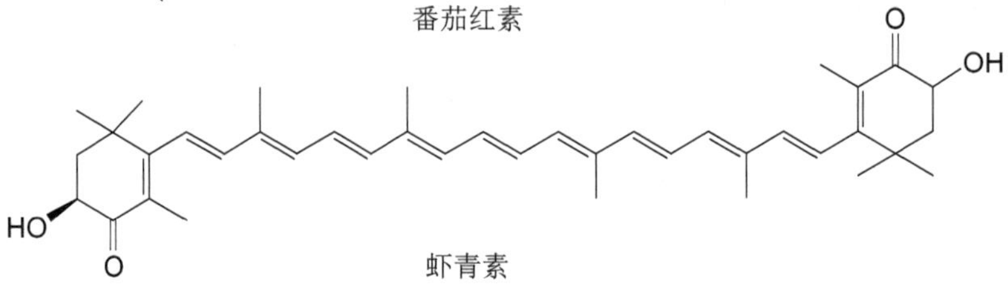

虾青素

6.3 萜类化合物的性质

6.3.1 性状和旋光性

单萜和倍半萜在常温下多为具有特殊香气、可挥发的油状固体，环烯醚萜类化合物多为白色结晶或无定形粉末。随分子量、双键和含氧官能团的增加，化合物的挥发性降低，熔点和沸点相应增高。二萜、二倍半萜、三萜苷元多为结晶性固体，三萜皂苷多为无定形粉末。萜类多具有苦味，故称苦味素，个别有甜味，如甜菊苷（stevioside），甜度约为蔗糖的 300 倍。萜类大多具有手性中心，具有旋光性，且多有异构体存在，低分子萜类具有较高的折射率。

6.3.2 溶解度

萜类化合物亲脂性强，易溶于醇及亲脂性有机溶剂，难溶于水，有挥发性的单萜和倍半萜能随水蒸气蒸馏出。随着含氧官能团的增加或形成糖苷（如环烯醚萜苷），其水溶性增加，能溶于热水，易溶于甲醇、乙醇溶液，难溶于氯仿、乙醚、苯等亲脂性有机溶剂。具有内酯结构的萜类化合物能溶于碱水，酸化后又会从水中析出。三萜皂苷易溶于含水丁醇或戊醇，因此是提取和纯化时常采用的溶剂。

6.3.3 显色反应

三萜类化合物在无水条件下，与强酸（硫酸、磷酸、高氯酸）、中等强酸（三氯乙酸）或 Lewis 酸（氯化锌、三氯化铝、三氯化锑）作用，会产生颜色变化或荧光。颜色变化的原理主要是使羟基脱去，增加双键结构，再经双键移位、双分子缩合等反应生成共轭双烯系统，又在酸作用下形成碳正离子而显色。三萜类化合物的特征显色反应如表 6-2 所示，全饱和的、C3位无羟基的三萜在上述条件下呈阴性反应。

表 6-2　三萜类化合物的特征显色反应

显色试剂	操作方法	颜色变化
醋酐-浓硫酸（Liebermann-Burchard 反应）	样品溶解于 0.5 mL 醋酐中，加入一滴浓硫酸	黄色→红色→紫色→蓝色→褐色
五氯化锑（Kahlenberg 反应）	样品溶解于氯仿或醇，加入 20％五氯化锑	蓝色→灰蓝色→灰紫色
三氯醋酸（Rosen-Heimer 反应）	TLC/PC，样品加入 25％三氯醋酸-乙酸（1∶1），加热	红色→紫色
氯仿-浓硫酸（Salkowski 反应）	样品溶于 1 mL 三氯甲烷后，加入 1 mL 浓硫酸	氯仿层（红色、蓝色或绿色荧光）
冰醋酸-乙酰氯（Tschugaeff 反应）	样品溶于 1 mL 冰醋酸，加入 5 滴乙酰氯和数粒氯化锌，稍加热	淡红色或紫红色

6.3.4　三萜皂苷的理化性质

1. 表面活性

皂苷水溶液强烈振摇后能产生持久性的肥皂样泡沫，因其具有降低水溶液表面张力的能力，故皂苷可作为清洁剂、乳化剂。可用以下方法检识三萜皂苷：取 1g 药材粉末，加水 10 mL，煮沸 10 min 后滤取水溶液，强烈振摇产生持久性泡沫，泡沫不持久、很快消失，则为蛋白质、黏液质；15 min 内泡沫不消失，则中药中含有皂苷；然后取 2 个试管，分别加入 5 mL 0.1 mol/L HCl 及 0.1 mol/L NaOH，再各滴加 3 滴中药水提液，振摇 1 min，如两管形成泡沫持久相同，则中药中含三萜皂苷，如碱液管的泡沫较酸液管持久时间长几倍，则含有甾体皂苷。

2. 溶血作用

皂苷的溶血作用是因为多数皂苷能与胆甾醇（cholesterol，或谷甾醇、豆甾醇、麦角甾醇等）结合生成不溶性的分子复合物。其溶血作用的有无、强弱与结构有关：A 环上有极性基团，而在 D 环或 E 环上有一中等极性基团的三萜皂苷，一般有溶血作用；苷元 C3 位有 β-OH，C16 位有 α-OH 或 $=$O 时，溶血指数最高；若 D 环或 E 环有极性基团，而 C28 位连有糖链，或具有一定数量的羟基取代，则可导致溶血作用消失。例如，人参总皂苷没有溶血现象，原因是原人参三醇 B 型人皂苷具有显著的溶血作用，而原人参二醇 A 型人参皂苷有抗溶血作用。

3. 沉淀反应

① 金属盐沉淀反应　三萜皂苷的水溶液加入一些铅盐、钡盐、铜盐（例如硫酸铵或醋酸铅）等中性盐类，发生反应生成沉淀。利用这一性质可进行皂苷的提取和初步分离。

② 胆甾醇的沉淀反应　皂苷水溶液与含有 C3 位 β-OH 的甾醇反应形成难溶性分子复合物沉淀，常用甾醇有胆甾醇、β-谷甾醇、豆甾醇、麦角甾醇。若为含有 C3 位 α-OH 的甾醇，或者 3-OH 被酰化或生成苷键，则不能形成难溶性分子复合物沉淀。三萜皂苷与甾醇形成的分子复合物沉淀不及甾体皂苷稳定。

6.3.5　化学反应

大多数萜类化合物分子中含有双键、羰基等，因此化学性质活泼，对高热、光和酸碱较为敏感，可发生加成、氧化、脱氢、分子重排等许多化学反应，利用这些性质可以鉴别、提取、分离萜类化合物（周剑丽 等，2008）。

1. 加成反应

(1) 双键的加成反应

含有双键的萜烯类化合物，可与氢卤酸类（如 HI、HCl）、溴、亚硝酰氯（NOCl）等试剂发生双键加成。含有共轭双键的萜烯类化合物与顺丁烯二酸酐发生 Diels-Alder 加成反应，其产物往往是结晶性的，可用于萜类的分离纯化。例如，松节油中主要成分 α-蒎烯的提取分离，在 0℃ 将 HCl 气体通入萜烯-乙醚（1:1）混合液中，蒸发乙醚后得到结晶物，经抽滤，分离，少量乙醇洗涤，重结晶得到氯化蒎烯，用醋酸钠-冰醋酸或氢氧化钠-甲醇混合液等试剂处理可复原为 α-蒎烯。该法反应温度不能高，否则容易异构化（廖圣良 等，2014）。

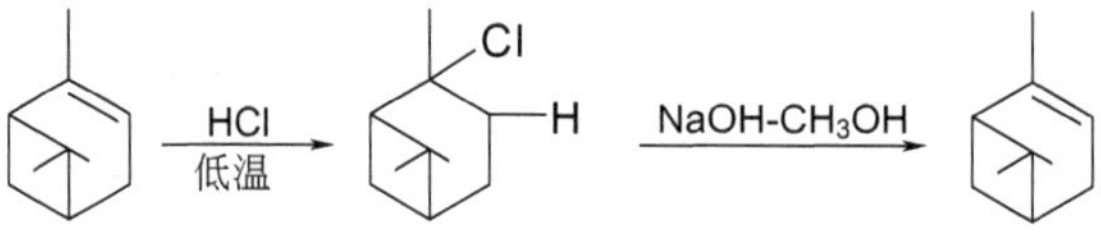

α-蒎烯　　　　氯化蒎烯(结晶物)

(2) 羰基的加成反应

含羰基的萜类化合物可与亚硫酸氢钠、硝基苯肼、吉拉德试剂 P（N-氯-N-吡啶基乙酰肼）等发生羰基加成，生成结晶性的加成产物，加稀酸或稀碱水解，生成原来的成分，此性质可用于分离。例如，吉拉德试剂 P 分离提纯含羰基的萜类化合物，将吉拉德试剂 P 的乙醇溶液加入含羰基的萜类化合物中，再加入 10% 醋酸促进反应，加热回流；反应完毕后加水稀释，分取水层，加酸酸化，再用乙醚萃取，蒸去乙醚后复得原羰基化合物。

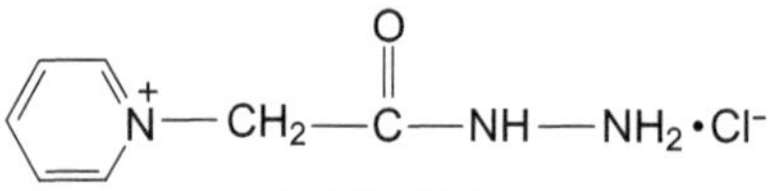

吉拉德试剂 P

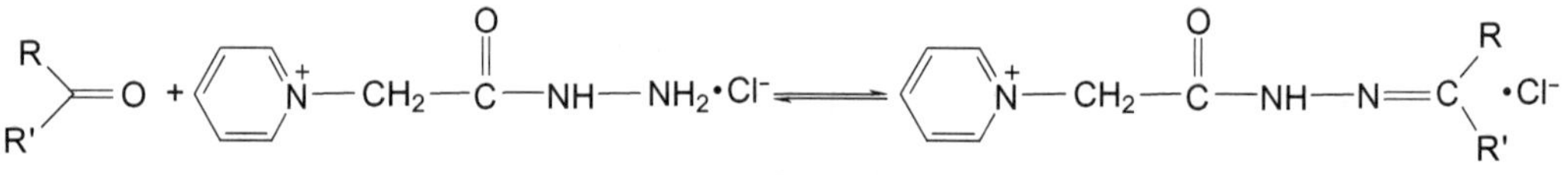

2. 氧化反应

萜类化合物中多种基团可以被氧化剂氧化，不同的氧化剂（臭氧、铬酐、高锰酸钾、二氧化硒）在不同的条件下，可以将萜类成分中各种基团氧化，生成各种不同的氧化产物。氧化反应可用于测定分子中双键的位置，亦可用于萜类醛酮的合成。

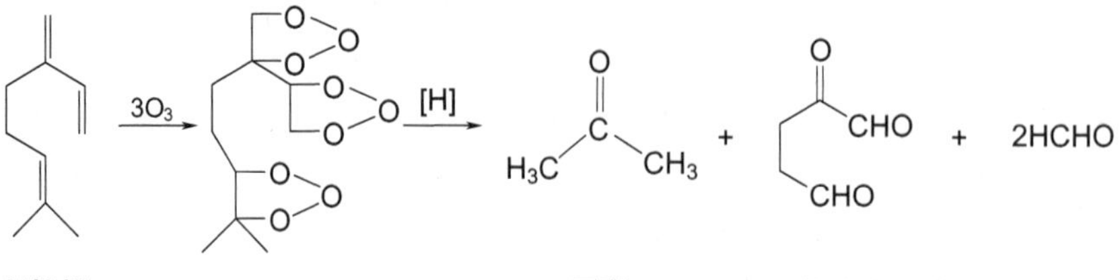

月桂烯　　　　　　　　　丙酮　　　α-羰基戊二醛　　　甲醛

3. 脱氢反应

脱氢反应在早期研究萜类化合物母核骨架时具有重要意义，环萜的碳骨架经脱氢转变为芳香烃类衍生物。脱氢反应通常在惰性气体的保护下，用铂黑或钯作催化剂，将萜类成分与硫或硒共热（200～300℃）而得以实现，有时可能导致环的裂解或环合。

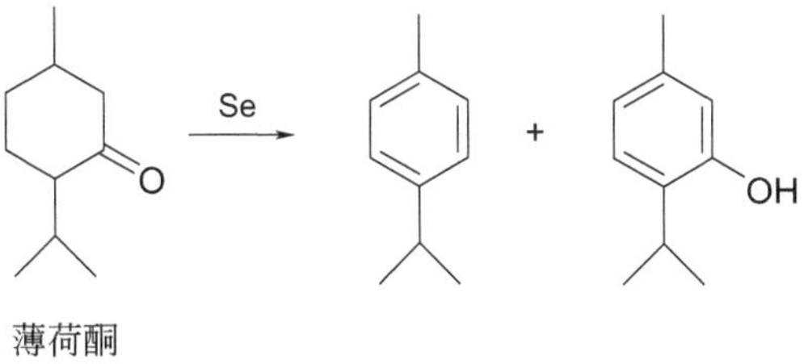

薄荷酮

4. 分子重排

萜类特别是双环萜类在发生加成、消除或亲核性取代反应时，常常发生碳骨架的改变，发生 Wagner-Meerwein 重排。目前工业上由 α-蒎烯合成樟脑的过程，就是应用 Wagner-Meerwein 重排再氧化制得。

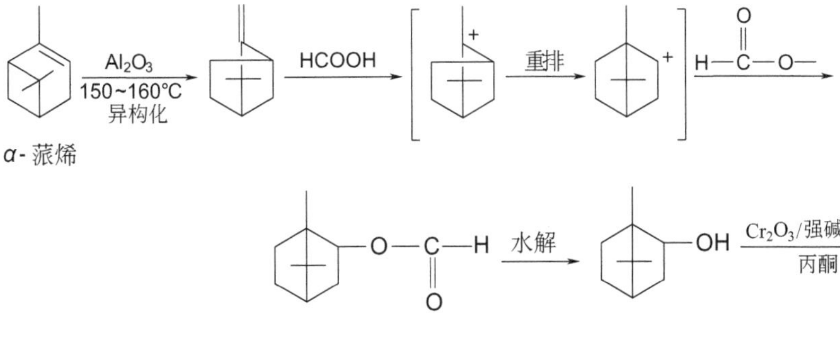

α-蒎烯

樟脑

6.4　萜类化合物的提取和分离

6.4.1　萜类化合物的提取

萜类化合物虽都由活性异戊二烯基衍变而来，但种类繁多、骨架庞杂，提取时首先应考虑萜类化合物的溶解性和结构特征，选择适合的提取方法以保证提取效率。例如，单萜烯类和倍半萜烯及含氧类化合物多为挥发油的组成成分，其提取可采用压榨法、水蒸气蒸馏法、脂浸润法和 CO_2 超临界流体萃取法；大部分萜及萜苷，可采用溶剂提取法进行提取。

1. 溶剂提取法

用甲醇或乙醇为溶剂进行提取，减压除去醇后，残留液再用乙酸乙酯萃取，回收溶剂得总萜类提取物；或用不同极性的有机溶剂按极性递增的方法依次分别萃取，得不同极性的萜类提取物。此法适用于大部分萜及萜苷的提取。

环烯醚萜多以单糖苷的形式存在，苷元的分子较小，多具有羟基，分子亲水性较强，性质不太稳定，所以一般在室温或较低温度下选用水、甲醇、乙醇，或稀丙酮进行提取，并用 $CaCO_3$ 或 $Ba(OH)_2$ 抑制酶的活性并中和植物中的有机酸。

2. 碱提酸沉法

萜类内酯在热碱溶液中开环成盐而溶于水中，酸化后又闭环，原内酯化合物在溶液中沉淀析出。利用此特性可初步纯化萜类内酯，例如，蛔蒿中 α-山道年的提纯。但是当用酸、碱处理时，可能引起构型的改变，在操作过程中应予以注意。

3. 吸附法

将萜苷类的水提液用活性炭或大孔树脂吸附，经水洗除去水溶性杂质，再用适当的有机溶剂如稀醇、醇依次洗脱，蒸去醇溶剂得到萜苷的粗品。例如，甜菊苷叶加入 15 倍量 pH

4.5 的水，40℃水浴浸提 100 min，提取 3 次，合并滤液浓缩得甜菊总苷提取液，80％乙醇洗脱分离得到甜菊苷（李娜 等，2011）。

6.4.2 萜类化合物的分离

1. 结晶法

利用某些萜类化合物在不同溶剂中的溶解度不同，萃取液浓缩时会有结晶析出，滤出结晶，再以适量溶剂重结晶，可得到纯的萜类化合物；也可采用化学法使萜类化合物生成易于结晶的衍生物，加以分离。例如穿心莲内酯的分离，取穿心莲全草粗粉 50 g，用 100 mL 75％乙醇超声波振荡提取三次，每次 15～20 min，合并 3 次提取液，减压蒸馏浓缩至 80 mL 左右，加入提取液 15％～20％的活性炭，水浴加热回流 30 min，过滤，滤饼用少量热 75％乙醇洗涤 2 次，合并滤液和洗涤液，减压浓缩至 15～20 mL 左右，放置析晶，减压滤取结晶，并用少量水洗涤，即得穿心莲总内酯粗品；加 40 倍量丙酮，加热回流 10 min，过滤，不溶物再加 20 倍量丙酮，加热回流 10 min，过滤，合并二次丙酮液，回收丙酮至 1/3 量，放置析晶，滤取白色颗粒状结晶，即为精制的穿心莲内酯（鹿萍 等，2008；崔炎路 等，1986）。

2. 利用结构中特殊的官能团

萜类化合物分子中含有双键、羰基或内酯，可采用化学法进行分离。例如，含双键的萜烯类化合物，可与氢卤酸类、亚硝酰氯等试剂发生双键加成，生成结晶的加成产物进行分离；萜醇可与 H_3BO_3 成酯后分离或加邻苯二甲酸酐成酯后分离；醛酮类萜可与亚硫酸氢钠、吉拉德试剂等生成沉淀物，分出沉淀物后可用酸或碱复原加以分离；具有内酯结构的萜类化合物可在碱性条件下开环，加酸后又环合，利用此性质可与非内酯类化合物分离。

3. 柱色谱法

大部分萜类化合物均可使用柱色谱法进行分离。常用吸附剂有硅胶、中性氧化铝等，其中以硅胶柱色谱最为常用。洗脱剂一般选用非极性或弱极性有机溶剂，常用洗脱剂有环己烷-乙酸乙酯、石油醚-乙酸乙酯、石油醚-乙醚、苯-氯仿等，多羟基萜类可选用氯仿-乙醇、氯仿-丙酮作为洗脱剂。例如，中药粗提物以石油醚、石油醚-乙醚（依次用 9：1、3：1、1：1）、乙醚、乙醚-甲醇（9：1）依次洗脱，石油醚洗脱部分主要为饱和倍半萜、萜烯，石油醚-乙醚（9：1）洗脱部分主要为萜醛、萜酮，石油醚-乙醚（3：1）洗脱部分为萜醛、萜酮、萜类内酯，石油醚-乙醚（1：1）洗脱部分为萜类内酯、萜醇，乙醚洗脱部分为萜醇、多羟基萜类，乙醚-甲醇（9：1）洗脱部分为多羟基萜类及含有羧酸取代的萜类。常用显色剂是 5％香草醛-浓 H_2SO_4 溶液，喷后 100～105℃加热显色。

6.4.3 提取与分离实例

青蒿为菊科植物黄花蒿的干燥地上部分，具有清热解暑、除蒸、截疟的功效。关于青蒿抗疟的记载，首见于一千多年前东晋葛洪所著《肘后备急方》。青蒿素是从黄花蒿中提取的一种具有过氧桥结构的倍半萜内酯抗疟新药，用于治疗恶性疟疾。青蒿乙醚低温提取法得到的提取物的中性部位在鼠疟试验和临床取得了良好的结果，用乙醚冷浸法提取青蒿，将青蒿乙醚提取物中性部分和聚酰胺混匀后，用 47％乙醇渗滤，渗滤液浓缩后用乙醚提取，回收溶剂得青蒿素粗品，经硅胶柱色谱用石油醚-乙酸乙酯（9：1）混合溶剂洗脱，即得青蒿素纯品，同时也分离得到青蒿乙素（屠呦呦，2009）。其提取流程如图 6-2 所示。

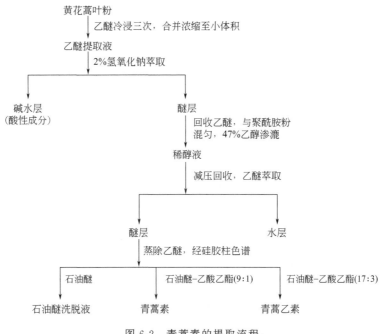

图 6-2　青蒿素的提取流程

6.5　萜类化合物的结构鉴定

萜类化合物作为一类重要的有机化合物，对其分子结构的确定和表征，目前主要也是依靠现代多种谱学方法和技术相结合的办法。挥发性油中已知萜类化合物主要采用气相色谱-质谱（GC-MS）联用的方法分析鉴定，未知物结构鉴定常用的谱学方法为紫外光谱（UV）、红外光谱（IR）、质谱（MS）、核磁共振谱（NMR）。此外，对于能培养出单晶的化合物，可采用 X 射线衍射法确定结构。

6.5.1　紫外光谱

具有共轭双烯或 α, β-不饱和羰基的萜类化合物，在紫外区产生吸收，在结构鉴定中有一定意义，其他萜类常无紫外吸收。例如，紫罗兰酮是重要的香料，有 α 和 β 两种异构体，其中，α-紫罗兰酮具有馥郁的紫罗兰花香气，常用于化妆品中，而 β-紫罗兰酮一般只用作皂用香精。α 型是 2 个双键共轭的 α, β-不饱和酮，在 $\lambda_{\max}$ 228 nm 处有最大的吸收，β 型异构体是 3 个双键共轭的 α, β-不饱和酮，在 $\lambda_{\max}$ 298 nm 处有最大的吸收，用紫外光谱比其他方法更容易区别它们。紫外光谱的 $\lambda_{\max}$ 数据除通过直接测定外，还可用 Woodward 规则计算（苏克曼 等，2002；许鸿生，1986）。

α-紫罗兰酮
$\lambda_{\max}=228$nm

β-紫罗兰酮
$\lambda_{\max}=298$nm

6.5.2　红外光谱

萜类化合物绝大多数具有双键、共轭双键、甲基、偕二甲基、环外亚甲基等，一般都很容易在红外光谱中分辨出来。红外光谱尤其对于萜类内酯的存在及内酯环的种类具有实际意义。在 $1800\sim1700$ cm^{-1} 间出现的强峰为羰基的特征吸收峰，此时可考虑有内酯化合物的存在，而内酯大小及有无不饱和键共轭体系对其最大吸收有较大影响。如在饱和内酯环中，随内酯环碳原子数的减少，环的张力增大，吸收波长向高波数移动。六元环、五元环及四元环内酯羰基的吸收峰分别在 1735 cm^{-1}、1770 cm^{-1} 和 1840 cm^{-1}；不饱和内酯则随着共轭双键的位置和共轭长短的不同，其羰基的吸收波长亦有较大差异（柯以侃 等，2016）。

6.5.3　质谱

萜类化合物结构中基本母核多，且无稳定的芳香环、芳杂环及脂杂环结构体系，大多缺乏"定向"裂解基团，因而在电子轰击下能够裂解的化学键较多，重排屡屡发生，裂解方式复杂，很难判断离子的来源和结构，故研究分子内裂解的方式很少。实际工作中，主要是通过分子离子峰或准分子离子峰确定有机化合物的分子量；通过高分辨质谱数据，确定有机化合物的分子式（陈焕文，2016）。

6.5.4　核磁共振谱

对于萜类化合物的结构测定来说，核磁共振谱是波谱分析中最为有利的工具，特别是近十年发展起来的具有高分辨能力的超导核磁分析技术和 2D-NMR 相关技术的开发和应用，不但提高了谱图的质量，而且提供了更多结构信息。鉴于萜类化合物类型多、骨架复杂、结构庞杂，大量的氢谱、碳谱数据可参考相关的书籍（秦海林 等，2016；杨峻山 等，2016）和文献资料。

6.5.5　萜类化合物结构鉴定实例

青蒿素，无色针晶，熔点 $156\sim157℃$，$[\alpha]_D^{20}+66°$（$c=0.5$，CHCl$_3$）。元素分析：C 63.72%，H 7.86%，O 28.42%，表明分子中没有其他喹啉类抗疟药所含有的氮原子。高分辨质谱（HRMS）显示分子量为 282.1472，分子式为 C$_{15}$H$_{22}$O$_5$。

青蒿素结构中仅有内酯基而无其他发色基团，紫外光谱 220 nm 以上无吸收。青蒿素由于具有过氧桥和缩醛结构，对酸、碱不稳定，对强碱极不稳定，热至熔点以上即迅速分解，所以采用 0.2% 氢氧化钠 50℃ 水浴加热 30 min 进行水解，水解后的波长扫描结果显示，青蒿素在紫外区 290.5 nm 处有最大吸收峰。IR 光谱在 1750 cm^{-1}、1115 cm^{-1}、881 cm^{-1}、831 cm^{-1} 有特征吸收峰。其中，在 1750 cm^{-1} 显示有六元内酯的特征吸收峰，与盐酸羟胺反应呈现内酯环的阳性反应；经 NaBH$_4$ 还原反应，内酯基还原成半缩醛仲羟基，生成双氢青蒿素，再用铬酐-吡啶氧化又生成青蒿素，用 NaOH 滴定，消耗 NaOH 的物质的量之比为 1∶1，证实青蒿素结构中含有 1 个内酯基；在 1115 cm^{-1}、881 cm^{-1}、831 cm^{-1} 显示有过氧基的特征吸收峰。能与 1 mol 的三苯基膦反应，ESI-MS 质谱中有 m/z 250 $[M-32]^+$ 的特征碎片离子峰，用 Pd-CaCO$_3$ 催化氢化失去 1 个氧原子。以上信息都表明青蒿素分子结构中含有 1 个过氧基。

^{1}H-NMR（400 MHz，CDCl$_3$）δ_H 5.86（1H，s，H5），3.40（1H，dq，$J=7.3$，5.4 Hz，H1），$2.47\sim2.39$（1H，m，H3α），$2.08\sim1.98$（1H，m，H3β），1.98（1H，m，H2α），$1.91\sim1.86$（1H，m，H7），$1.81\sim1.74$（2H，m，H8α，H9β），1.51（1H，m，H10），1.34（2H，m，H1，H9α），1.36（3H，s，15-CH$_3$），1.21（3H，d，$J=7.3$

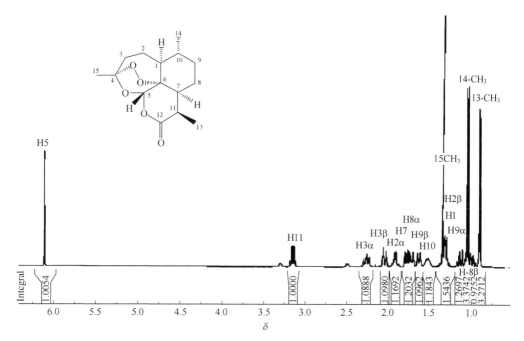

图 6-3 　青蒿素的 δ^1H-NMR 谱

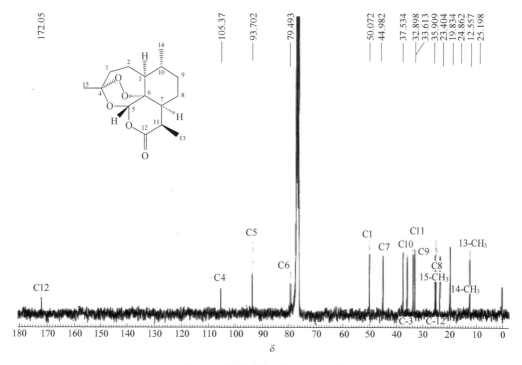

图 6-4 　青蒿素的 δ^{13}C-NMR 谱

Hz，14-CH$_3$），1.11～1.04（2H，m，H9α，H8β），1.00（3H，d，J = 6.0 Hz，13-CH$_3$）。其中，δ 1.36 低场甲基是同氧碳上的甲基；当照射 δ 3.40，可使 δ 1.00 的双峰变成单峰；反之照射 δ 1.00，可使 δ 3.40 多重峰变成双峰，说明该质子邻近的碳上只有一个氢原子。在更低场的 δ 5.86（1H，s，H5）处出现一个单尖峰，推定是两个氢原子相连碳上

的一个氢，此质子无裂分，说明该氢原子所连的碳是氧原子和叔碳原子相连接。

^{13}C-NMR谱中出现相当于倍半萜的15个碳原子信号，DEPT实验中3个s峰、5个d峰、4个t峰、3个q峰。δ 172.0为羰基碳的单峰；δ 12.0（C14）、19.0（C13）、23.0（C15）为三个甲基碳四重峰；δ 25.0（C8）、25.1（C9）、35.3（C2）和37.0（C3）为4个仲碳三重峰；δ 32.5（C7）、33.0（C10）、45.0（C1）、50.0（C11）、93.5（C5）为5个叔碳双峰，其中之一位于较低磁场，可推定系与两个氧原子相连的碳原子；δ 79.5（C4）与δ 105.0（C6）的2个季碳，提示过氧基接在这两个季碳上（青蒿素结构研究协作组，1977；青蒿研究协作组，1979；刘静明 等，1979）。根据以上分析，可以推定青蒿素有图6-5中的结构片段。通过X射线衍射晶体分析最后确定了青蒿素的结构，如图6-6所示（中国科学院生物物理研究所青蒿素协作组，1979）。

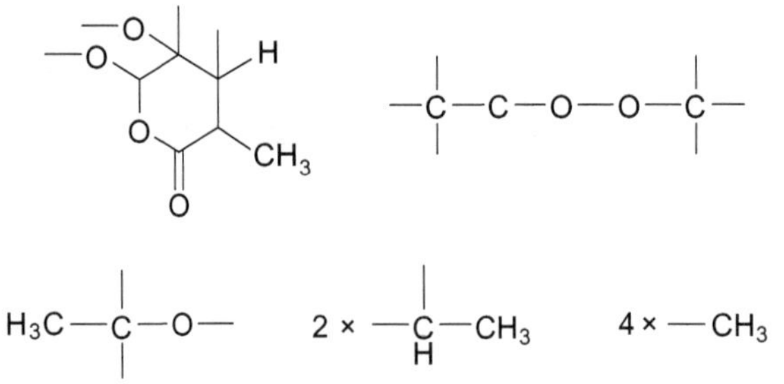

图6-5　青蒿素中含有的结构片段

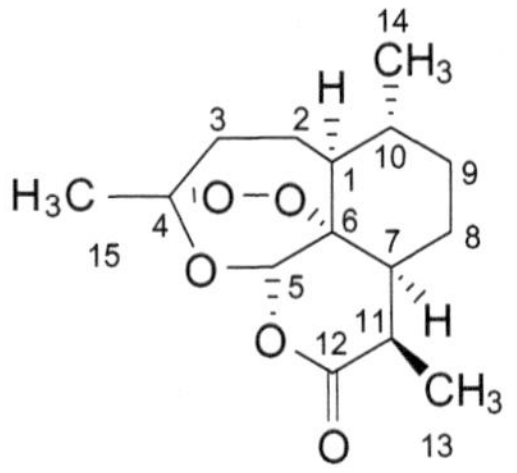

图6-6　青蒿素的结构式

参 考 文 献

陈焕文．分析化学手册．9A．有机质谱分析［M］．第3版．北京：化学工业出版社，2016．

崔炎路，朱维莉，何莉．穿心莲内酯及穿心莲总内酯提取工艺的改进实验［J］．中成药研究，1986（2）43．

付佳，李锋华，李常康，等．天然来源单环倍半萜类化合物的结构及其药理活性研究进展［J］．中国中药杂志，2019（17）：3672-3683．

耿婷，申文雯，王佳佳，等．银杏叶中内酯类成分的研究进展［J］．中国中药杂志，2018，43（7）：1384-1391．

柯以侃，董慧茹．分析化学手册．3B．分子光谱分析［M］．第3版．北京：化学工业出版社，2016．

梁宗锁，方誉民，杨东风．植物萜类化合物生物合成与调控及其代谢工程研究进展［J］．浙江理工大学学报，2017（2）：255-264．

刘娟，刘斌，折改梅，等．单萜苷类化合物及其药理活性研究进展［J］．现代药物与临床，2010，25（2）：81-93．

刘静明，倪慕云，樊菊芬，等．青蒿素的结构和反应［J］．化学学报，1979，37（2）：129-142．

刘文成，谭布珍，方玉婷，等．植物雷公藤主要抗癌抗炎活性成分研究进展［J］．中国临床药理学与治疗学，2017，3（22）：355-360．

鹿萍，盛敏丽．穿心莲内酯的超声波提取法研究［J］．赤峰学院学报（自然科学版），2008（3）：33-34．

李娜，陈智，田景振．优选大孔树脂纯化甜菊苷的研究［J］．食品与药品，2011（3）：35-37．

黎家，李传友．新中国成立70年来植物激素研究进展［J］．中国科学：生命科学，2019，49（10）：1227-1281．

廖圣良，商士斌，司红燕，等．松节油加成反应的研究进展［J］．化工进展，2014，33（7）：1856-1863．

孟昂，赵晓燕，朱运平，等．天然色素虾青素的功能性研究进展［J］．粮油食品科技，2019（5）：49-54．

秦海林，于德泉．分析化学手册．7A．氢-1核磁共振波谱分析［M］．第3版．北京：化学工业出版社，2016．

青蒿素结构研究协作组．一种新型的倍半萜内酯——青蒿素［J］．科学通报，1977，22（3）：142．

青蒿研究协作组．抗疟新药青蒿素的研究［J］．中国药学杂志，1979，14：49-53．

苏克曼．波谱解析法［M］．上海：华东理工大学出版社，2002．

屠呦呦．青蒿及青蒿素类药物［M］．北京：化学工业出版社，2009．

徐士超，曾小静，董欢欢，等．萜类植物源除草活性物开发及应用研究进展［J］．林产化学与工业，2019，39（2）：1-8．

许鸿生 . 紫外光谱法测定紫罗兰酮异构体 [J]. 湘潭大学自然科学学报，1986（1）：98-102.

杨峻山，马国需 . 分析化学手册 .7B. 碳-13 核磁共振波谱分析 [M]. 第 3 版 . 北京：化学工业出版社，2016.

张东明，于德泉 . 雷公藤酮的结构 [J]. 药学学报 1991（5）：341-344.

中国科学院生物物理研究所青蒿素协作组 . 青蒿素的晶体结构及其绝对构型 [J]. 中国科学，1979（11）：1114-1128.

周剑丽，邱树毅，陈秀勇 . 麻疯树中萜类物质的性质及研究进展 [J]. 贵州化工，2008，33（2）：11-18.

朱靖静，邹坤 . 葫芦素类四环三萜化合物的研究进展 [J]. 三峡大学学报（自然科学版），2009（5）：82-87.

Chappell J，Wolf F，Proulx J，et al. Is the reaction catalyzed by 3-hydroxy-3-methylglutaryl coenzyme A reductase a rate-limiting step for isoprenoid biosynthesis in plants? [J]. Plant Physiology，1995，109（4）：1337-1343.

Cimino G. Furanosesquiterpenoids in sponges-II. pallescensins eg from?: a new skeletal type [J]. Tetrahedron Letters，1975，16：1421-1424.

Guéritte-Voegelein F，Sénilh V，David B，et al. Chemical studies of 10-deacetyl baccatin III [J]. Tetrahedron，1986，42（16）：4451-4460.

Gershenzon J，Dudareva N. The function of terpene natural products in the natural world [J]. Nature Chemical Biology，2007，3（7）：408-414.

Kumar V，Niyaz N M M. Wickramaratne D B M，et al. Tirucallane derivatives from *Paramignya monophylla* fruits [J]. Phytochemistry，1991，30（4）：1231-1233.

Newman J D，Chappell J. Isoprenoid biosynthesis in plants：carbon partitioning within the cytoplasmic pathway [J]. Critical Reviews in Biochemistry，1999，34（2）：95-106.

Silchenko A S，Stonik V A，Avilov S A，et al. Holothurins B_2，B_3，and B_4，new triterpene glycosides from mediterranean Sea cucumbers of the genus Holothuria [J]. Journal of Natural Products，2005，68（4）：564-567.

Tu Y Y. Artemisinin—a gift from traditional Chinese medicine to the world [J]. Angewandte Chemie International Edition，2016，47：10210-10226.

第7章 甾体及其苷类

7.1 概述

甾体化合物（steroids）又叫类固醇，广泛存在于动植物体内和微生物代谢产物中，是一类在生命活动中有着重要作用的天然产物，被誉为"生命的钥匙"。甾体化合物在植物界以植物甾醇、强心苷、甾体皂苷、甾体生物碱等形式存在，在动物界以甾醇、性激素、肾上腺皮质激素、胆汁酸等形式存在。天然甾体化合物都是通过甲戊二羟酸（MVA）生物合成途径，在四环三萜羊毛脂甾烷类结构基础上转化而来的（谭仁祥，2009）。

甾体药物是世界上销售额仅次于抗生素的第二大类药物，具有很强的抗过敏、抗感染、抗病毒等药理活性，已被广泛应用于治疗内分泌失调、心血管、胶原性病症、淋巴白血病、人体器官移植、肿瘤、细菌性脑炎、皮肤病、风湿病、老年性疾病等（崔建国等，2014）。

7.1.1 甾体化合物的结构

甾体化合物的母体结构中都含有环戊烷并多氢菲（cyclopentano-perhydrophenanthrene）碳骨架，此骨架又称甾核（steroid nucleus）。甾核环上 C10、C13 和 C17 位上连有三个侧链，其中 R_1、R_2 多数为甲基，称为角甲基（angular methyl group），有时为醛基或羟甲基；R_3 为含 2～10 个碳原子的取代基。甾核 C3 位上多数连接有羟基且常与糖基成苷，其他位置还有双键、羟基、羰基、羧基、醚键等取代。甾核骨架上含有的 4 个环中，A、B、C 为六元碳环，D 为五元碳环，碳原子的编号按 A→B→C→D 的顺序编号，C17 位侧链编号延续（郭瑞霞 等，2016）。

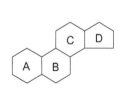

环戊烷并多氢菲　　　　　　　甾体化合物的基本结构

7.1.2 甾核的立体构型及表示方法

甾体化合物母核上有 7 个手性碳原子，理论上可能有 $2^7 = 128$ 种立体异构体，但实际由于 A 环、B 环、C 环和 D 环都是椅式结构稠合，天然甾体化合物中 A/B 环顺式或反式稠合，B/C 环为反式稠合，C/D 环多数为反式稠合，所以通常只有两种构型，一种是 A/B 环反式 ee 稠合，此时 C5—H 与 C10—CH₃ 在环平面异侧，称为胆甾烷系（cholestane，5α 系）；另一种是 A/B 环顺式 ae 稠合，此时 C5—H 与 C10—CH₃ 在环平面同侧，称为粪甾烷系（coprostane，5β 系）。

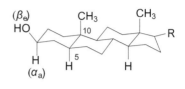

胆甾烷系构型式，A/B 环反式 ee 稠合(5α 系)　　　　胆甾烷系构象式

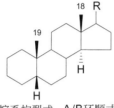

粪甾烷系构型式，A/B 环顺式 ae 稠合(5β 系)　　　　粪甾烷系构象式

7.1.3　甾体化合物的命名

结合 IUPAC 命名法与中文特点，甾体化合物的系统命名首先要确定所选定的甾体母核名称，加上前后缀表明取代基的位次、构型与名称即可，常见甾体化合物的母核如图 7-1 所示。其立体化学的标识在于甾核环上的取代基，根据取代基在环平面上方或是在环平面下方，用 β 或 α 表示相对构型。

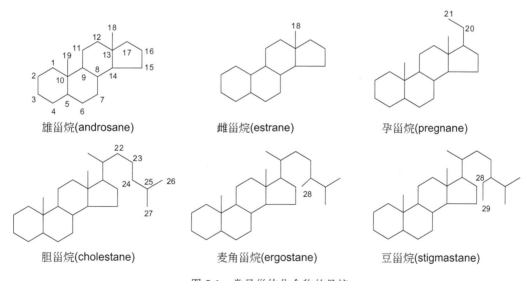

雄甾烷(androsane)　　　雌甾烷(estrane)　　　孕甾烷(pregnane)

胆甾烷(cholestane)　　　麦角甾烷(ergostane)　　　豆甾烷(stigmastane)

图 7-1　常见甾体化合物的母核

甾体化合物的命名通常用与其来源或生理作用有关的俗名，也可采用有关甾体母核衍生物而加以命名，如下例所示。

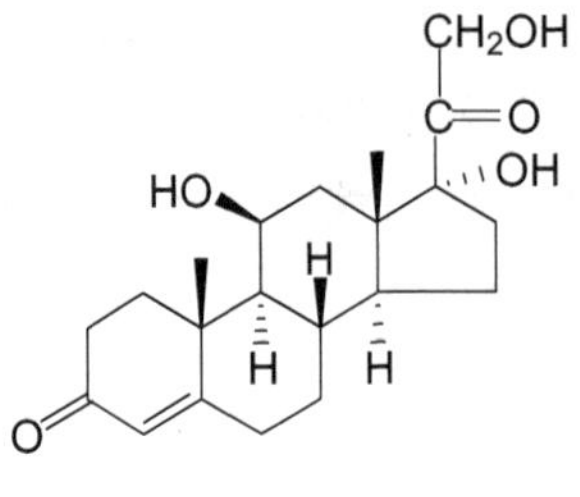

俗名：氢化可的松(hydrocortisone)
半系统名：11β,17α,21-三羟基-孕甾-4-烯-3,20二酮
(11β,17α,21-trihydroxypregn-4-ene-3,20-dione)

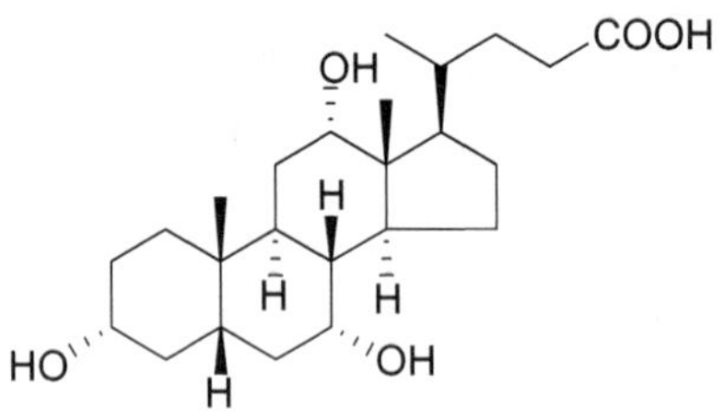

俗名：胆酸(cholic acid), 牛胆酸
半系统名：3α,7α,12α-三羟基-胆-24-酸
(3α,7α,12α-trihy droxy-cholan-24-oic acid)

7.1.4　甾体化合物的分类

根据甾体化合物 C17 上所连接的侧链不同，又分为若干类型，主要有甾醇类（sterols）、甾体激素（steroid hormones）、胆酸类（cholic acids）、强心苷类（cardiac glycosides）、甾体皂苷类（steroidal saponins）等，如表 7-1 所示。

表 7-1　天然甾体化合物的分类及结构特点

分类	C17 侧链	A/B	B/C	C/D
甾醇类	8~10 个碳的脂肪烃	顺、反	反	反
甾体激素	0~2 个碳	反	反	顺
胆酸类	戊酸	顺	反	反
强心苷类	五元或六元不饱和内酯环	顺、反	反	顺
甾体皂苷类	含氧螺杂环	顺、反	反	反

7.1.5　显色反应

与三萜类化合物类似，甾体化合物在无水条件下，与强酸（硫酸、磷酸、高氯酸）、中等强酸（三氯乙酸）或 Lewis 酸（氯化锌、三氯化铝、三氯化锑）作用，会产生颜色变化或荧光（参见表 6-2）。

7.2　甾醇、甾体激素和胆汁酸

7.2.1　甾醇

甾醇是从脂肪不能被皂化部分分离得到的饱和或不饱和的二级醇（仲醇），在自然界中以游离醇或高级脂肪酸酯形式存在，为无色结晶，几乎不溶于水，但易溶于有机溶剂。这类化合物结构的共同点是甾体骨架，A/B 环顺式或反式稠合，B/C 环、C/D 环均为反式稠合，C3 位上若有羟基则为 β 构型，多数甾醇 C5、C6 之间有双键。甾醇按来源主要分为三大类：动物体内的动物甾醇，在 C17 上连有 1 个含 8 个碳原子的脂肪烃侧链；植物体内的植物甾醇，C17 上连含 9~10 个碳原子的脂肪烃侧链；酵母菌、霉菌等微生物中的微生物甾醇，C17 上连含 9 个碳原子的脂肪烃侧链。

1. 胆甾醇

胆甾醇（cholesterol），俗称胆固醇，是最重要的动物甾醇，C17 上连含 8 个碳原子的脂肪烃侧链，分子式为 $C_{27}H_{46}O$，是一种白色结晶，熔点 149℃，$\lambda_{max}=220\ nm$，$[\alpha]_D^{25}-36°$（$c=2$，二噁烷），其溶解性与脂肪类似，不溶于水，易溶于乙醚、氯仿等溶剂。1769 年，

Poulletier de La Salle 从胆汁中发现；1816 年，化学家 Chevreul 将其命名为胆固醇，分布于动物所有细胞组织内，尤以脑及神经组织中最为丰富，在肾、脾、皮肤、肝和胆汁中含量也高，在成人体内，大约含 140g。血液中的胆固醇主要（70％）是肝脏合成的，只有少部分（30％）来源于食物，高胆固醇食物（200～300 mg/100 g）有猪油、黄油、猪脑、动物内脏、蛋黄、蟹黄、鱿鱼、贝类海鲜等，食用过量时会导致高胆固醇血症，引起高血压、冠心病、胆结石、动脉硬化等疾病。高胆固醇固然对身体不利，但胆固醇过低一样会影响健康，它不仅参与形成细胞膜，维持正常应激性反应、免疫功能，而且是合成胆汁酸、维生素 D 以及甾体激素的原料。如果体内胆固醇过低，会造成机体功能紊乱、免疫功能下降、精神状态不稳定、血管壁变脆、脑出血的危险增加等（左玉 等，2010）。因此在防治心脑血管疾病时，应进行综合"治理"，并将胆固醇保持在一个合理的水平上。

在生物体内，乙酰辅酶 A 经由甲戊二羟酸途径合成角鲨烯进而酶催化环合为羊毛脂甾醇并进一步转化为胆固醇，最后转变为粪甾醇排出体外，如此可降低体内胆固醇，并可转化成维生素 D_3。胆甾醇的用途之一是用来代替薯蓣皂素作原料合成甾族激素，例如通过微生物转化使 C17 位侧链降解，并进行羟化、脱氢、芳构化等一些反应，生成雌酮、1,4-雄甾二烯-3,17-二酮（ADD），进一步转化为所需的甾体药物（张裕卿 等，2006）。

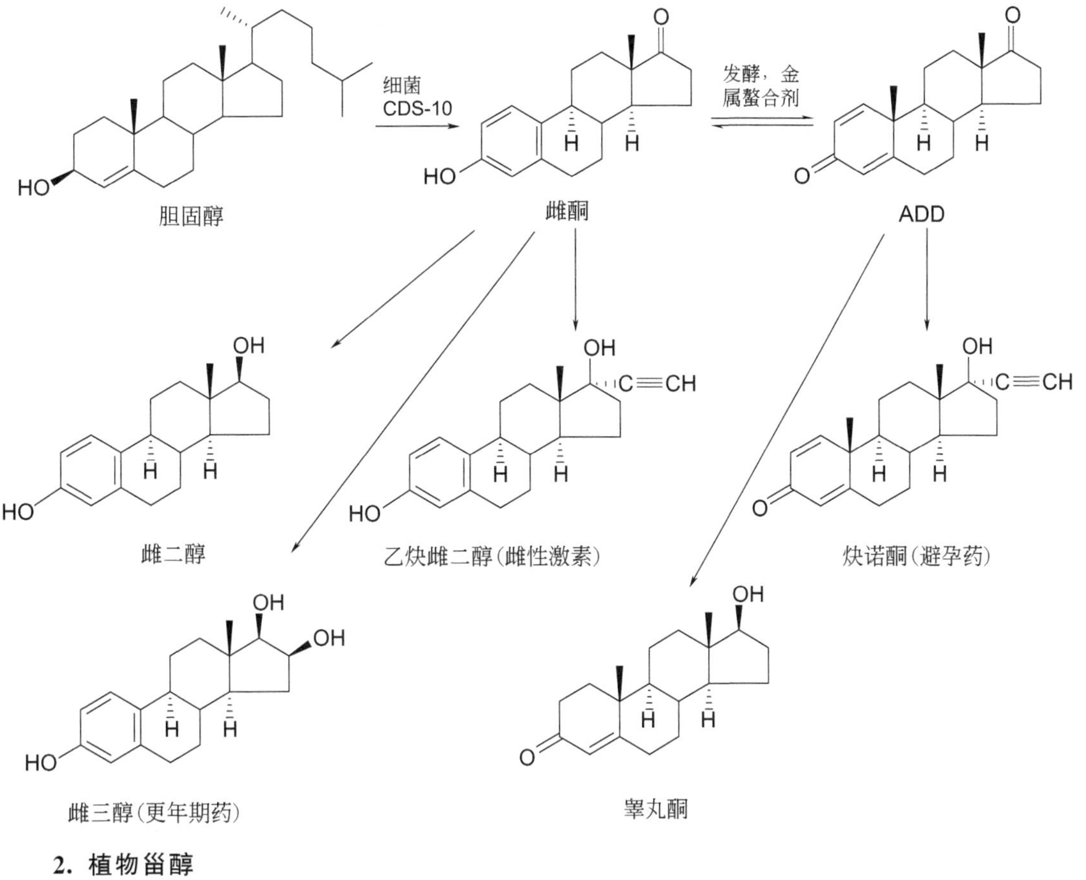

2. 植物甾醇

植物甾醇（phytosterol）的 C17 位侧链为含有 9～10 个碳原子的脂肪烃，广泛分布于植物的根、茎、叶、果实和种子中，是植物细胞膜的主要成分。在植物油中，植物甾醇平均含量约占总油量的 0.3％～0.4％，因其对低密度脂蛋白胆固醇的吸收具有竞争性抑制作用，常被用于降低胆固醇的保健食品，也是多种激素、维生素 D 及甾体化合物合成的前体。目前，已分离鉴定出 100 多种植物甾醇，一般有 4 种结构：谷甾醇（sitosterol）、豆甾醇（stigmasterol）、菜油甾醇（campesterol）和菜籽甾醇（brassicasterol）（李万林 等，2013），其中以 β-谷甾醇为主，占总植物甾醇的 60%～90%。

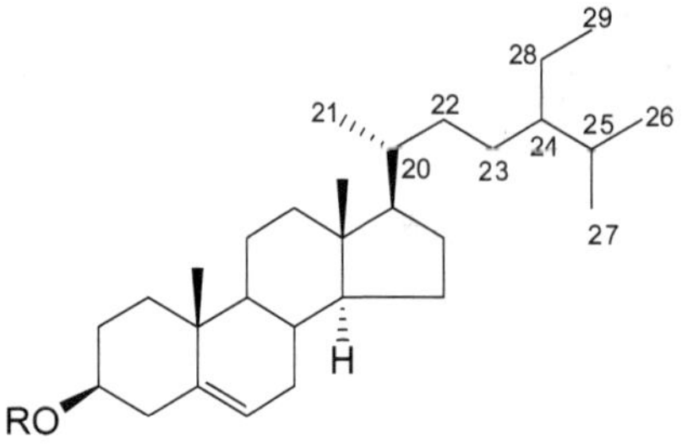

β- 谷甾醇 R= H
胡萝卜苷 R= β-D-glc

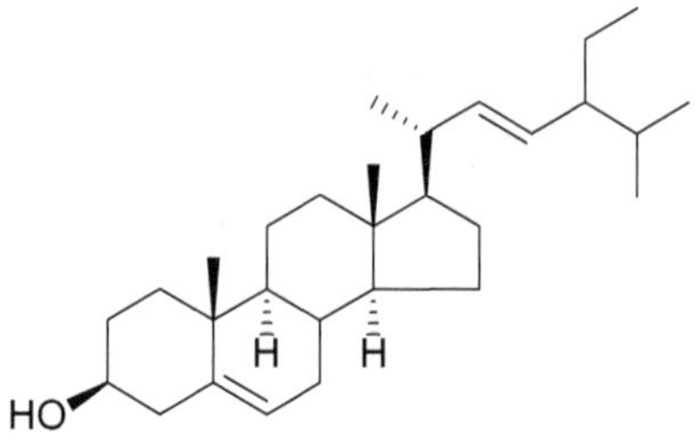

豆甾醇

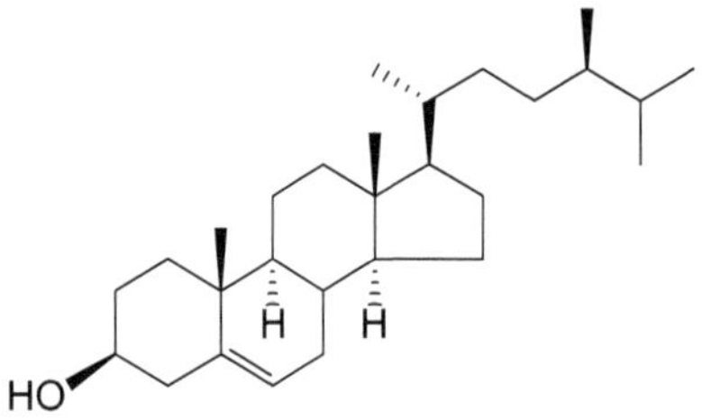

菜油甾醇

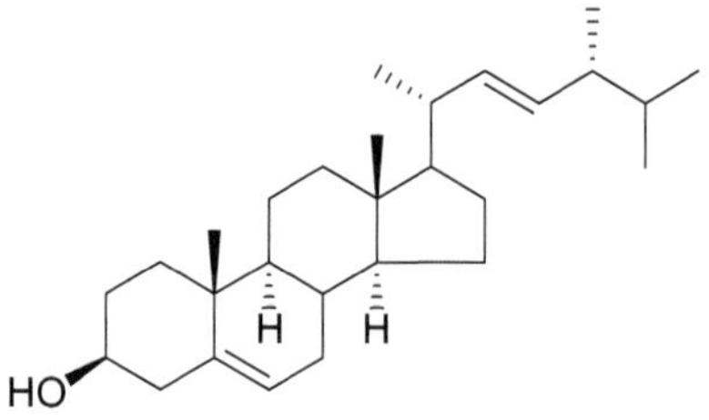

菜籽甾醇

3. 麦角甾醇

麦角甾醇（ergosterol）分子式为 $C_{28}H_{44}O$，白色针状或片状结晶，熔点 165℃，$\lambda_{max}=282\ nm$，$[\alpha]_D^{25}-112.5°$（$c=1$，氯仿），不溶于水，易溶于乙醇、乙醚和氯仿等溶剂。麦角甾醇存在于酵母菌、麦角菌、霉菌中，是微生物细胞膜的重要组成部分，是甾体激素类药物的原料，在紫外光下可转化为维生素 D_2（白晨 等，2010）。

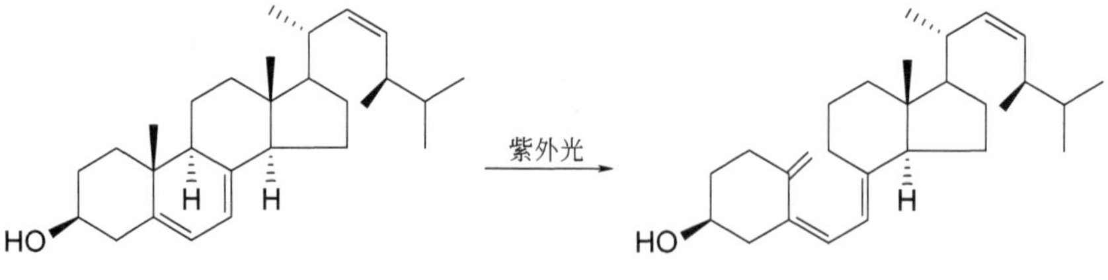

麦角甾醇   紫外光 →   维生素D_2

7.2.2　甾体激素

甾体激素（steroid hormone）结构上的特点是 C17 上连接只含有 0～2 个碳的侧链。它是一类维持生命、调节机体新陈代谢、促进性器官发育的重要活性物质，不仅能治疗多种疾病，而且也是计划生育及产生免疫抑制等方面不可缺少的药物。按其生理活性的不同分为性激素和肾上腺皮质激素（姚韧辉，2016）。

1. 性激素

性激素（sex hormone）是性腺（睾丸、卵巢、黄体）的分泌物，有雄性激素、雌性激素、妊娠激素三种，生理作用很强，很少量就能产生极大的影响。

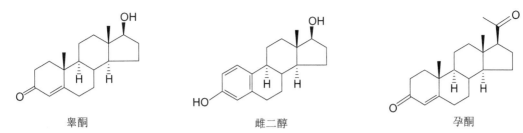

睾酮   雌二醇   孕酮

(1) 睾酮

睾酮（testosterone）是由男性的睾丸或女性的卵巢分泌的一种雄性激素，肾上腺亦分泌少量睾酮，具有促进雄性器官的发育、促进和维持雄性特征、维持肌肉强度及质量、维持骨质密度及强度、提神及提升体能等作用，C17—OH 为 β 型，若为 α 型则无生物活性，在人体内不稳定，口服无效。1935 年首次得到其纯品，为针状结晶，分子式为 $C_{19}H_{28}O_2$，熔点 152～156℃，$\lambda_{max}=240$ nm，$[\alpha]_D^{24}+109°$（$c=4$，乙醇），不溶于水，易溶于乙醇、乙醚及其他有机溶剂。

(2) 雌二醇

雌二醇（estradiol）由女性卵巢内卵泡的颗粒细胞和男性睾丸间质细胞合成分泌，其代谢物是雌酮及雌三醇，是雌激素中最主要、活性最强的激素，能够促使女性生殖器官和第二性征的发育，在成年女性体内随月经周期呈周期性变化，是评价卵巢功能的重要激素指标。C17—OH 有 α、β 两种构型，α 构型生理作用强，可作为一种经皮肤吸收的雌激素治疗剂，临床用于治疗卵巢机能不全引起的病症。本品为白色片状结晶粉，分子式为 $C_{18}H_{24}O_2$，熔点 176～180℃，$\lambda_{max}=280$ nm，$[\alpha]_D^{25}+56°$（$c=0.9$，二噁烷），易溶于乙醇，溶于丙酮、氯仿、二噁烷和碱溶液，几乎不溶于水。一些女性口服避孕药是雌性激素的衍生物，如炔诺酮是一种最流行的避孕药。

(3) 孕酮

孕酮（progesterone），又称黄体酮，是由卵巢内的黄体分泌的一种孕激素，能抑制排卵，并使受精卵在子宫中发育。临床用于治疗习惯性流产、子宫功能性出血、月经不调等。本品为白色或淡黄色结晶，分子式为 $C_{21}H_{30}O_2$，熔点 176～180℃，$\lambda_{max}=285$ nm，$[\alpha]_D^{25}+186°$（$c=1.0$，乙醇），易溶于丙酮、二噁烷和浓硫酸，不溶于水。

2. 肾上腺皮质激素

肾上腺皮质激素（adrenal cortical hormone）是产生于肾上腺皮质部分的一类激素。该类化合物均为 C_{21} 甾（C_{21}-steroids），以孕甾烷或其异构体为基本骨架，C17 位侧链为 2-羟基乙酰基（—CO—CH$_2$OH），C3 位有酮基，$\Delta^{4(5)}$，C11 位有 β-OH 或酮基。目前，已从肾上腺皮质部分分离出 40 多种甾体化合物，具有调节糖、蛋白质、脂类及无机盐代谢的功能，如发现的可的松（cortisone，又名皮质酮）可治疗类风湿关节炎、支气管哮喘、皮炎、过敏等，由于天然提取数量有限，而且比较困难，现已改用工业合成的方法以薯蓣皂素、胆汁酸等为原料制造，例如合成了疗效更好、副作用小的氢化可的松（又名皮质醇）、倍他米松（betamethasone）。

可的松   氢化可的松   倍他米松

7.2.3　胆汁酸

天然的胆汁酸（bile acid）是胆烷酸的衍生物，在肝细胞内由胆固醇转化而来，是肝脏清除胆固醇的主要方式。在动物胆汁中它们的羧基通常与甘氨酸或牛磺酸的氨基以酰胺键结合成甘氨胆汁酸或牛磺胆汁酸，并以钠盐形式存在。其生理作用是使油脂乳化，以助消化吸收；其次是抑制胆汁中胆甾醇的析出，避免胆结石的形成（王会敏 等，2010）。胆烷酸的结构特点是其甾核 B/C 环稠合皆为反式，C/D 环稠合也多为反式，而 A/B 环稠合有顺、反两种异构体形式，C10 和 C13 位所连都是 β-甲基，C17 位侧链为 β 戊酸，结构中含有多个羟基，多数为 α 构型，但也有 β 构型，有的结构中有双键、羰基等存在。

胆烷酸

胆酸
（3α, 7α, 12α-三羟基胆烷酸）

别胆酸
（3α, 7α, 12α-三羟基别胆烷酸）

从胆汁中发现的胆汁酸有近百种，分布于动物的胆汁、胆结石中。在高等动物胆汁中，通常发现的胆汁酸是 24 个碳原子的胆烷酸衍生物；而在鱼类、两栖类和爬行动物中的胆汁酸含有 27 个碳原子或 28 个碳原子，这类胆汁酸是粪甾烷酸的羟基衍生物，而且通常是和牛黄酸相结合。牛黄约含 8％胆汁酸，主要成分为胆酸、去氧胆酸，熊胆中牛磺熊去氧胆酸含量可高达 44.2％～74.5％。

7.3　强心苷

7.3.1　概述

强心苷（cardiac glycosides）是自然界中存在的一类对心脏具有显著生物活性的甾体苷类化合物，是临床上常用的强心药物，可选择性作用于心脏，增强心肌收缩力，减慢心率，主要用于治疗心力衰竭与节律障碍等疾病。强心苷主要分布于一些有毒植物中，其中以夹竹桃科（Apocynaceae）、玄参科（Scrophulariaceae）、百合科（Liliaceae）、萝摩科（Asclepia-daceae）、十字花科（Brassicaceae）、桑科（Moraceae）、卫矛科（Celastraceae）等植物中最为普遍。例如，毛地黄毒苷（digitoxin）是从玄参科植物紫花毛地黄叶中提取分离的；去乙酰毛花洋地黄苷丙（西地兰，cedilanid）、异羟基洋地黄毒苷（狄戈辛，digoxin）均从玄参科植物毛花洋地黄叶中提取得到；黄夹苷（强心灵，thevetoside）是从夹竹桃科植物黄花夹竹桃果仁中分离纯化的；铃兰毒苷（convallatoxin）是从百合科植物铃兰全草中提取的（Morsy, 2017；Rao et al., 2013）。

7.3.2　强心苷的结构与分类

强心苷是由强心苷元（cardiac aglycone）和糖缩合而成的。该类化合物结构的共同点是甾体骨架，A/B 环顺式或反式稠合，B/C 环为反式稠合，C/D 环为顺式稠合。其结构的特征是 C17 上连接五环或六元不饱和内酯环；另外，C3 和 C14 上都有羟基，C3—OH 连糖成苷且多为 β 构型，少数是 α 构型或称为表（epi-）型，C14—OH 由于 C/D 环顺式，所以都

是 β 构型（Anderson et al.，2012）。

根据不饱和内酯环的不同，强心苷元可分为两类。甲型强心苷元又称为强心甾烯，以强心甾（cardenolide）为母核，C17 上连接的是五元环的 $\triangle^{\alpha\beta}$-γ-内酯，绝大多数强心苷元属于此类，例如，洋地黄毒苷元（digitoxigenin）。乙型强心苷元又称为海葱甾二烯或蟾蜍甾二烯，以海葱甾（scillanolide）或蟾蜍甾（bufanolide）为母核，C17 上连接的是六元环的 $\triangle^{\alpha\beta,\gamma\delta}$-δ-内酯，这类苷元的强心苷较少，例如，海葱苷元（scillarenin）、日蟾蜍他灵（gamabufotalin）。

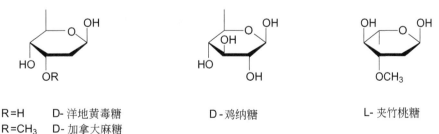

强心甾烯	强心甾	洋地黄毒苷元	海葱甾二烯
甲型强心苷元			乙型强心苷元

海葱甾	蟾蜍甾	海葱苷元	日蟾蜍他灵

强心苷中的糖均与苷元 C3—OH 结合成苷，可多至 5 个糖单元，以直链连接。根据其 C2 上有无羟基可分为 2-羟基糖（α-羟基糖）和 2-去氧糖（α-去氧糖）两类，其中，2,6-二去氧糖和 2,6-二去氧糖甲醚是强心苷结构的特征糖。常见糖基如 D-洋地黄毒糖（D-digitoxose）、D-加拿大麻糖（D-cymarose）、D-鸡纳糖（D-quinovese）、L-夹竹桃糖（L-oleandrose）。

R=H D- 洋地黄毒糖	D- 鸡纳糖	L- 夹竹桃糖
R=CH₃ D- 加拿大麻糖		

强心苷如同时连有去氧糖与葡萄糖，则去氧糖（1～3 个）总是直接与苷元相连，而后再接葡萄糖（1～2 个），如紫花洋地黄苷 A（purpureaglycoside A）；也有仅接葡萄糖（1～2 个）的，如绿海葱苷（scilliglucoside）。

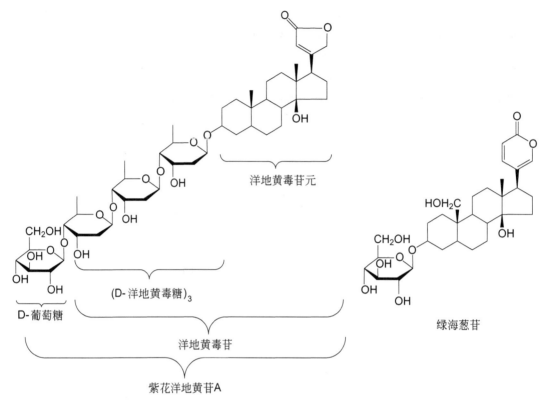

洋地黄毒苷元

(D-洋地黄毒糖)₃

D-葡萄糖

洋地黄毒苷

紫花洋地黄苷A

绿海葱苷

7.3.3 强心苷的理化性质

1. 性状和溶解度

强心苷大多为无色结晶或无定形粉末,对黏膜有刺激性,有旋光性(一般为左旋)。C17 位侧链为 β 构型者味苦,为 α 构型时味不苦,但无疗效。强心苷一般可溶于水、甲醇、乙醇、丙酮等极性溶剂,略溶于乙酸乙酯、含醇氯仿,难溶于乙醚、苯、石油醚等非极性溶剂。其溶解度还与分子中所含糖基的种类与数目、苷元上羟基的数目和所处位置等有关。原生苷所含糖基数目多且含葡萄糖,故亲水性较大,次生苷的亲水性则较小。

2. 显色反应

强心苷的显色反应,是由强心苷苷元甾体母核、不饱和内酯环、2-去氧糖反应(表7-2)产生的。甾体母核产生的反应与三萜类化合物类似。不饱和内酯环产生的反应,其中,甲型强心苷类的不饱和五元内酯环在碱性溶液中,双键转位能形成活性次甲基,与某些试剂反应而显色(表7-3);乙型强心苷在碱性溶液中不能产生活性次甲基,故无此类反应。

表 7-2　2-去氧糖产生的反应

反应名称	试剂	实验现象	备注
Keller-Kiliani 反应	Fe^{3+} 冰醋酸-浓硫酸	醋酸层渐呈蓝色或蓝绿色	只对游离或反应条件下能水解出 2-去氧糖的强心苷显色
对二甲氨基苯甲醛反应	对二甲氨基苯甲醛试剂	灰红色	
占吨氢醇反应	占吨氢醇试剂	红色	
过碘酸-对硝基苯胺反应	过碘酸-对硝基苯胺	黄色荧光斑点	如再喷以 5% NaOH-MeOH 溶液,斑点变为绿色

表 7-3　活性次甲基显色反应

反应名称	试剂	颜色	λ_{max}/nm
Legal 反应	$Na_2Fe(NO)(CN)_5 \cdot 2H_2O$ 亚硝酰铁氰化钠	深红色或蓝色	470
Kedde 反应	3,5-二硝基苯甲酸	深红色或红色	590
Raymond 反应	间二硝基苯	紫红色或蓝色	620
Baljet 反应	苦味酸	橙色或橙红色	460

3. 苷键的水解

强心苷和其他苷类成分相似，其苷键可被酸、酶水解，苷元结构中的不饱和内酯环还能被碱水解。由于苷元结构中羟基较多，强心苷在较剧烈的条件下进行酸水解反应时，易形成脱水苷元，而得不到原来的苷元。

(1) 酸催化水解

① 温和酸水解　用稀酸（$0.02\sim0.05$ mol/L HCl 或 H_2SO_4）在含水醇中经短时间（半小时至数小时）加热回流，可水解去氧糖的苷键。2-羟基糖的苷在此条件下不易断裂。

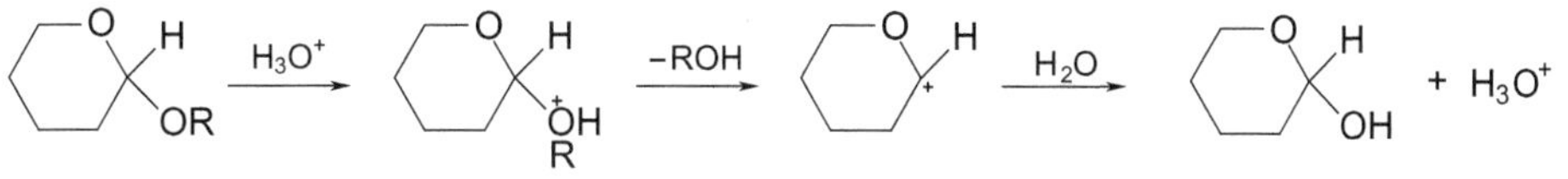

2-去氧糖苷　　　　质子化　　　　碳正离子

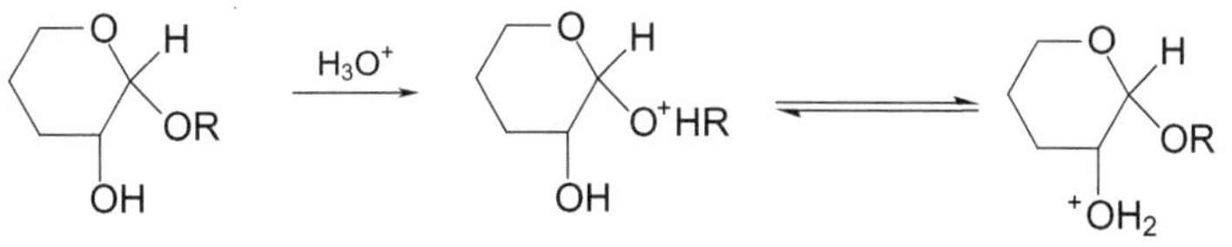

2-羟基糖苷　　　　苷键原子质子化

② 强酸水解　不含 2-去氧糖的强心苷在稀酸条件下水解较为困难，必须增大酸的浓度（$1\sim1.3$ mol/L），延长作用时间，或同时加压，但常常引起苷元的脱水，得不到原来的苷元。

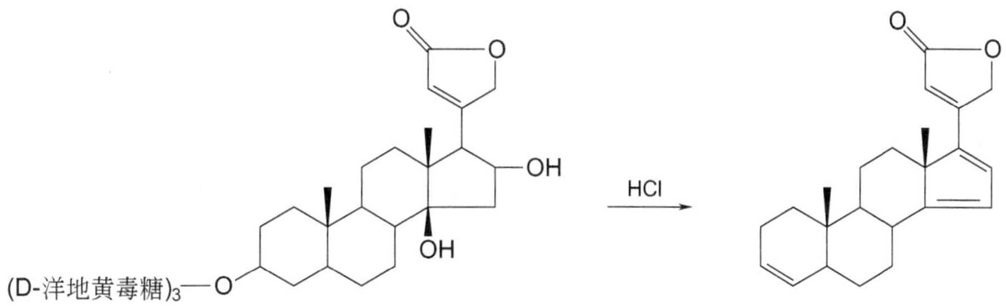

(D-洋地黄毒糖)₃—O

羟基洋地黄毒苷　　　　　　　　　　脱水羟基洋地黄毒苷

③ 盐酸丙酮法（Mannich）水解　强心苷于丙酮溶液中，室温条件下与 HCl（$0.02\sim$

0.05 mol/L）反应 2 周，丙酮与糖分子中 C2—OH 和 C3—OH 反应，生成丙酮化物，进而水解可得到原来的苷元和糖的衍生物，如铃兰毒苷的 Mannich 水解。

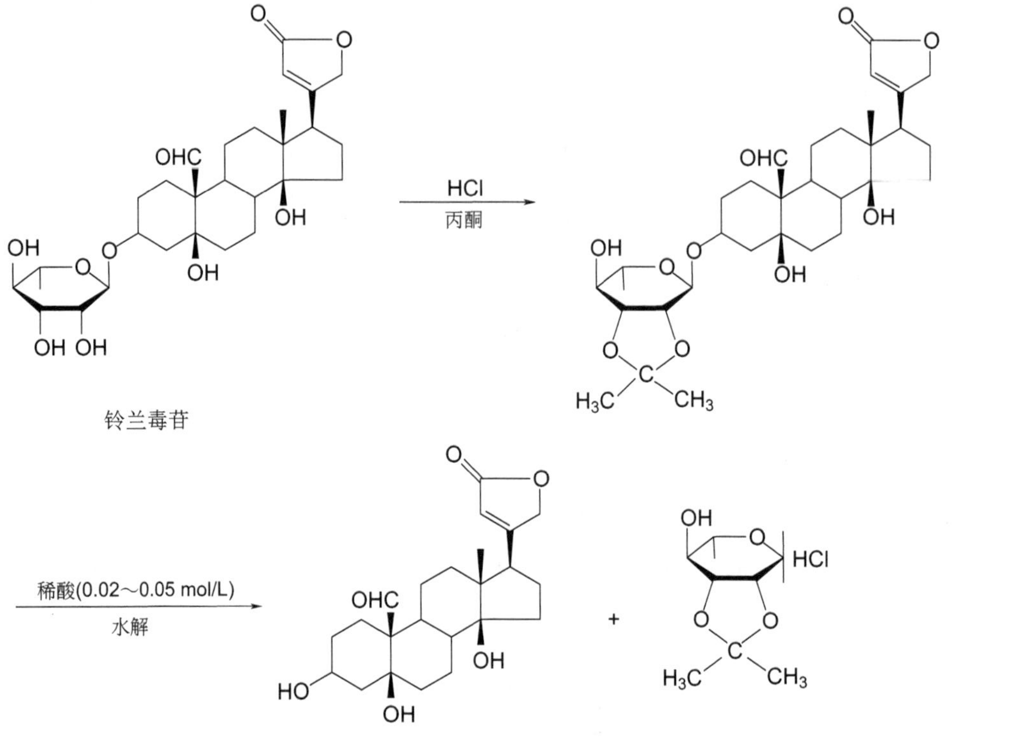

铃兰毒苷

毒毛旋花子苷元   氯代-L-鼠李糖丙酮化合物

如果苷元分子中也有邻二羟基，也能被丙酮化而生成苷元丙酮化物，需用稀酸加热水解而得到苷元，如乌本苷的水解。

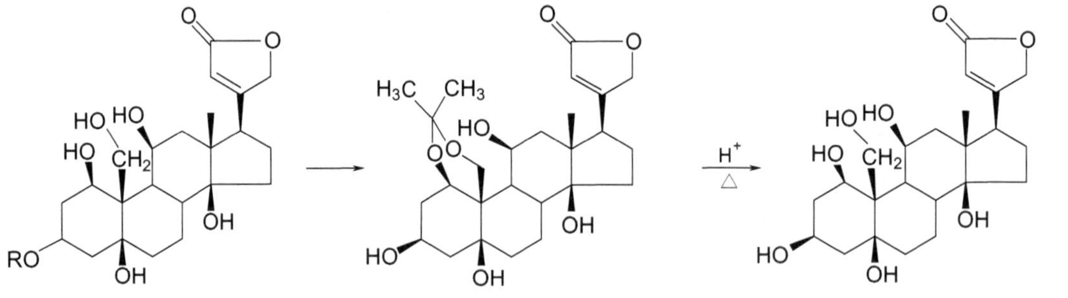

乌本苷 R=鼠李糖   乌本苷元单丙酮化合物   乌本苷元

（2）酶催化水解

酶催化水解反应条件温和、专属性强。在含强心苷的植物中，有水解葡萄糖的酶，但无水解 α-去氧糖的酶，所以只能水解去掉分子中的葡萄糖而保留 α-去氧糖，从而生成次级苷。苷元类型不同，被酶水解的难易也有区别。一般来说，乙型强心苷较甲型强心苷易被酶水解。

7.3.4 强心苷的提取分离

植物体内存在的强心苷类成分含量较低，一般为 1% 以下，而且同一中药中所含的强心苷类成分不仅种类多、结构性质相近，还易受植物体内酶、酸的影响生成相应的次生苷及苷元，从而增加了成分的复杂性。同时共存的糖类、鞣质、皂苷、色素等，往往能影响或改变强心苷的溶解性。在提取分离中，强心苷易受酸、碱或共存酶的作用，发生水解、脱水、异构化等反应，降低其生理活性。这些都增加了提取分离工作的难度。

1. 提取

提取时还需考虑强心苷在植物体中的存在形式。如需提取原生苷，要注意抑制酶的活性，防止酶水解的发生，原料需新鲜，采集后要低温（50～60℃）快速干燥，同时提取过程中注意避免酸或碱的影响，用甲醇或 70%～80% 乙醇加热回流提取效率较高且可抑制酶的活性；如需提取次生苷，则要利用酶的活性，如采用发酵法进行酶解等。

若原料为种子类药材或含脂类杂质较多时，需先用石油醚或汽油脱脂处理后再提取；若原料为叶或全草，含叶绿素较多时，可用析胶法，将醇提液浓缩后静置，使叶绿素等脂溶性杂质成胶状沉淀析出，过滤除去，也可用活性炭吸附法除去稀醇提取液中的叶绿素。提取液中共存的糖、水溶性色素、鞣质、皂苷、酸性及酚性物质等可用氧化铝、聚酰胺柱层析或使用醋酸铅试剂进行铅盐沉淀法除去，但需注意强心苷也有可能被吸附而损失。

提取液经上述初步除杂后，可用氯仿和不同比例的氯仿-甲醇（乙醇）溶液依次萃取，将强心苷按极性大小不同分为若干部分，但每一部分仍为极性相似强心苷的混合物，需做进一步分离。

2. 分离

强心苷类化合物的分离，通常采用溶剂萃取法、逆流分溶法和色谱法等。对于少数含量较高的组分可选用适当溶剂反复结晶以得到单体（温时媛 等，2017）。多数情况下，因混合强心苷的组成复杂，往往需多种方法配合使用，反复分离才能得到强心苷单体成分。

常用的色谱法有吸附色谱法和分配色谱法。分离亲脂性单糖苷、次生苷和苷元时，一般选用吸附色谱，吸附剂为硅胶或聚酰胺，洗脱剂可用氯仿-甲醇、乙酸乙酯-甲醇、苯、丙酮等（郝福玲 等，2013）。分离弱亲脂性强心苷时，宜用分配色谱，常用支持剂为硅胶、硅藻土、纤维素，洗脱剂为不同比例的乙酸乙酯-甲醇-水或氯仿-甲醇-水；也可选用大孔树脂吸附色谱，以不同比例甲醇-水或乙醇-水为洗脱剂（祁琴 等，2008）。

3. 强心苷的提取分离实例

强心药西地兰（又称去乙酰毛花洋地黄苷丙，digilanid C）是从玄参科植物毛花洋地黄（*Digitalis lanata*）叶中提取得到的原生苷毛花洋地黄苷 C（lanatoside C）的去乙酰化物（Buckroyd，1980）。和毛花洋地黄苷 C 共存的几种苷中含量较高的毛花洋地黄苷 A、B，比毛花洋地黄苷 C 极性小，可溶于三氯甲烷，难溶于含醇三氯甲烷。此性质可用于毛花洋地黄苷 C 的纯化，其提制工艺包括提取总苷、分离毛花洋地黄苷 C、毛花洋地黄苷 C 去乙酰基三步。

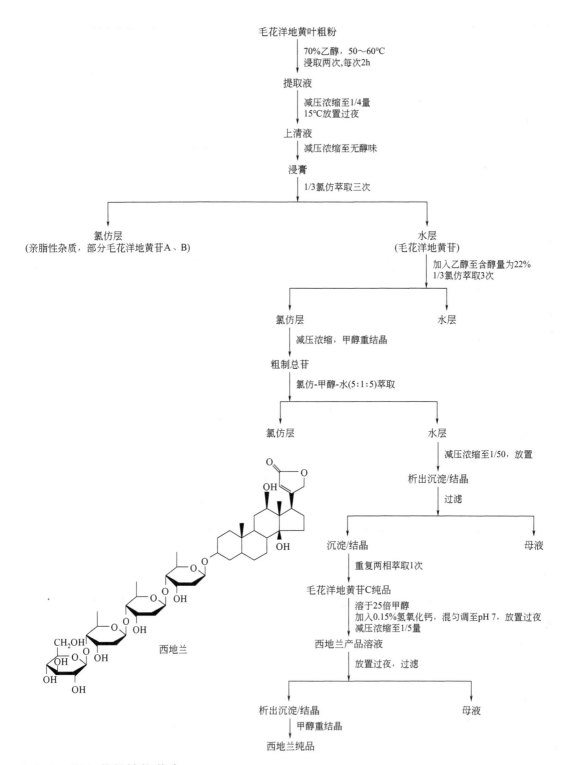

毛花洋地黄叶粗粉
↓ 70%乙醇，50～60℃
  浸取两次,每次2h
提取液
↓ 减压浓缩至1/4量
  15℃放置过夜
上清液
↓ 减压浓缩至无醇味
浸膏
↓ 1/3氯仿萃取三次

氯仿层
(亲脂性杂质，部分毛花洋地黄苷A、B)

水层
(毛花洋地黄苷)
↓ 加入乙醇至含醇量为22%
  1/3氯仿萃取3次

氯仿层   水层
↓ 减压浓缩，甲醇重结晶
粗制总苷
↓ 氯仿-甲醇-水(5:1:5)萃取

氯仿层   水层
              ↓ 减压浓缩至1/50，放置
              析出沉淀/结晶
              ↓ 过滤

沉淀/结晶   母液
↓ 重复两相萃取1次
毛花洋地黄苷C纯品
↓ 溶于25倍甲醇
  加入0.15%氢氧化钙，混匀调至pH 7，放置过夜
  减压浓缩至1/5量
西地兰产品溶液
↓ 放置过夜，过滤

析出沉淀/结晶   母液
↓ 甲醇重结晶
西地兰纯品

西地兰

7.3.5 强心苷的结构鉴定

1. 紫外光谱

甲型强心苷结构中含有 $\Delta^{\alpha\beta}$-γ-内酯环，在紫外光谱中 λ_{max} 位于 217～220 nm（lg ε 约 4.34）；乙型强心苷结构中含有 $\Delta^{\alpha\beta,\gamma\delta}$-$\delta$-内酯环，在紫外光谱中 λ_{max} 位于 295～300 nm（lg ε

约 3.93）。根据不饱和内酯环的紫外吸收不同，可以区分两类强心苷，而其他位置上的非共轭双键在紫外区无吸收。苷元中若有孤立羰基，则在 300 nm 附近有吸收峰，例如 C11 或 C12 位羰基因空间位阻较大，虽然不易被化学方法检出，但在紫外光下 290 nm（lg ε 约 1.90）处有弱吸收（柯以侃 等，2016）。

2. 红外光谱

强心苷红外光谱的特征吸收是不饱和内酯结构中羰基伸缩振动 $\nu_{C=O}$ 产生的特征吸收峰 $1800\sim1700$ cm^{-1}，其波数与环内共轭程度有关，与结构中其他基团无关。甲型强心苷 $\Delta^{\alpha\beta}$-γ-内酯环的吸收峰在 1765 cm^{-1}；乙型强心苷 $\Delta^{\alpha\beta,\gamma\delta}$-$\delta$-内酯环有 2 个共轭双键，其吸收向低波数位移至约 1718 cm^{-1}。此法可用于区分甲型和乙型强心苷（柯以侃 等，2016）。

3. 质谱

强心苷元质谱碎裂除了常见的羟基脱水、醛基脱 CO、脱甲基和双键的逆 Diels-Alder 裂解外，特征裂解碎片为脱 C17 位内酯环的特征碎片。甲型强心苷元 C17 位侧链为 $\Delta^{\alpha\beta}$-γ 内酯，质谱裂解产生 m/z 111、m/z 124、m/z 163、m/z 164 等含有 γ-内酯环或内酯环＋D 环的碎片离子（陈焕文，2016）。

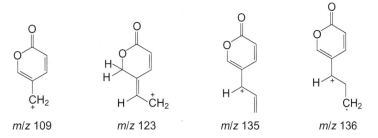

乙型强心苷元 C17 位侧链为 $\Delta^{\alpha\beta,\gamma\delta}$-$\delta$-内酯，质谱裂解产生 m/z 109、m/z 123、m/z 135、m/z 136 等含有 δ-内酯环的碎片。

4. 核磁共振氢谱

在 ^{1}H-NMR 中，强心苷元的 18-CH$_3$、19-CH$_3$ 在 δ 1.00 附近出现两个角甲基单峰，这两个甲基的化学位移值与甾核 C5、C14 位的构型有关。若 C10 位醛基取代，则 19-CH$_3$ 甲基峰消失，而在 δ 9.50$\sim$10.00 内出现一个醛基质子的单峰。若 C10 位羟甲基取代，可出现两个与氧同碳质子的信号，处于较低场，酰化后则向更低场位移。当 C16 位无含氧基团取代时，C16 位上两个质子应在 δ 2.00$\sim$2.50 间呈多重峰，而 C17 位上一个质子在 δ 2.80 左右，呈多重峰或 dd 峰，$J=9.5$ Hz。C3 位质子一般为多重峰，在 δ 3.90 左右，成苷后向低场位移。糖分子中与氧同碳的质子信号，一般出现在 δ 3.5$\sim$4.5 之间，而端基质子处于最低场（δ 5.0），其 δ 值与 J 值因糖的种类和构型而异。C17 位上连接五环或六元不饱和内酯环的核磁共振氢谱特征如表 7-4 所示（秦海林 等，2016）。

表 7-4　强心苷类化合物的核磁共振氢谱特征

强心苷类型	结构	位置	δ
甲型强心苷	$\Delta^{\alpha\beta}\text{-}\gamma\text{-}$内酯环	H21	$4.5 \sim 5.7 \, (\mathrm{dd}, J=18.0, 1.8 \text{ Hz})$
		H22	$5.6 \sim 6.3$
乙型强心苷	$\Delta^{\alpha\beta,\gamma\delta}\text{-}\delta\text{-}$内酯环	H21	$7.2 \sim 7.43 \, (\mathrm{d}, J=2.0 \text{ Hz})$
		H22	$7.8 \sim 8.0 \, (\mathrm{dd}, J=10.0, 2.0 \text{ Hz})$
		H23	$6.25 \sim 6.32 \, (\mathrm{d}, J=10.0 \text{ Hz})$

5. 核磁共振碳谱

^{13}C-NMR 是确定强心苷及其苷元结构非常重要的方法。强心苷元中伯碳的化学位移在 $12 \sim 24$，仲碳在 $20 \sim 41$，叔碳在 $35 \sim 59$，季碳在 $27 \sim 43$；连氧碳在 $66 \sim 86$，其中 C14 位连氧季碳化学位移在 $84 \sim 86$；烯碳在 $108 \sim 177$，羰基碳处于 $162 \sim 177$，由于共轭双键和羰基的影响，甲型强心苷 $\Delta^{\alpha\beta}\text{-}\gamma\text{-}$内酯环中的烯碳 C20 和羰基碳 C23 处于较低场 $\delta \, 171 \sim 177$，而乙型强心苷 $\Delta^{\alpha\beta,\gamma\delta}\text{-}\delta\text{-}$内酯环中的烯碳 C20 $\sim$ C23 处于 $115 \sim 149$ 较高场，羰基碳 C24 约在 164；A/B 环顺式或反式稠合和 C17 位的构型对 C15 $\sim$ C18 的化学位移有较大影响；醛基位于约 196，环上酮羰基 $\delta > 200$，醛基和双键的引入使邻近碳化学位移变化较大；羟基酰化和苷化对羟基连接的碳和邻位碳化学位移值有一定影响（Robien et al.，1986）。

7.4　甾体皂苷

甾体皂苷（steroidal saponins）是一类以螺甾烷（spirostane）类化合物为苷元与糖结合的寡糖苷，其水溶液经强烈振摇后多产生大量持久性肥皂样泡沫。迄今发现的甾体皂苷类化合物已有一万多种，超过 90 个科的植物含有甾体皂苷，尤以单子叶植物的百合科、薯蓣科（Dioscoreaceae）和茄科（Solanaceae）等报道最多，另外在玄参科、石蒜科（Amaryllidaceae）、豆科、鼠李科（Rhamnaceae）的一些植物和海洋生物中也含有甾体皂苷。甾体皂苷元是医药工业中生产甾体避孕药和激素类药物的重要原料，近年来，很多新的生物活性物质逐渐被发现，特别是其防治心脑血管疾病、抗肿瘤、降血糖和免疫调节等作用引起了国际上的广泛关注（戴忠 等，2003）。

7.4.1　甾体皂苷元的结构与分类

甾体皂苷元的基本骨架为螺甾烷，由 27 个碳原子、六个环组成，其中 A、B、C、D 四个环具有甾体母核结构。在 C17 侧链上有 C20、C22 和 C25 三个手性中心，其中 C22 是螺原子。E、F 环以螺缩酮形式连接，构成了螺甾烷的基本骨架。A/B 环有顺、反两种稠合方式（5β- 或 5α-），B/C 环和 C/D 环均为反式稠合（8β-、9α-、13β-、14α-）。C3 位上多有 —OH 取代，且多为 β 型（e 键），其他位置上也均可能有羟基取代，各羟基可以是 β 型，也有 α 型；双键多在 Δ^5、$\Delta^{9(11)}$，少数在 $\Delta^{25(27)}$ 位。羰基多在 C12 位，与 $\Delta^{9(11)}$ 形成 α, β-不饱和酮基。甾体皂苷不含羧基，呈中性，故称为中性皂苷。糖与苷元 C3—OH 上的羟基连接成苷，也有在 C1 或 C26 位置上成苷的（林吉文，1989）。

螺旋甾烷的侧链上 C20 和 C22 分别为 S 和 R 构型，C25 位甲基则有两种差向异构体。依照螺甾烷结构中 C25 位的构型和 F 环的环合状态，可将甾体皂苷的苷元分为四种类型：

① 螺甾烷醇类（isospirostanols）：C25 位为 S 构型。

② 异螺甾烷醇类（isospirostanols）：C25 位为 R 构型。

③ 呋甾烷醇类（furostanols）：F 环为开链衍生物。

④ 变形螺甾烷醇类（pseudo-spirostanols）：F 环为五元四氢呋喃环。

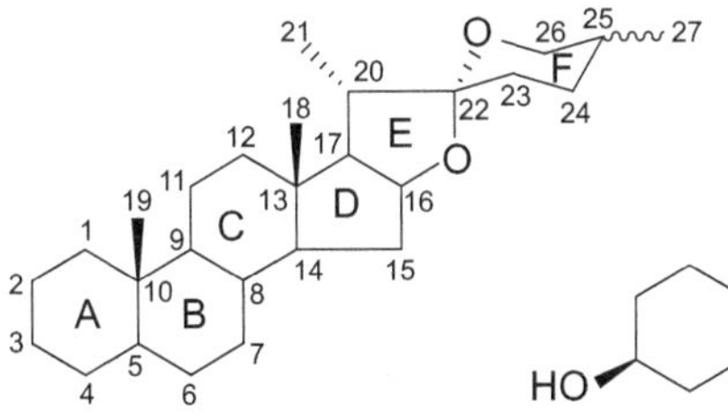

螺甾烷 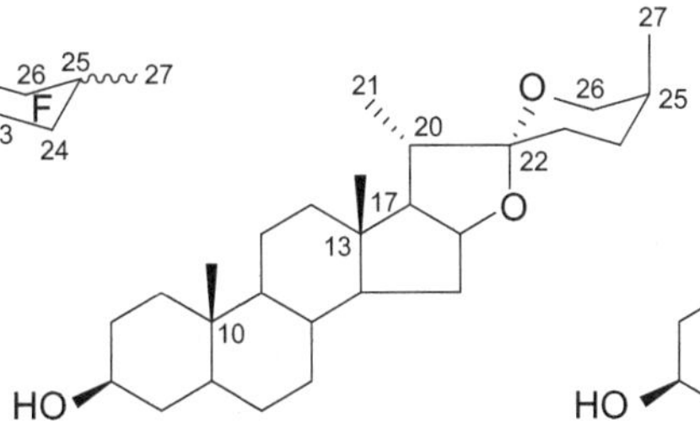　　　　　螺甾烷醇 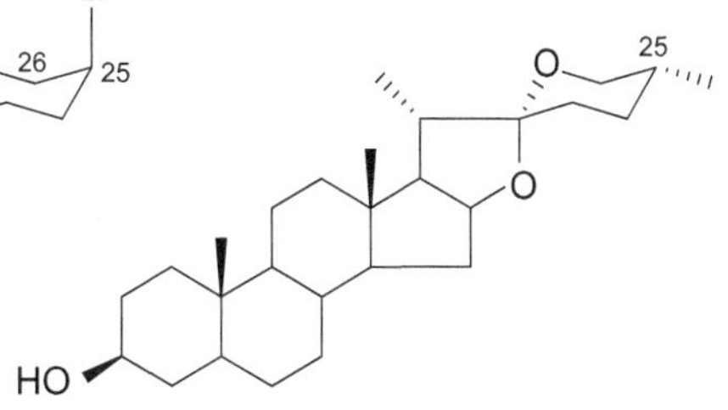　　　　　异螺甾烷醇

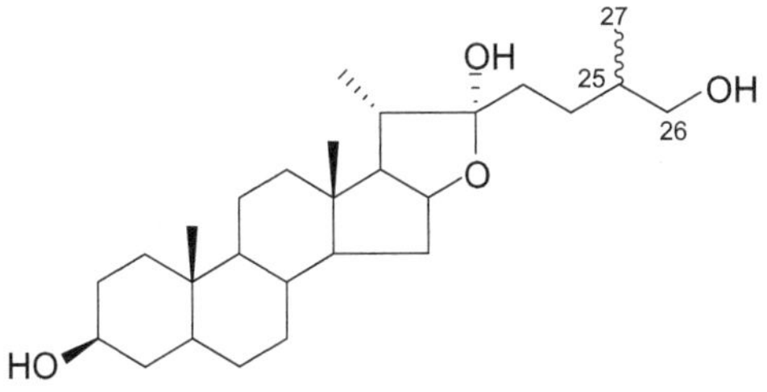

呋甾烷醇 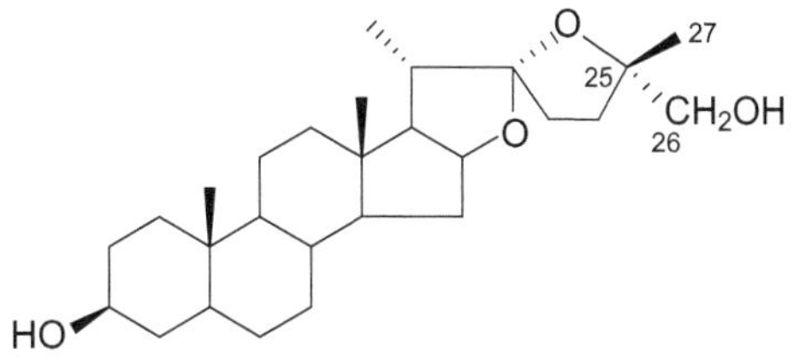　　　　　　　　变形螺甾烷醇

7.4.2　甾体皂苷的提取分离

甾体皂苷类化合物由于连有糖基，一般有较强的极性，易溶于水、甲醇、乙醇等极性溶剂，不易溶于氯仿、乙醚等非极性溶剂。目前实际生产提取富集甾体皂苷类化合物采用的仍主要是煎煮、回流提取，联合超滤技术或大孔吸附树脂等措施纯化。近年来，随着反相以及中高压色谱的普遍使用，甾体皂苷提取分离技术取得了很大的进步，这些进展促进了皂苷结构、药理、药效等方面的研究。

7.4.3　甾体苷元的结构解析

甾体皂苷经水解后得到甾体皂苷元和糖基两部分，可分别进行解析，本节主要介绍甾体皂苷元的结构解析。

1. 紫外光谱

饱和的甾体皂苷元在 200～400 nm 间无吸收，但与浓硫酸作用后，可在 270～275 nm 产生明显的吸收峰，可用于甾体皂苷元的定性、定量测定。如果结构中引入孤立双键、羰基、α,β-不饱和酮基或共轭双键，则可产生吸收，含孤立双键苷元在 205～225 nm 有吸收（lg ε 2.95 左右）；含羰基的苷元在 285 nm 有一弱吸收（lg ε 2.70）；具有 α,β-不饱和酮基的在 240 nm 有特征吸收（lg ε 4.04）；共轭双键系统在 235 nm 有吸收。例如，α,β-不饱和酮基的部分结构（Ⅰ），在 239 nm 处应有吸收；$\Delta^{14,16}$-二烯-20-酮的部分结构（Ⅱ），在 307～309 nm 之间应有典型吸收，可用于判断 C14 位是否有羟基存在（柯以侃 等，2016）。

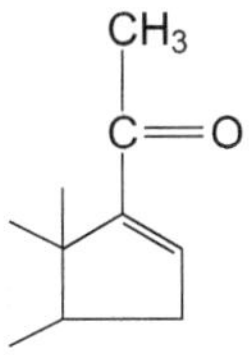

（Ⅰ）239 nm 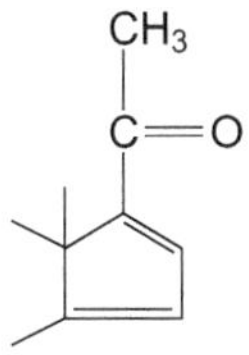　　　（Ⅱ）307～309 nm

2. 红外光谱

甾体皂苷元含有螺缩酮结构，红外光谱中几乎都能显示出 980 cm^{-1}（A）、920 cm^{-1}（B）、900 cm^{-1}（C）、860 cm^{-1}（D）附近的四个特征谱带，且 A 带最强。在 25S 构型皂苷或皂苷元中，吸收峰强度 B 带＞C 带；在 25R 构型皂苷或皂苷元中，吸收峰强度 B 带＜C 带，据此可区别 C25 位两种立体异构体。若是 $\Delta^{25(27)}$-衍生物，在 920 cm^{-1} 附近有强吸收，也有由于 $\diagdown$C$=$CH$_2$ 引起的 1658 cm^{-1} 和 878 cm^{-1} 的吸收峰；若 C25 位有羟基取代的皂苷元，除保留 25S-苷元中 B 带吸收和 25R-苷元中 C 带吸收外，A 带都很弱；若 C25 位有羟甲基取代，红外光谱变化较大，无法用上述四条谱带来讨论 C25 位的立体化学，其特点是 25S 构型在 995 cm^{-1} 显示强吸收，25R 构型在 1010 cm^{-1} 附近有强吸收。F 环开裂后则无这种螺缩酮结构的特征吸收。

甾体皂苷元的羟基伸缩振动频率在 3625 cm^{-1}，弯曲振动频率在 1080～1030 cm^{-1}。C11 位或 C12 位上若有羰基，则在 1750～1705 cm^{-1} 处有一个吸收峰，且 C11 位羰基比 C12 位羰基的频率稍偏高；如果 C12 位羰基成为 α,β-不饱和酮的共轭体系，则在 1605～1600 cm^{-1}（双键）和 1697～1673 cm^{-1}（羰基）处各有一个吸收峰（柯以侃 等，2016）。

3. 质谱

甾体皂苷元由于分子中有 F 环螺甾烷侧链，在质谱中均出现很强的 m/z 139 的基峰、中等强度的 m/z 115 碎片离子峰及一个弱的 m/z 126 辅助离子峰。若 C25 或 C27 位有羟基取代，这三个峰均发生位移，上移 16 变为 m/z 155、m/z 131、m/z 142；若 C25 或 C27 位有双键取代，这三个峰均发生位移，下移 2 变为 m/z 137、m/z 113、m/z 124；C23 位有羟基取代的皂苷元，其 m/z 139 基峰消失，也没有位移；C17 位有 α-OH 取代时，m/z 139 峰强减弱，而 m/z 126 成为基峰，并出现 m/z 155（72%）、m/z 153（33%）两个峰。利用上述质谱特征峰，可对甾体皂苷元的结构、取代基的性质、数目和大致位置进行判断（陈焕文，2016）。

m/z 139 m/z 115 m/z 126

4. 核磁共振氢谱

甾体皂苷元在高场区有 4 个甲基的特征峰：其中 18-CH$_3$ 和 19-CH$_3$ 为角甲基，均为单峰，且前者处于较高场；21-CH$_3$ 和 27-CH$_3$ 因邻位氢偶合，均为双峰，后者处于较高场，容易辨认；如果 C25 有羟基取代，则 27-CH$_3$ 成为单峰，并向低场位移。C16 和 C26 上的氢是与氧同碳的质子，处于较低场，亦比较容易辨认。而其他各碳原子上的氢的化学位移相近，彼此重叠，难于辨识。

鉴别甾体皂苷元的两种 C25 异构体可根据：①27-CH$_3$ 的化学位移值，即 27-CH$_3$ 为 α 取向（平伏键 e，25R 构型）时的化学位移值（δ 约 0.70），比 β 取向（直立键 a，25S 构型，δ 约 1.10）处于较高场；②在 25R-异构体中，26-CH$_2$ 两个氢的化学位移相似，在 25S-异构体中，26-CH$_2$ 两个氢的化学位移差别较大（秦海林 等，2016）。

5. 核磁共振碳谱

与信号重叠十分严重的甾体皂苷元的 ^{1}H-NMR 谱相比，甾体皂苷元分子中的 27 个碳的峰在 ^{13}C-NMR 谱中可得到很好的辨认。例如，18-CH$_3$、19-CH$_3$、21-CH$_3$、27-CH$_3$ 的化学

位移值均低于 $\delta\,20$，但当 A/B 环为顺式连接时（即 5β-H），19-CH$_3$ 将向低场位移至 $\delta\,23$，同时 C1～C9 都不同程度地向高场位移；碳原子上有羟基取代，化学位移将向低场位移至 $\delta\,40～50$，若羟基与糖结合成苷，则发生苷化位移，再向低场位移至 $\delta\,6～10$；C16 因连接氧，一般在 $\delta\,80$ 左右，C22 位连氧碳则在 $\delta\,109$ 左右，这两个碳在图谱中都易于找到；碳原子形成双键后，将向低场位移至 $\delta\,115～150$ 范围内；碳原子形成羰基后，将向低场位移至 $\delta\,200$ 左右。迄今已有许多甾体皂苷元及甾体皂苷 ^{13}C-NMR 数据报道（Agrawal et al.，1985），在获得一种甾体皂苷后，通过与文献已知类似物数据进行比较，可推知甾体皂苷元的骨架结构、取代基类型和位置。

7.4.4 甾体皂苷结构鉴定实例

化合物 I 是从常用中药蒺藜（*Tribulus terrestris*）果实中分离得到的，呈无色粉末，熔点 273～275℃，香兰素-硫酸显色呈靛紫色，Liebermann-Burchard 反应和 Molish 反应均呈阳性，提示该化合物为甾体皂苷。电喷雾质谱 ESI$^+$ 的准分子离子峰 [M＋Na]$^+$ 为 939.7，ESI$^-$ 的准分子离子峰 [M－H]$^-$ 为 915.1，表明化合物分子量为 916，高分辨质谱进一步确定分子式为 $C_{45}H_{72}O_{19}$。ESI$^+$ 谱中 777.1 [M＋Na－162]$^+$ 和 ESI$^-$ 谱中的 753.1 [M－H－162]$^-$ 为准分子离子峰失去 162 质量单位糖的碎片；ESI$^+$ 谱 615.1 [M＋Na－162－162]$^+$ 和 ESI$^-$ 谱中的 591.3 [M－H－162－162]$^-$ 为准分子离子峰失去 2 个 162 质量单位糖的碎片。红外光谱 3431 cm^{-1}（OH）、1706 cm^{-1}（C＝O）、1072 cm^{-1}（—O—）、983 cm^{-1}、921 cm^{-1}、899 cm^{-1}、867 cm^{-1} 推测化合物具有螺缩酮结构。^{13}C-NMR 谱中的 δ_{C22} 109.2、δ_{C23} 26.3 和 δ_{C27} 16.2 推测该化合物为 25β-螺甾皂苷；δ_{C12} 212.7 表明 C12 为羰基，化合物 I 的苷元部分各碳的化学位移与新海柯皂苷元（II）（Li et al.，1990）比较，δ_{C3} 向低场位移 6.7，C4 向高场位移 3.7，推断在 C3 位有糖链连接，除 δ_{C3} 和 δ_{C4} 因成苷键的影响分别向低场和高场位移外，与新海柯皂苷元（II）的各碳化学位移基本一致（表 7-5），确定 I 的苷元为新海柯皂苷元。新海柯皂苷元分子量为 430，推测 I 存在 3 个 162 质量单位的糖。^{13}C-NMR 谱中 δ_C 106.9、105.2 和 102.4 的信号被认定为 3 个糖的端基碳原子，I 经酸水解。纸色谱可检出 D-葡萄糖和 D-半乳糖，I 的 ^{1}H-NMR 的质子信号 δ_H 5.14（1H，d，$J=7.2$ Hz），5.22（1H，d，$J=7.5$ Hz），4.87（1H，d，$J=7.5$ Hz）是 3 个糖的端基质子信号，从 3 个糖的端基质子的偶合常数表明它们均是 β 构型。

表 7-5 化合物 I 的 ^{13}C-NMR 数据（100 MHz，C_5D_5N）

C 的位置	δ_I	δ_{II}	C 的位置	δ_I
1	36.6	36.6	gal	
2	29.9	31.2	1′	102.4
3	77.6	70.9	2′	73.4
4	34.2	37.9	3′	75.6
5	44.4	44.7	4′	81.0
6	28.5	28.3	5′	75.1
7′	31.7	31.3	6′	60.4
8	34.6	34.5	gal	
9	55.3	55.7	1″	106.9
10	36.2	36.2	2″	86.1

C 的位置	δ_I	δ_{II}	C 的位置	δ_I
11	37.9	38.0	3″	77.0
12	212.7	211.5	4″	70.3
13	55.4	55.2	5″	78.9
14	55.8	55.9	6″	61.6
15	31.6	31.6	gal	
16	79.1	79.4	1‴	105.2
17	53.5	53.5	2‴	76.7
18	16.0	16.1	3‴	78.9
19	12.0	12.0	4‴	71.8
20	42.2	42.8	5‴	78.2
21	13.2	13.1	6‴	63.2
22	109.2	109.7		
23	26.3	26.1		
24	26.1	25.8		
25	27.4	27.2		
26	66.9	65.2		
27	16.2	16.1		

　　I 的 HMBC 谱表明，glc(1) 的 $\delta_{1''H}$ 5.22 与 glc(2) 的 $\delta_{C2''}$ 86.1 有远程相关，glc(2) 的 $\delta_{1'H}$ 5.10 与 gal 的 $\delta_{C4'}$ 81.0 有远程相关，gal 的 $\delta_{1'H}$ 4.87 与苷元的 δ_{C3} 77.6 相关，证明 glc(1) 连在 glc(2) 的 C2 位，glc(2) 连在 gal 的 C4 位，gal 连在苷元的 C3 位，故确定 I 结构为新海柯皂苷元-3-O-β-D-吡喃葡糖基-(1→2)-β-D-吡喃葡糖基-(1→4)-β-D-吡喃半乳糖苷，I 为新甾体皂苷，命名为蒺藜皂苷 A（徐雅娟 等，2001）。

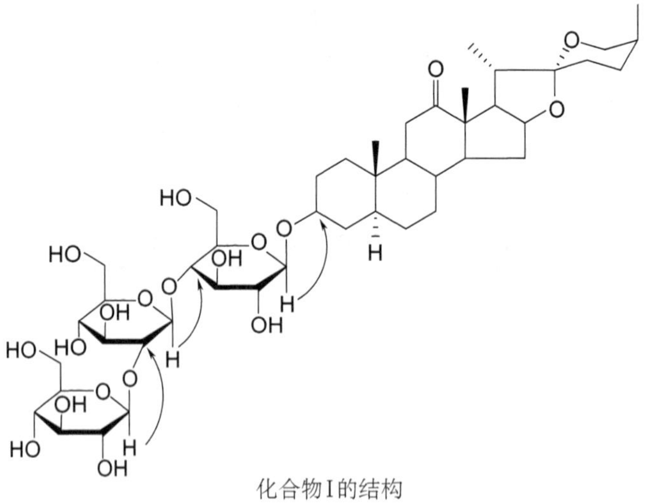

化合物I的结构

参　考　文　献

白晨，张翼，黄铮宇，等. 香菇中麦角甾醇生成维生素 D_2 的光化反应实验设计 [J]. 实验室研究与探索，2010，29（2）：16-19.

陈焕文. 分析化学手册.9A. 有机质谱分析 [M]. 第 3 版. 北京：化学工业出版社，2016.

崔建国，黄燕敏，甘春芳. 现代甾体化学 [M]. 北京：科学出版社，2014.

戴忠，姜红．甾体皂苷研究进展 [J]．中国药师，2003，6（10）：615-616．

郭瑞霞，李力更，王于方，等．天然药物化学史话：甾体化合物 [J]．中草药，2016，47（8）：1251-1264．

郝福玲，方访，凌铁军，等．夹竹桃叶化学成分的研究 [J]．安徽农业大学学报，2013，40（5）：795-801．

柯以侃，董慧茹．分析化学手册．3B．分子光谱分析 [M]．第 3 版．北京：化学工业出版社，2006．

李万林．植物甾醇的研究进展概述 [J]．饮料工业，2013（11）：51-54．

林吉文．甾体化学基础 [M]．北京：化学工业出版社，1989．

祁琴，石晋丽，闫兴丽，等．大孔吸附树脂分离富集分离葶苈子中总强心苷 [J]．中国中药杂志，2008（2）：25-28．

秦海林，于德泉．分析化学手册．7A．氢-1 核磁共振波谱分析 [M]．第 3 版．北京：化学工业出版社，2016．

谭仁祥．甾体化学 [M]．北京：化学工业出版社，2009．

王会敏，王正平，董旻岳．胆汁酸代谢与调控研究进展 [J]．国际消化病杂志，2010（2）：19-22．

温时媛，陈燕燕，李晓男，等．黄花夹竹桃叶中总强心苷的快速提取及含量测定研究 [J]．天津中医药，2017，34（1）：67-69．

徐雅娟，谢生旭，赵洪峰，等．蒺藜果中两种新甾体皂苷的分离和鉴定 [J]．药学学报，2001，36（10）：750-753．

姚韧辉．甾体类药物的研究现状与进展 [J]．科技风，2016（18）：260-261．

张裕卿，王东青．植物甾醇微生物转化制备甾体药物中间体的研究进展 [J]．微生物学通报 2006，33（2）：145-149．

左玉，冯丽霞，魏世芳．胆固醇的研究及应用 [J]．太原师范学院学报，2010（4）：109-112．

Agrawal P K，Jain D C，Gupta R K，et al. Carbon-13 NMR spectroscopy of steroidal sapogenins and steroidal saponins [J]. Phytochemistry，1985，24（11）：2479-2496.

Anderson K E. Bergdahl B. Bodem G，et al. Cardiac glycosides [M]. New York：Springer US. 2012.

Buckroyd J E. Cedilanid (lanatoside C) [J]. Australian Family Physician，1980，9（7）：527.

Li X C，Wang D Z，Yang C R. Steroidal saponins from *Chlorophytum malayense* [J]. Phytochemistry，1990，29（12）：3893-3898.

Morsy N. Aromatic and medicinal plants-back to nature. Chapter 2：cardiac glycosides in medicinal plants [M]．London：InTechOpen. 2017.

Rao R V. Vaidyanathan C S. Chemistry and biochemical pharmacology of cardiac glycosides-a review [J]. Journal of the Indian Institute of Science，2013，71：329-364.

Robien W，Kopp B，Schabl D，et al. Carbon-13 NMR spectroscopy of cardenolides and bufadienolides [J]. Progress in Nuclear Magnetic Resonance Spectroscopy，1987，19（2）：131-181.

Stoll A，Kreis W. Die genuinen glycoside der digitalis lanata，die digilanide A，B und C [J]. Helvetica Chimica Acta，2004，16（1）：1049-1098.

第8章 醌类化合物

8.1 概述

醌类化合物（quinones）是指分子内具有不饱和环二酮结构（醌式结构）或容易转变成具有醌式结构的天然有机化合物，主要分布于 50 科 100 多属的高等植物中，并较为集中地分布于蓼科（Polygonaceae）、紫草科（Boraginaceae）、茜草科（Rubiaceae）、紫葳科（Bignoniaceae）、胡桃科（Juglandaceae）、百合科等类群，在低等植物（藻类、菌类、地衣）和动物体内也偶有发现，尤其是在微生物和海洋生物中更为普遍（谭倪 等，2009）。醌类中存在不饱和酮结构，当其分子中连接助色团后（—OH、—OMe 等）多有颜色，故常作为动植物、微生物的天然色素而广泛存在于自然界中，同时也是一类重要的天然药物，是许多中药如大黄、何首乌、虎杖、决明子、芦荟、番泻叶、茜草等的有效成分。

由于不饱和环二酮结构与二酚类结构容易发生氧化还原反应而相互转变，因而作为生物体代谢物的某些醌类易于参加生物体内一些重要的氧化还原反应，在反应过程中起传递电子的作用，从而促进或干扰一些生化反应，表现出抗菌、抗病毒、抗氧化、抗肿瘤、泻下、解痉、凝血等多种生物活性。

醌类化合物根据结构特征，主要分为苯醌、萘醌、菲醌和蒽醌四种类型，在自然界中以蒽醌及其衍生物最为常见。

8.1.1 苯醌类

苯醌类（benzoquinones）化合物是具有醌型结构的最简单化合物，从结构上可分为对苯醌（*p*-benzoquinone）和邻苯醌（*o*-benzoquinone）两大类。邻苯醌结构不稳定，故天然存在的苯醌类多为对苯醌衍生物，醌核上多有—OH、—OCH$_3$，—CH$_3$ 或烃基侧链等取代基。

苯醌类化合物在高等植物和低等植物棕色海藻中均有分布。天然苯醌类化合物多为黄色或橙色的结晶体，如存在于中药凤眼草（*Ailanthus altissima*）的果实中的抗菌成分 2,6-二甲氧基对苯醌为黄色结晶；从白花酸藤果（*Embelia ribes*）的果实及矩叶酸藤果（*Embelia oblongifolia*）的果实中分离得到的驱绦虫有效成分信筒子醌（embelin）为橙红色的板状结晶，是带有高级烃基侧链的对苯醌衍生物。

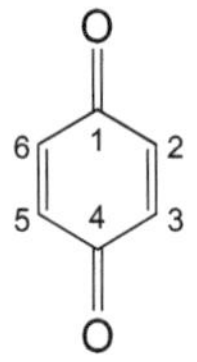

| 对苯醌 | 邻苯醌 | 2,6-二甲氧基苯醌 | 信筒子醌 |

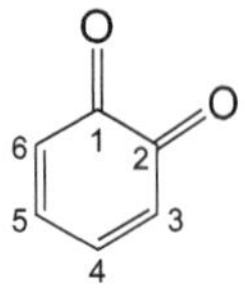

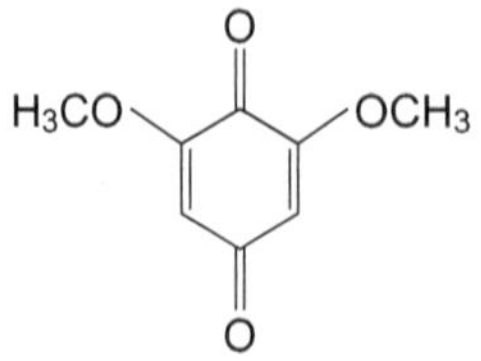

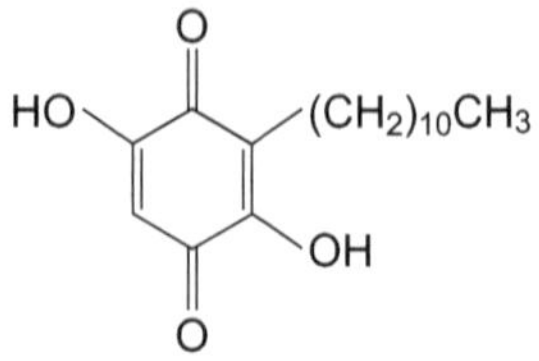

广泛存在于微生物、高等植物和动物中的泛醌类（ubiquinones）能参与生物体内的氧化还原过程，是生物氧化反应的一类辅酶，称为辅酶 Q 类（coenzymes Q），其中辅酶 Q_{10}（$n=10$）已用于治疗心脏病、高血压及癌症。近年从中国南海一种海绵 *Dysidea arenaria* 中分离得到了对前列腺素 PGE$_2$ 生物合成具有抑制作用的对苯醌和倍半萜聚合而成的 C_{21} 混源萜类新骨架化合物 dysiarenone（Jiao et al.，2018）。

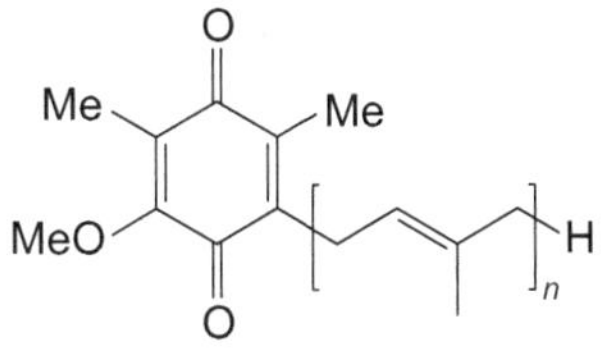

辅酶Q_{10}($n=10$) 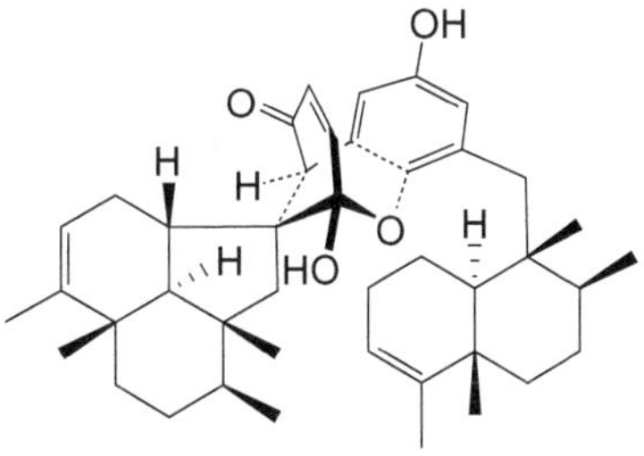　　　　　　　　　dysiarenone

8.1.2　萘醌类

　　萘醌类（naphthoquinones）从结构上考虑可以分为 α-1,4、β-1,2 及 *amphi*-2,6 三种类型，但至今实际上从自然界得到的绝大多数为 α-萘醌类，多为橙黄色或橙红色结晶，个别为紫色结晶。

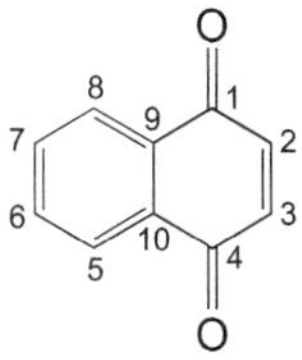

α-1,4-萘醌 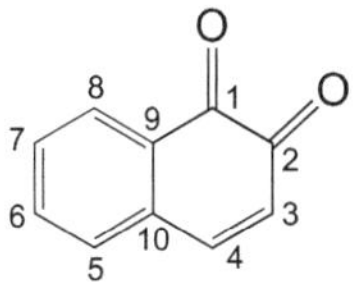　　　　　　β-1,2-萘醌 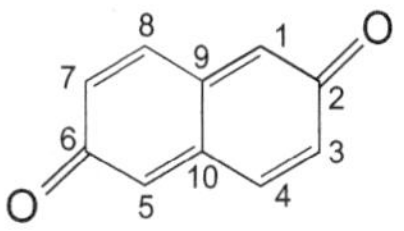　　　　　　*amphi*-2,6-萘醌

　　萘醌大致分布在 20 余科的高等植物中，含量较高的有紫草科、柿科、蓝雪科、紫葳科等，在低等植物地衣类、藻类中也有分布。许多萘醌类化合物具有显著的生物活性，如胡桃叶及其未成熟的果实中均含有胡桃醌（juglone），为橙色针状结晶，具有抗菌、抗癌及中枢神经镇静作用；从中药紫草及软紫草中分得的一系列紫草素（shikonin）及异紫草素（alkanin）类衍生物具有止血、抗炎、抗菌、抗病毒及抗癌作用，为中药紫草中的主要有效成分。维生素 K 类化合物，具有促进血液凝固作用，可用于新生儿出血、肝硬化及闭塞性黄疸出血等症，如维生素 K_1 及维生素 K_2 类。

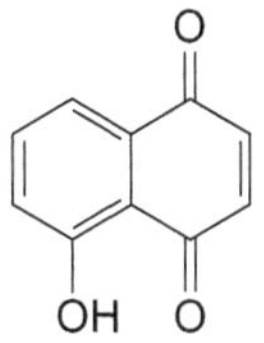

胡桃醌 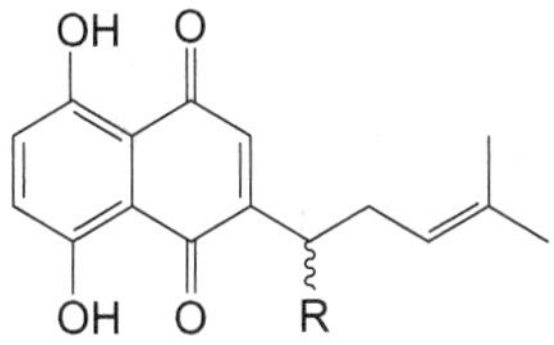　　　　　紫草素　R= ┈H　　　维生素K_1　R=
　　　　　　　　异紫草素　R= ━H

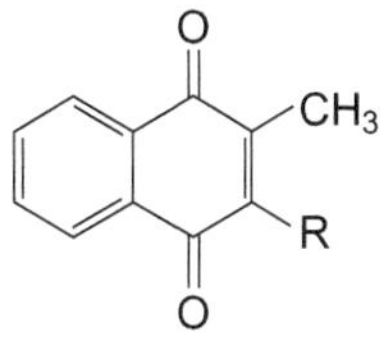

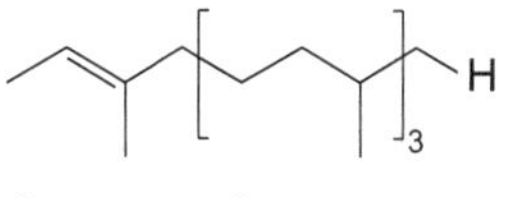

维生素K_2类　R=

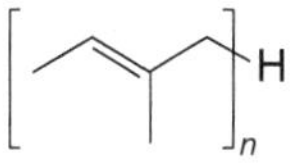

　　从中药茜草（*Rubia cordifolia*）中提取分离出了 2 个细胞毒性的萘醌二聚体 rubialatin A 和 rubialatin B（Zhao et al.，2014）。从子囊菌纲和半知菌类某些真菌中提取分离出了一类聚合的

二萘酮化合物，也称苝醌类化合物，例如，由竹红菌（*Hypocrella bambusae*）中分离鉴定的化合物竹红菌甲素（hypocrellin A）具有显著的光敏、抗菌和抗寄生虫活性（Hirayama et al.，1997；Ma et al.，2004）。而从柿属植物厚瓣乌木（*Diospyros crassiflora*）的茎皮中分离鉴定的化合物 crassiflorone，是一种与香豆素聚合的萘醌类化合物（Tangmouo et al.，2006）。

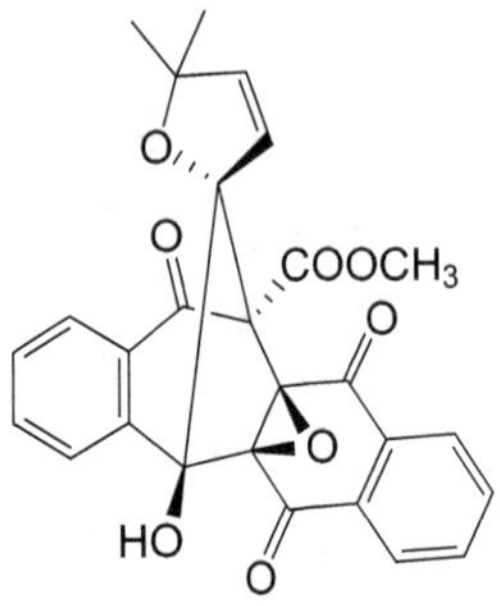

rubialatin A

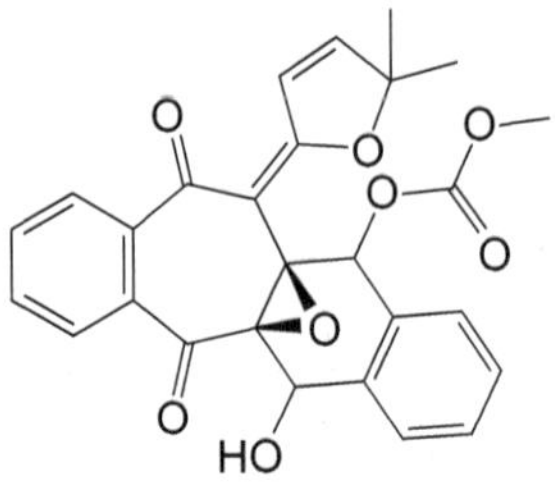

rubialatin B

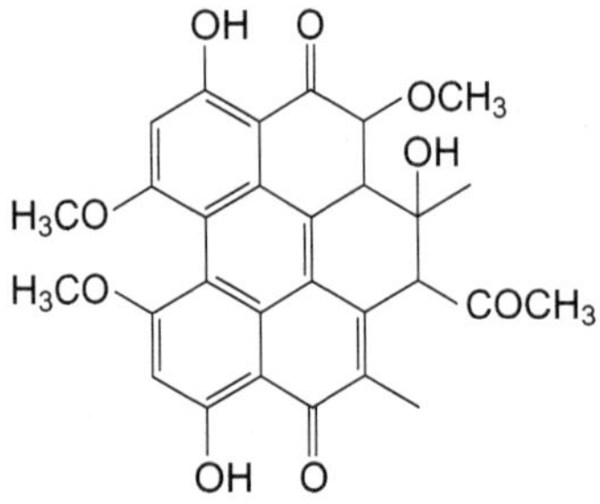

竹红菌甲素

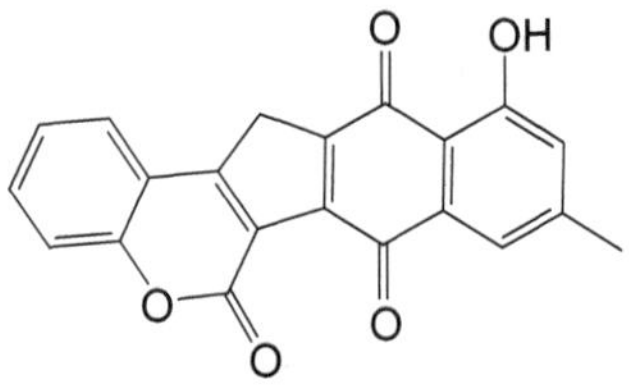

crassiflorone

8.1.3 菲醌类

天然的菲醌类（phenanthraquinones）衍生物包括邻菲醌和对菲醌两种类型。其中，邻菲醌有 I 和 II 两种结构。

邻菲醌（I）

邻菲醌（II）

对菲醌

菲醌类主要分布在唇形科、兰科、豆科、番荔枝科、使君子科、蓼科、杉科等高等植物中，在地衣中也可分离得到。例如，从著名中药丹参（*Salvia miltiorrhiza*）根中提取得到的多种菲醌衍生物，均属于邻菲醌类和对菲醌类化合物。丹参醌类成分具有抗菌及扩张冠状动脉的作用，由丹参醌 IIA 制得的丹参醌 IIA 磺酸钠注射液可增加冠脉流量，临床上治疗冠心病、心肌梗死有效。

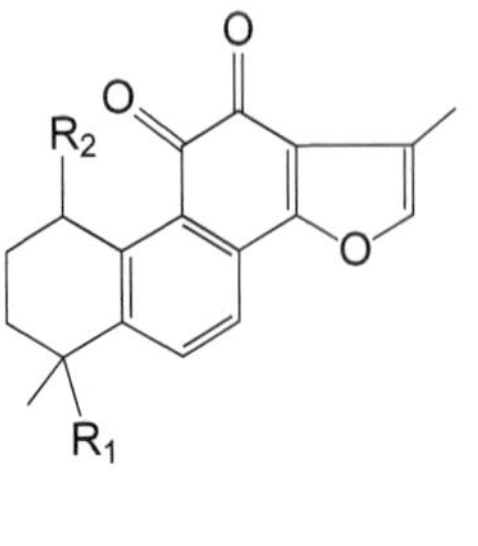

丹参醌IIA	R₁=CH₃	R₂=H
丹参醌IIB	R₁=CH₂OH	R₂=H
羟基丹参醌IIA	R₁=CH₃	R₂=OH
丹参酸甲酯	R₁=COOCH₃	R₂=H

8.1.4 蒽醌类

天然蒽醌类（anthraquinones）以 9,10-蒽醌最为常见，结构中 1,4,5,8 位称 α 位；2,3,6,7 位称 β 位；9,10 位称 *meso* 位。蒽醌的母核上常有不同数目的羟基取代，其中以二元羟基蒽醌为多，在 β 位多有—CH_3、—CH_2OH、—CHO、—COOH 等基团取代，个别蒽醌化合物还有两个以上碳原子的侧链取代（王明明 等，2019）。

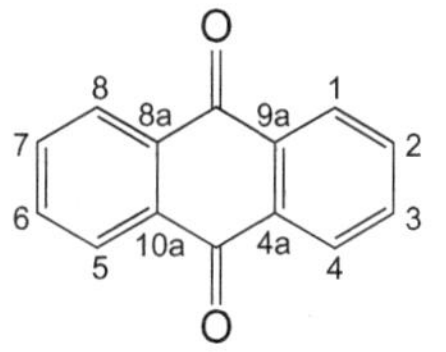

蒽醌基本母核
1, 4, 5, 8 位为 α 位
2, 3, 6, 7 位为 β 位
9, 10 位为 *meso* 位

蒽醌类化合物包括蒽醌衍生物及其不同程度的还原产物，如氧化蒽酚、蒽酚、蒽酮及蒽酮的二聚体等，以游离苷元及糖苷两种形式存在于植物体内。

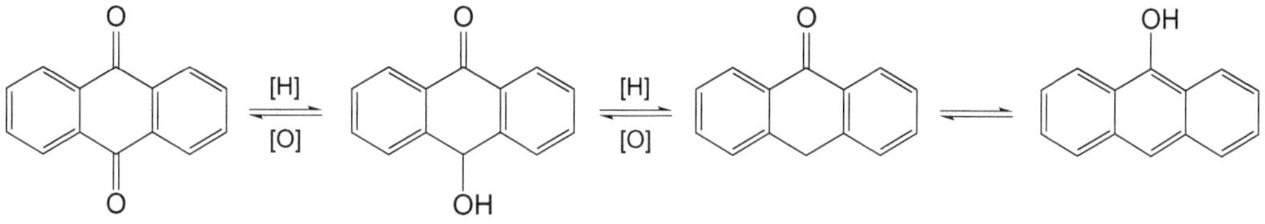

蒽醌　　　　　　氧化蒽酚　　　　　　蒽酮　　　　　　蒽酚

蒽醌类化合物大致分布在 30 余科的高等植物中，含量较多的有蓼科、鼠李科、茜草科、豆科、百合科、玄参科等，在地衣类和真菌中也有发现。

1. 蒽醌衍生物

根据羟基的蒽醌母核上的位置，可将羟基蒽醌衍生物分为两类。

（1）大黄素型

羟基分布在两侧的苯环上，多数化合物呈黄色。许多重要的中药如大黄、决明子等含有泻下作用的 1,8-二羟基蒽醌衍生物均属于这一类型（王亦君 等，2018）。

大黄酚	$R_1=CH_3$	$R_2=H$
大黄素	$R_1=CH_3$	$R_2=OH$
大黄素甲醚	$R_1=CH_3$	$R_2=OCH_3$
芦荟大黄素	$R_1=H$	$R_2=CH_2OH$
大黄酸	$R_1=H$	$R_2=COOH$

羟基蒽醌衍生物多与葡萄糖、鼠李糖结合成苷类而存在，多数为单糖苷和双糖苷。

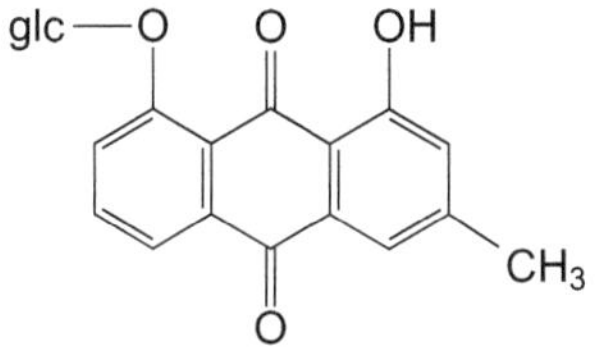

大黄酚-8-*O*-β-D-葡萄糖苷 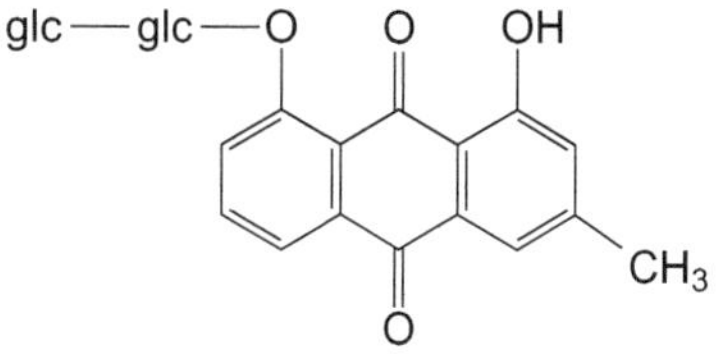　　　　　　大黄酚-8-*O*-β-D-龙胆双糖苷

（2）茜草素型

羟基分布在一侧的苯环上，化合物颜色较深，多为橙黄色至橙红色。例如，中药茜草中的茜草素（alizarrin）及其苷类化合物即属此型，它们不仅具有消炎抗菌等作用，还是重要的天然染料（谢红 等，2006）。

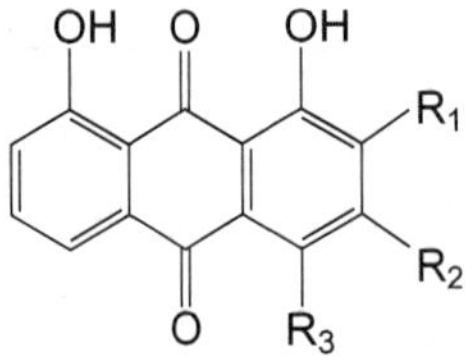

茜草素	R₁=OH	R₂=H	R₃=H

茜草素　　　　R₁=OH　　R₂=H　　　　R₃=H
羟基茜草素　　R₁=OH　　R₂=H　　　　R₃=OH
伪羟基茜草素　R₁=OH　　R₂=COOH　R₃=OH

茜草中除含有游离蒽醌苷元外，还含有木糖和葡萄糖的蒽醌苷类化合物，已分离得到的有单糖苷和双糖苷。

2. 蒽酚（或蒽酮）衍生物

蒽醌在酸性条件下被还原，生成蒽酚及其互变异构体蒽酮，蒽酚及蒽酮类一般只存在于新鲜植物中，存放期间易被氧化，生成蒽醌类成分，而不再能被检出。羟基蒽酚类对霉菌有较强的杀灭作用，是治疗皮肤病有效的外用药，如柯桠素（chrysarobin）治疗疥癣等症，效果较好。

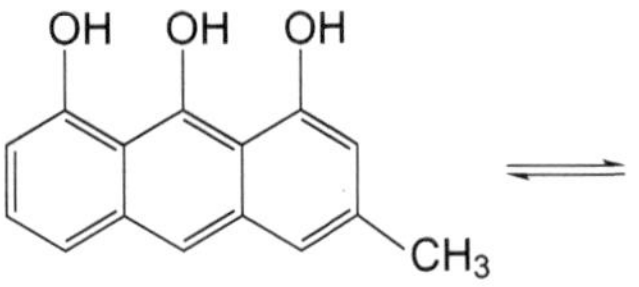

柯桠素 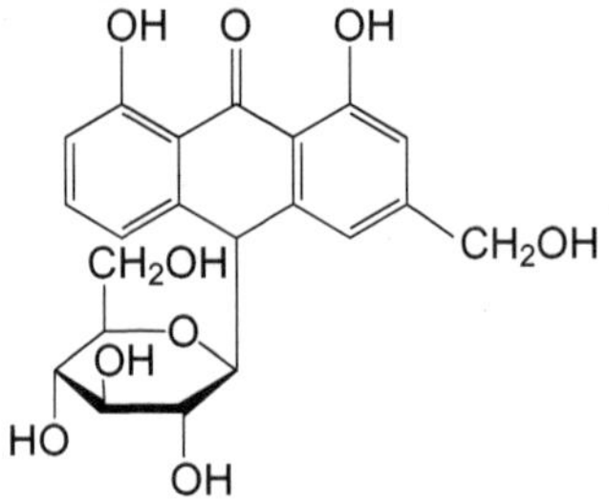　　　　　　　　　　　芦荟苷

蒽酚类衍生物也以游离苷元和结合成苷两种形式存在。*meso* 位上的羟基与糖结合的苷，其性质比较稳定，只有经过水解除去糖以后才易被氧化。例如，芦荟中的芦荟苷，是蒽酚苷类化合物。

3. 二蒽酮类衍生物

二蒽酮类成分可以看成是两分子的蒽酮脱去一分子氢相互结合而成的化合物，又分为中位连接 C10—C10′和 α 位（C1—C1′或 C4—C4′）连接，这类物质多为黄色结晶，以苷的形式存在。例如大黄及番泻叶中致泻的主要成分番泻苷 A、B、C、D 等皆为二蒽酮类衍生物。

番泻苷 A（sennoside A）是黄色片状结晶，被酸水解后生成两分子葡萄糖和一分子番泻苷元 A（sennidin A）。番泻苷元 A 是两分子的大黄酸蒽酮通过 C10—C10′相互结合而成的二蒽酮类衍生物，其 C10—C10′为反式连接。番泻苷 B（sennoside B）水解后生成番泻苷元 B（sennidin B），其 C10—C10′为顺式连接，是番泻苷元 A 的异构体。番泻苷 C（sennoside C）是一分子大黄酸蒽酮与一分子芦荟大黄素蒽酮通过 C10—C10′反式连接而形成的二蒽酮二葡萄糖苷。番泻苷 D（sennoside D）为番泻苷 C 的异构体，其 C10—C10′为顺式连接（张立，2014）。

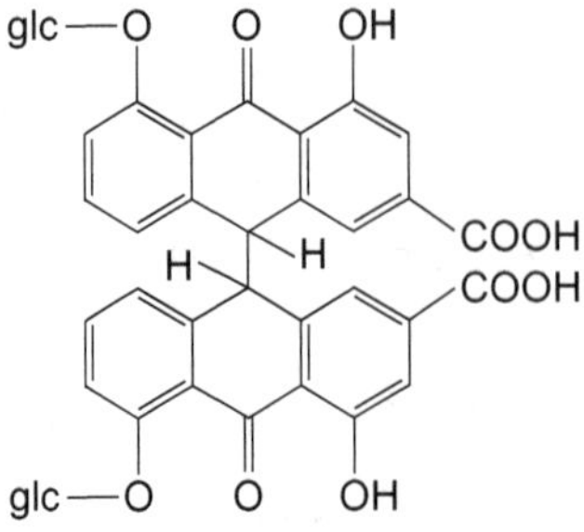

番泻苷A 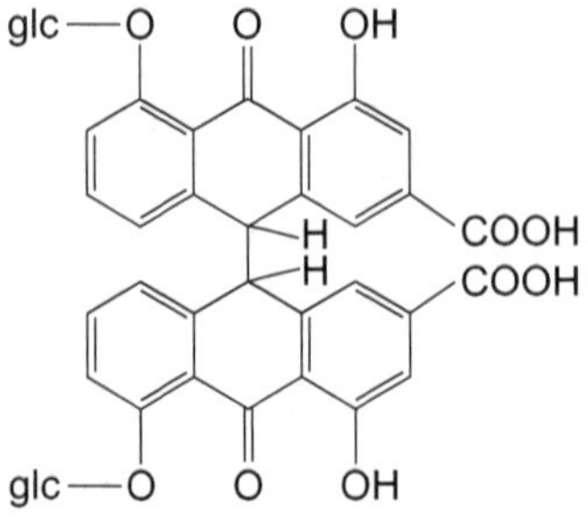　　　　　　　　　　番泻苷B

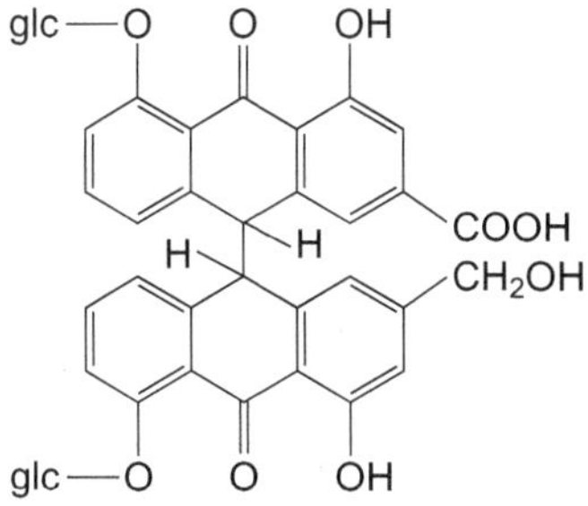

番泻苷C

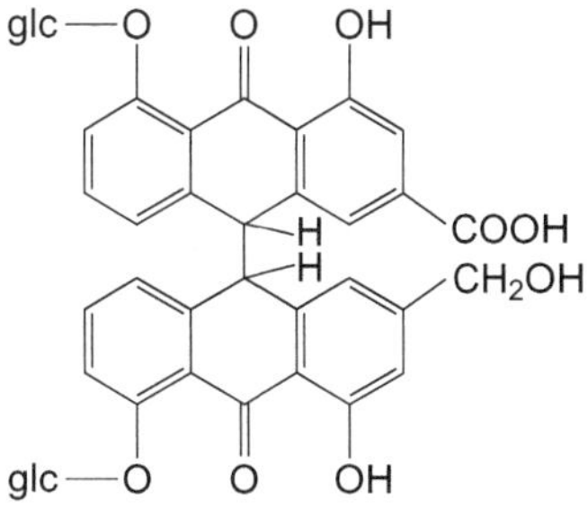

番泻苷D

二蒽酮类化合物的C10—C10′键与通常C—C键不同，易于断裂，生成稳定的蒽酮类化合物。例如，番泻苷 A 的致泻作用是由其在肠内变为大黄酸蒽酮所致。

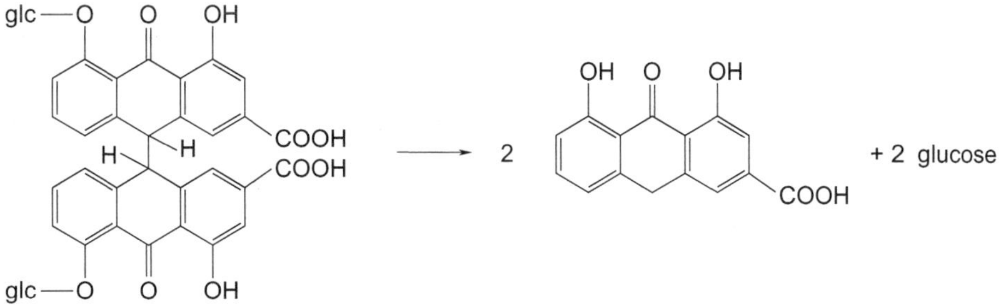

番泻苷A   大黄酸蒽酮

二蒽酮衍生物除 C10—C10′的结合方式外，尚有其他形式。例如，金丝桃素（hypericin）为萘并二蒽酮衍生物，存在于金丝桃属某些植物中，具有抑制中枢神经及抗病毒的作用，近年研究发现金丝桃素具有抗 HIV 病毒活性的作用。

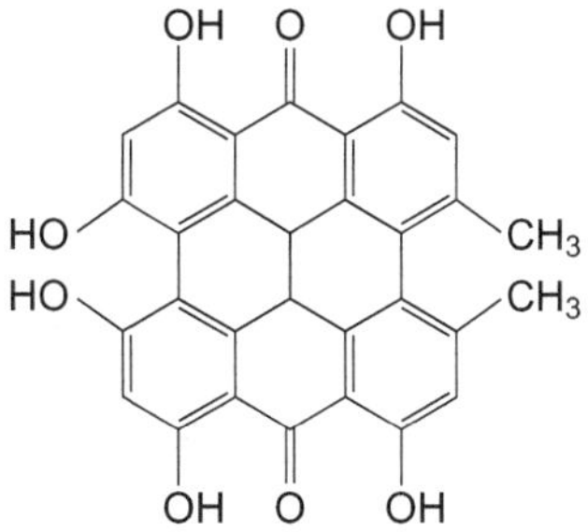

金丝桃素

8.2 醌类化合物的性质

8.2.1 一般性质

醌类化合物的母核上如果没有酚羟基取代，基本上无色，但天然存在的醌类成分因分子中多有酚羟基等助色团的引入，故表现为黄色至橙色晶体。苯醌和萘醌多以游离态存在，一般都有良好的晶形，蒽醌一般结合成苷存在于植物体中，多数为无定形粉末。

游离醌类苷元极性较小，一般溶于乙醇、乙醚、苯、氯仿等有机溶剂，基本上不溶于水；与糖结合成苷后极性显著增大，易溶于甲醇、乙醇中，在热水中也可溶解，但在冷水中溶解度大大降低，几乎不溶于苯、乙醚、氯仿等极性较小的有机溶剂。游离的醌类化合物一般具有升华性，小分子的醌类及萘醌类还具有挥发性，能随水蒸气蒸出，可据此进行分离和纯化工作。

8.2.2 酸性

醌类化合物具有酚羟基，故具有一定的酸性。在碱性水溶液中成盐溶解，加酸酸化后游离又可重新沉淀析出，此即为碱溶酸沉法。

醌类化合物因分子中是否存在羧基以及酚羟基的数目和位置不同，酸性强弱表现出显著差异。酸性强弱按顺序排列为：含—COOH>含2个以上 β-OH>含1个 β-OH>含2个以上 α-OH>含1个 α-OH。根据醌类酸性强弱的差别，可用 pH 梯度萃取法，从有机溶剂中依次用 5％NaHCO₃、5％Na₂CO₃、1％NaOH 及 5％NaOH 水溶液进行萃取，从而达到分离的目的。

8.2.3 显色反应

醌类的颜色反应主要取决于其氧化还原性质以及分子中的酚羟基性质，常见的显色反应如表 8-1 所示。

表 8-1　醌类常见的显色反应

名称	试剂	醌类及反应结果
Feigl 反应	取受试物的水或苯溶液 1 滴，加入 25％Na₂CO₃ 水溶液、4％HCHO 及 5％邻二硝基苯的苯溶液各 1 滴，混合后置水浴上加热 1~4 min	所有醌类均可在碱性条件下经加热迅速与醛类及邻二硝基苯反应，生成紫色化合物，反应过程中醌类只起到电子传递的作用
无色亚甲蓝显色	取 100 mg 亚甲蓝溶于 100 mL 乙醇中。加入 1 mL 冰醋酸及 1 g 锌粉，缓缓振摇直至蓝色消失，即可备用于 PPC 和 TLC 作为喷雾剂	苯醌类及萘醌类试样因醌核上有活泼质子，在白色背景上观察到蓝色斑点出现；蒽醌类物质无活泼质子，不显色
Bornträger's 反应	取中草药粉末约 0.1 g，加 10％硫酸水溶液 5 mL，置水浴上加热 2~10 min，冷却后加 2 mL 乙醚振摇，静置后分取醚层溶液，加入 1 mL 5％氢氧化钠水溶液，振摇	羟基蒽醌在碱性溶液中发生颜色变化，多呈橙色、红色、紫红色及蓝色。醚层由黄色褪为无色，而水层显红色。该反应是检识提取物中羟基蒽醌类成分存在的最常用的方法之一
活性次甲基试剂反应（Kesting-Craven 法）	在氨碱性条件下与一些含有活性次甲基试剂（如乙酰醋酸酯、丙二酸酯、丙二腈等）的醇溶液反应	苯醌及萘醌类当其醌环上有未被取代的位置时，显蓝绿色或蓝紫色，蒽醌类不显色
与金属离子的反应	将羟基蒽醌衍生物的醇溶液滴在滤纸上，干燥后喷以 0.5％的醋酸镁甲醇溶液，于 90℃加热 5 min 即可显色	蒽醌类结构中有 α-酚羟基、邻二酚羟基，可与金属离子形成络合物，可用于羟基取代位置的鉴别：1 个 α-OH 和 1 个 β-OH 不同环时，显橙黄色→黄色；1 个 α-OH 和 1 个 β-OH 处于邻位时，显蓝色→蓝紫色；1 个 α-OH 和 1 个 β-OH 处于间位时，显橙红色→红色；1 个 α-OH 和另 1 个 α-OH 处于对位时，显紫红色→紫色

8.3　醌类化合物的提取与分离

醌类化合物结构不同，其物理性质和化学性质相差较大，以游离苷元和与糖结合成苷两种形式存在于植物体中，特别是在极性及溶解度方面差别很大，没有通用的提取分离方法，但以下规律可供参考。

8.3.1 醌类化合物的提取

1. 有机溶剂提取法

一般游离醌类的极性较小，故苷元可用极性较小的有机溶剂提取，将药材用氯仿、苯等有机溶剂进行提取，提取液再进行浓缩，有时在浓缩过程中即可析出结晶。蒽醌苷类一般选用乙醇或甲醇溶剂，此时亦可同时提出游离醌类，故回收溶剂后可得到总醌。

2. 碱提酸沉法

本法用于提取含酸性基团如羧基、游离酚羟基的醌类化合物。酸性基团与碱成盐而溶于碱水溶液中，酸化后酸性基团被游离而沉淀析出。

3. 水蒸气蒸馏法

本法适用于分子量小的苯醌及萘醌类化合物的提取。

4. 其他方法

近年来超临界流体萃取法和超声波提取法在醌类成分提取中也有应用，既提高了提出率，又避免醌类成分的分解。

8.3.2 醌类化合物的分离

1. 游离羟基蒽醌的分离

采用上述几种方法提取的游离醌类化合物，常常是多种性质相近的醌类混合物。蒽醌是醌类化合物中最主要的结构类型，分离游离羟基蒽醌的方法主要包括 pH 梯度萃取法和色谱法。

(1) pH 梯度萃取法

此方法是分离含游离羧基、酚羟基蒽醌类化合物的经典方法，根据酸性强弱进行分离。具体操作方法是将药材粗粉提取物溶于氯仿、乙醚、苯等有机溶剂中，依次用 5％NaHCO$_3$（得到含—COOH 和含 2 个以上 β-OH 的蒽醌成分）、5％Na$_2$CO$_3$（得到含 1 个 β-OH 的羟基蒽醌成分）、1％NaOH（得到含 2 个 α-OH 的羟基蒽醌成分）及 5％NaOH 水溶液（得到含 1 个 α-OH 的羟基蒽醌成分）进行萃取，从而达到使酸性强弱不同的羟基蒽醌类化合物得到分离的目的（徐艳 等，2007）。

(2) 色谱法

该法是系统分离羟基蒽醌类化合物的最有效手段，当药材中含有一系列结构相近的蒽醌衍生物时，必须经过柱色谱或制备薄层色谱才能得到彻底分离（王丽丽 等，1993）。游离羟基蒽醌衍生物多采用吸附柱色谱，羟基蒽醌能与氧化铝发生化学吸附形成牢固的络合物而难以洗脱，故一般选用硅胶和聚酰胺为吸附剂。

2. 蒽醌苷类与游离蒽醌苷元的分离

蒽醌苷类与游离蒽醌苷元的极性差别较大，故在有机溶剂中的溶解度不同。如苷类在氯仿中不溶，而苷元则溶于氯仿，可据此进行分离。具体操作方法：将含有蒽醌衍生物的乙醇提取物，在氯仿-水或乙醚-水之间进行反复萃取，此时游离蒽醌苷元将转入有机溶剂层，再采用 pH 梯度萃取法和色谱法分离；而苷则留于水层中，乙酸乙酯或正丁醇萃取后，再采用葡聚糖凝胶反相色谱法分离。但值得注意的是，蒽醌类衍生物及其相应的苷类在植物体内多通过酚羟基或羧基结合成镁、钾、钠、钙盐形式存在，为充分提取出蒽醌类衍生物，必须预先加酸酸化使之全部游离后再进行提取。

3. 蒽醌苷类的分离

蒽醌苷类因其分子中含有糖，故极性较大，水溶性较强，分离较苷元困难，因此主要应用色谱方法进行分离。在进行色谱分离之前，往往采用溶剂法或铅盐法预先处理粗提物，除去大部分杂质，制得较纯的总苷后再进行精细分离。

蒽醌苷的精制常采用聚酰胺、硅胶、葡聚糖凝胶和反相柱色谱法。聚酰胺柱色谱法是分离羟基蒽醌苷类最有效的方法，原理为不同羟基蒽醌苷类成分因其羟基数目和位置不同、所带糖残基数量不同，与聚酰胺形成氢键的能力不同，因而吸附强度也不相同。应用葡聚糖凝胶柱色谱分离蒽醌苷类成分主要依据分子量大小不同，用 70％甲醇洗脱，依次可得到二蒽酮苷、蒽酮二葡萄糖苷和蒽醌单糖苷。对常规色谱法难以分离的化合物，可采用制备高效液相色谱、高速逆流色谱和毛细管电泳等方法进行有效分离。

4. 蒽醌类化合物提取与分离实例

大黄为蓼科植物掌叶大黄（*Rheum palmatum*）、唐古特大黄（*Rheum tanguticum*）及药用大黄（*Rheum officinale*）的干燥根及根茎，其中具有泻热通经等功效的主要成分为蒽醌类化合物，含量约为 3％～5％，大部分与葡萄糖结合成苷，游离苷元有大黄素、大黄酸、大黄酚、大黄素甲醚等。针对大黄含游离羧基、酚羟基蒽醌类化合物酸性强弱明显不同，采用 pH 梯度萃取法可达到分离的目的。其流程如图 8-1 所示（杨学东，2010）。

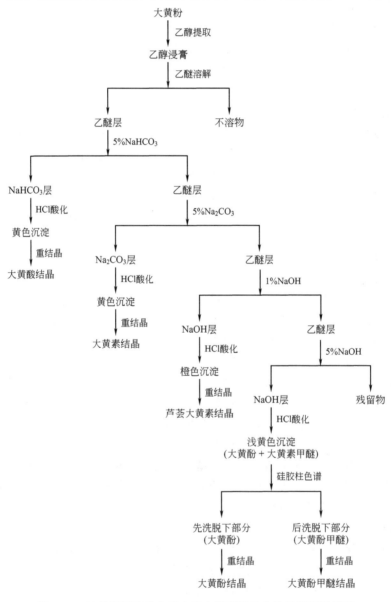

图 8-1 pH 梯度萃取法分离大黄中蒽醌类化合物的流程示意图

8.4 醌类化合物的结构鉴定

醌类化合物的结构鉴定一般先通过显色反应确定属于醌类成分，再根据醌类化合物因其特殊的结构而产生许多有规律的紫外、红外光谱学特征，判断醌类化合物的类型，最后结合核磁共振和质谱进行结构鉴定（陈焕文，2016；柯以侃 等，2016；杨峻山 等，2016；秦海林 等，2016）。

8.4.1 紫外光谱

醌类化合物由于存在较长的共轭体系在紫外区域均出现较强的紫外吸收。苯醌的主要吸收峰有三个：240 nm、285 nm、400 nm。萘醌主要有四个吸收峰：245 nm、251 nm、257 nm、335 nm。当分子中有—OH、—OMe 等助色团时，可引起分子中相应的吸收峰红移（郭珍，2006）。

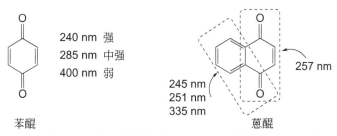

苯醌　　240 nm 强　　285 nm 中强　　400 nm 弱

蒽醌　　257 nm　　245 nm　　251 nm　　335 nm

蒽醌母核有四个吸收峰，分别由苯样结构（a）及醌样结构（b）引起，如下所示：

(a) 252 nm / 325 nm　　(b) 272 nm / 405 nm

羟基蒽醌衍生物的紫外吸收基本与上述蒽醌母核相似，且多数在 230 nm 附近还有一强吸收峰。羟基蒽醌类化合物的五个主要吸收谱带范围为：第 I 峰，230 nm 左右（由蒽醌母核引起，与酚羟基数目有关）；第 II 峰，240～260 nm［由苯样结构（a）引起］；第 III 峰，262～295 nm［由醌样结构（b）引起，与 β-酚羟基有关］；第 IV 峰，305～389 nm［由苯样结构（a）引起，与苯环上供电基取代有关］；第 V 峰，>400 nm［由醌样结构（b）中的 C=O引起，与酚羟基数目有关］。

8.4.2 红外光谱

醌类化合物的红外光谱的主要特征是羰基吸收峰以及双键和苯环的吸收峰。羟基蒽醌类化合物在红外区域有 $\nu_{C=O}$（1675～1653 cm^{-1}）、ν_{OH}（3600～3130 cm^{-1}）及 $\nu_{芳环}$（1600～1480 cm^{-1}）的吸收。其中 $\nu_{C=O}$ 吸收峰位与分子中 α-酚羟基的数目及位置之间有较强的规律性，对推测结构中 α-酚羟基的取代情况有重要的参考价值。

当 9,10-蒽醌母核上无取代基时，因两个 C=O 的化学环境相同，只出现一个 C=O 吸收峰，在石蜡糊中测定的峰位为 1675 cm^{-1}，较高波数区；当芳环引入一个 α-羟基时，因与一个 C═O 缔合，使其吸收显著降低，另一个未缔合 C═O 的吸收则变化较小，两峰相差 $24 \sim 38 \ cm^{-1}$；当两峰相差 $40 \sim 57 \ cm^{-1}$ 时，则认为是含 1,8-二羟基的蒽醌；当芳环引入约 4 个 α-羟基数目时，均只出现一个频率更低的缔合羰基峰，常与 C═C 的骨架振动峰相重叠而难以分辨（范积平 等，2005）。

8.4.3 核磁共振谱

1. 核磁共振氢谱

(1) 醌环上的质子

在醌类化合物中，只有苯醌及萘醌在醌环上有质子，在无取代时 δ_H 值分别为 6.72(s)(p-苯醌) 及 6.95(s)(1,4-萘醌)。醌环质子因取代基而引起的位移基本与顺式乙烯中的情况相似，无论 p-苯醌或 1,4-萘醌，当醌环上有一个供电子取代基时，将使醌环上其他质子移向高场，位移顺序在 1,4-萘醌中为：—OCH$_3$($\delta_{邻H}$ 6.17)＞—OH($\delta_{邻H}$ 6.37)＞—OCOCH$_3$($\delta_{邻H}$ 6.76)＞—CH$_3$($\delta_{邻H}$ 6.79)＞—H($\delta_{邻H}$ 6.95)。

(2) 芳环质子

在醌类化合物中，具有芳氢的只有萘醌（最多 4 个）及蒽醌（最多 8 个），可分为 α-H 及 β-H 两类。其中 α-H 因处于 C═O 的负屏蔽区，受影响较大，共振信号出现在低场，化学位移值较大；β-H 受 C═O 的影响较小，共振信号出现在较高场，化学位移值较小。1,4-萘醌的共振信号分别在 δ 8.06 (α-H) 及 δ 7.73 (β-H)；9,10-蒽醌的芳氢信号出现在 δ 8.07 (α-H) 及 δ 7.67 (β-H)。当有取代基时，峰的数目及峰位都会改变，取代基质子的化学位移及其对芳环质子的影响如表 8-2 所示。

表 8-2　醌类化合物取代基质子的化学位移及其对芳环质子的影响

取代基	质子类型	化学位移	取代基性质	对芳环质子的影响
酚羟基	α-OH 质子	$11 \sim 12$	供电基	$\delta_{邻、对芳氢}$ -0.45
	β-OH 质子	<11		
—CH$_2$OH	—CH$_2$—质子	4.6(s 或 d)	供电基	$\delta_{邻芳氢}$ -0.45
	—OH 质子	$4.0 \sim 6.0$		
—OCH$_3$	甲氧基质子	$4.0 \sim 4.5$(s)	供电基	$\delta_{邻、对芳氢}$ -0.45
—CH$_3$	甲基质子	$2.1 \sim 2.9$(s 或宽 s-烯丙偶合)	供电基	$\delta_{邻芳氢}$ -0.15
				$\delta_{对芳氢}$ -0.1
—COOH	羧基质子	11 以下	吸电基	$\delta_{邻芳氢}$ $+0.8$

在取代蒽醌中，如有孤立芳氢，则氢谱中应出现单峰；如有邻位芳氢，则出现相互邻偶的两个重峰（$J_{邻}$＝6～9 Hz）；如有间位芳氢，则为远程偶合（$J_{间}$＝0.8～3.1 Hz）的二重峰；若两个间位芳氢之间有甲基取代，则为丙烯基偶合，两个芳氢表现为两个宽单峰（宋国强 等，1983）。

2. 核磁共振碳谱

^{13}C-NMR 作为一种结构测试的常规技术已广泛用于醌类化合物的结构研究。常见的 ^{13}C-NMR 以碳信号的化学位移为主要参数，通过测定大量数据，已经积累了一些较成熟的经验规律。1,4-萘醌和 9,10-蒽醌及 α 位有一个—OH 或—OMe 时的 ^{13}C-NMR 特征如下所示（Scheffer et al.，1985）：

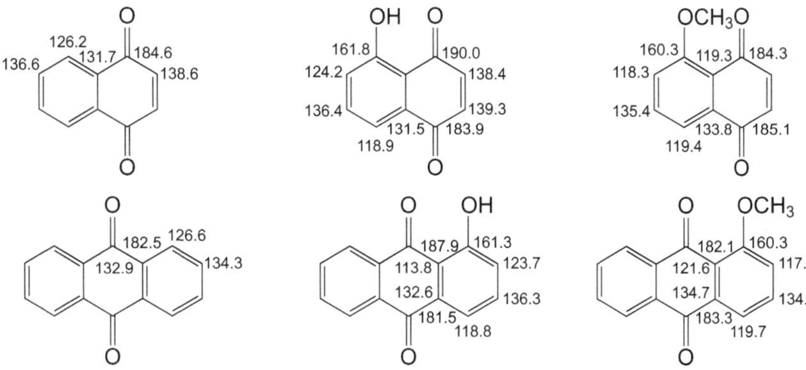

当醌环及苯环上有取代基时，母核各碳原子的化学位移值会呈现规律性的变化；当蒽醌母核上仅有一个苯环有取代基，另一苯环无取代基时，无取代基苯环上各碳原子的化学位移变化很小，即取代基的跨环影响不大。

8.4.4 质谱

对所有游离醌类化合物，其 MS 的共同特征是分子离子峰通常为基峰，裂解时均相继失去 1～2 个分子 CO，形成较强的碎片离子峰。p-苯醌、1,4-萘醌、9,10-蒽醌类化合物的质谱裂解和特征碎片离子如下所示（马小红 等，2006）。

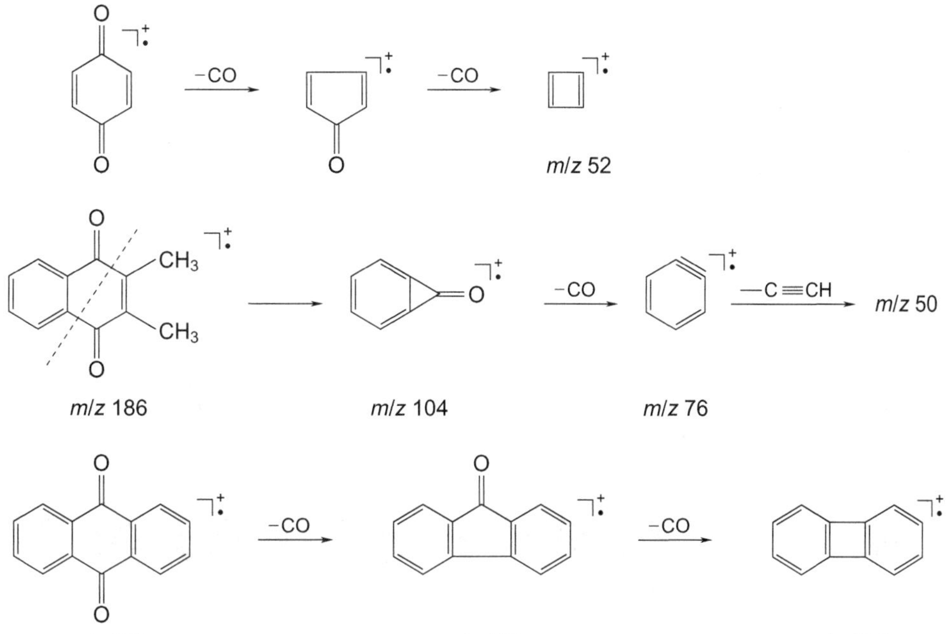

但要注意，蒽醌苷类化合物用常规电子轰击质谱得不到分子离子峰，其基峰一般为苷元离子，需用场解吸质谱（FD-MS）或快原子轰击质谱（FAB-MS）才能出现准分子离子峰，以获得分子量的信息。

8.4.5 醌类化合物的结构解析实例

从海南红树林植物红茄苳（*Rhizophora mucronata*）内生烟曲霉（*Aspergillus fumigatus*）中分离得到一种橙红色针晶化合物Ⅰ，不溶于碳酸钠，可溶于氢氧化钠溶液并呈橙红色（Xu et al.，2020）。

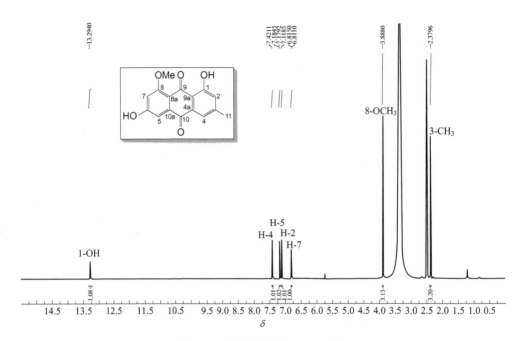

图 8-2　化合物 I 的 ¹H-NMR 谱

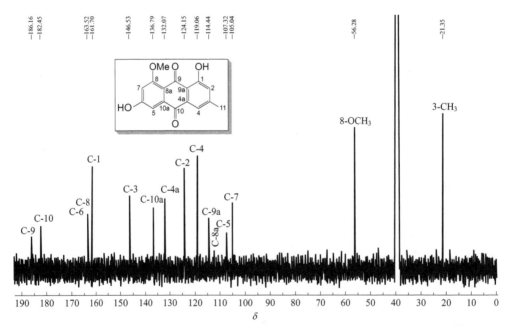

图 8-3　化合物 I 的 ¹³C-NMR 谱

化合物 I：UV(EtOH) λ_{max} 224 nm（4.60），248 nm（4.13），286 nm（4.41），425 nm（3.99）；IR（ν_{max}^{KBr}）3264 cm⁻¹、1680 cm⁻¹、1631 cm⁻¹（C＝O），1592 cm⁻¹、1473 cm⁻¹（C＝C），1437 cm⁻¹、1352 cm⁻¹、1270 cm⁻¹、1218 cm⁻¹（C—O）；¹H-NMR（DMSO-d₆，400 MHz，图 8-2）：δ 13.29（1H，s，1-OH），7.42（1H，brs，H4），7.18（1H，d，J＝2.1 Hz，H5），7.12（1H，brs，H2），6.81（1H，d，J＝2.1 Hz，H7），3.89（3H，s，8-OCH₃），2.38（3H，s，3-CH₃）；¹³C-NMR（DMSO-d₆，100 MHz，图

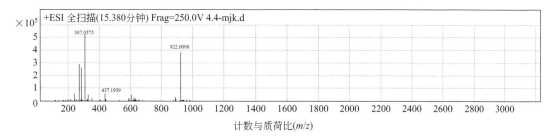

图 8-4　化合物Ⅰ的 ESI-MS 谱

8-3)：δ 186.2（C9）, 182.5（C10）, 163.6（C6）, 163.5（C8）, 161.7（C1）, 146.5（C3）, 136.8（C10a）, 132.1（C4a）, 124.2（C2）, 119.1（C4）, 114.4（C9a）, 112.3（C8a）, 107.3（C5）, 105.0（C7）, 56.3（8-OCH$_3$）, 21.4（3-CH$_3$）；（＋）ESI-MS（图 8-4）：m/z 307.0575 [M+Na]$^+$（C$_{16}$H$_{12}$O$_5$Na）。

通过上述光谱数据，其结构推导过程如下。化合物Ⅰ的阳离子 ESI-MS 在 m/z 307.0575 处给出准分子离子峰 [M+Na]$^+$，提示该化合物的分子量为 284，结合 ^{1}H-NMR 谱、^{13}C-NMR 谱提示其分子式为 C$_{16}$H$_{12}$O$_5$。其 UV 光谱吸收带 λ_{max} 在 224 nm（第Ⅰ峰）、248 nm（第Ⅱ峰）、286 nm（第Ⅲ峰）和 425 nm（第Ⅴ峰）呈现蒽醌类化合物特征紫外吸收。IR 光谱中有 2 个羰基吸收峰 1680 cm^{-1}、1631 cm^{-1} 及苯环特征吸收峰，与萘醌类化合物的特征相符，表明为萘醌衍生物。其 ^{1}H-NMR 共给出 11 个氢信号，包括 1 个活泼氢信号 δ 13.29（1H, s, 1-OH）；4 个芳香氢信号 δ 7.42（1H, brs, H4）, 7.18（1H, d, $J=$ 2.1 Hz, H5）, 7.12（1H, brs, H2）, 6.81（1H, d, $J=$2.1 Hz, H7）；1 个甲氧基信号 δ 3.89（3H, s, 8-OCH$_3$）；1 个甲基氢信号 δ 2.38（3H, s, 3-CH$_3$），提示化合物中含有芳环。^{13}C-NMR 谱给出 16 个碳信号，其中在低场区给出两个羰基的信号 δ 186.2（C9）, δ 182.5（C10），在芳香区给出 12 个碳信号，在高场区还给出 1 个甲氧基碳信号 δ 56.3（8-OCH$_3$）和 1 个甲基碳信号 δ 21.4（3-CH$_3$），结合氢谱提示化合物具有蒽醌类化合物的骨架，通过芳香氢的偶合常数可以判断苯环上的氢为间位取代，通过低场区羰基的化学位移值 δ 186.2、δ 182.5 可以判断在 δ 186.2 羰基附近有两个—OH 与其缔合，δ 182.5 羰基附近无—OH 与其缔合，因此可以判断该蒽醌类化合物的取代位置为 1-,3-,6-,8-位，并结合文献（Fujimoto et al., 1999）及与标准品进行对照，确定甲氧基连接在 C8 上。综上所述，化合物Ⅰ结构定为大黄素-8-甲醚（questin）。

参　考　文　献

陈焕文. 分析化学手册. 9A. 有机质谱分析 [M]. 第 3 版. 北京：化学工业出版社, 2016.

范积平, 张贞良, 张柳瑛, 等. 近红外光谱法测定药用大黄中 4 种蒽醌类成分 [J]. 第二军医大学学报, 2005, 26（10）：1194-1195.

郭珍. 紫外光谱在天然产物结构鉴定中的应用 [J]. 光谱实验室, 2006, 23（3）：594-597.

柯以侃, 董慧茹. 分析化学手册. 3B. 分子光谱分析 [M]. 第 3 版. 北京：化学工业出版社, 2016.

马小红, 沈少林, 韩风梅, 等. 大黄蒽醌类化合物电喷雾质谱研究 [J]. 湖北大学学报（自然科学版）, 2006, 28（4）：403-406.

秦海林, 于德泉. 分析化学手册. 7A. 氢-1 核磁共振波谱分析 [M]. 第 3 版. 北京：化学工业出版社, 2016.

宋国强, 贺贤国. 十二个蒽醌化合物的质子核磁共振谱研究 [J]. 药学学报, 1983, 18（5）, 345-350.

谭倪, 邵长伦, 佘志刚, 等. 海洋微生物次级代谢产物中醌类化合物的研究进展 [J]. 中国天然药物, 2009, 7（1）：71-80.

王丽丽，刘汉成，舒里建. 蒽醌衍生物的薄层色谱分离和鉴定 [J]. 浙江工学院学报，1993（1）：66-71.

王明明，顾浦中，王晓曼，等. 蒽醌类天然化合物及肿瘤治疗研究进展 [J]. 安徽化工，2019，45（2）：9-14.

王亦君，冯舒涵，程锦堂，等. 大黄蒽醌类化学成分和药理作用研究进展 [J]. 中国实验方剂学杂志，2018，24（13）：227-234.

谢红，张涛. 茜草的化学成分及生物活性研究进展 [J]. 中国老年学杂志，2006，26（1）：134-135.

徐艳，曹松屹，曲格霆. 大黄抑菌作用的体外研究 [J]. 中国中医药信息杂志，2007，14（2）：43-44.

杨峻山，马国需. 分析化学手册. 7B. 碳-13 核磁共振波谱分析 [M]. 第 3 版. 北京：化学工业出版社，2016.

杨学东，王莲，干文洁，等，大黄蒽醌类标准物质的制备与鉴定 [J]. 计量学报，2010，31：88-92.

张立. 醇提取法提取大黄中蒽酯成分研究 [J]. 亚太传统医药，2014（16）：23-24.

Fujimoto H，Fujimaki T，Okuyama E，et al. Immunomodulatory constituents from an ascomycete, *Microascus tardifaciens* [J]. Chemical & Pharmaceutical Bulletin，1999，47（10）：1426-1432.

Hirayama J，Ikebuchi K，Abe H，et al. Photoinactivation of virus infectivity by hypocrellin A [J]. Photochemistry and Photobiology，1997，66（55）：697-700.

Jiao W H，Cheng B H，Chen G D，et al. Dysiarenone, a dimeric C_{21} Meroterpenoid with Inhibition of COX-2 expression from the marine sponge *Dysidea arenaria* [J]. Organic Letters，2018，20（10）：3092-3095.

Ma G，Khan S I，Jacob M R，et al. Antimicrobial and antileishmanial activities of hypocrellins A and B [J]. Antimicrobial Agents and Chemotherapy，2004，48（11）：4450-4452.

Scheffer J，Wong Y F，Patil A O，et al. CPMAS (cross-polarization magic angle spinning) carbon-13 NMR spectra of quinones, hydroquinones, and their complexes. Use of CMR to follow a reaction in the solid state [J]. Journal of the American Chemical Society，1985，107：4898-4904.

Tangmouo J G，Meli A L，Komguem J，et al. Crassiflorone, a new naphthoquinone from *Diospyros crassiflora*（hien）[J]. Tetrahedron Letters，2006，47（18）：3067-3070.

Xu Z Y，Zhang X X，Ma J K，et al. Secondary metabolites produced by mangrove endophytic fungus *Aspergillus fumigatus* HQD24 with immunosuppressive activity [J]. Biochemical Systematics and Ecology，2020，93：104166.

Zhao S M，Wang Z，Zeng G Z，et al. New cytotoxic naphthohydroquinone dimers from *Rubia alata* [J]. Organic Letters，2014，16（21）：5576-5579.

第9章 苯丙素类

苯丙素类（phenylpropanoids）是一类含有一个或几个 C_6-C_3 单位（苯环连接 3 个直链碳）的天然成分。从生物合成途径来看，它们多数由莽草酸（shikimic acid）通过苯丙氨酸和酪氨酸等芳香氨基酸，经脱氨生成桂皮酸（cinnamic acid）衍生物，从而形成 C_6-C_3 基本单元，再经过羟基化、缩合等反应，生成最终产物（曾兰亭 等，2019）。苯丙素按照结构特征，主要分为简单苯丙素类（苯丙烯及其氧化程度不同的衍生物）、香豆素和木脂素三类成分。

9.1 简单苯丙素类

简单苯丙素类化合物结构上属苯丙烷衍生物，依 C3 侧链的结构变化，可分为苯丙烯、苯丙醇、苯丙醛、苯丙酸等类型。

9.1.1 苯丙烯类

苯丙烯类化合物存在于挥发油中，例如，丁香挥发油中的主要成分丁香酚（eugenol），八角茴香挥发油中的主要成分茴香脑（anethol），细辛、菖蒲及石菖蒲中的主要成分 α-细辛醚（α-asarone）、β-细辛醚（β-asarone）等。

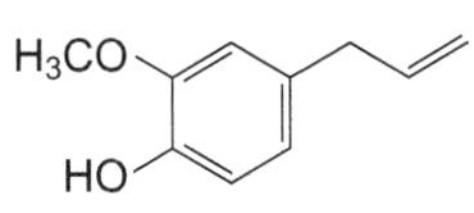

丁香酚	茴香脑	α-细辛醚	β-细辛醚

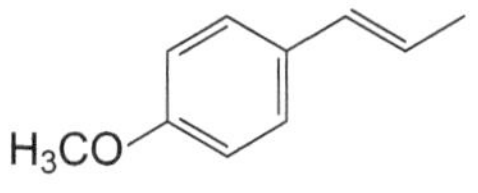

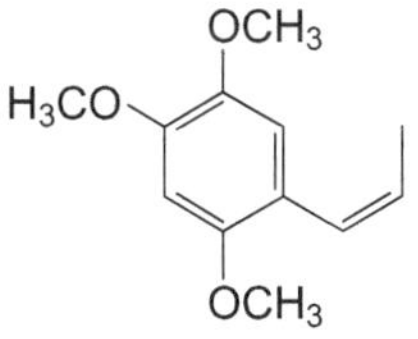

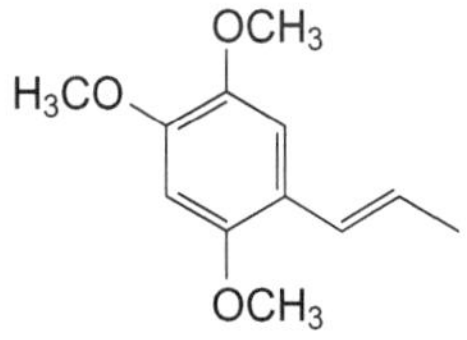

9.1.2 苯丙醇类

松柏醇（coniferol）是植物中常见的苯丙醇类化合物，分布广泛，在植物体中缩合后形成木质素。紫丁香酚苷（syringin）是从刺五加（*Eleutherococcus senticosus*）中得到的苯丙醇苷，具有抗疲劳、抗衰老和抑制肿瘤生长的作用。

9.1.3 苯丙醛类

桂皮醛（cinnamaldehyde）是桂皮的主要成分，也是中药复方麻黄汤的有效物质，具有镇痛解热、健胃、抑制胃溃疡的功效，属于苯丙醛类。

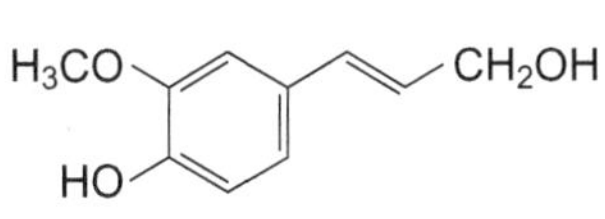

松柏醇	紫丁香酚苷	桂皮醛

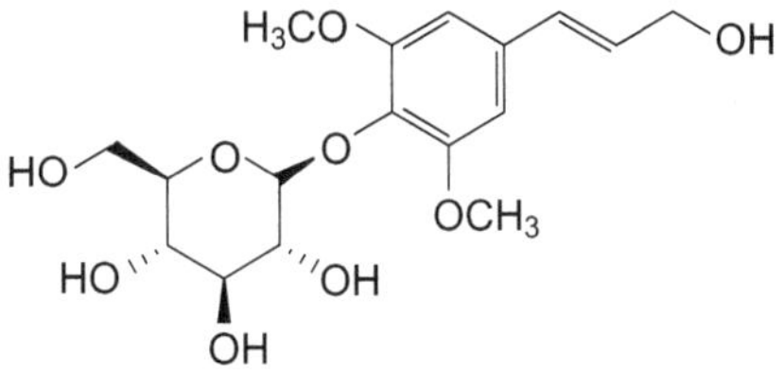

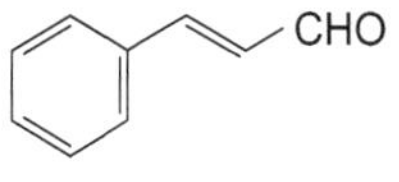

9.1.4 苯丙酸类

    酚酸类成分在植物中广泛分布，它们的基本结构是酚羟基取代的芳香羧酸，其中不少属于具有 C_6-C_3 结构的苯丙酸类。常见的苯丙酸类成分有桂皮酸（cinnamic acid）、对羟基桂皮酸（p-hydroxycinnamic acid）、咖啡酸（caffeic acid）、阿魏酸（ferulic acid）、异阿魏酸（isoferulic acid）和丹参素（salvianic acid）。

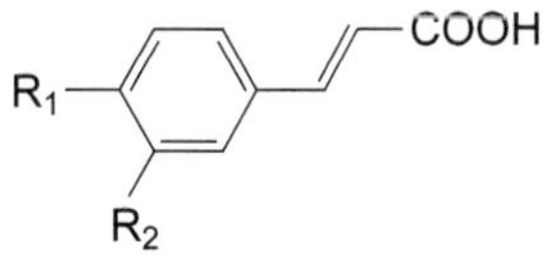

桂皮酸	R_1=H, R_2=H
对羟基桂皮酸	R_1=OH, R_2=H
咖啡酸	R_1=OH, R_2=OH
阿魏酸	R_1=OH, R_2=OCH$_3$
异阿魏酸	R_1=OCH$_3$, R_2=OH

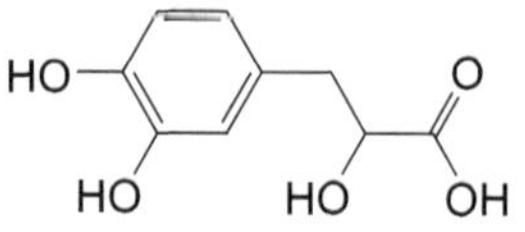

丹参素

    苯丙酸类是最重要的简单苯丙素类化合物，分子中取代基多为羟基、糖基，常与不同的醇、氨基酸、糖、有机酸等结合成酯，也常以两个或多个分子聚合的形式存在，多有较强的生理活性。如茵陈（*Artemisia capillaris*）和金银花（*Lonicera japonica*）中的绿原酸（chlorogenic acid）是咖啡酸与奎宁酸（quinic acid）的酯，具有抗菌、利胆作用；丹参（*Salvia miltiorrhiza*）中水溶性有效成分丹酚酸 A（salvianolic acid A）、丹酚酸 B（salvianolic acid B）等均是由三分子丹参素缩合而成。

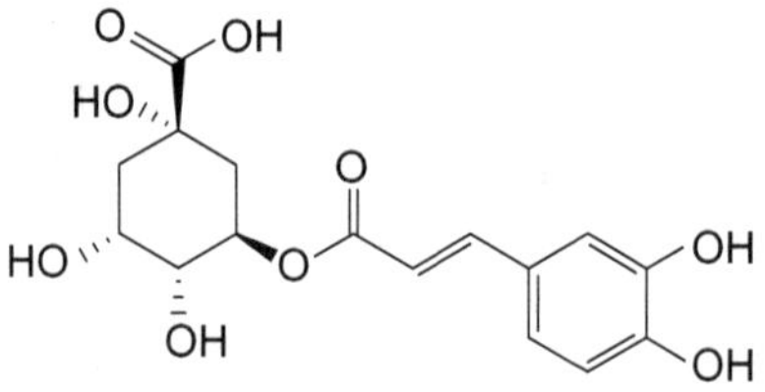

绿原酸

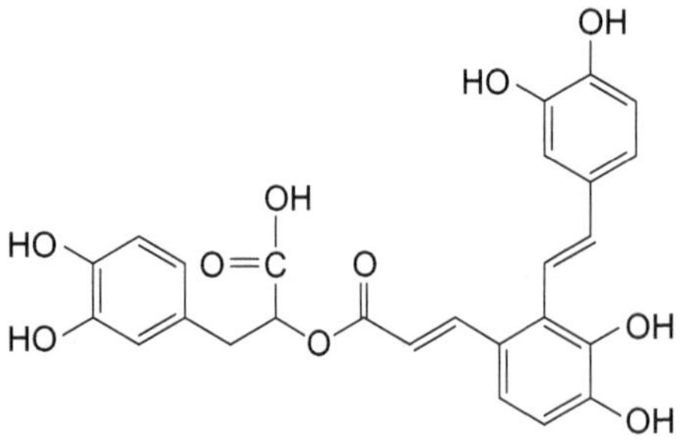

丹酚酸A

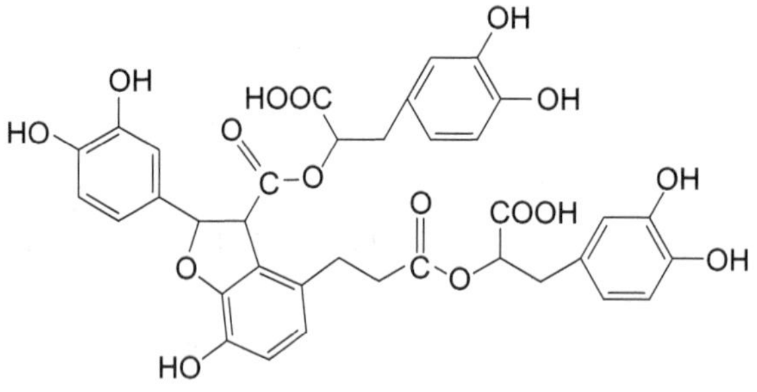

丹酚酸B

9.2 香豆素

    香豆素（coumarin）是一类具有苯并-α-吡喃酮（benzo-α-pyrone）结构的天然化合物的总称，具有芳甜香气，在结构上可以看成是顺邻羟基桂皮酸脱水而形成的内酯类化合物。目前得到的天然香豆素成分中，除了极少数化合物外，均在 C7 上连接有含氧官能团（羟基或醚基），因此，7-羟基香豆素（又名"伞形花内酯"，umbelliferone）被认为是香豆素类化合物的母体（孔令义，2008）。

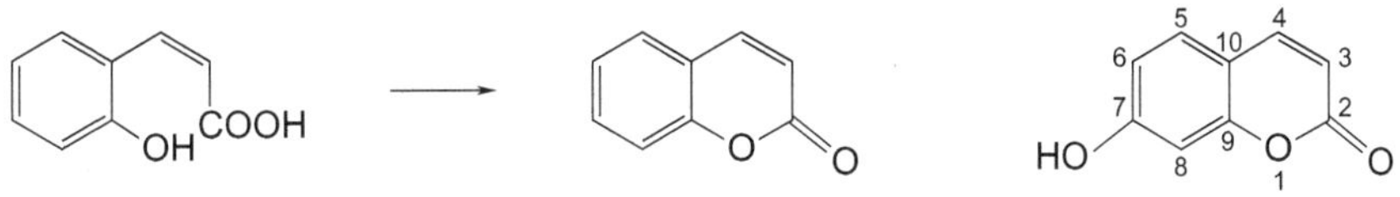

邻羟基桂皮酸　　　　　邻羟基桂皮酸内酯　　　　　伞形花内酯
　　　　　　　　　　　（苯并-α-吡喃酮）

香豆素类成分广泛分布于植物界，目前发现的约1200种，在伞形科（Umbelliferae）、豆科、芸香科、瑞香科（Thymelaeaceae）、茄科、菊科、桑科和兰科中分布更多，常以游离态或与糖结合成苷的形式存在于植物的花、叶、茎、根和果中，通常以幼嫩的叶芽中含量较高；少数发现于动物和微生物，如拟盘多毛孢菌（*Pestalotiopsis* sp.）、黄曲霉菌（*Aspergillus flavus*）、假蜜环菌（*Armillariella tabescens*）等。

香豆素类具有多方面的生理活性，如补骨脂素（psoralen）与长波长紫外光联合使用可治疗白癜风，蛇床子、毛当归根中的抗菌、抗病毒成分奥斯脑（osthole）可抑制乙肝表面抗原，华法林（warfarin）用于临床外科手术的抗凝血，7-羟基香豆素类具有抗癌活性，北美芹素（pteryxin）可扩张冠状动脉、抗心律失常，黄曲霉素（alfatoxin B）具有肝毒性等（李锦周 等，2007；郑玲 等，2013）。

9.2.1　香豆素的分类

香豆素母核上常有—OH、—OCH$_3$、苯基、异戊烯基等取代基，其中异戊烯基与母核除了通过氧连接，也可直接连在C6、C8上，异戊烯基的活泼双键与苯环邻位C7上的羟基可以形成呋喃环或者吡喃环的结构。根据香豆素结构的生源合成途径，可以分为简单香豆素、呋喃香豆素、吡喃香豆素和其他香豆素四类（龚蕾 等，2015）。

1. 简单香豆素类

简单香豆素类是指仅在苯核上有取代基的香豆素。其中，多数在C7上有含氧基团的存在，而C3、C6、C8位电负性较高，易于烷基化。例如，秦皮中的七叶内酯（esculetin）、独活中的当归内酯（angelicone）和柚皮中的葡萄内酯（qurapten）都属于简单香豆素类。

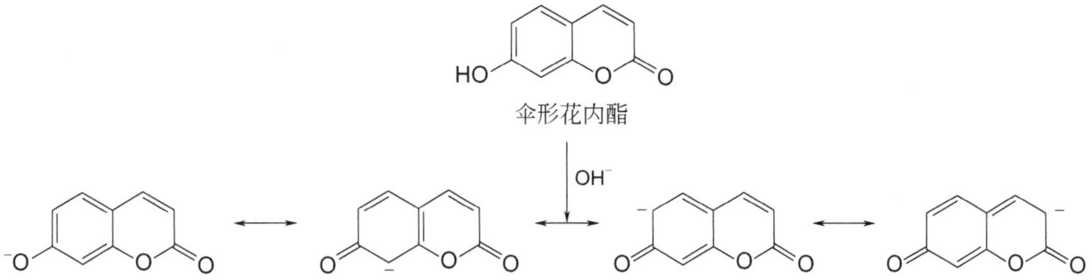

伞形花内酯

C7位　　　　　C8位　　　　　C6位　　　　　C3位

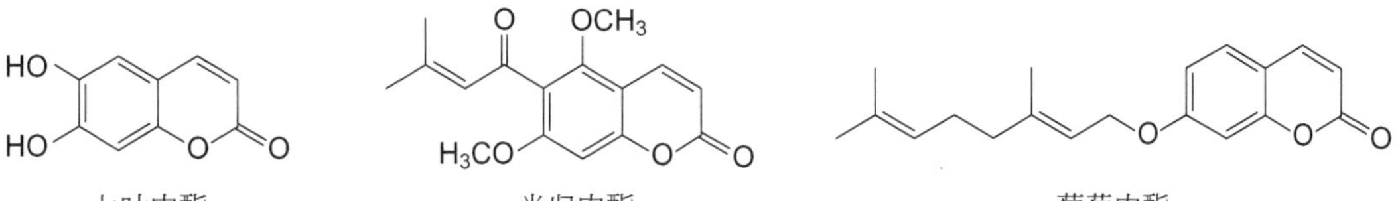

七叶内酯　　　　　当归内酯　　　　　葡萄内酯

2. 呋喃香豆素类

呋喃香豆素（furocoumarin）是指其母核的C7—OH与C6或者C8邻位异戊烯基缩合形成呋喃环的香豆素，成环后常伴随降解而失去异戊烯基上的3个碳原子。因成环后与母核稠合的位置不同，可分为线型（linear）和角型（angular）两种类型。线型分子由 C6 位异戊烯基与 C7 位羟基环合而成（即 6,7-呋喃并香豆素型，又称为补骨脂内酯型），三个环处于一条直线上，如补骨脂中的补骨脂内酯（psoralen）、紫花前胡中的紫花前胡内酯（nodaken-itin）。角型分子是由 C8 位异戊烯基与 C7 位羟基成环（即 7,8-呋喃并香豆素型，又称为异补骨脂内酯型），三个环处于一条折线上，如当归中的当归素（angelin，又名白芷内酯）。

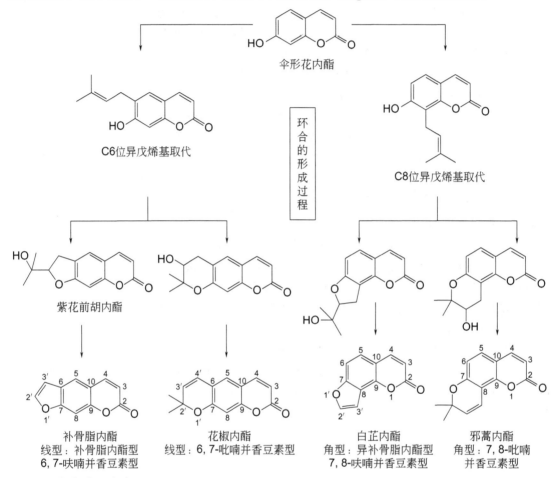

3. 吡喃香豆素类

与呋喃香豆素类似，吡喃香豆素（pyranocoumarin）是指其母核的 C7 位羟基与 C6 或者 C8 位的邻位异戊烯基缩合形成 2,2-二甲基-α-吡喃环结构。吡喃香豆素也分成线型（即 6,7-吡喃香豆素）和角型（即 7,8-吡喃香豆素）两种类型，少数为 5,6-吡喃并香豆素。

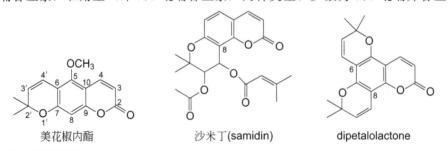

4. 其他香豆素类

凡是无法归属于以上 3 种类型的香豆素类化合物都属于其他香豆素类。其中，有的在其母

核 α-吡喃酮环的 C3、C4 位上具有取代基，常见的有苯基、羟基、异戊烯基等基团，如亮菌甲素（armillarisin A）；有的以二聚体和三聚体的形式存在，如双七叶内酯（bisaesculetin）；异香豆素（isocoumarin）是香豆素异构体，部分以二氢异香豆素的衍生物形式存在，如茵陈炔内酯（capillarin）。

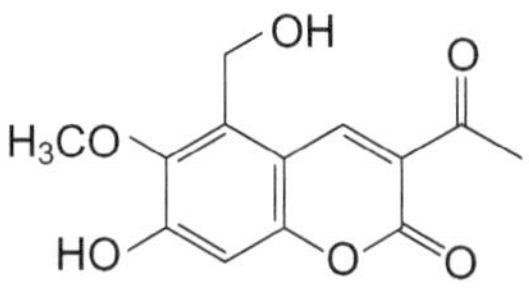

亮菌甲素 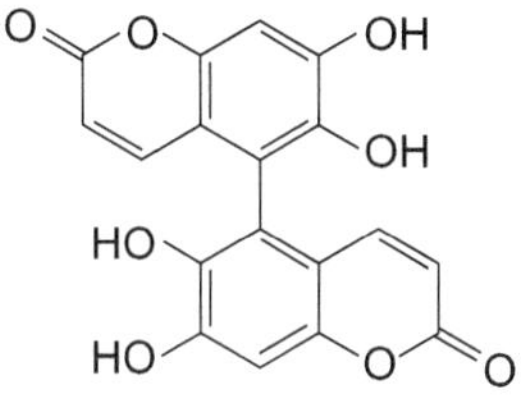　　　　　　　双七叶内酯 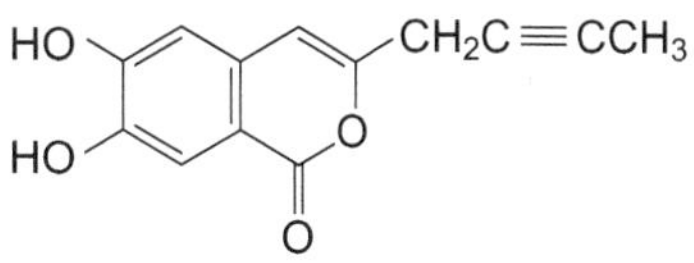　　　　　　　茵陈炔内酯

9.2.2　香豆素的理化性质

1. 性状

多数游离香豆素能够形成淡黄色或者无色结晶，有一定的熔点，多具有芳香气味。分子量小的香豆素有挥发性，能随水蒸气蒸出，并能升华。香豆素母核本身无荧光，但其衍生物如羟基香豆素类，在紫外光照射下呈现蓝色或紫色荧光，在碱性溶液中荧光增强。香豆素苷类大多无香味和挥发性，也不能升华。

2. 溶解性

游离香豆素能溶于沸水，难溶于冷水，易溶于甲醇、乙醇、氯仿、乙醚等有机溶剂。香豆素苷类则可溶于甲醇、乙醇和水，难溶于苯、乙醚和氯仿等低极性有机溶剂。

3. 内酯的性质和碱水反应

香豆素分子中具有 α,β-不饱和内酯的结构，具有内酯化合物的通性。在稀碱液中内酯环水解开环，形成可溶于水的顺邻羟桂皮酸盐；酸化后，又立即闭环，恢复为原来的内酯结构而不溶于水，这一性质可用于香豆素提取。碱水解反应的难易与 C7 位取代基的性质有关，难易的先后顺序为：一般香豆素＞7-甲氧基香豆素＞7-羟基香豆素，原因是 C7—OCH₃ 的供电子共轭效应使羰基碳难以接受 OH⁻ 的亲核反应，而 C7—OH 在碱液中成盐。

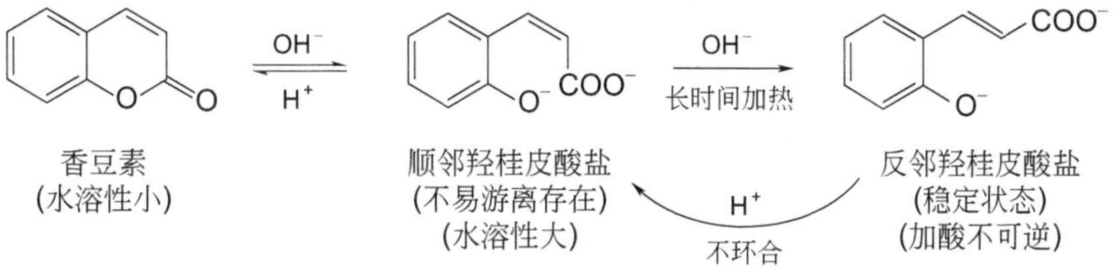

香豆素　　　　　顺邻羟桂皮酸盐　　　　　反邻羟桂皮酸盐
(水溶性小)　　　(不易游离存在)　　　　　(稳定状态)
　　　　　　　　(水溶性大)　　　　　　　(加酸不可逆)

但是如果长时间把香豆素类化合物放置在碱液中加热或者紫外线照射，顺邻羟桂皮酸盐发生异构化，转变为稳定的反邻羟基桂皮酸盐，再经酸化时也不再发生内酯化闭环反应。

C8 位上侧链的适当位置有羰基、双键、环氧等结构时，可和碱水解新生成的酚羟基发生缩合、加成等作用，阻碍内酯的恢复，保留顺邻羟桂皮酸盐的结构。该方法曾被用于香豆素类化合物的结构研究。

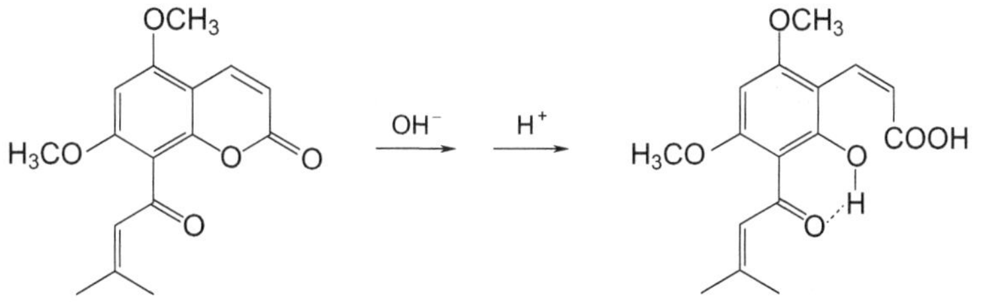

异当归内酯　　　　　　3-异戊烯酰-4,6-二甲氧基顺邻羟基桂皮酸

4. 显色反应

显色反应可鉴别香豆素，如表 9-1 所示。

表 9-1　香豆素常用的显色反应

显色反应	试剂和使用方法	香豆素及反应结果
异羟肟酸铁反应	取样品乙醇溶液 1 mL，加新鲜的 1 mol/L 盐酸羟胺甲醇溶液 0.5 mL、6 mol/L 氢氧化钾甲醇溶液 0.2 mL，加热至沸，冷后加 5% 盐酸酸化，最后加 1% 三氯化铁溶液 1～2 滴	在碱性条件下内酯环开环，与盐酸羟胺缩合生成异羟肟酸，加酸与 Fe^{3+} 盐络合成盐显红色，可用于判断内酯环的有无
三氯化铁反应	$FeCl_3$ 溶液	羟基香豆素显绿色→墨绿色，可用于判断酚羟基有无
Gibb's 反应	2,6-二氯苯醌、氯亚胺	碱性条件下，酚羟基对位活泼氢缩合显蓝色，可用于判断香豆素 C6 有无取代
Emerson 反应	2% 4-氨基安替比林、8% 铁氰化钾	碱性条件下，酚羟基对位活泼氢缩合显蓝色，可用于判断香豆素 C6 有无取代

9.2.3　香豆素的提取与分离

1. 香豆素的提取

(1) 系统溶剂法

香豆素及其苷类和一般化学成分一样，可以用甲醇、乙醇等溶剂从植物中提取出来，然后用石油醚、氯仿、乙酸乙酯、正丁醇依次提取得到不同极性部位的浸膏。

(2) 碱溶酸沉法

利用香豆素类化合物的内酯结构可溶于热碱液中、加酸析出的性质，可用 0.5% 氢氧化钠水溶液（或醇溶液）加热提取，提取液冷却后，再用乙醚除去杂质，然后加酸调节 pH 至中性，适当浓缩，再酸化，则香豆素类或极性小的苷即可析出；也可用乙醚等有机溶剂萃取得到，例如，酸碱法提取中药蛇床子的总香豆素成分（张新勇 等，1999）。但必须注意不可长时间加热以免破坏结构（异构化为反式邻羟基桂皮酸盐而无法酸化闭环），不能与浓碱共沸（裂解生成酚类或酚酸），当侧链有酯键时不宜采用该法提取（侧链酯键碱水解）。碱溶酸沉法提取香豆素类化合物的流程如图 9-1 所示。

(3) 水蒸气蒸馏法

小分子的游离香豆素因具有挥发性，可采用水蒸气蒸馏法提取。

2. 香豆素的分离

结构相似的香豆素混合物最后必须经柱色谱法才能有效分离。硅胶、反相硅胶、葡聚糖 Sephadex LH-20 和聚酰胺都是常用的柱色谱填料，碱性氧化铝慎用。常用的洗脱系统有环己烷（石油醚）-乙酸乙酯、环己烷（石油醚）-丙酮、三氯甲烷-丙酮等。微量香豆素类似物也可采用制备薄层色谱进行分离。

9.2.4　香豆素的结构鉴定

1. 紫外光谱

紫外光谱是香豆素类化合物结构鉴定的一种重要手段，可用于区分香豆素、色原酮及黄酮类化合物。无氧取代香豆素在紫外光谱上有 2 个吸收峰，位于 274 nm（lg ε 约 4.03）和

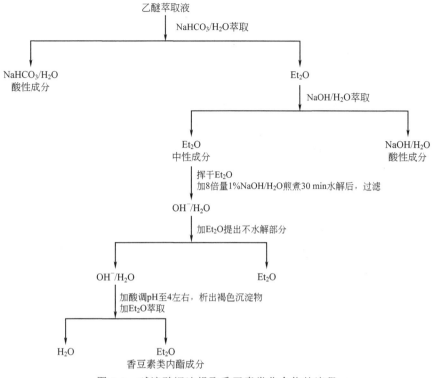

图 9-1　碱溶酸沉法提取香豆素类化合物的流程

311 nm（lg ε 约 3.72），分别归属于苯环及 α-吡喃酮。母核上引入烷基，其 λ_{max} 改变甚微；引入含氧官能团可使主要吸收峰 λ_{max} 红移，例如，C7 位引入含氧官能团（7-羟基、7-甲氧基、7-O-糖基等），则在 217 nm 及 315～325 nm 处出现强吸收峰，而在 240 nm 和 255 nm 处出现弱吸收峰。含有酚羟基的香豆素类成分，在碱性溶液中有显著的红移现象，且吸收有所增强，如 7-羟基香豆素的 λ_{max} 在碱性溶液中红移至 372 nm（lg ε 约 4.23），这一性质有助于结构的确定（郭珍，2006）。

2. 红外光谱

香豆素类化合物的红外光谱中，α-吡喃酮羰基的吸收带在 1750～1700 cm^{-1} 之间，若羰基附近有羟基或羧基形成分子内氢键，则吸收带移至 1680～1660 cm^{-1} 之间。内酯中 C—O—C 单键在 1270～1220 cm^{-1} 和 1100～1000 cm^{-1} 出现"酯谱带"强吸收。芳环中不饱和 C—H 伸缩振动位于 3175～3025 cm^{-1}，芳环双键在 1645～1500 cm^{-1} 之间出现 2～4 个特征骨架振动吸收峰。呋喃香豆素除上述吸收带外，其呋喃环双键在 1639～1613 cm^{-1} 有强而尖的吸收峰（柯以侃 等，2016）。

3. 核磁共振谱

在氢谱中，香豆素母核环上质子由于受内酯羰基吸电子共轭效应的影响，H3、H6 和 H8 上的质子信号在较高场，化学位移 $\delta_{H3} < \delta_{H6} < \delta_{H8}$；H4、H5 和 H7 上的质子信号在较低场。简单香豆素 H3（最高场）、H4（最低场）分别在 δ 6.10～6.50 和 δ 7.50～8.20 之间产生一对 d 峰（J 约为 9.0 Hz），由于天然香豆素绝大多数 C3 和 C4 位上无取代，因此这一特征对于 ^{1}H-NMR 鉴别香豆素类化合物最有意义。绝大多数香豆素 C7 位有含氧官能团（—OH、—OCH$_3$）取代，^{1}H-NMR 中化学位移和偶合常数 J 如表 9-2 所示。

表 9-2　常见简单香豆素的 ^{1}H-NMR 化学位移及偶合常数

取代类型	7-羟基	7,8-二氧代	6,7-二氧代	6,7,8-三氧代
H3	δ 6.2(d, J=9 Hz)	δ 6.1~6.2(d, J=9 Hz)	δ 6.14~6.26(d, J=9 Hz)	δ 6.19(d, J=9 Hz)
H4	δ 8.2(d, J=9 Hz)	δ 7.8(d, J=9 Hz)	δ 7.60~7.82(d, J=9 Hz)	δ 7.8(d, J=9 Hz)
H5	δ 7.7(d, J=9 Hz)	δ 7.25~7.38(d, J=8 Hz)	δ 6.77~6.90(s)	δ 6.78(s)
H6	δ 6.9(dd, J=9,2.5 Hz)	δ 6.95(d, J=8 Hz)		
H8	δ 7.0(d, J=2.5 Hz)		δ 6.38~7.04(s)	

呋喃香豆素中，未取代的呋喃环 H2′ 的化学位移为 7.34~7.80，H3′ 的化学位移为 6.70（线型）或 7.14（角型 H3′ 处于共轭环的负屏蔽区，化学位移值大于线型香豆素），两者之间产生一对 d 峰（J 约为 9.0 Hz）；吡喃香豆素中，C2′ 上的两个同碳甲基在 δ 1.45，H3′ 的化学位移为 5.30~5.80，H4′ 的化学位移为 6.30~6.90，两者之间产生一对 d 峰（J 约为 10.0 Hz）（刘启新 等，1999）。

在碳谱中，香豆素母核上的 9 个碳原子出现在 δ_C 100~160。当某一碳原子上有连氧取代基后，直接相连的碳向低场位移约 30，邻位碳则向高场位移约 13，对位碳向高场位移约 8。香豆素母核上化学位移一般如下：δ_C 160.4（C2），116.4（C3），143.6（C4），128.1（C5），124.4（C6），131.8（C7），116.4（C8），153.9（C9），118.8（C10）（杨峻山 等，2016）。

4. 质谱

香豆素类化合物一般具有较强的分子离子峰，基峰是失去 CO 的苯并呋喃离子，取代香豆素则出现一系列失去 CO 的碎片离子峰（陈焕文，2016）。

有异戊烯基取代时，可失去甲基形成高度共轭的分子，或经历 β-开裂，形成高度共轭的分子。

9.2.5　香豆素结构解析示例

下面以红树林植物红茄苳 *Rhizophora mucronata* 共生拟盘多毛孢属菌 *Pestalotiopsis* sp. JCM2A 4 中分离得到的新化合物 pestalotiopsin A（化合物Ⅰ）为例（Xu et al.，2009），针对如何使用各种光谱、质谱对其代谢产物结构解析进行详细介绍。图 9-2 为化合物Ⅰ HMBC、COSY 和 ROESY 的关键相关。

化合物Ⅰ为白色无定形粉末，UV（MeOH）光谱在 λ_{max} 208 nm、228 nm、289 nm 处有吸收峰，提示化合物Ⅰ是香豆素衍生物。阳离子 ESI-MS 在 m/z 265.1071 处给出 ［M＋H］${}^+$ 峰（计算为：$C_{19}H_{25}O_5$，265.1076），在 m/z 551.1888 处给出 ［2M＋H］${}^+$ 峰（计算

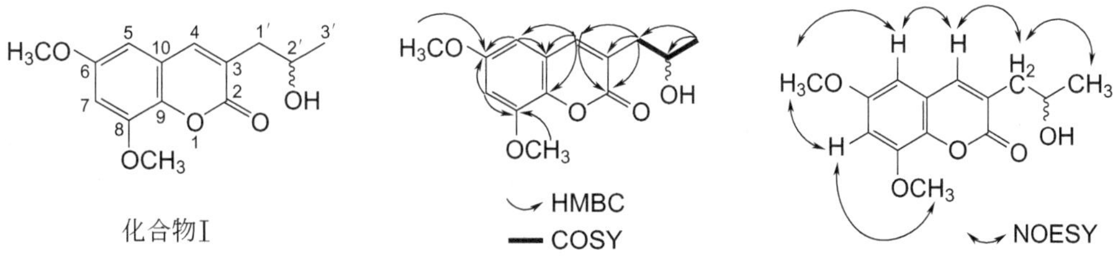

图 9-2　化合物 I HMBC、COSY 和 ROESY 的关键相关

为：$C_{38}H_{48}O_{10}Na$，551.1893），因此该化合物分子式为 $C_{19}H_{24}O_5$，不饱和度为 7。结合化合物 I 的 ^1H-NMR 和 ^{13}C-NMR 数据推测 4 个不饱和度来自碳碳双键，1 个不饱和度来自羰基，因此另外两个不饱和度应该来自两个环系。

综合分析 ^1H 谱、^{13}C 谱、^1H-^1H COSY 谱和 HSQC 谱数据，可以推断出该分子含有 2 个甲氧基（δ_H 3.82，s，δ_C 55.8，q，6-OCH$_3$；δ_H 3.92，s，δ_C 56.3，q，8-OCH$_3$），2 个间位取代的芳香次甲基 [δ_H 6.43（d，$J=2.6$ Hz），δ_C 99.8，d，5-CH；δ_H 6.64（d，$J=2.6$ Hz），δ_C 102.6，d，7-CH]，1 个烯次甲基（δ_H 7.52，s，δ_C 141.3，d，4-CH）和 1 个 CH$_2$CH(OH)CH$_3$ 基团（1'-CH$_2$ 至 3'-CH$_3$）。

其氢谱、碳谱数据与 6,8-二甲氧基-3-(2'-氧代-丙基)-香豆素对比，发现它们含有相同的香豆素母核。从 H1'（δ_H 2.55，2.71）到 C2（δ_C 162.2）、C3（δ_C 127.3）和 C4（δ_C 141.3）强 HMBC 相关说明 CH$_2$CHOHCH$_3$ 连接在香豆素母核 C3 上。另外，HMBC 显示甲氧基 6-OCH$_3$（δ_H 3.82，s）和 8-OCH$_3$（δ_H 3.92，s）分别与 C6（δ_C 156.4）和 C8（δ_C 148.0）相关，说明 OCH$_3$ 分别连接在香豆素母核 C6 和 C8 的位置上。各取代基在香豆素母核上的位置和各氢质子的归属可由 ROSEY 谱进一步证明。因此，该化合物鉴定为 6,8-二甲氧基-3-(2'-羟基-丙基)-香豆素，命名为 pestalotiopsin A。其核磁数据见表 9-3。

表 9-3　化合物 I 在氘代丙酮和 CDCl$_3$ 中的 ^1H-NMR（500 MHz）和 ^{13}C-NMR（125 MHz）数据

原子序号	I			HMBC（H 到 C）	NOESY（H 到 C）
	氘代丙酮	(CDCl$_3$)			
	δ_H	δ_H	δ_C		
2			162.2,s		
3			127.3,s		
4	7.73,s	7.52,s	141.3,d	2,3,5,9,10,1'	5,1'
5	6.71,d,2.2	6.43,d,2.6	99.8,d	4,6,10	4,6-OCH$_3$
6			156.4,s		
7	6.80,d,2.2	6.64,d,2.6	102.6,d	6,8	6-OCH$_3$,8-OCH$_3$
8			148.0,s		
9			119.9,s		
10			138.1,s		
1'	2.55,dd,8.2,13.55	2.55,dd,8.0,14.0	40.9,t	2,3,4,2',3'	4,2',3'
	2.71,dd,3.9,13.55	2.71,dd,3.3,14.0			
2'	4.11,brs	4.15,m	66.7,d	1',3'	1',3'
3'	1.22,d,6.3	1.27,d,6.2	23.6,q	1',2'	1',2'
6-OCH$_3$	3.86,s	3.82,s	55.8,q	6	5,7
8-OCH$_3$	3.95,s	3.92,s	56.3,q	8	7
2'-OH	3.82,brs				

9.3 木脂素

木脂素（lignan）是一类由两分子苯丙素衍生物以不同方式聚合而成的天然产物。组成木脂素的苯丙素单体主要有四种：桂皮酸（偶有桂皮醛）、桂皮醇（cinnamyl alcohol）、丙烯苯（propenyl benzene）、烯丙苯（allyl benzene）。木脂素通常是指苯丙素单体的二聚物，少数是三聚物和四聚物。在自然界中木脂素多数以游离态存在，也有少量与糖结合成苷存在，较广泛地存在于植物树脂或木质部中，所以称为木脂素。

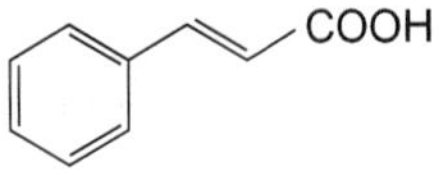

桂皮酸 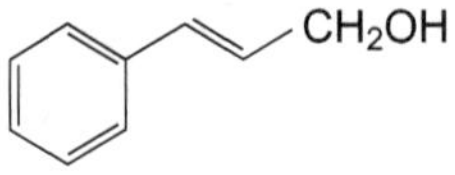　　　　　　　桂皮醇 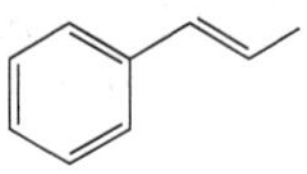　　　　　　　丙烯苯 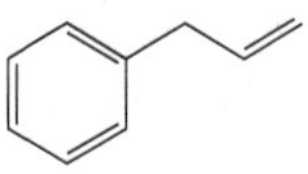　　　　　　　烯丙苯

木脂素类化合物具有广泛的生物活性。如从鬼臼属（*Podophyllum*）植物中分离得到的抗肿瘤化合物鬼臼毒素（podophyllotoxin），其 4'-去甲鬼臼毒素的衍生物 VP-16 和 VM-26 已成为抗癌药物；五味子中的联苯环辛烯型木脂素五味子酯甲（schisantherin A）及其类似物在我国已成为保肝、降低血清谷丙转氨酶（GPT）水平和治疗慢性肝炎的药物；从厚朴（*Magnolia officinalis*）中分离得到的厚朴酚（magnolol）具有镇静、肌肉松弛的作用等（于淼 等，2013）。

9.3.1 木脂素的分类

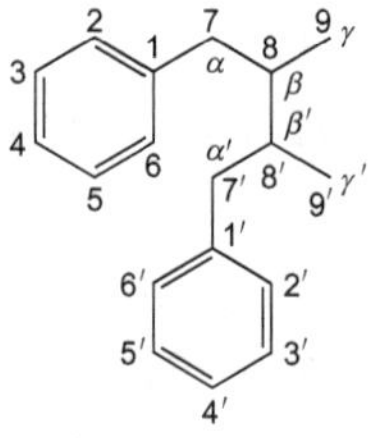

木脂素类化合物可分为木脂素和新木脂素两大类。前者是指两分子 C_6-C_3 单元侧链中 β-C（C8—C8'）连接而成的化合物，后者是指两分子 C_6-C_3 单元侧链中以其他方式（非 β-C 相连，如 C8—C3'、C3—C3'）连接而成的化合物。

C8—C8'相连的木脂素结构骨架

木脂素由两分子苯丙素以多种多样的连接方式缩合形成各种碳架后，侧链 γ-C 上的含氧官能团如羟基、羰基、羧基等相互脱水缩合，形成半缩醛、内酯、四氢呋喃等环状结构，使得木脂素的结构类型更加多样。按基本碳架及缩合情况，木脂素可分为以下几种类型（陶凯奇 等，2017；张国良 等，2007）。

1. 二苄基丁烷类（dibenzylbutanes）

其又称简单木脂素，基本母核是由两分子 C_6-C_3 单体通过侧链 β-C 聚合而成，是其他类型木脂素的生源前体。如从蒺藜科植物 *Larrea divaricata* 中分离得到的去甲二氢愈创木脂酸（nordihydroguaiaretic acid，NDGA），具有抗氧化活性；珠子草（*Phyllanthus niruri*）中分离得到的叶下珠脂素（phyllanthin）。

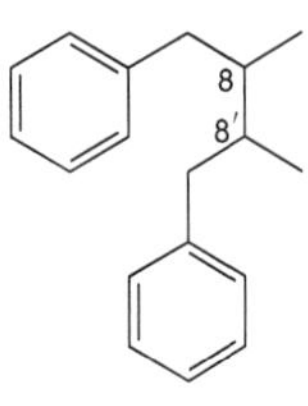

二苄基丁烷 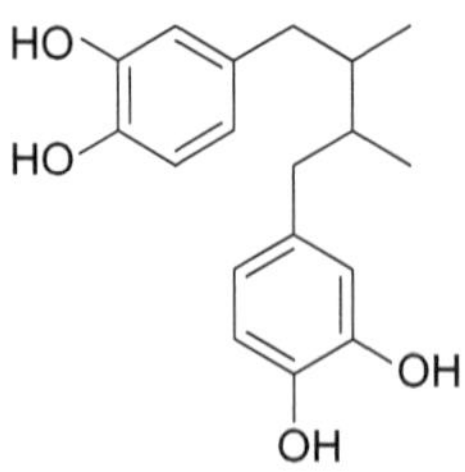　　　　　　去甲二氢愈创木脂酸 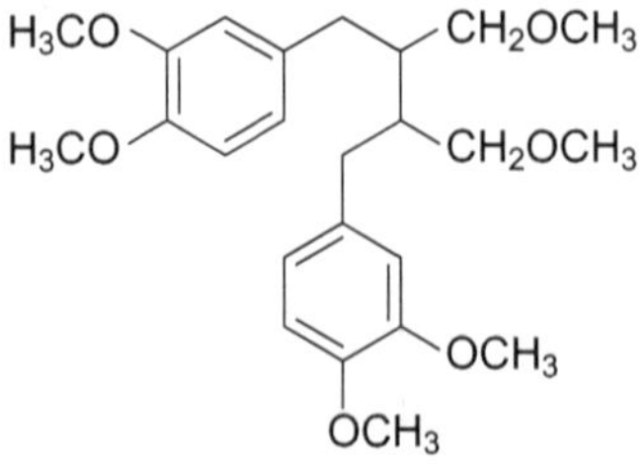　　　　　　叶下珠脂素

2. 二苄基丁内酯类（dibenzyltyrolactones）

它是木脂素侧链 C8—C8'位形成五元内酯环结构的基本类型，还包括单去氢和双去氢化

合物，是生物体内芳基萘内酯类木脂素的合成前体。多数天然二苄基丁内酯类木脂素 C8 和 C8′位的两个苄基为反式构型，如（－）-扁柏脂素 ［（－）-hinokinin］；也有少数二苄基丁内酯类木脂素 C8 和 C8′位的两个苄基为顺式构型，如 7-methoxy-*epi*-matairesinol。

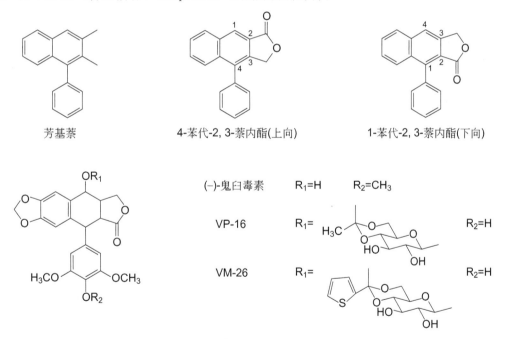

二苄基丁内酯　　　　　　　(–)-扁柏脂素　　　　　　7-methoxy-*epi*-matairesinol

3. 芳基萘类 （arylnaphthalenes）

它有芳基萘、芳基二氢萘和芳基四氢萘三种结构。芳基萘类木脂素常以氧化的侧链 γ-C 缩合形成五元内酯环，依内酯环合方式分 4-苯代-2,3-萘内酯（上向）和 1-苯代-2,3-萘内酯（下向）两种基本骨架。以鬼臼毒素为代表的芳基四氢萘类木脂素是很重要的一类天然产物，主要存在于鬼臼属及其亲缘植物中，其 4′-去甲鬼臼毒素的衍生物 VP-16（依托泊苷，etoposide）和 VM-26（替尼泊苷，teniposide）已成为抗癌药物。

芳基萘　　　　　　4-苯代-2,3-萘内酯(上向)　　　　　1-苯代-2,3-萘内酯(下向)

(–)-鬼臼毒素　　　R_1=H　　　R_2=CH$_3$

VP-16　　　R_1=　　　　　　　　　　　R_2=H

VM-26　　　R_1=　　　　　　　　　　　R_2=H

4. 四氢呋喃类 （tetrahydrofurans）

根据氧原子连接位置的不同，四氢呋喃类木脂素可分为 7-O-7′、7-O-9′和 9-O-9′三种类型。如 *Himantondra baccata* 树皮分离得到加尔巴星（galbacin）为 7-O-7′型四氢呋喃木脂素；*Olea europaea* 树脂中分离得到的橄榄脂素（olivil）为 7-O-9′型四氢呋喃木脂素；荜澄茄（*Piper cubeba*）果实中得到的荜澄茄脂素（cubebin）则为 9-O-9′型四氢呋喃木脂素。

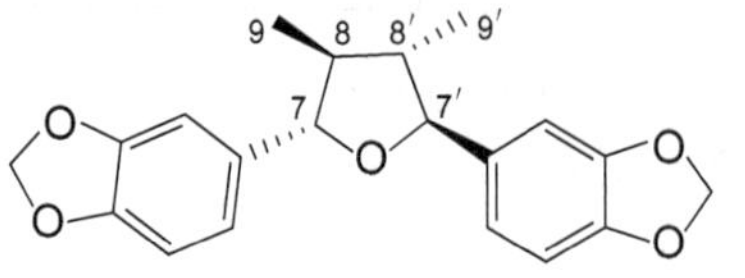

(−)-加尔巴星

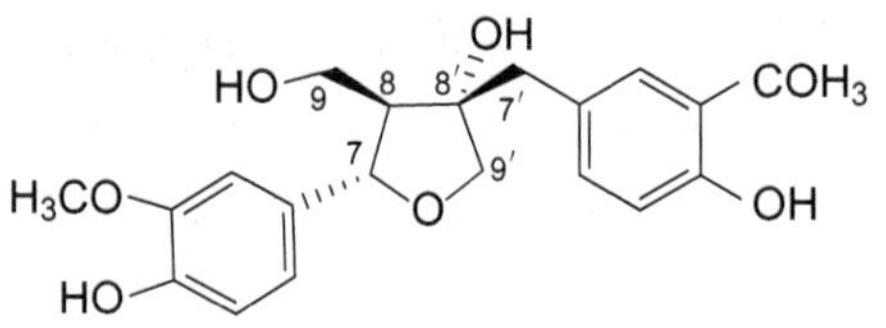

(−)-橄榄脂素

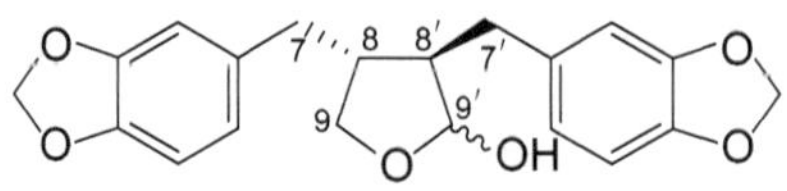

(−)-荜澄茄脂素

5. 双四氢呋喃类（furofurans）

7-O-9′型四氢呋喃木脂素通过C8—C8′位并合、侧链羟基缩合，形成了双并四氢呋喃木脂素的结构。连翘中的连翘脂素（phillygenol）和连翘苷（phillyrin），细辛中的细辛脂素（asarinin）均为双四氢呋喃木脂素。

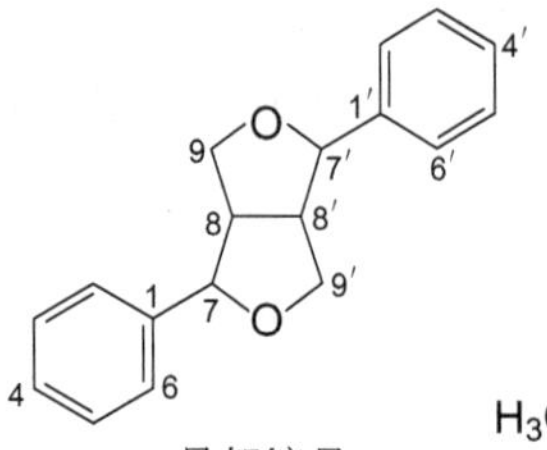

骨架编号

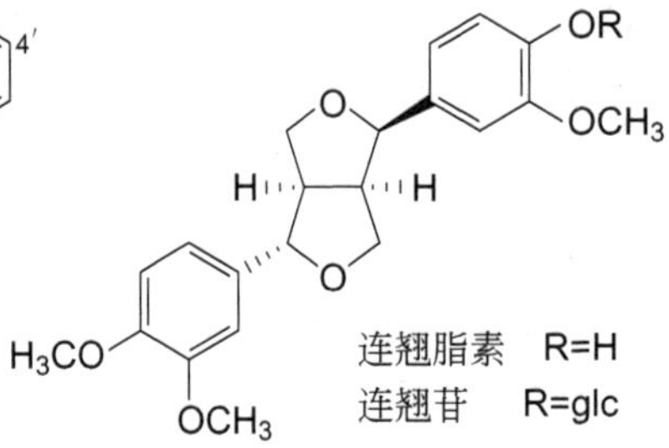

连翘脂素　R=H
连翘苷　　R=glc

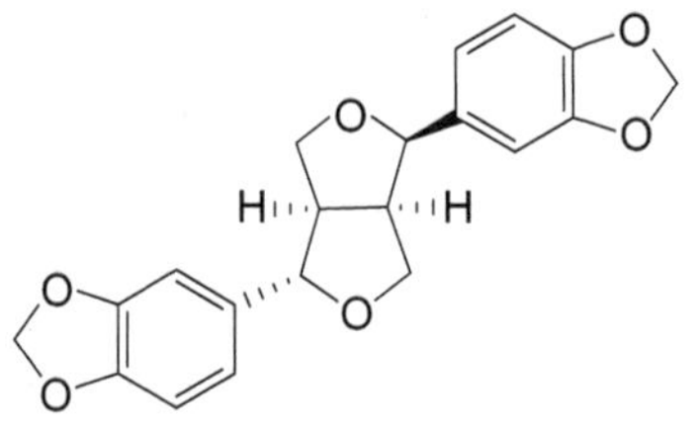

(+)-细辛脂素

6. 联苯环辛烯类（dibenzocyclooctenes）

此类木脂素中除了侧链中 β 碳原子C8—C8′位相连外，两个苯丙素单元中的苯基通过C2—C2′位同时相连，形成联苯环辛烯结构。这类木脂素集中分布于五味子科五味子属（*Schizandra*）和南五味子属（*Kadsura*）植物中，如从五味子（*Schisandra chinensis*）和华中五味子（*Schisandra sphenanthera*）果实中分得到的五味子甲素（deoxyshizandrin）、五味子酯甲和五味子酯乙，在我国已成为保肝、降低血清谷丙转氨酶（GPT）水平和治疗慢性肝炎的药物；从南五味子（*Kadsura interior*）中分得的戈米辛G（gomisin G），具有强抗HIV病毒活性（魏雪苗 等，2018）。

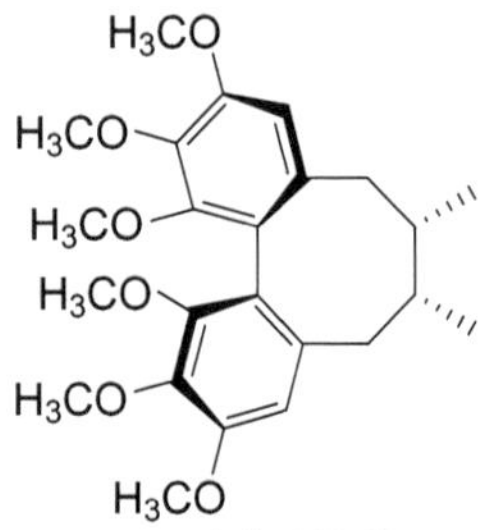

(+)-五味子甲素

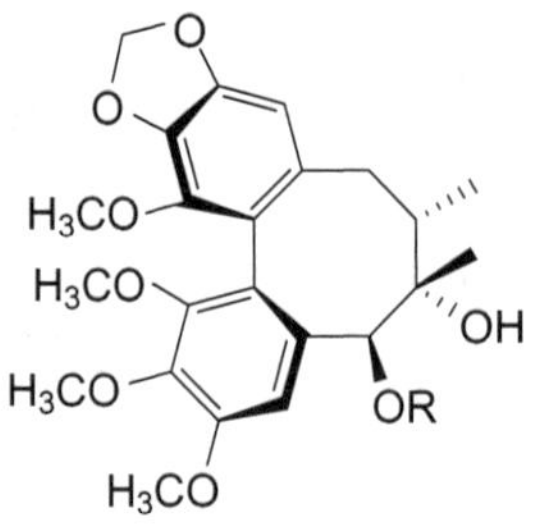

五味子酯甲　R=COC₆H₅

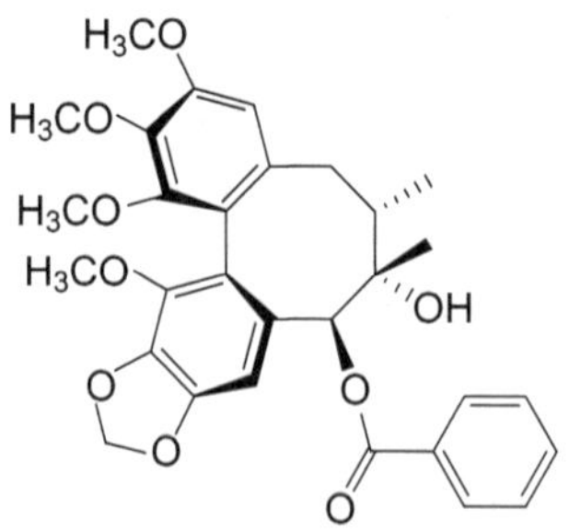

五味子酯乙　R=

戈米辛G

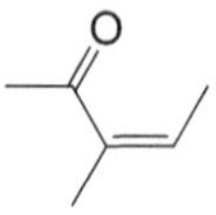

7. 苯并呋喃类（benzofurans）

此类是苯环与侧链连接后形成呋喃氧环的一类新木脂素，包括苯并呋喃及其二氢、四氢和六氢衍生物（Frezza, et al., 2020），如植物 *Eupomatia laurina* 树皮中分离到的尤普麦特烯（eupomatene），樟科植物 *Aniba burchellii* 中得到的伯彻林（burchellin）。

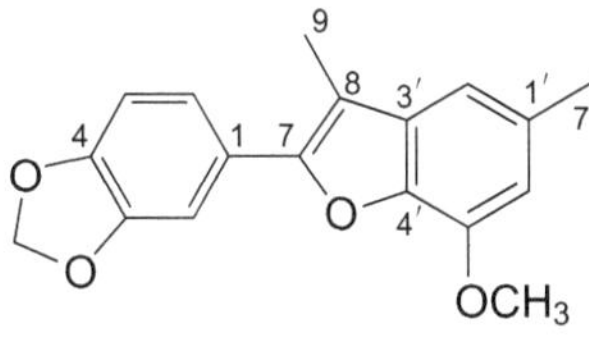

尤普麦特烯 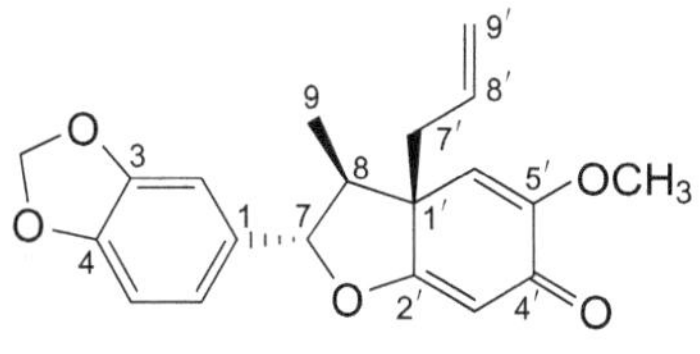   伯彻林

8. 双环〔3,2,1〕辛烷类（bicyclo〔3,2,1〕octanes）

两个苯丙素单元中的苯基通过 C8—C3′位相连，同时 C7—C1′位直接相连，形成一个与环己烃相并的苯取代五元环的双环[3,2,1]辛烷结构骨架。从 *Ocotea bullata* 分离得到的异奥克布烯酮（*iso*ocobullenone）就属于这类新木脂素。

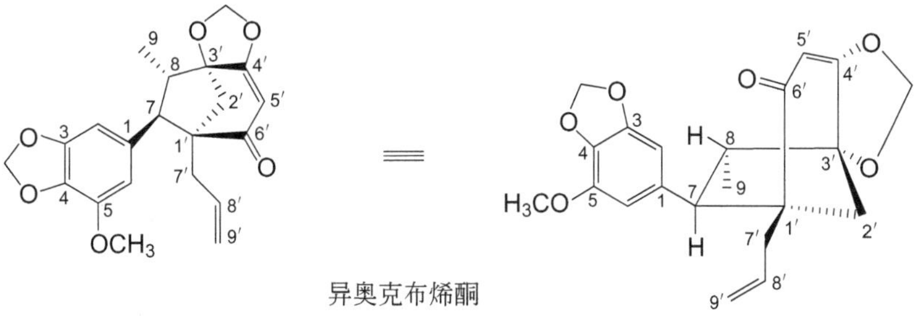

异奥克布烯酮

9. 苯并二氧六环类（benzodioxanes）

一个苯丙素单元的苯环上 3,4-二羟基分别与另一个苯丙素单元的侧链 α-C 和 β-C 连接，形成二氧六环结构。该类结构的代表是从樟科植物 *Eusideroxylon zwageri* 中获得的 eusiderin。

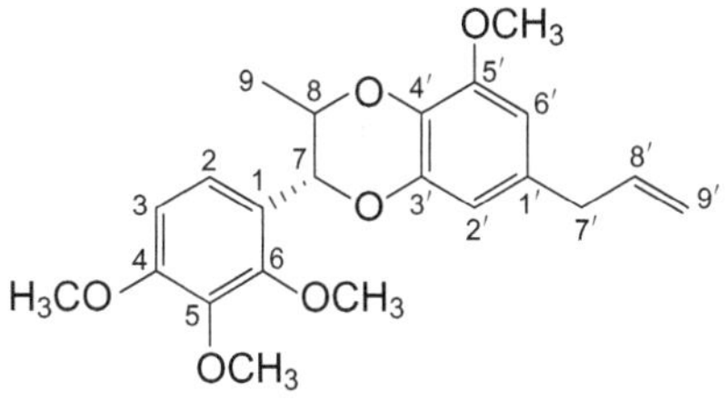

eusiderin 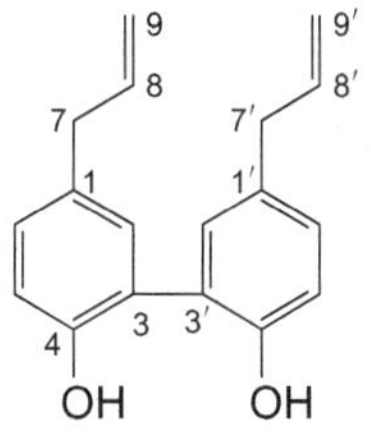   厚朴酚 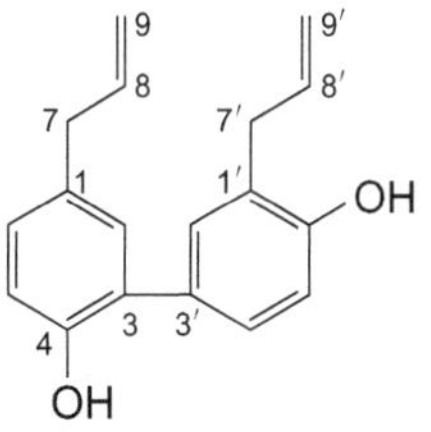   和厚朴酚

10. 联苯类（biphenyls）

此类为两分子苯丙素单元中的苯基通过 C3—C3′位直接相连而成的新木脂素类，又称厚朴酚型。从中药厚朴树皮中分离得到的是厚朴酚（magnolol），日本厚朴树皮中分离得到的和厚朴酚（honokiol）是其异构体。

11. 降木脂素（norlignans）

构成上述类型的木脂素或新木脂素的其中一个苯丙素单元的侧链失去一个或两个碳而形成的一类木脂素结构骨架称为降木脂素。从胡椒属植物 *Piper decurrens* 中分到的苯并呋喃型降新木脂素 deccurenal，从植物蒙蒿子（*Anaxagorea clavata*）中得到的蒙蒿素，均是这类木脂素。

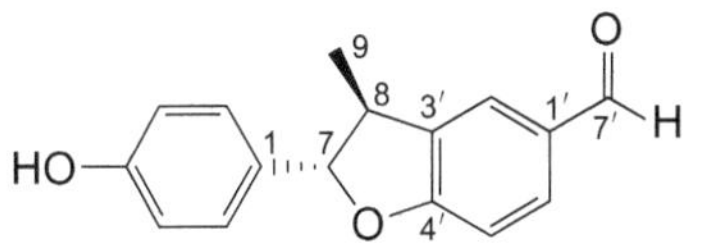

deccurenal 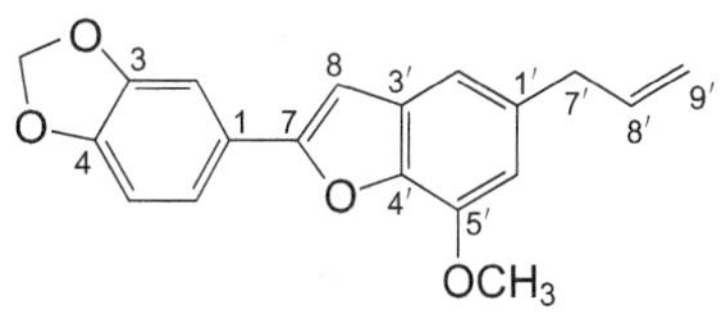   蒙蒿素

12. 其他类

多个苯丙素单元通过碳碳键相互连接可形成低聚木脂素，如牛蒡根中的拉帕酚 A（lap-paol A）是 3 分子苯丙素单元缩合而成的。木脂素与萜类、黄酮等其他类型化合物形成混源途径复合体构成杂木脂素，如保肝药物水飞蓟素，既有木脂素结构，也具有黄酮结构。

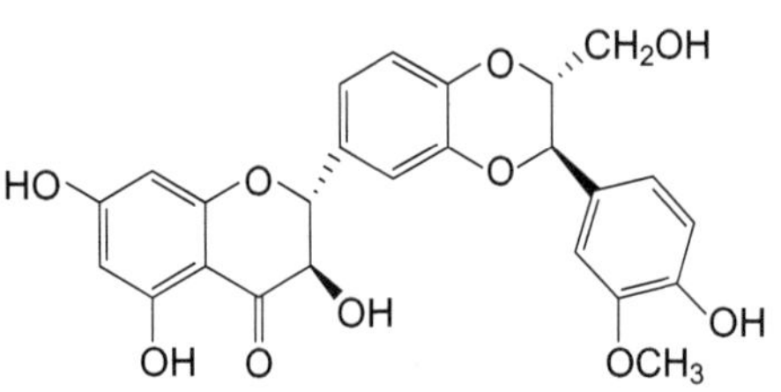

水飞蓟素

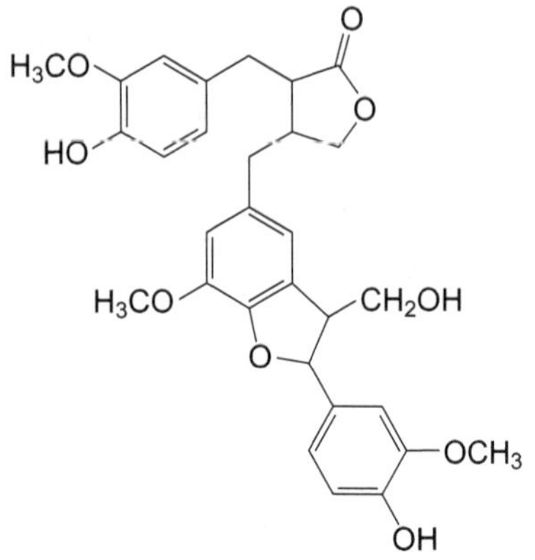

拉帕酚A

9.3.2　木脂素的性质

木脂素多数为无色或白色结晶，新木脂素不易结晶，多数无挥发性，仅少数能升华。游离木脂素极性较小，一般难溶于水，而易溶于苯、乙醚、氯仿、乙醇等；与糖结合成苷后，有一定的水溶性。木脂素分子中有多个手性碳原子，除少数去氢化合物外，大部分具有光学活性，有的遇酸、碱、光易发生异构化。木脂素的生理活性常与手性碳原子的构型有关，因此在提制过程中应注意操作条件。

木脂素分子中常见的官能团有醇羟基、酚羟基、甲氧基、亚甲二氧基、羧基、酯基及内酯环等。因此它也具有这些官能团所具有的化学性质，可用于薄层色谱显色反应，如三氯化铁或重氮化试剂用于酚羟基的检识，Labat 试剂（没食子酸-浓硫酸试剂，产生蓝绿色）或 Ecgrine 试剂（变色酸-浓硫酸试剂，产生蓝紫色）可用于亚甲二氧基的识别。

9.3.3　木脂素的提取分离

木脂素多数呈游离态，少数与糖结合成苷。游离木脂素是亲脂性成分，能溶于乙醚等低极性溶剂，在石油醚中溶解度较小，提取时常用甲醇、乙醇或丙酮提取，得到浸膏后再用石油醚、乙醚等依次抽提出总木脂素。木脂素苷极性较强，可按苷类的方法进行提取分离。某些具有内酯结构的木脂素也可采用碱溶酸沉法，但要注意结构发生异构化而失去生理活性。超临界 CO_2 萃取法、微波萃取法也被应用于木脂素的提取。

色谱法是系统分离结构相似的木脂素的主要手段，常用吸附剂为硅胶和中性氧化铝，以石油醚-乙醚、三氯甲烷-甲醇等溶剂系统进行洗脱。

9.3.4　木脂素的结构鉴定

1. 紫外光谱

多数木脂素由于侧链不成环，或成环后不饱和程度较低，因此两个取代苯环在紫外光谱中显示为两个孤立的发色团，λ_{max} 分别位于 220～240 nm（lg ε＞4.0）和 280～290 nm（lg ε 为 3.5～4.5）。紫外光谱可用于区别芳基四氢萘、芳基二氢萘和芳基萘型木脂素，例如 4-苯基萘类木脂素在 260 nm 处显示最强吸收（lg ε＞4.5），并在 225 nm、290 nm、310 nm 和 355 nm 处显示强吸收，为此类化合物的显著特征。

2. 红外光谱

木脂素均显示苯环的骨架震动，在 1600 cm^{-1}、1585 cm^{-1} 和 1500 cm^{-1} 出现特征吸收；含有亚甲氧基的，在 936 cm^{-1} 处显示特征吸收；具有饱和五元环内酯的木脂素，其内酯的羰基显示 $\nu_{C=O}$（1780～1760 cm^{-1}）吸收峰；具有 α,β-不饱和内酯环的木脂素，其内酯的羰基显示 $\nu_{C=O}$（1760～1750 cm^{-1}）吸收峰。

3. 核磁共振氢谱

木脂素侧链三碳质子的 ^{1}H-NMR 出峰信号，可用于推测木脂素类化合物的典型骨架结构、4-苯代-2,3-萘内酯（上向）和 1-苯代-2,3-萘内酯（下向）的鉴别、双环氧木脂素立体构型（两个苯环在同侧或异侧）的判断。一些典型木脂素骨架结构的 ^{1}H-NMR 的信号特征如图 9-3 所示（Feliciano et al.，1993）。

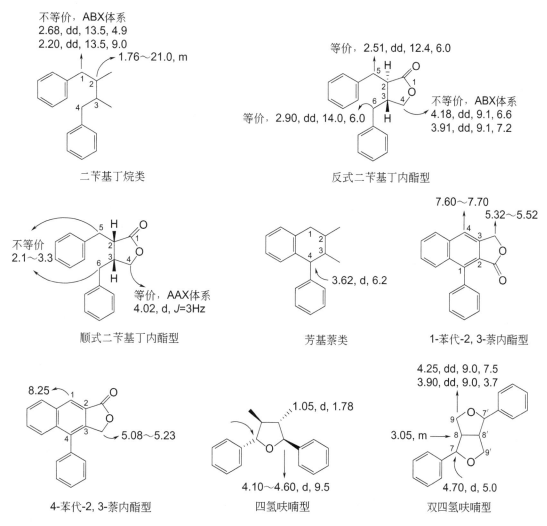

图 9-3　一些典型木脂素骨架结构的 ^{1}H-NMR 的信号特征

^{13}C-NMR 谱在确定木脂素碳架、平面结构及其构型构象方面起着重要作用。其中，内酯环羰基碳原子位于最低场，δ 165～180；其次为芳环质子 δ 105～157，连接取代基团的碳原子 δ 较大；烷烃类质子 δ 在 80 以下，连氧碳如—O—CH$_2$—O—在 101 左右，—OCH$_3$ 在 55 左右。

4. 质谱

木脂素分子大都具有环状结构，因此质谱通常能给出丰度较高的分子离子峰，可以得到化合物的分子量。这类化合物有共同的裂解方式，大多数木脂素在 MS 谱中可以得到苯基带 α-C（苄基）的碎片或苯基带各自的三个侧链碳的碎片；4-苯基四氢萘可以得到发生 RDA 反应的裂解碎片；甲氧基取代的木脂素，常会得到失去甲氧基的碎片。

5. 旋光光谱和圆二色谱

旋光光谱（ORD）和圆二色谱（CD）是决定木脂素类化合物绝对构型的有效技术（吴红华 等，2010）。Klyne 通过对 100 多个 4-苯基萘类木脂素 CD 的测定，发现有 2 个特征 Cotton 效应，λ_{max} 分别位于 230～245 nm 处和 280～290 nm 处，4-α-苯基萘类的第二个 Cotton 效应为正值，4-β-苯基萘类的第二个 Cotton 效应为负值（Klyne et al.，1966）。二苄基丁内酯类 CD 图谱的研究发现，C8$'$ 为 R 构型时，λ_{max} 位于 233 nm 和 276 nm 处的 Cotton 效应为负值；C8$'$ 为 S 构型时，λ_{max} 位于 233 nm 和 276 nm 处的 Cotton 效应为正值，因此，当 C8 和 C8$'$ 的相对构型被 ROESY 确定后，其绝对构型随之可以确定（Luo et al.，1993）。联苯环辛烯类木脂素的绝对构型受两个相连苯环的转阻异构、脂肪环的立体构象、脂肪环上取代基的立体构型 3 个因素的影响。其中联苯的转阻异构可以通过 CD 图谱上 235～255 nm 内的 Cotton 效应推断：联苯为 S 构型时，Cotton 效应为负值；联苯为 R 构型，Cotton 效应为正值，且在 215～225 nm 内出现的一个符号相反的 Cotton 效应（Ikeya et al.，1979）。环辛烯的立体构象可通过 NOE 效应结合 H8 和 H9 之间的耦合常数判定（Luo et al.，2017）。

参 考 文 献

陈焕文. 分析化学手册. 9A. 有机质谱分析 [M]. 第 3 版. 北京：化学工业出版社，2016.

龚蕾，刘雁雨，焦必宁，等. 植物中天然香豆素类化合物的提取纯化技术研究进展 [J]. 食品工业科技，2015，36（20）：377-383.

郭珍. 紫外光谱在天然产物结构鉴定中的应用 [J]. 光谱实验室，2006，23（3）：594-597.

柯以侃，董慧茹. 分析化学手册. 3B. 分子光谱分析 [M]. 第 3 版. 北京：化学工业出版社，2016.

孔令义. 香豆素化学（天然产物化学丛书）[M]. 北京：化学工业出版社，2008.

李锦周，黄初升，刘红星，等. 简单香豆素天然产物药理作用与化学结构关系研究进展 [J]. 广西师范学院学报，2007，24（1）：93-98.

刘启新，吴美玉，饶高雄，等. 香豆素的 ^{1}H-NMR 检测及其在阿魏亚族化学分类中的应用 [J]. 植物资源与环境，1999，8（1）：46-51.

陶凯奇，王红，周宗宝，等. 木脂素类化合物的结构及生物活性研究进展 [J]. 中南药学，2017，15（1）：70-74.

王年鹤，马场きみ江，谷口雅彦. 核磁共振氢谱法在芹亚科植物化学分类中的简便应用 [J]. 植物资源与环境学报，1996，5（2）：40-44.

魏雪苗，侯建成，刘洋，等. 五味子木脂素研究进展 [J]. 吉林医药学院学报，2018，39（2）：115-118.

吴红华，李志峰，张起辉，等. CD 在木脂素类化合物绝对构型测定中的应用 [J]. 沈阳药科大学学报，2010，27（7）：81-88.

杨峻山，马国需. 分析化学手册. 7B. 碳-13 核磁共振波谱分析 [M]. 第 3 版. 北京：化学工业出版社，2016.

于淼，曾光尧，谭健兵，等. 木脂素类化合物的活性研究进展 [J]. 中南药学，2013，11（6）：452-456.

郑玲，赵挺，孙立新. 香豆素化合物的药理活性和药代动力学研究进展 [J]. 时珍国医国药，2013，24（3）：714-717.

曾兰亭，杨子银. 茶树苯丙素类/苯环型挥发性物质的生物合成和胁迫响应的研究进展 [J]. 热带亚热带植物学报，2019，27（5）：591-600.

张新勇，向仁德. 酸碱法提取蛇床子总香豆素的工艺研究 [J]. 中成药，1999，21（1）：7-8.

张国良，李娜，林黎琳，等. 木脂素类化合物生物活性研究进展 [J]. 中国中药杂志，2007，32（20）：2089-2094.

Feliciano A S, Corral J M M D, Gordaliza M, et al. ^{13}C NMR data for several cyclolignans [J]. Magnetic Resonance in Chemistry, 1993, 31（9）：868-875.

Frezza C, Venditti A, Toniolo C, et al. Nor-lignans: Occurrence in plants and biological activities—A review [J]. Molecules, 2020, 25 (1): 197-239.

Ikeya Y, Taguchi H, Yosioka I, et al. The constituents of *Schizandra chinensis* Baill I. Isolation and structure determination of five new lignans gomisin A, B, C, F and G, and the absolute structure of schizandrin [J]. Chemical & Pharmaceutical Bulletin, 1979, 27 (6): 1383-1394.

Klyne W, Stevenson R, Swan R J. Optical rotatory dispersion. part xxviii. The absolute configuration of otobain and derivatives [J]. Journal of the Chemical Society C Organic, 1966: 893-896.

Luo S Q, Lin L Z, Cordell G A. Lignan glucosides from *Bupleurum wenchuanense* [J]. Phytochemistry, 1993, 33 (1): 193-196.

Luo Y Q, Liu M, Wen J, et al. Dibenzocyclooctadiene lignans from *Kadsura heteroclita* [J]. Fitoterapia, 2017, 31: 629-632.

Xu J, Kjer J, Sendker J, et al. Cytosporones, coumarins, and an alkaloid from the endophytic fungus *Pestalotiopsis* sp. isolated from the Chinese mangrove plant *Rhizophora mucronata* [J]. Bioorganic & Medicinal Chemistry Letters, 2009, 17 (20): 7362-7367.

第10章 海洋天然产物

10.1 概述

海洋占地球表面积的71%，水体占生物圈（biosphere）的95%，是地球上最大且生态环境最复杂的系统，蕴藏的生物总量占地球的87%，是地球上最大的生物资源宝库。海洋生物物种的丰富度远高于陆地生物，据估计，海洋中有500万～5000万种海洋生物和10亿多种微生物，但有记载的海洋生物只有140万种，已经鉴定和命名的有25万种，而进行过系统研究的只有6000余种，研究的数量不到记载量的0.5%；在动物界33个门类中，海洋生境有32个，其中15个为海洋特有。我国海岸线长1.8万多公里，海域面积约500万平方公里，海洋药用资源蕴藏十分丰富，涉及海洋生物5个生物界、44个生物门、20278种。

海洋生物的生活环境与陆生生物迥然不同，它们常年生活在一个具有一定水压、较高盐度、较小温差、有限溶氧、有限光照的海水化缓冲体系中。长期的环境适应性导致海洋生物进化获得了不同于陆生生物的基因组和代谢机制，并产生了许多结构独特且生物活性特殊的海洋天然产物（marine natural products，MNPs）。迄今，科学家已从海洋生物中发现了近40000余种化合物，并以每年超过1000个新结构的速度递增，海洋天然产物广泛分布于海洋植物［海藻（marine algae，seaweed）、红树林（mangrove）等］、海洋动物［海绵（sponge）、腔肠动物（coelenterate）、被囊动物（tunicate）、软体动物（mollusk）、棘皮动物（echinoderm）、苔藓动物（marine bryozoan）等低等无脊椎动物］及海洋微生物（marine microorganism，包括海洋细菌、真菌和放线菌）三大种群，其中25%来自红藻，33%来自海绵，18%来自腔肠动物以及24%来自海洋中的其他物质（Anake et al.，2004）。

一些结构新颖的海洋天然产物具有引人注目的生理和药理活性，具有抗肿瘤、止血、抗凝血、降血糖、降血脂、抗病毒等显著生理活性的先导化合物不断发现，为癌症、心脑血管疾病、糖尿病、感染性疾病等重大疾病创新药物的研制和开发等提供了丰富而独特的化合物资源。开发海洋药物，有望成为解决人类疑难病症的有效途径（管华诗 等，2009）。Blunt课题组在英国Royal Society of Chemistry出版的*Natural Product Reports*上的"Marine natural products"系列论文对每年新发现的海洋天然产物进行了详细的综述，对研究天然产物的化学工作者非常有用（Carroll et al.，2019，2020；Blunt et al.，2018）。Proksch教授课题组对2000—2010年间红树林内共生真菌作为生物活性天然产物来源的开发潜力及研究进展进行了概述（Debbab et al.，2012；2013）。徐静课题组在*Current Medicinal Chemistry*和*RSC Advances*杂志上对2014年之前报道的红树林微生物来源的功能分子进行了评述（Xu，2011；2015）。

国外海洋药物的研究始于20世纪40年代，由于当时正值合成药物和抗生素的黄金时代，另外由于海洋中采集动植物样品药源难以解决、提取分离困难和海洋天然产物结构的复

表 10-1 截至 2020 年国外批准上市的海洋药物

序号	通用名	商品名及公司	来源	结构类型	治疗疾病及功效	批准机构	上市时间/年
1	头孢菌素 C(Cephalosporin C)	—	海洋真菌	β-内酰胺抗生素	抗菌	头孢菌素 C 作为原形药物未获 FDA 正式批准上市,而是以半合成的 cephalosporin 于 1965 年投放市场	1968
2	利福霉素(Rifamycin)	Rifampin®	海洋放线菌	聚酮类	抗结核、麻风病和分枝杆菌复合症	ISS(意大利) / FDA(美国)	1971
3	阿糖胞苷(Cytarabine/Ara-C)	Cytosar-U® Bedford(USA) Enzon(USA)	海绵	海绵糖苷	抗癌:白血病	FDA(美国)	1969
4	硫酸鱼精蛋白(Protamine Sulfate)	Protamine Sulfate® Fresenius Kabi(USA)	蛙鱼	碱性蛋白质硫酸盐	肝素中和剂	FDA(美国)	1969
5	阿糖腺苷(Vidarabine/Ara-A)	Vira-A®	海绵	海绵糖苷	抗病毒:单纯性疱疹病毒	FDA(美国)	1976
6	氟达拉滨磷酸酯(Fludarabine Phosphate/Fludarabine)	Fludara® Genzyme Corporation(USA)	海绵	海绵糖苷	抗癌:白血病和淋巴癌	FDA(美国)	1991
7	Omega-3 acid ethyl esters	Lovaza® GlaxoSmithKlibe (USA)	海鱼	多元不饱和脂肪酸	脂类调节剂	EMEA(欧盟) / FDA(美国)	2001 / 2004
8	齐考诺肽(Ziconotide)	Prialt® Jazz Pharmaccuticals	芋螺	芋螺毒素(肽)	镇痛	FDA(美国)	2004
9	奈拉滨(Nelarabine/Ara-GTP)	Arramon® Novaris pharma corporstion (USA) / Atriance® GlaxoSmithKline (England)	海绵	海绵糖苷	抗癌:急性 T 淋巴细胞白血病	FDA(美国) / EMEA(欧盟)	2005 / 2005
10	曲贝替定(Trabectedin/ET-743)	Yondelis® PharmaMar(Spain)	海鞘	海鞘素(生物碱)	抗癌:软组织肉瘤,卵巢癌	AEMPS(西班牙) / FDA(美国)	2007 / 2015
11	甲磺酸艾瑞布林(Eribulin Mesylate/E7389)	Halaven® Eisai Inc. (Japan)	海绵	软海绵素衍生物甲磺酸(大环聚醚)	抗癌:转移性乳腺癌	FDA(美国) / PADA(日本) / Health Canada(加拿大)	2010 / 2010 / 2011
12	泊仁妥西凡多汀(Brentuximab Vedotin/SGN-35)	Adcetris® Seattle Genetics(USA) Takeda GBDC(Japan)	海兔	海兔毒素单抗偶联物	抗癌:淋巴癌	FDA(美国)	2011
13	Iota-carrageenan Nasal Spray	Carragelose® Boehringer Ingelheim(Germany)	红藻	硫酸多糖	抗病毒	EMEA(欧盟)	2012 Phase V(临床V期)

表 10-2　截至 2020 年国内自主研发批准上市的海洋药物

序号	化合物名称	商品名及公司	来源	结构类型	治疗疾病及功效	批准机构	上市时间/年
1	藻酸双酯钠 (propylene glycol alginate sulfalesodium, PSS)	藻酸双酯钠片	褐藻	肝素类低分子多糖	抗凝血,降低血黏度,降血脂	CFDA(中国)	1985
2	壳聚糖 (chitosan)	甲壳胺	虾,蟹甲壳	聚糖	促进创伤愈合	CFDA(中国)	2002
3	角鲨烯 (squalene)	角鲨烯/浙江万联药业有限公司	鲨鱼	鱼肝油萜	提高体内超氧化物歧化酶(SOD)活性,增强机体免疫能力,改善性功能,抗衰老,抗疲劳,抗肿瘤等	CFDA(中国)	2010
4	褐藻硫酸多糖	海麒舒肝	褐藻	硫酸多糖	治疗肝病,抗 HPV	CFDA(中国)	2012
5	岩藻聚糖硫酸酯 (fucoidan polysaccharide, FPS)	海昆肾喜	海带	聚糖硫酸酯	治疗肾病:慢性肾衰竭	CFDA(中国)	2015
6	甘糖酯 (propylene glycol mannuronate sulfate, PMS)	甘糖酯	褐藻	肝素类低分子多糖	抗凝血,抗血栓,降血脂	CFDA(中国)	2015
7	甘露醇烟酸酯 (mannitol nicotinate)	甘露醇烟酸酯片	海带	甘露醇烟酸酯	舒张血管,降血脂	CFDA(中国)	2015
8	复方多糖	降糖宁片	褐藻	复方多糖	降血糖	CFDA(中国)	2014
9	复方制剂	螺旋藻片	螺旋藻	脂肪酸,多糖,β-胡萝卜素等	治疗高脂血症,延缓动脉粥样硬化,增强免疫力	CFDA(中国)	2015
10	甘露寡糖二酸 (GV-971,"九七一")	甘露特纳胶囊/上海绿谷制药	褐藻	低分子酸性寡糖	治疗轻度至中度阿尔茨海默病	CFDA(中国)	2019

杂性，直到 20 世纪 60 年代初河豚毒素的发现，海洋药物才开始兴起。1968 年美国 NIC 对海洋生物资源的抗癌活性筛选使海洋药物的研究成为一个独立的领域。20 世纪 80 年代以后随着分离分析仪器和结构快速测定方法的改进提高，特别是对高极性有机化合物的分离纯化技术和新颖生理活性试验方法的开发以及手性有机合成技术的改进，使包括海洋微生物代谢产物在内的海洋天然产物的研究得到了学术界高度重视，20 世纪 90 年代中后期形成了高潮。在美国"海洋生物技术计划"、欧盟"MAST"计划、日本"海洋蓝宝石计划"、英国"海洋生物开发计划"等的推动下，海洋药物的研究发展迅猛，已经成为 21 世纪国际新药研发的热点研究领域。NIC 每年研究、检测的上万个天然产物中，1/4 来自海洋生物，目前已开发上市了 13 种药物（抗结核药利福霉素、抗生素药物头孢菌素 C、抗癌药物阿糖胞苷、抗病毒药物阿糖腺苷、镇痛药齐考诺肽、降脂药 Lavoza、抗癌药 ET-743、抗难治性乳腺癌药甲磺酸艾日布林、抗霍奇金淋巴瘤药 SGN-35、降脂药伐赛帕、降三酰甘油药 Epanova、抗病毒鼻喷剂 ι-卡拉胶以及抗多发性骨髓瘤孤儿药 NPI-0052），有 40 余个化合物处于临床及系统临床前研究，有 1400 余种化合物正在进行成药性评价。

我国是世界上最早应用海洋药物的国家，公元一世纪的《神农本草经》中收载海洋药物约为 10 种，1596 年李时珍所写的《本草纲目》中海洋药物 90 余种，至 1765 年，《本草纲目拾遗》中海洋药物总数发展到 100 余种。自 1978 年"向海洋要药"的提案被国家采纳后，经过 30 多年的发展，在海洋生物医药研发方面取得了丰硕的成果，2009 年由管华诗院士等编著的《中华海洋本草》集成发展了中国传统药学，对几千年历史典籍、文献及历次全国海洋调查成果、资料进行了系统梳理和科学阐释。迄今为止，发现药用海洋生物 1000 余种，分离得到活性海洋小分子天然产物 3000 余种，海洋多糖（寡糖）及其衍生物 500 余种，自主研发上市的海洋药物有 11 种，如藻酸双酯钠 PSS、甘糖酯、海力特、甘露醇烟酸酯、多烯康、角鲨烯、海昆肾喜、GV-971 等；处于临床研究中的药物有"HS911""PS916"、D-聚甘酯、K-001、海参多糖、河豚毒素等，有 20 余种化合物处于临床前研究，表现出巨大的开发潜力（于广利 等，2016；张书军 等，2012）。截至 2020 年国外批准上市和国内自主研发批准上市的海洋药物分别见表 10-1 和表 10-2。

10.2 海洋天然产物的结构类型

海洋天然产物结构复杂多变，与陆地生物有很大不同，主要表现在分子骨架的重排、迁移和高度氧化，手性原子多，且结构中往往含有一些罕见或特殊的化学官能团，例如，卤素（特别是溴）、胍基、硫甲氨基、氰基、异氰基、异硫氰基、环多硫醚、过氧基以及自然界罕见的丙二烯基或乙炔基等。按照化学结构其分类主要有：大环内酯类、聚醚类、海洋肽类、海洋生物碱类、C_{15} 乙酸原类、前列腺素类、萜类、甾体及其苷类、多糖类等。下面仅就海洋天然产物中结构特殊、生理活性明显的几种类型加以介绍。

10.2.1 大环内酯类

大环内酯类（macrolides）是海洋生物中常见的一类化合物。现已发现的海洋天然产物中大环内酯类占了 1/3，通常具有抗肿瘤活性，主要分布于蓝藻、甲藻、海绵、苔藓虫、被囊动物和软体动物及某些海洋菌类中。大环内酯类化合物是由前体物长链不饱和脂肪酸形成的环状内酯，内酯环的大小各异，从 8 元环到 68 元环均有；结构中常含有双键、羟基等，在次生代谢过程中会发生氧化、脱水等化学反应，所以结构中还含有各种含氧环，其中以三元氧环、五元氧环和六元氧环为常见；有的内酯环上有超过 1 个酯键存在。例如，从加勒比海的红树海鞘（*Ecteinascidia turbinate*）中分离得到的 Ecteinascidin 743（Et-743，trabectedin，NSC 684766，Yondelis®，曲贝替定），为含有四氢异喹啉的海洋大环内酯类生物碱（Rinehart et al.，1990），是一种作用于 DNA 双螺旋间的沟槽的抗癌药物，对多种癌细胞具有较好的疗效，2007 年欧盟已批准该药上市，用于晚期软组织肉瘤和卵巢癌的治疗，从而成为第一个现代海洋药物；从美国南加州的海洋苔藓动物总合草苔虫（*Bugula neritina*）中分离得到的苔藓虫素类（bryostatins）化合物，为环高度氧化的 26 元内酯，是一种高效低毒的抗肿瘤活性成分，作用于 PKC 激酶的调节亚基，可降低 PKC 激酶的水平，从而诱导细胞分化、促进细胞凋亡，对治疗白血病、淋巴癌、黑色素瘤及其他肿瘤具有较好的疗效，目前已经确定结构化合物达 24 个，其中 bryostatin 1 作为第 I 类 HIV 拮抗剂在根治艾滋病的临床研究中具有显著的效果，在癌症免疫疗法以及阿尔茨海默病的临床治疗研究中也起到了重要的作用，正处于 II 期临床研究阶段（Mutter et al.，2000；Pettit et al.，1982；Wender et al.，2017）。

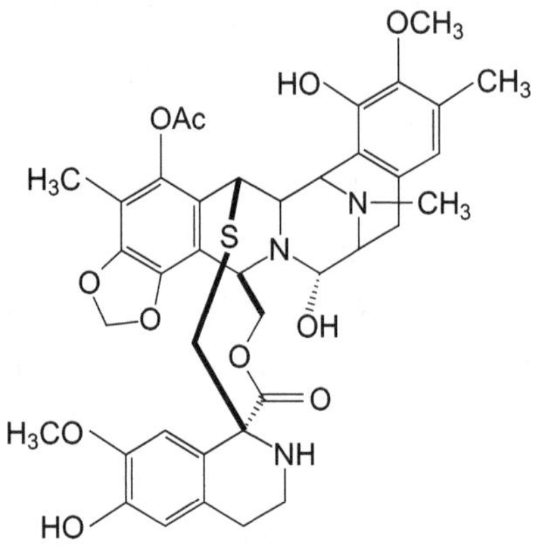

Et-743 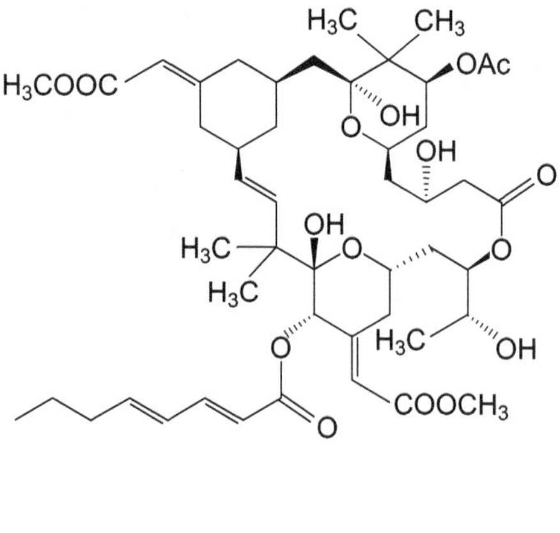   bryostatin 1

10.2.2 聚醚类

聚醚类化合物（polyethers）是海洋生物中的一类特有的毒性成分，常见的有梯形稠环聚醚、线性聚醚、大环内酯聚醚和聚醚三萜。

1. 梯形稠环聚醚

该类聚醚化合物的分子骨架是由一系列含氧 5～9 元醚环邻接稠合而成，分子骨架具有相同的立体化学特征，稠环间以反式构型相连，相邻醚环上的氧原子交替位于环的上端或下端，形成一种陡坡式的梯形线状分子，又称为“聚醚梯”（polyether ladder）。聚醚梯上有无规则取代的甲基等，分子的两端大多为醛酮酯、硫酸酯、羟基等极性基团。这类化合物极性低，为脂溶性毒素。这些毒性成分能够兴奋钠通道，在 16 ng/mL 浓度即显示毒鱼作用。该类毒素能被贝壳类食用蓄积，当人误食这种贝壳后，往往产生神经毒性或胃肠道反应，严重者危及生命。例如，短裸甲藻（*Ptychodiscus brevis*）中分离得到的毒性成分短裸甲藻毒素（brevetoxin B，BTX-B）是沿海赤潮产生毒鱼作用的主要化学物质；从泥鳗或其他微藻如岗比毒甲藻（*Gambierdiscus toxicus*）中分离到的雪卡毒素（ciguatoxin）等都属于该类聚醚类化合物。

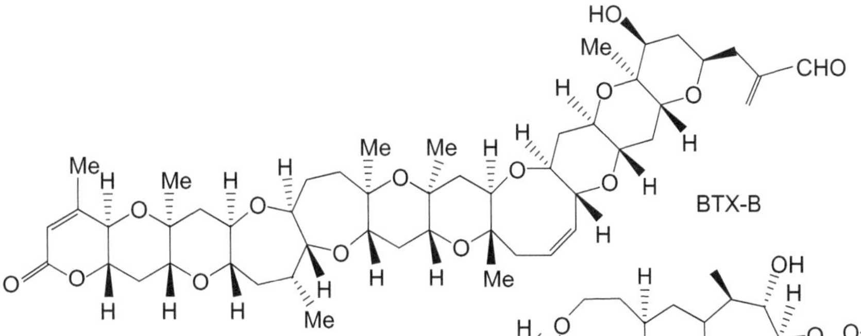

BTX-B

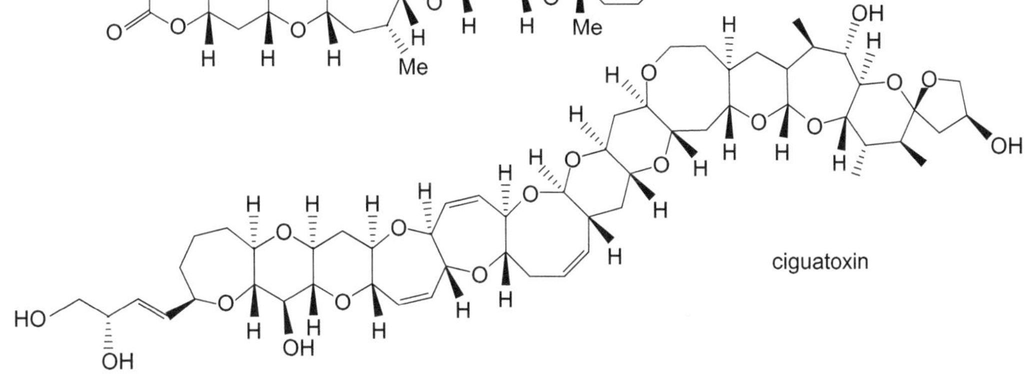

ciguatoxin

2. 线性聚醚

线性聚醚类化合物同样含有高度氧化的碳链，但与梯形类聚醚不同的是结构中仅部分羟基形成醚环，因多数羟基呈游离状态而具有水溶性。例如，从岩沙海葵（*Palythoa toxicus*）中分离得到的毒性成分岩沙海葵毒素（palytoxin，PTX），该化合物含有 129 个碳原子，64 个手性中心，花了 10 年时间才完成了其分子结构的测定，是光谱技术和化学方法相结合在结构鉴定中的一个经典例证。PTX 毒性比河豚毒素高一个数量级，是非蛋白毒素中毒性最大的物质之一，对小鼠的 LD_{50} 为 0.15 $\mu g/kg$，对白兔的 LD_{50} 为 25 ng/kg，与 Na^+/K^+ 泵结合，抑制 ATP 酶活性。

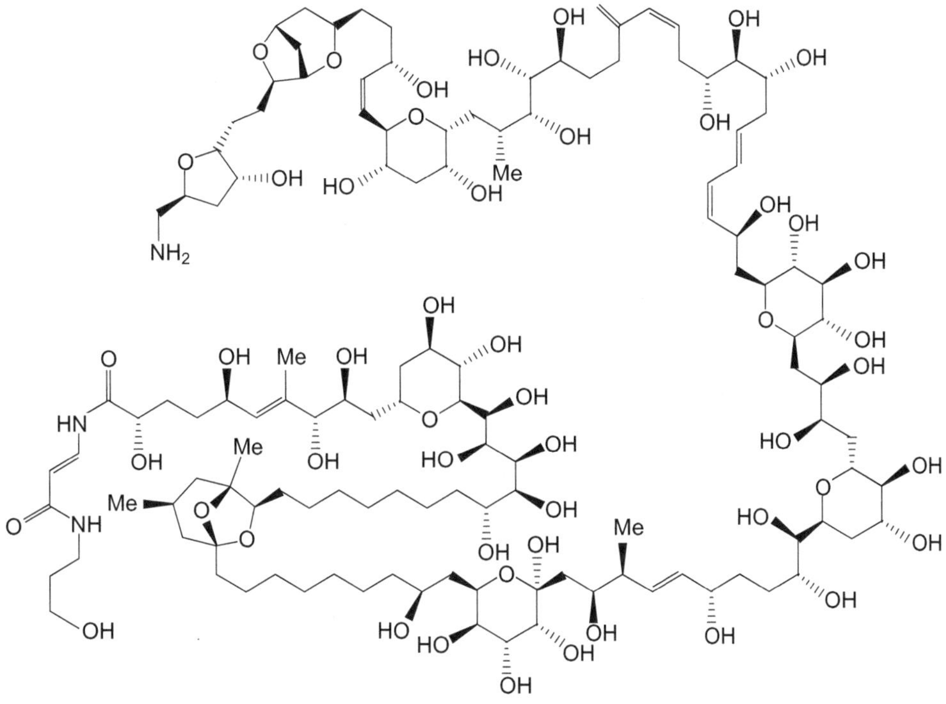

PTX

3. 大环内酯聚醚

该类化合物多含有氢化吡喃螺环，有的由聚醚类化合物首尾相连，形成大环内酯，如扇贝毒素（pectenotoxin 2，PTX2）；有的聚醚局部形成大环，如从冈田软海绵（*Halichondria oka-dai*）中分离得到的软海绵素 B（halichondrin B），对 B-16 黑色瘤细胞的 IC_{50} 为 93 ng/mL 左右，3.0 μg/kg 剂量的软海绵素 B 对接种了 B-16 黑色素瘤细胞和 P_{388} 白血病细胞的小鼠的生命延长率（T/C）高达 244% 和 236%，其合成类似物甲磺酸艾日布林（eribulin，E7389，eribulin mesylate，ER-086526，NSC-707389，Halaven®）于 2010 年被 FDA 批准用于治疗转移性乳腺癌，至今已经被 40 个国家批准上市出售。

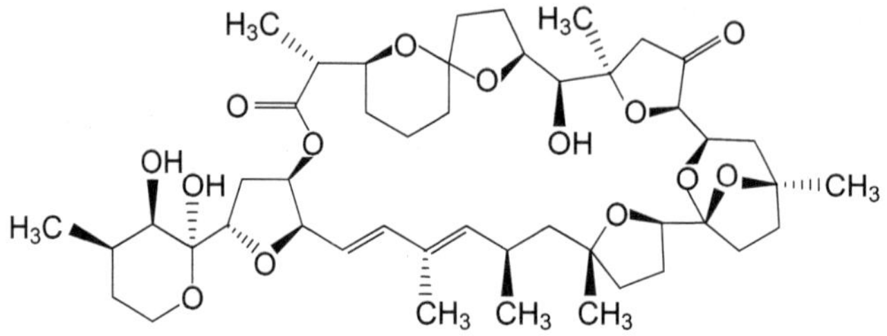

PTX2

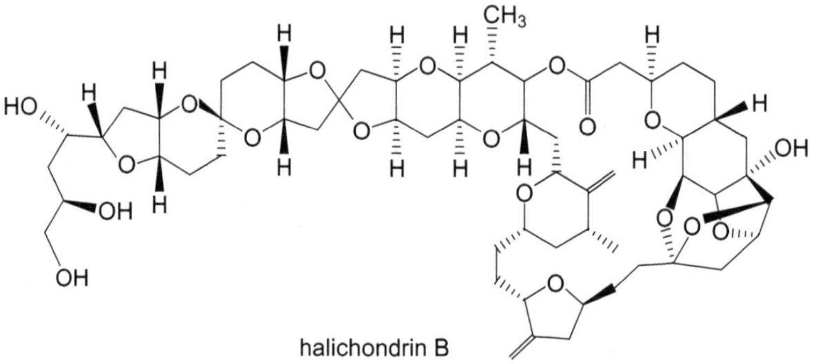

halichondrin B

4. 聚醚三萜

聚醚三萜为红藻和一些海绵中所含有的一类化合物，该类化合物氧化程度较高，含有多个醚环，但生源过程则是由角鲨烯衍生而来的，亦可归属于三萜类化合物，如从红藻凹顶藻属 *Laurencia intricata* 中分离得到的 teurilene。

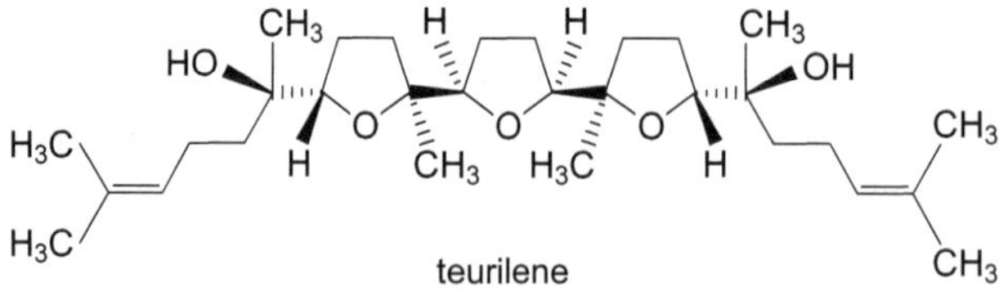

teurilene

10.2.3 海洋肽类

海洋肽类化合物（marine peptides）是另一大类海洋生物中所含有的生理活性物质，主要来源于进化程度较低的动物，如海绵、水母、海兔、海葵、芋螺等。由于海洋特殊的环境，组成海洋多肽化合物的氨基酸除常见的氨基酸外，还有大量的特殊氨基酸，如 β-氨基异丁酸（β-aminoisobutyric acid）、L-蓓豆氨酸（L-baikain）、海人酸（α-kainic acid）、软骨藻酸（domoic acid）等。有些氨基酸本身具有多种生理活性。海洋肽类常见的有直链肽类、环肽类、肽类毒素等。

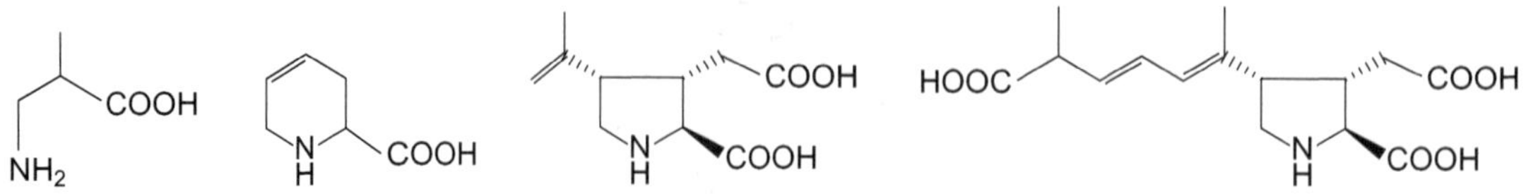

β-氨基异丁酸　　　L-蓓豆氨酸　　　海人酸　　　软骨藻酸

1. 直链肽类（linear peptides）

海兔毒素（aplysiatoxin）是一类从耳状截尾海兔（*Dolabella auricularia*）中分离到的抗癌活性成分，其中活性最强的是直链肽海兔毒素-10 和海兔毒素-15。海兔毒素-10 对 P388 白血病细胞的 IC_{50} 为 0.104 ng/mL，是目前已知最强的抗癌物质，已进入临床Ⅱ期研究（Pettit et al.，987；Miyazaki et al.，1995）；海兔毒素-10 的衍生物伯仁妥西凡多汀（Adcetris®）已于 2011 年由美国 FDA 批准上市，用于治疗霍奇金淋巴瘤和系统性间变性大细胞淋巴瘤。海兔毒素-15 对 P388 白血病细胞的 ED_{50} 为 2.4 ng/mL（Pettit et al.，1989），其水溶性合成衍生物西马多丁（cemadotin，LU103793）和 tasidotin（synthadotin，ILX-651）已进入临床Ⅰ期研究，但因严重毒副作用等原因而使临床研究处于停滞状态。

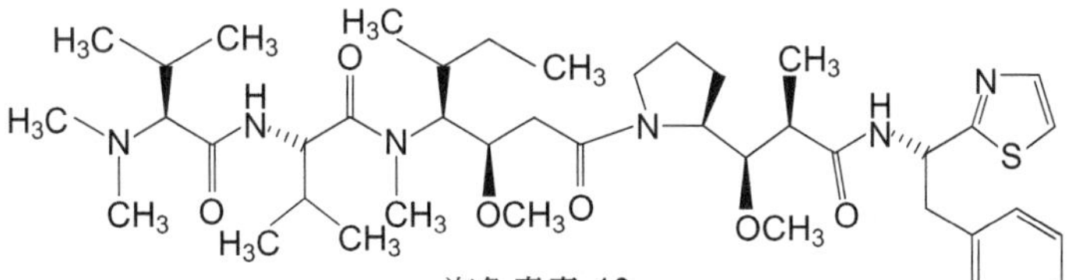

海兔毒素-10

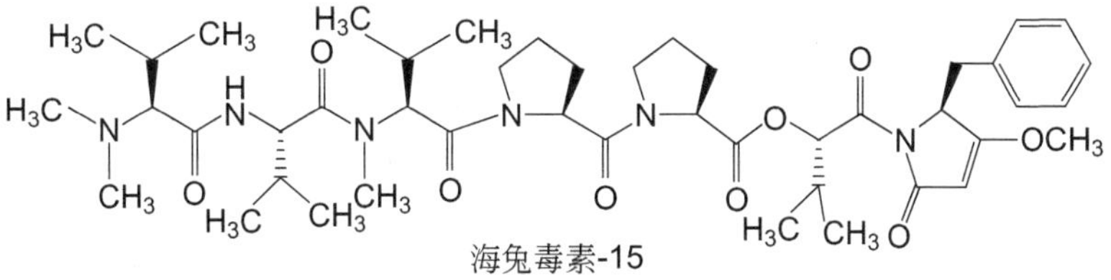

海兔毒素-15

2. 环肽类（cyclopeptides）

目前已从海洋生物中分离出 300 多种环肽类化合物，例如膜海鞘素 B（didemnin B）是从加勒比海膜海鞘 *Trididemnum solidum* 中分离出来的具有抗病毒和细胞毒活性的环状缩肽化合物，是 1984 年第 1 个经 FDA 批准进入临床研究的海洋天然产物，但未能开发成功。脱氢膜海鞘素 B（dehydrodidemnin B，Aplidin）是从地中海鞘 *Aplidium albicans* 中分离出来的一种抗肿瘤环肽，与膜海鞘素 B 仅相差 2 个氢原子，可以直接杀死癌细胞，活性是脱氢膜海鞘素 B 的 20 倍、紫杉醇的 80 倍，且部分克服了脱氢膜海鞘素 B 的毒副作用，已于 2012 年 12 月由西班牙的 PharmaMar 公司启动Ⅲ期临床研究。

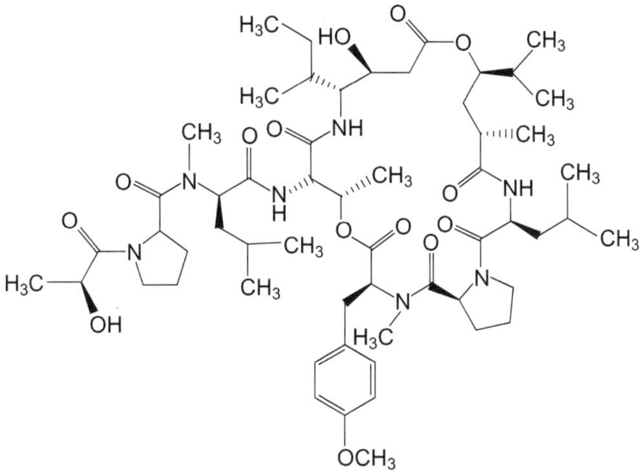

膜海鞘素B

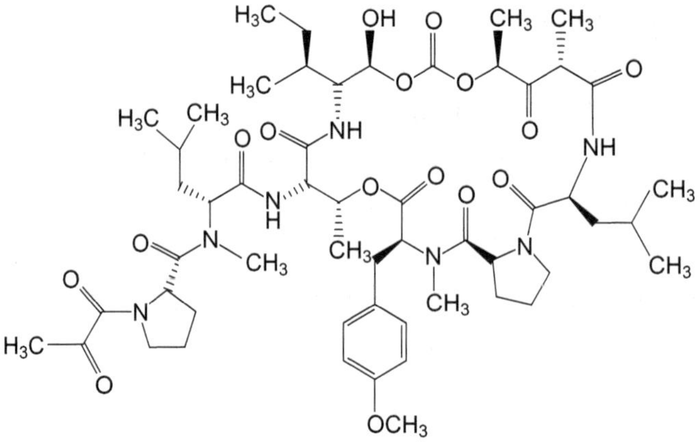

脱氢膜海鞘素B

3. 肽类毒素

一些具有显著神经系统或心脑血管系统毒性的多肽和蛋白质成分被统称为肽类毒素，主要来自海洋动物海蛇、海绵、水母、海兔、海葵及芋螺等。国内目前研究较多的是芋螺毒素（conotoxins，CTX），它是一类具有神经药理活性的多肽，一般由 7～41 个氨基酸残基组成，富含二硫键，据估计在已知的数百种芋螺中可能存在数万种甚至十几万种结构不同的芋螺毒素，具有镇痛、神经保护、抗惊厥、镇咳等显著生理活性。其中，ω-芋螺毒素 MVIIA（ziconotide，齐考诺肽，Prialt®）已完成Ⅲ期临床试验，分别于 2004 年和 2005 年获得美国和欧洲授权上市，用于治疗全身镇痛等不能耐受或无效的严重慢性疼痛，其镇痛作用和持续时间均强于吗啡。

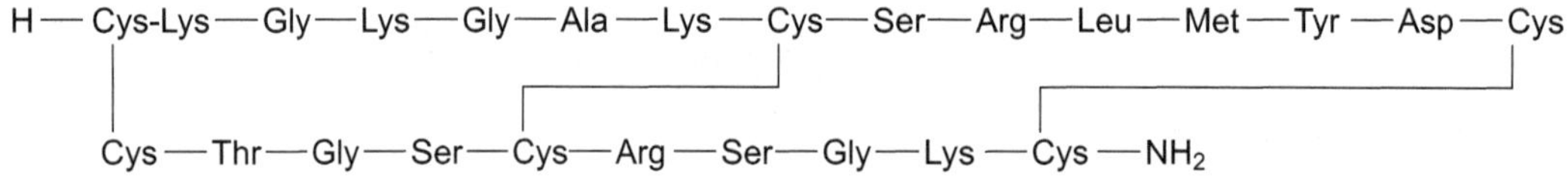

ziconotide

10.2.4 海洋生物碱类

在海洋生物中也存在着类似陆生植物那样数量众多、生理活性特殊、结构复杂的生物碱类化合物。这些生物碱多数来源于海绵，其次是海鞘和海洋微生物等，大多有抗肿瘤、抗菌、抗病毒、抗炎等活性，而且结构复杂多变。

1. 胍基生物碱

如最著名的含有胍基（guanidyl）的生物碱河豚毒素。除河豚毒素外，含有胍基的著名海洋生物碱就是石房蛤毒素类（saxitoxins，STXs；麻痹性贝毒 paralytic shellfish poison，PSP），目前已发现 STXs 30 多个（Dell' Aversano et al.，2008）。

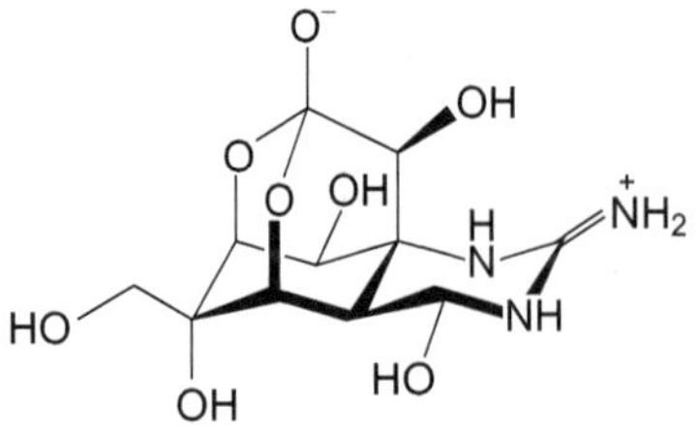

河豚毒素

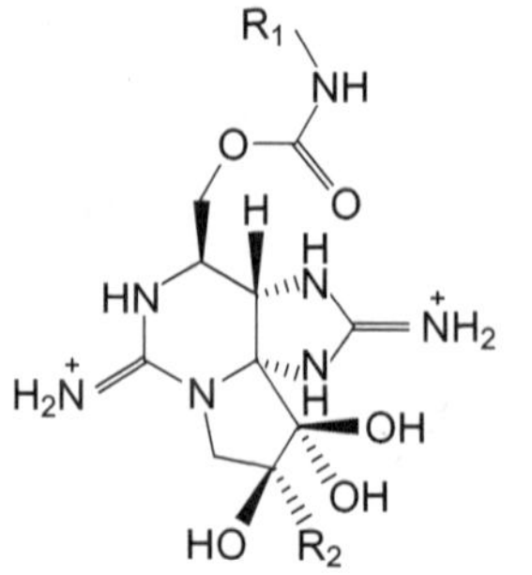

	R_1	R_2
11β-hydroxy-N 21-sulfocarbamoyl-saxiltoxin	SO_3^-	H
11β-hydroxy-saxiltoxin	H	H
11,11-dihydroxy-N 21-sulfocarbamoyl-saxiltoxin	SO_3^-	OH
11,11-dihydroxy-saxiltoxin	H	OH

2. 溴吡咯生物碱

海洋中蕴藏着丰富的具有独特生物活性的溴吡咯生物碱，这些化合物常以单或二溴吡咯-2-甲酸部分通过脂肪链与咪唑环相连，多具有抗肿瘤、抗病毒、抗菌、抗炎等生理活性。自20世纪70年代以来，大量的溴吡咯生物碱从 Agelasidae、Axinellidae 及 Hymeniacidonidae 等科的海绵中分离出来。例如，从 *Stylotella aurantium* 中分离到的 palau'amine 系列化合物，因其细胞毒性、免疫抑制作用、抗生性及新奇的结构特征而获得了广泛关注；从 *Hymeniacidon* 属海绵中分离得到可抑制酪氨酸激酶的 tauroacidin A 和 tauroacidin B。

4, 5-dibromopalau'amine	X=Br
4-bromopalau'amine	X=H

tauroacidin A	X=Br
tauroacidin B	X=H

3. 内酰胺类生物碱

头孢菌素 C（cephalothin C）是从萨丁岛海岸阴沟出口处的顶头孢霉菌（*Cephalosporium acremonium*）中分离得到的 β-内酰胺类生物碱，经改造侧链而得到的分子中含有 7-氨基头孢烯酸（7-amino cephalosporanic acid，7-ACA）的衍生物 β-内酰胺抗生素，统称为头孢菌素类抗生素（cephalosporins）。以 7-ACA 为先导化合物进行结构优化得到的头孢噻吩是第一个用于临床治疗的头孢菌素类抗生素，它由 Eli Lilly and Company 于 1964 年上市销售，开创了开发海洋新抗生素药的先例。因为头孢菌素类抗生素具有抗菌谱广、抗菌活性强、疗效高等特点，其研究开发极为迅速，到目前为止已开发了四代 50 多个品种，临床上应用非常广泛。NPI-0052（salinosporamide A，marizomib）是从海洋放线菌 *Salinispora tropica* 中得到的具有 γ-内酰胺-β-内酯的化合物（Feling et al.，2003），已被美国 FDA 和欧洲 EMA 分别于 2013 年和 2014 年批准作为孤儿药（orphan drug）用于治疗多发性骨髓瘤。从地中海链霉菌（*Streptomyces mediterranei*）中分离得到大环内酰胺类化合物利福霉素 B（rifamycin B），以其为先导物衍生得到的半合成利福霉素类抗生素利福平（rifampicin，RFP），对结核杆菌、麻风杆菌、链球菌、肺炎球菌，特别是耐药性金黄色葡萄球菌等革兰氏阳性菌及某些革兰氏阴性菌均有效，于 1971 年 FDA 批准上市，临床用于肺结核（TB）的治疗。

头孢菌素C	NPI-0052

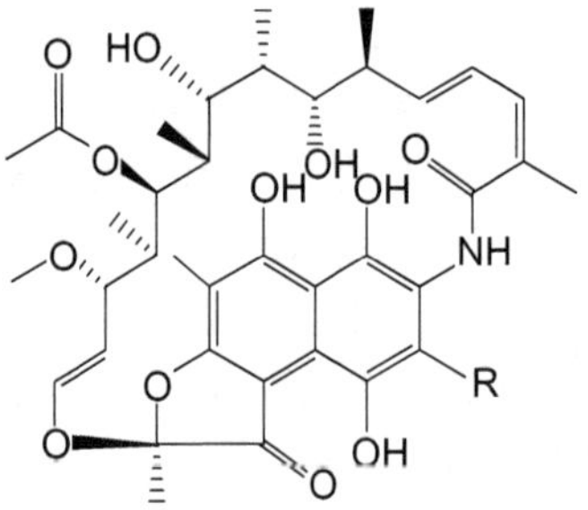

利福霉素B R=H

利福平 R=

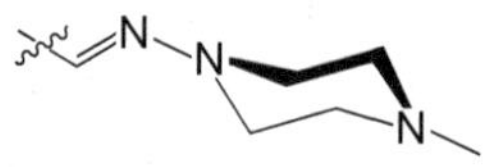

4. 核苷类

目前在《美国药典》中有四种 FDA 批准的药物，即阿糖胞苷、阿糖腺苷、氟达拉滨磷酸酯、奈拉滨。它们均是从加勒比海海绵 *Cryptotethya crypta* 中分离得到的核苷类化合物。阿糖胞苷是第一个在临床上应用的海洋抗癌药物，由 FDA 于 1969 年 6 月批准上市，主要用于急性骨髓性白血病、急性淋巴性白血病、慢性粒细胞白血病、脑膜白血病及非霍奇金淋巴瘤的治疗。

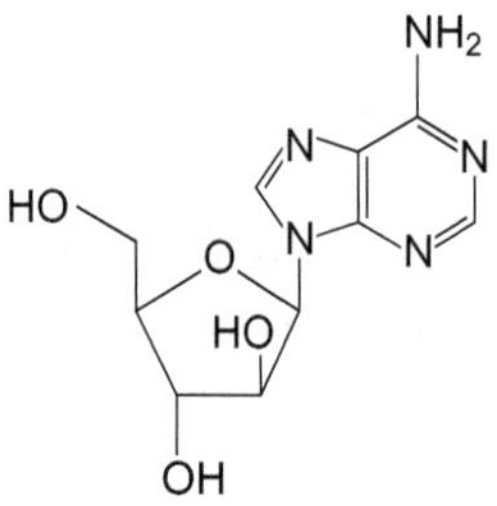

阿糖胞苷

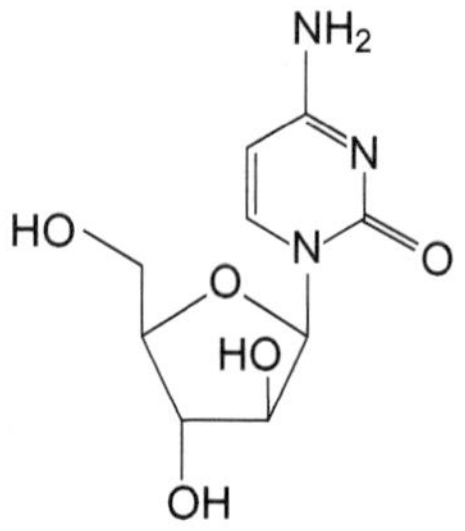

阿糖腺苷

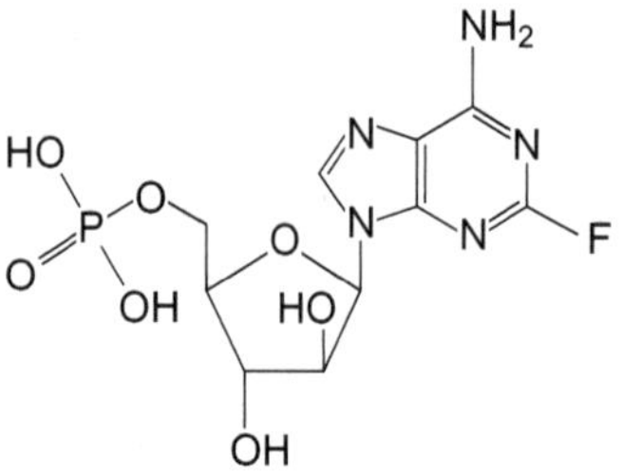

氟达拉滨磷酸酯

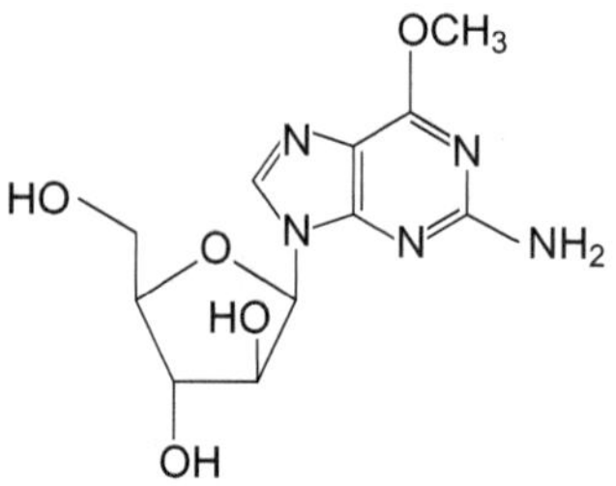

奈拉滨

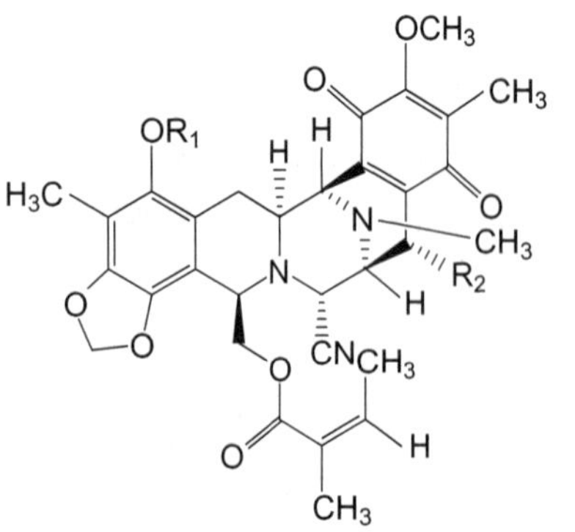

5. 异喹啉生物碱

前文所述，从海鞘中分离得到的大环内酯化合物 Et-743 含有四氢异喹啉结构，也是一种生物碱，具有显著的抗肿瘤活性。从海绵 *Xestospongia* sp. 中发现了 renieramycin T 和 renieramycin U，其中 renieramycin T 对多种人类肿瘤细胞具有很强的毒性（IC_{50} 值范围在 4.7～98 nmol/L）。

6. 喹啉生物碱

从海绵 *Neopetrosia* sp. 中分离到 2 个含有多环结构的喹啉生物碱 njaoamine G、njaoamine H。它们的毒性非常强，LD_{50} 值分别为 0.17 μg/mL 和 0.08 μg/mL。从 *Eudistoma* 属被囊动物中分到的喹啉类生物碱 eudistone A 具有抗病毒和抗菌活性。

renieramycin T   R₁=R₂=H
renieramycin U   R₁=H R₂=OH

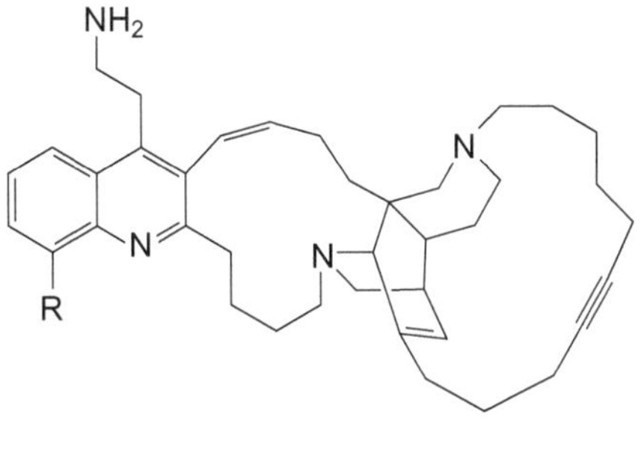

njaoamine G   R=H
njaoamine H   R=OH

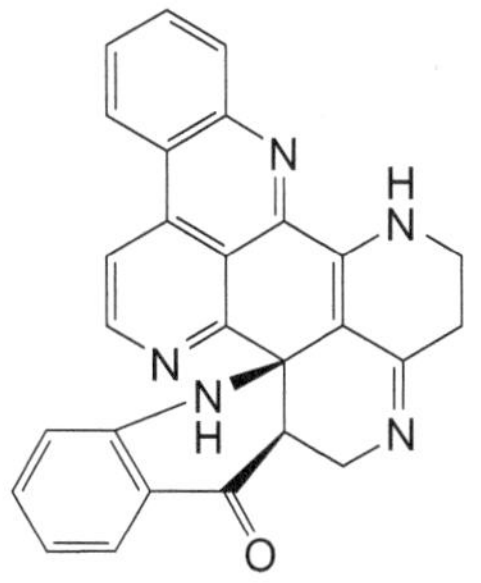

eudistone A

7. 甾体和萜类生物碱

角鲨胺（squalamine）是从白斑角鲨（*Squalus acanthias*）的胃和肝脏中分离出的阳离子氨基甾醇类生物碱，为有效的内皮细胞增殖抑制剂，目前作为新生血管抑制剂类抗癌药物已完成Ⅱ期临床研究，作为治疗老年性黄斑变性药物已进入Ⅱ期临床试验。ageloxime B 是从中国南海群海绵 *Agelas mauritiana* 中分离到的二萜生物碱，对新型隐球菌和耐甲氧西林金黄色葡萄球菌均具有一定的抑制作用，IC_{50} 值分别为 $4.59\ \mu g/mL$ 和 $9.20\ \mu g/mL$。

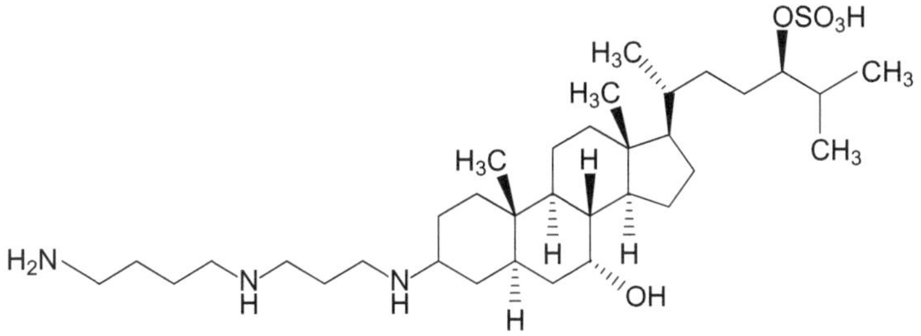

角鲨胺

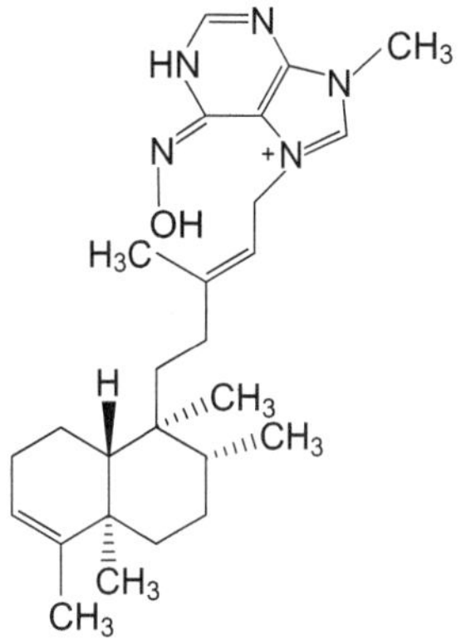

ageloxime B

8. 其他类型生物碱

其他类型的生物碱包含各种杂环。例如，curacin A 是在加勒比海鞘丝藻 *Lyngbya majuscula* 中得到的含有罕见噻唑环的海洋代谢产物。该化合物能选择性地对结肠、肾、乳腺肿瘤细胞有抗增殖和细胞毒性，并有紫杉醇一样的微管蛋白抑制作用（IC_{50} 值为 $1\ \mu mol/L$），目前正在从以 curacin A 为先导化合物合成的一系列衍生物中筛选新一代抗肿瘤药物。pinnatoxin A 是一种含有氢化呋喃与氢化吡喃螺环的大环聚醚生物碱，是从引起食物中毒的牡蛎中分离得到的神经性毒素，对小鼠的 LD_{99} 为 $180\ \mu g/kg$，还可以激活 Ca^{2+} 通道。

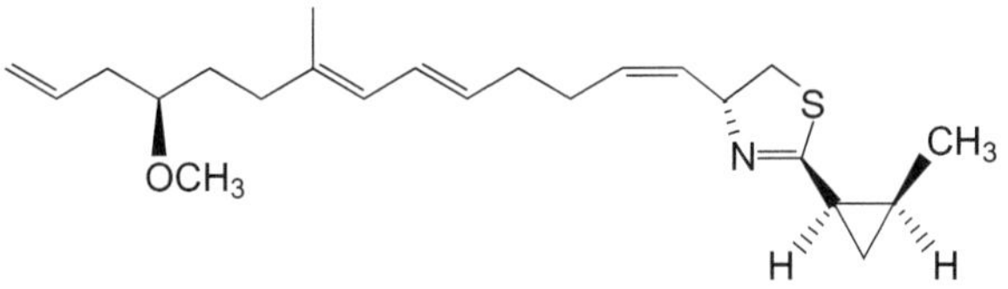

curacin A

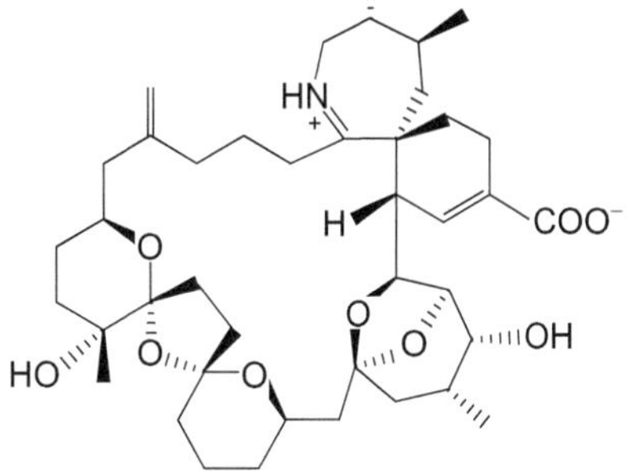

pinnatoxin A

10.2.5　C$_{15}$乙酸原化合物

乙酸原化合物（acetogenins）是指由乙酸乙酯或乙酰辅酶 A 生物合成的一类化合物。陆生番荔枝科（Annonaceane）植物等含有该类型化合物达 300 多个，主要为含 32 或 34 个碳的 lacceroic acid 和 ghedoic acid 的饱和脂肪酸衍生物。这里主要介绍从十六碳-4,7,10,13-四烯酸衍生而来的 15 个碳原子的非萜类化合物。

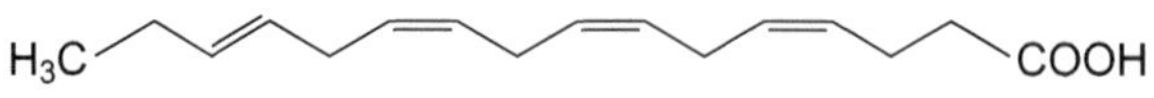

H$_3$C ～～～～～～～COOH

十六碳-4,7,10,13-四烯酸

非萜类 C$_{15}$ 乙酸原化合物主要存在于凹顶藻属红藻 *Laurencia* 中，包括直链型、环氧型、碳环型和其他类似乙酸原化合物等结构类型。其结构相对简单，分子中多含有氧原子和卤族元素。

1. 直链型

无氧取代的直链型结构中通常含有三键，如冈村凹顶藻（*Laurencia okamurai*）中分离得到的 laurencenyne（Kigoshi et al.，1982）。

laurencenyne

2. 环氧型

环氧型结构中不同位置的双键被氧化后可以形成不同大小的氧环，从三元氧环到十二元氧环不等。如化合物 bisezakyne A 和 bisezakyne B 分别为含有五元氧环和六元氧环的 C$_{15}$ 乙酸原化合物，laurendecumenyne A 是含有五元和六元含氧环稠合的化合物，chinzallene 是含有 3 个五元含氧环和累积二烯的螺环化合物，在结构中均有溴原子取代。

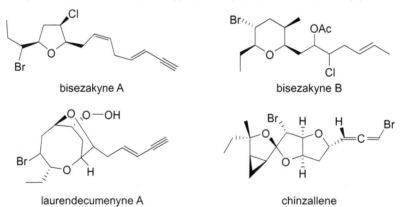

bisezakyne A　　　　　　　　　　bisezakyne B

laurendecumenyne A　　　　　　chinzallene

3. 碳环化合物

从马来西亚红藻中分离得到的 lembyne A 和 lembyne B 是分子中含有碳环的化合物，前者结构中含有 1 个六碳环，后者结构中则含有 1 个五碳环，且均含有五元氧环。

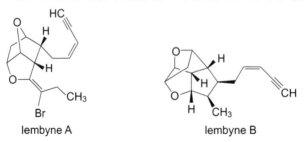

lembyne A　　　　　　　　　　lembyne B

4. 其他类似乙酸原化合物

该类化合物的生源途径与 C_{15} 乙酸原化合物相同，且多为溴代、氯代产物。如从海绵 *Xestospongia muta* 中分离得到的十六碳溴代不饱和炔酸，是海洋天然产物中分离得到的第一个炔酸；从山东威海红藻 *Laurencia okamurai* 中分离得到的二溴代十二元乙酸原化合物 okamuragenin（Liang et al.，2012）。

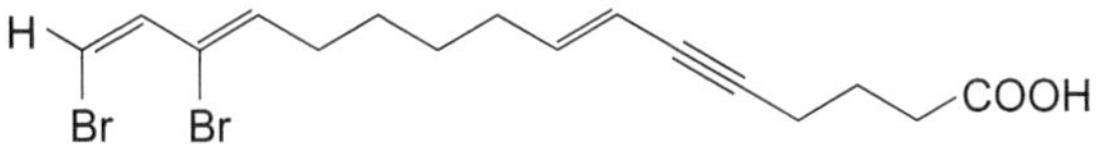

14,16-dibromohexadeca-7,13,15-trien-5-ynoic acid

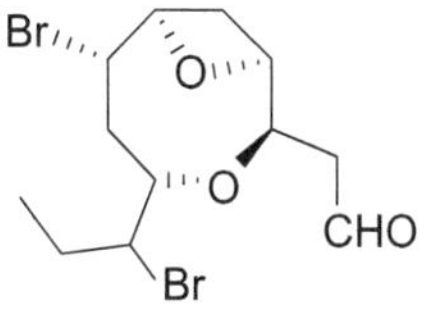

okamuragenin

10.2.6 海洋萜类

海洋萜类广泛分布于海藻、珊瑚、海绵、软体动物等海洋生物中，单萜、倍半萜、二萜、二倍半萜较为常见。如从红藻 *Portieria hornemanni* 中分得的卤代单萜 halomon 具有抗癌活性，药理研究表明该化合物不仅具有独特的作用机制，而且对通常不敏感的癌细胞系具有选择性活性，已被 NCI 确定为抗癌先导化合物。

从生长在西太平洋巴布亚新几内亚海域海绵 *Diacarnus levii* 中分离得到了具有细胞毒性的降倍半萜类化合物 diacarnoxide A、diacarnoxide B。其中 diacarnoxide B 也是第一个与广泛研究的缺氧活化细胞毒素替拉扎明（tirapazamine）结构完全不同的新型缺氧细胞毒素。研究还发现其结构中的过氧基团会使活性增加。从日本冲绳采集的海绵中得到 2 个连接有醌式结构的二聚倍半萜类化合物 nakijiquinone E、nakijiquinone F，此结构类型的化合物还是首次发现。

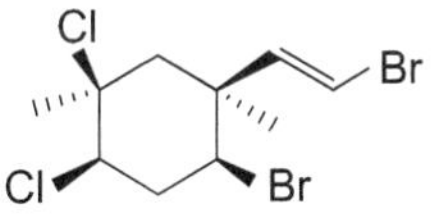

halomon

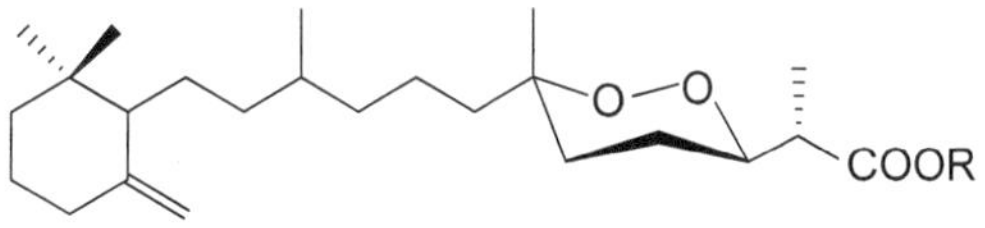

diacarnoxide A R=CH₃
diacarnoxide B R=H

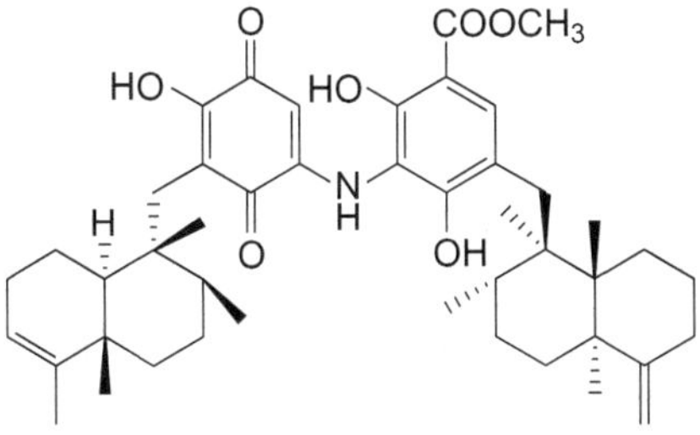

nakijiquinone E

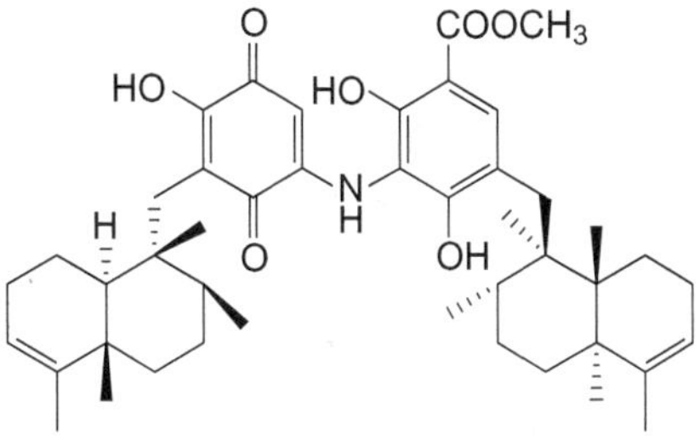

nakijiquinone F

从中国台湾南部海岸采集的软珊瑚 *Sinularia flexibilis* 中分离得到了 10 个西松烷型（cembrane）二萜类成分 flexilarin A～J，其中 flexilarin D 表现出很强的抗 Hep2 肿瘤细胞毒性（IC_{50} 值为 0.07 μg/mL）。结构比较独特的比如：厚缘藻 *Dilophus okamurai* 中的开环 spatane 型二萜 dilkamural；同属舌形厚缘藻 *D. okamurai* 中的 xenicane 型二萜 dilopholide，xenicane 型二萜是褐藻次生代谢产物的特征化合物类型，不少具有抗肿瘤活性。

flexilarin D　　　　　　　dilkamural　　　　　　　dilopholide

在陆生生物中比较少见的二倍半萜类化合物在海洋微生物和海绵中却较多发现，1996—2006 年仅从海绵中分离出的呋喃二倍半萜就达 260 多个。海洋二倍半萜的生理活性主要包括细胞毒性、抗微生物、抗血小板凝聚、生物拒食等，尤其是在抗炎活性方面更为突出。从海绵 *Cacospongia mollior* 中得到的含有 1,4-二醛基特殊结构的二倍半萜类化合物 scalaradial，体外和体内试验表明其可通过选择性抑制 sPLA$_2$ 酶而具有抗炎活性；从南极裸鳃亚目软体动物 *Charcotia granulosa* 中分离得到的二倍半萜 granuloside，是自然界第一个被发现的线性高二倍半萜。

scalaradial　　　　　　　　　　　　　　　granuloside

海洋天然产物除了上述主要结构类型以外，还含有一些在陆生植物中罕见、生物活性显著、结构新颖特殊的代谢物，如长链多烯酮类等，其中很多已成为新药研发的先导化合物。

10.2.7　海洋甾体类

目前从海洋生物次级代谢产物中已发现超过 500 个甾体类化合物，主要来源于海草、海绵、海星、软珊瑚等无脊椎动物以及海洋微生物，具有抗癌、抗菌、抗病毒、抗炎、降血压等多种生物活性。与陆生植物所含甾体结构相比，海洋甾体类化合物除具有基本的环戊烷多氢菲甾核外，还具有更为丰富的结构骨架和支链，如分子高度氧化、开环、失碳、侧链高度分支、羟基成硫酸酯和硫酸盐等现象（汤海峰 等，2002）。根据结构差异，可以将其分为简单甾体化合物、开环甾体化合物、降碳和重排甾体化合物等类型。

1. 简单甾体化合物

海洋中的简单甾体化合物具有基本的环戊烷多氢菲甾核，但其取代基类型和存在形式比陆生植物甾体更为新颖和多样。如从台湾软珊瑚 *Sinularia gibberosa* 中分离的 methyl spon-goate，抑制肿瘤细胞株 BEL-7402 生长的 IC$_{50}$ 值为 0.14 μg/mL，抑制 A-549、HT-29 和 P388 生长的 IC$_{50}$ 值均为 5 μg/mL；从日本沿海的桶状海绵（*Xestospongia*）中得到一个罕见的具有二甲缩酮结构的甾醇 aragusterol A，对 KB 细胞具有极强的细胞毒性（IC$_{50}$ 值为 4 ng/mL）（Iguchi et al.，1993）；从爱尔兰海绵 *Polymastia boletiformis* 提取物中分离得到 2 个罕见结构的硫酸化甾体-氨基酸缀合物，其分子结构中包含了甾烷和氨基酸部分（Smyrniotopoulos et al.，2015）；海星是甾体皂苷最丰富的来源，从海星 *Echinaster luzonicus* 中提取分离得到一系列由糖链形成的、结构罕见的环状甾体皂苷如 luzonicoside E；棘皮动物刺参（*Stichopus japonicus*）中分离得皂苷毒素 holotoxin A$_1$、holotoxin B，临床已用于治疗脚气和白癣菌感染（Oh et al.，2017）。

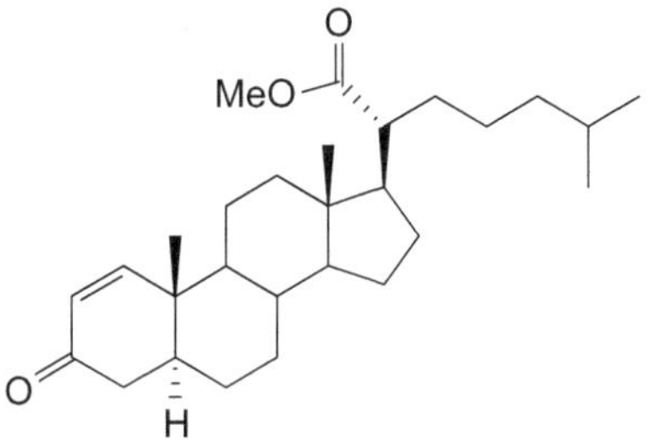

methyl spongoate

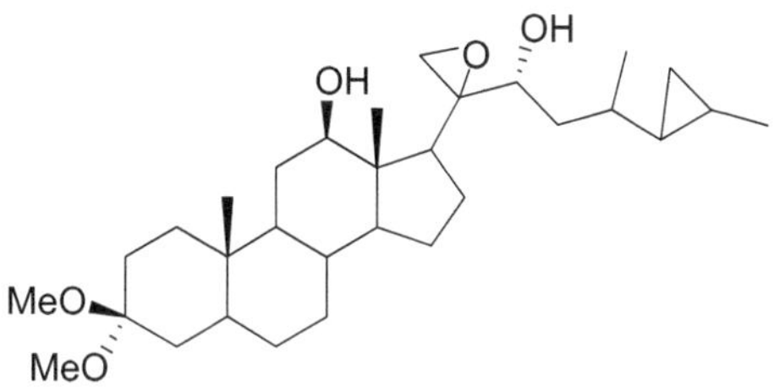

aragusterol A

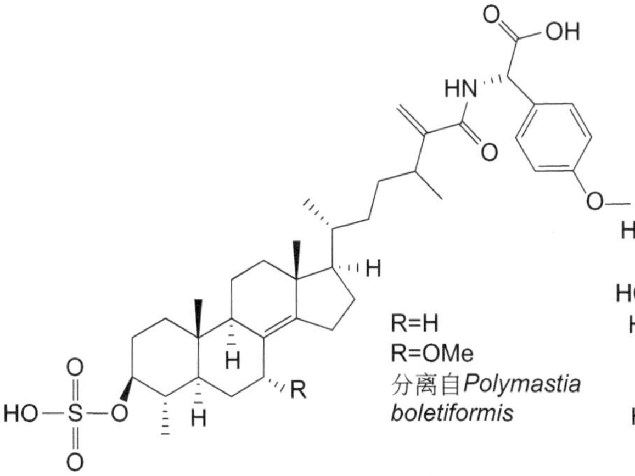

R=H
R=OMe
分离自 *Polymastia boletiformis*

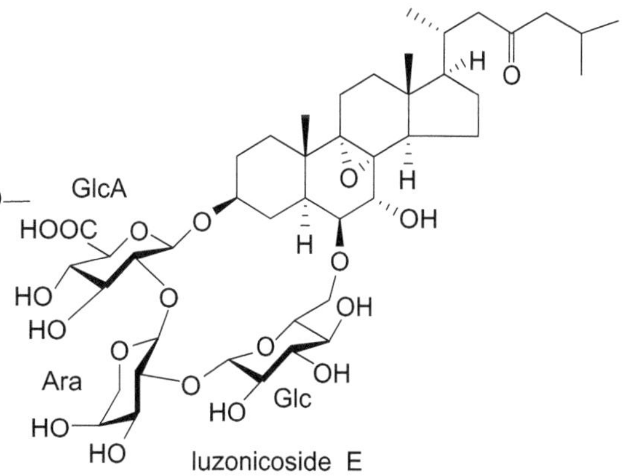

luzonicoside E

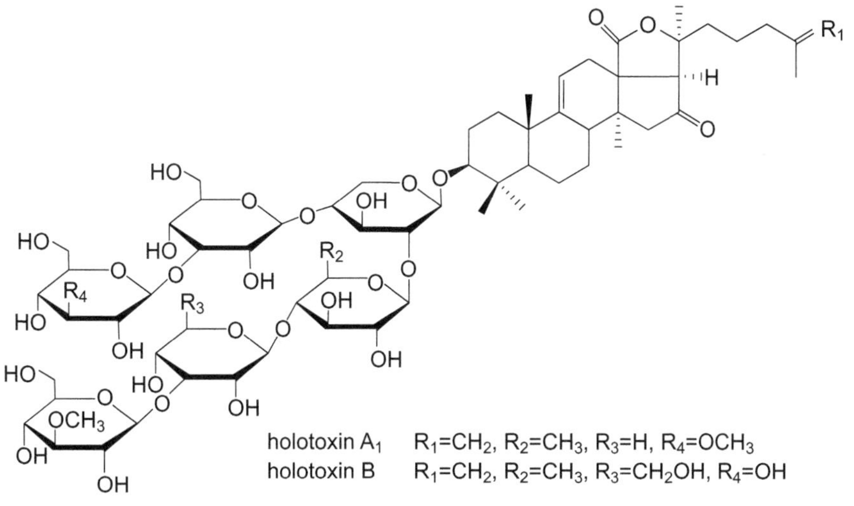

holotoxin A$_1$ R$_1$=CH$_2$, R$_2$=CH$_3$, R$_3$=H, R$_4$=OCH$_3$
holotoxin B   R$_1$=CH$_2$, R$_2$=CH$_3$, R$_3$=CH$_2$OH, R$_4$=OH

2. 开环甾体化合物

开环甾体化合物主要存在于海绵、柳珊瑚、软珊瑚等海洋生物中，按照开环的位置又可分为 6 类：5,6-、9,10-、8,9-、8,14-、9,11-和 13,17-开环甾体化合物。其中 9,11-开环甾体化合物为主要结构类型，该类化合物分子中 C 环开环，并且 C9 位均含有羰基基团，主要存在于海绵、海鞘和肠腔动物（水母纲、珊瑚纲等）体内，例如，从 *Pleraplysilla* 属海绵中分离获得的 blancasterol，对小鼠白血病细胞、敏感和耐药的人胸腺癌细胞有较强的细胞毒活性，EC$_{50}$ 值均小于 10 μg/mL；从海绵 *Euryspongia arenaria* 中获得的 stellattasterenol 和从 *Scleorphytum* 属软珊瑚中分离获得的 nicobarsterol，均是分子中含有通过醚键形成的七元环的 9,11-开环甾体化合物。

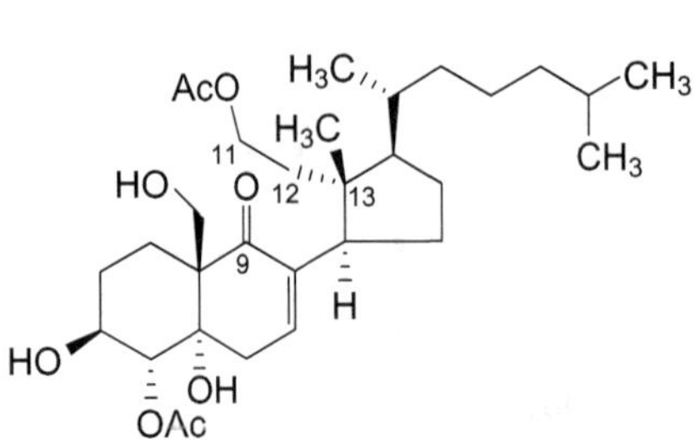

blancasterol

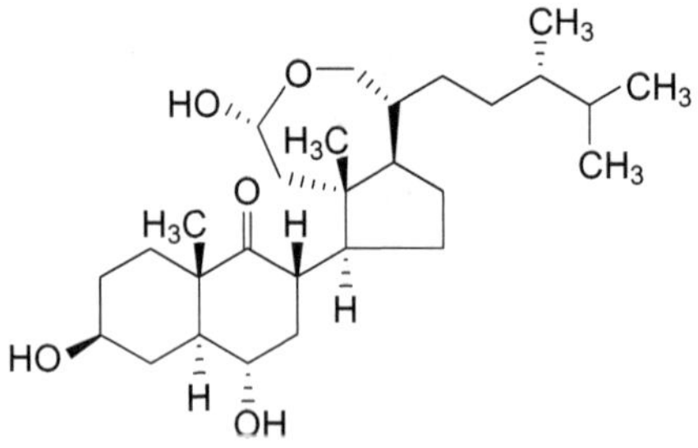

stellattasterenol

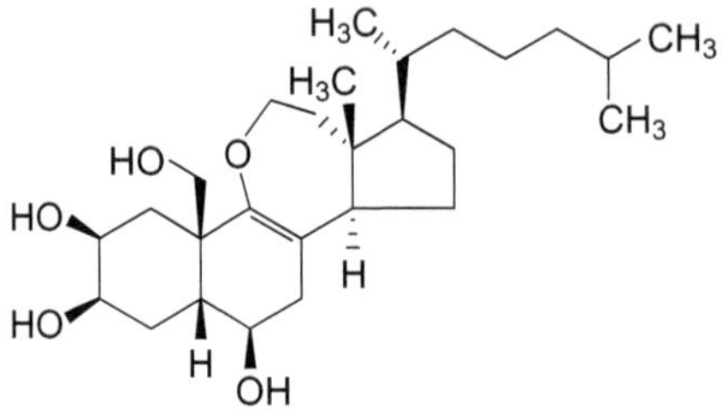

nicobarsterol

 5,6-开环甾体化合物的差别仅在于 C17 位侧链的不同，例如从马海绵 *Hippospongia communis* 中分离得到的 hipposterol 是第一个 5,6-开环甾体。9,10-开环甾体化合物具有 B 环开环结构，是一组维生素 D 结构类似物，例如从 *Astrogorgia* 属柳珊瑚中分离得到的 astrogorgiadiol，能够抑制海星卵细胞分裂。从太平洋海绵 *Jereicopsis graphidiophora* 中分离获得的 jereisterol A 是具有 B/C 环开环结构的 8,9-开环甾体化合物。从 *Dendronephthya* 属八放珊瑚中分离得到 isogosterones A~D，其分子高度氧化，属于 D 环断裂的 13,17-开环甾体化合物，均能抑制海洋生物纹藤壶的生长，EC_{50} 值为 2.2 μg/mL。

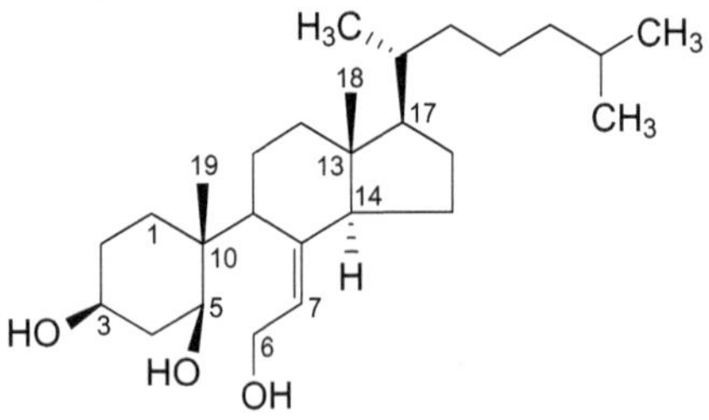

hipposterol

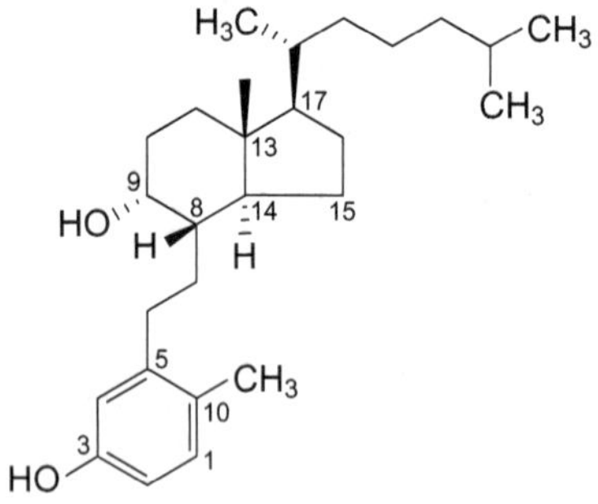

astrogorgiadiol

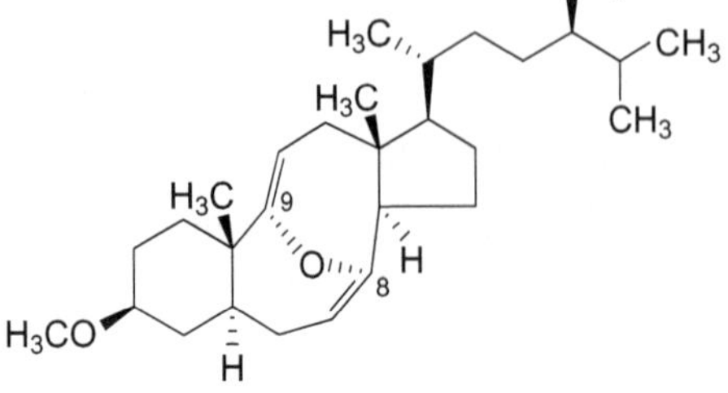

jereisterol A

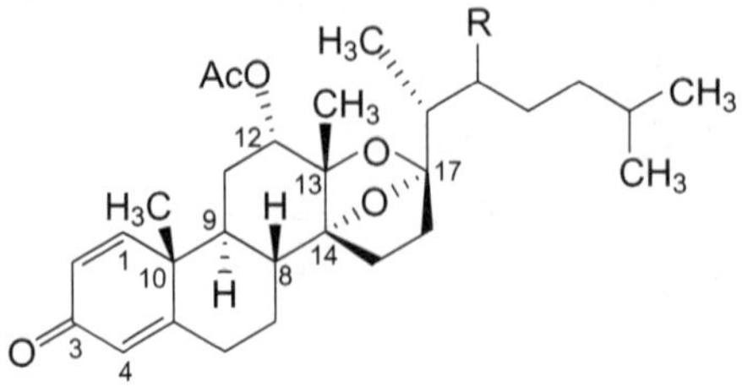

isogosterone A R=H
isogosterone D R=OAc

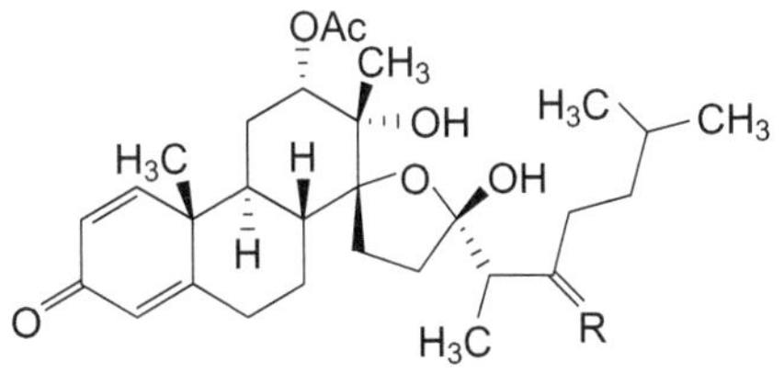

isogosterone B   R=H, OAc
isogosterone C   R=O

3. 降碳和重排甾体化合物

从海绵 *Plakortis cfr. lita* 中提取分离得到 2 个高度降解的甾体衍生物 incisterol A2 和 incisterol A5，均能有效诱导孕烷 X 受体的反式调节，同时对 MDR1 和 CYP7A4 的表达起促进作用，功效堪比利福昔明，具有作为孕烷 X 受体激活剂的潜质（Chianese et al.，2014）。从红茄苳内生 *Pestalotiopsis* sp. 中分离得到的 demethylincisterol A_3 对肺癌细胞 A549、宫颈癌细胞 Hela 和肝癌细胞 HepG2 表现出显著细胞毒活性，IC$_{50}$ 值分别为（11.14±0.14）nmol/L、（0.17±0.00）nmol/L 和（14.16±0.56）nmol/L，可以使细胞停滞于 G_0/G_1 期而抑制肿瘤细胞的增殖。骨架重排甾体在海洋生物中也较为常见，例如从海绵 *Theonella swinhoei* 中分离得到了 2 个甾核的碳骨架重新排列并具有 6/6/5/7 环结构甾核体系的甾醇类化合物 swinhoeisterol A 和 swinhoeisterol B，对人肺腺癌细胞 A549 和人骨源性肉瘤细胞 MG-63 具有显著的抑制生长增殖活性（Gong et al.，2014）。

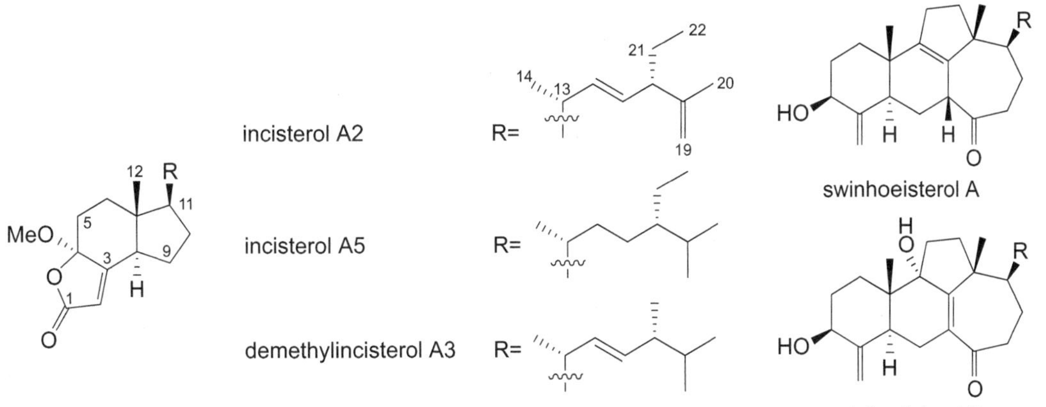

10.2.8 前列腺素类

前列腺素类化合物（prostaglandins，PGs）是一类具有重要生理活性、含 20 个碳的不饱和脂肪酸衍生物。从海洋生物柳珊瑚中发现前列腺素类化合物曾经是海洋天然产物研究最重大的成果之一，它们的发现不但推动了对前列腺素类化合物研究的进展，也促进了对海洋生物活性物质更深入的研究。目前从海洋生物中得到的前列腺素类化合物约有 90 个。1969 年 Wenheiner 等从海洋腔肠动物佛罗里达珊瑚 *Plexaura homommalla* 中首次分离得到前列腺类似物 (15*R*)-PGA$_2$。这一发现引起人们从海洋生物中寻找前列腺素的兴趣，并陆续从海洋生物中分离得到多种前列腺素类似物。研究表明前列腺素类除了具有前列腺素样活性外，还表现出一定的抗肿瘤活性，例如从八放珊瑚 *Telesto riisei* 中分离到含有氯原子的前列腺素化合物 punaglandin，作为抗肿瘤药临床试验有效。

(15R)-PGA₂   punaglandin

10.2.9 脂肪酸类

二十碳五烯酸（eicosapentaenoic acid，EPA）和二十二碳六烯酸（docosahexaenoic acid，DHA）是来自鱼肝油的 ω-3-多不饱和脂肪酸（ω-3-polyunsaturated fatty acid，ω-3-PU-FA）。以 ω-3-脂肪酸为原料进行乙酯化后得到的拉伐佐（Lovaza，ω-3-脂肪酸乙酯，Omacor®）是 2004 年由 FDA 批准上市的降血脂药物，它除了含 47% 二十碳五烯酸乙酯和 38% 二十二碳六烯酸乙酯外，还含有少量其他脂肪酸乙酯（Koski，2008）。伐赛帕（Vascepa，Epadel，EPAX）于 2012 年由 FDA 批准上市，主要成分是 EPA 乙酯，不含 DHA 乙酯，成分较拉伐佐单一，与拉伐佐具有相同的降低血液甘油三酯的作用机制，通过抑制 β-氧化、乙酰辅酶 A（acyl-CoA）和二乙酰甘油酰基转移酶（DGAT）的活性，减少肝脏脂肪生成，能增强血浆脂蛋白脂肪酶活性，减少肝脏中极低密度脂蛋白-甘油三酯复合物（VLDL-TG）的合成与分泌，增强极低密度脂蛋白微粒循环中甘油三酯的清除率。ω-3-羧酸（Epanova）作为高甘油三酯血症治疗药物于 2014 年由 FDA 正式批准上市，主要成分为 EPA 和 DHA，以游离羧基的形式存在，与前两种药物相比，Epanova 拥有更好的生物利用度，更容易在肠道内被吸收利用。

EPA

DHA

EPAX

10.2.10 含硫大环化合物

从自然界得到的第一个环状多硫化合物 2-methylproane-1,2-dithio 来自噬细胞菌属 *Cytophaga* 菌株培养液，并通过合成证明了其结构（Braid et al.，1978）。从海藻 *Lissoclinum vareau* 中分离的环状多硫化合物 varacin，具有十分显著的抗肿瘤活性，人肠癌试管混合试验发现其活性比已知的治疗药物 5-氟尿嘧啶（5-FU）高 100 倍（Davidson et al.，1991）。中国广东的红树林 *Bruguiera gymnorrhiza* 中首次发现 2 个含多硫原子的十元环化合物（Huang et al.，2009）。这些特殊结构化合物的发现再次表明含硫大环化合物（sulfur-containing macrocyclic compounds）的复杂性和多样性。

2-methylproane-1,2-dithio   varacin   *trans*-3,3'-dihydroxy-1,5,1',5'-tetrathiacy clodecane   *cis*-3,3'-dihydroxy-1,5,1',5'-tetrathiacy clodecane

10.2.11　海洋多糖

海洋生物中存在许多天然活性多糖，根据其来源不同可分为三大类，海藻多糖、海洋动物多糖和海洋微生物多糖，具有降血脂、降血糖、抗凝血、抗肿瘤、抗病毒和护肤、润肤等独特效应，有部分已具有工业化生产价值，另一部分则可望开发成新药（徐静 等，2006）。

海藻多糖即指海藻中所含的各种高分子碳水化合物，是一类多组分混合物，一般为水溶性，多具有高黏度或凝固能力。例如，我国自主研发的第一个海洋药物藻酸双酯钠（PSS），降血脂和抗凝药物甘糖酯（PMS）、岩藻聚糖硫酸酯（FPS），抗阿尔茨海默病药物甘露寡糖二酸（GV971）（Wang et al. 2019），以及处于临床Ⅱ～Ⅲ期研究的抗脑缺血药物 D-聚甘酯。另外，具有抗病毒、抗凝血和免疫增强等活性的药物硫酸多糖（HS911）均源自褐藻多糖。近年来，日本科学家从褐藻中提取获得的新型岩藻多糖-MC26，其抗流感病毒效果比抗流感药物达菲更为显著。海洋红藻中提取的 κ-，λ-，ι-卡拉胶可以专一抑制 PDGF、TGF-β_1 和 bFGF 因子，其中 ι-卡拉胶已经在奥地利作为早期抗流感病毒药物应用于临床。研究还发现绿藻硫酸多糖具有抗凝活性；甲藻硫酸半乳糖具有抑制拓扑异构酶Ⅰ作用等；褐藻胶寡糖具有提高免疫、降血压的作用；琼胶寡糖具有降血脂、降血糖及改善肠道微生态等活性。

海洋动物中也存在活性多糖，例如来源于海洋无脊椎动物的甲壳素（又名几丁质、甲壳质），具有辅助免疫、抑制癌细胞及肿瘤生长等作用。以甲壳素为原料开发的海洋抗动脉粥样硬化药物几丁糖酯（PS916）；以玉足海参为原料开发的抗凝血药物海参多糖；从海胆和鲍鱼中提取的酸性黏多糖具有免疫调节及抗肿瘤活性；从鲨鱼软骨中提取的硫酸软骨素具有降血脂和提高免疫活性；海星酸性黏多糖除了用作代血浆外，还有提高免疫、抗血凝及降低血清胆固醇的作用。

海洋微生物在海洋中的分布非常广泛，有的存在于一些沉淀物、海底泥的表面，还有一部分与海洋动植处于共生、共栖、寄生或附生的关系中。例如，海洋真菌中提取分离的抗肿瘤多糖药物 YCP；日本学者报道从海洋生物 *Flawbacterium nosum* 的代谢产物中得到一种杂多糖，称为 mtan，有增强免疫活性、促进体液免疫和细胞免疫、抑制多种动物移植肿瘤、与化疗药物在抗肿瘤中有协同作用等优点，已用于临床。

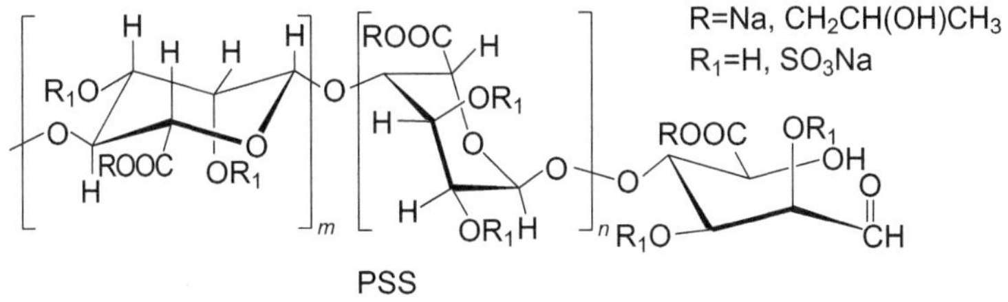

R=Na, $CH_2CH(OH)CH_3$
R_1=H, SO_3Na

PSS

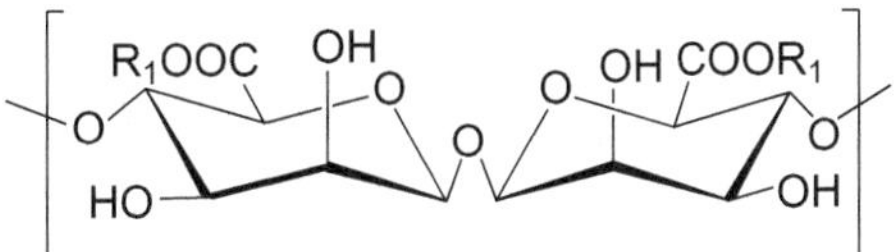

R_1=H/Na; R_2=H/SO_3Na

PMS

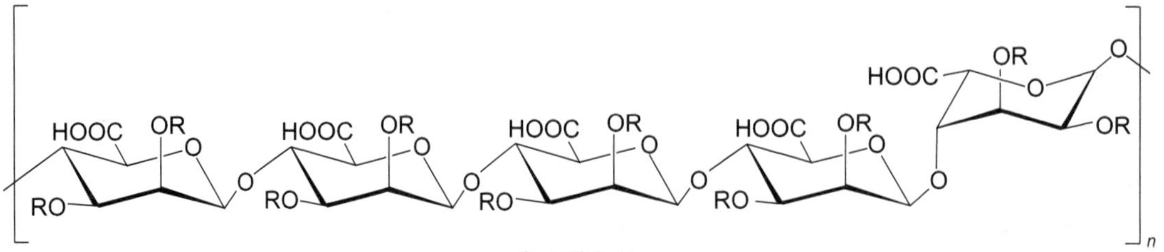

R=H/SO₃Na

HS911

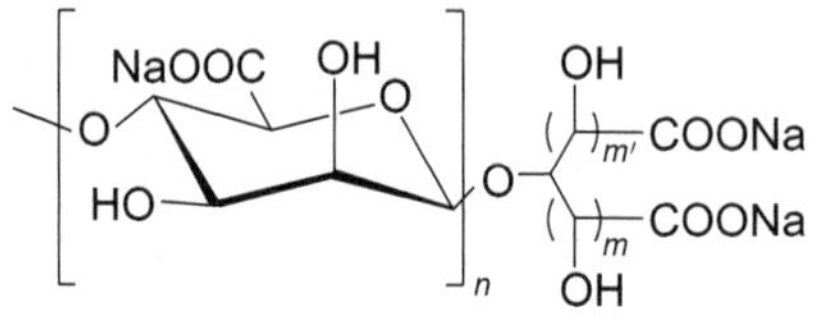

$n=1\sim9; m=0, 1或2; m'=0或1$

GV-971

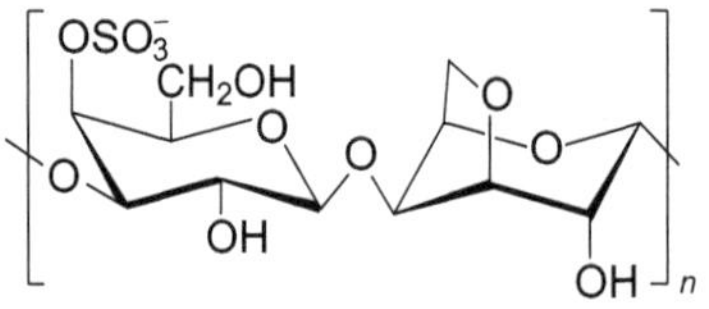

κ-卡拉胶 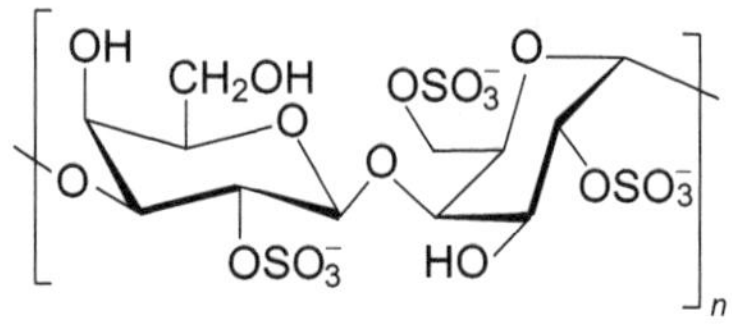　　　　　　　　　　　λ-卡拉胶

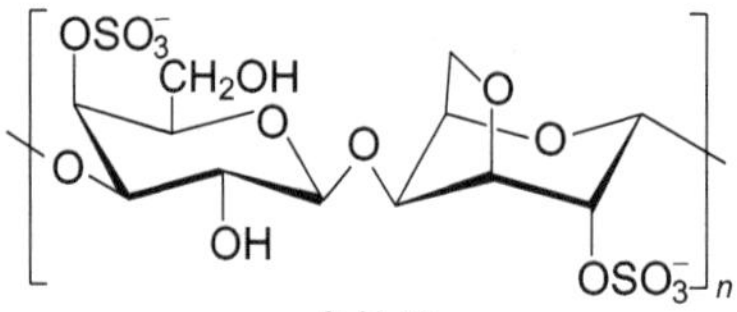

ι-卡拉胶 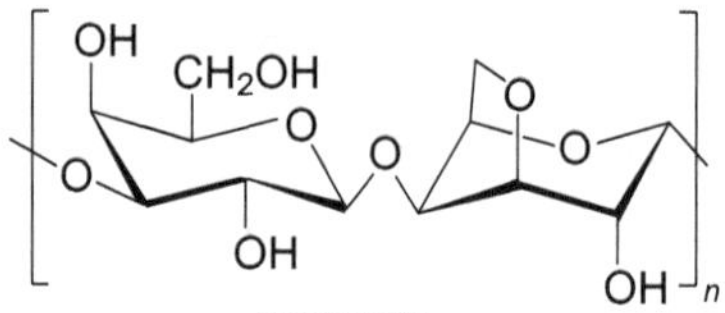　　　　　　　　　　琼胶寡糖

10.3　海洋天然产物研究实例

10.3.1　提取与分离

本课题组从中国南海红树林红茄苳（*Rhizophora mucronata*）叶子中分离出了拟盘多毛孢属菌 *Pestalotiopis* sp. JCM2A4，根据分子生物学 DNA 扩增和 ITS 区基因序列进行鉴定（GenBank accession no. FJ465172）。拟盘多毛孢菌 *Pestalotiopis* sp. 经大米发酵菌丝体，用乙酸乙酯提取后得浸膏 3.0 g。浸膏经减压柱液相色谱法（VLC）层析，以二氯甲烷-甲醇梯度洗脱，经 Si 60 F₂₅₄（Merck，德国）TLC 检测合并后得到 5 个组分（Fr. Ⅰ-Fr. Ⅴ）。Fr. Ⅱ（1705.9 mg）经 Si 60 F₂₅₄ 以石油醚-丙酮梯度洗脱，得到 37 个馏分，TLC 检测合并后得到 6 个组分（Fr. Ⅱ-4、Fr. Ⅱ-5、Fr. Ⅱ-7、Fr. Ⅱ-15、Fr. Ⅱ-18、Fr. Ⅱ-37）。Fr. Ⅱ-37 经反向 HPLC 以甲醇-水系统（10:90～100:0，H_3PO_4：0.1%，5 mL/min）梯度洗脱，收集 $R_t=32.1$ min 出峰组分，得到 Fr. Ⅱ-37-4（38 mg）。Fr. Ⅱ-37-4 经 Sephadex LH-20 层析（100% 甲醇）得洗脱组分 Fr. Ⅱ-37-4-3（7.77 mg）。Fr. Ⅱ-37-4-3 经半制备 HPLC（甲醇/水=7:3，5 mL/min）等度洗脱制备得到 pestalotiopen A（化合物Ⅰ，3.0 mg）。

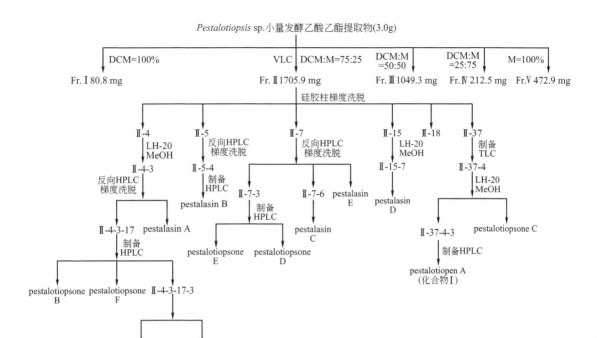

图 10-1　pestalotiopen A 提取分离流程

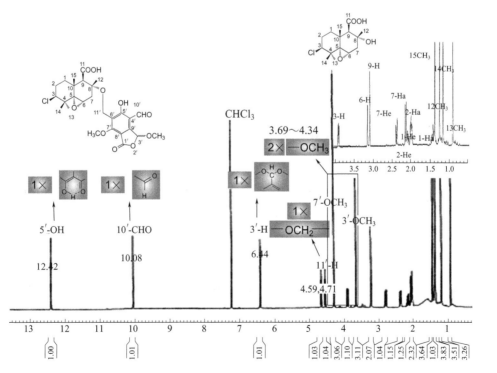

图 10-2　化合物 I 和 altiloxin B 的 ¹H-NMR 谱对比

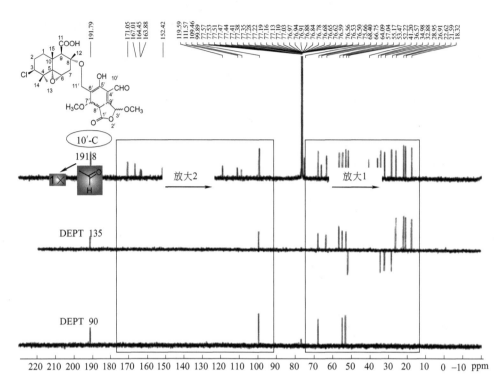

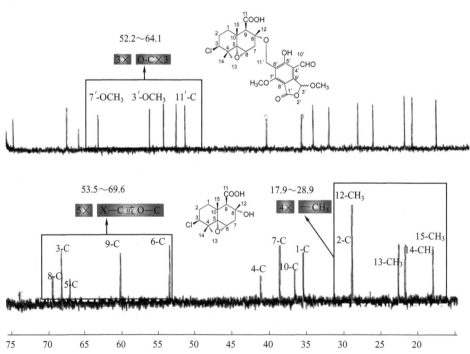

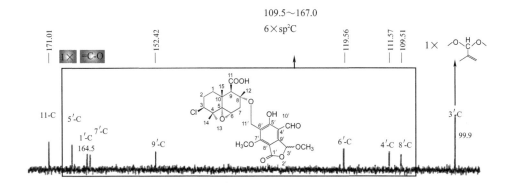

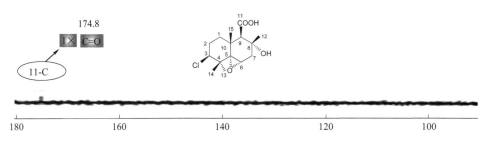

图 10-3　化合物Ⅰ的 DEPT 谱及其放大谱

10.3.2　结构解析示例

本节以 10.3.1 中分离得到的 1 个具有柔性结构的补身烷型倍半萜-环青霉醛酸的新骨架化合物 pestalotiopen A（化合物Ⅰ）为例（Hemberger et al.，2013），针对如何使用各种色谱进行提取分离，如何采用各种光谱、质谱对其代谢产物结构解析，及如何使用旋光色散和圆二色谱计算确定其立体构型，进行详细阐述。

化合物Ⅰ为白色无定形粉末（甲醇），阳离子 HRESI-MS 在 m/z 551.1687 处给出 $[M-H]^-$ 峰（计算 $C_{27}H_{32}ClO_{10}$，551.1684），因此该化合物分子式为 $C_{27}H_{33}ClO_{10}$，不饱和度为 11。结合 ^{1}H-NMR 和 ^{13}C-NMR 数据（表 10-3）推测在 11 个不饱和度中，其中 6 个不饱和度分别来自 1 个羧基羰基、1 个酯羰基、1 个酮羰基、3 个碳碳双键，因此另外 5 个不饱和度分别来自 5 个环系。DEPT 谱分析表明该化合物含有 4 个角甲基，2 个甲氧基，4 个亚甲基，4 个次甲基，13 个季碳。

综合分析 ^{1}H-NMR 谱（图 10-2）、DEPT 谱（图 10-3）、^{1}H-^{1}H COSY 谱（图 10-4）和 HSQC 谱（图 10-5），可以推断出该分子含有 2 个结构单元Ⅰa（从 C1 到 C15）和Ⅰb（从 C1′到 C11′）。^{1}H-^{1}H COSY 谱和 HSQC 谱可以推断出存在结构片段—CH$_2$(1)—CH$_2$(2)—CH(3)—和—CH(6)—CH$_2$(7)—。HMBC 谱（图 10-6）中 C4/H2、C4/H3、C4/H6、C4/H13、C4/H14、C5/H6、C5/H7、C5/H13、C5/H14、C5/H15、C8/H6、C8/H7、C8/H9、C8/H12、C10/H1、C10/H2、C10/H9、C10/H15 和 C11/H9 之间的强 HMBC 相关，结构单元Ⅰa 鉴定为 C8 位氧化的倍半萜酸 altiloxin B。结构单元Ⅰa 的氢谱、碳谱数据与已知植物毒素 altiloxin B 相同。结构单元Ⅰb 的 ^{1}H-NMR 和 ^{13}C-NMR 数据与已知化合物 cyclopaldic acid（Achenbach et al.，1982；Graniti et al.，1992）对比，发现化学位移相似，但后者的 3′-羟基被甲氧基（δ_H 3.69，s，δ_C 57.0，q，3′-OCH$_3$）取代，C11′位甲基被

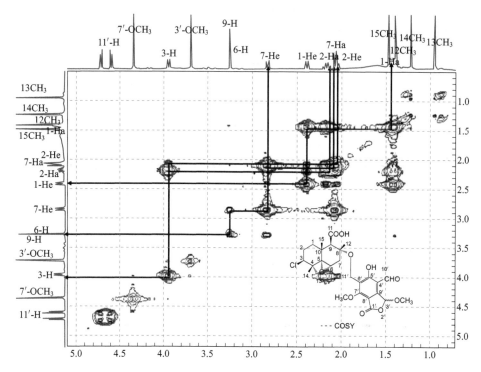

图 10-4　化合物 I 的 ¹H-¹H COSY 谱

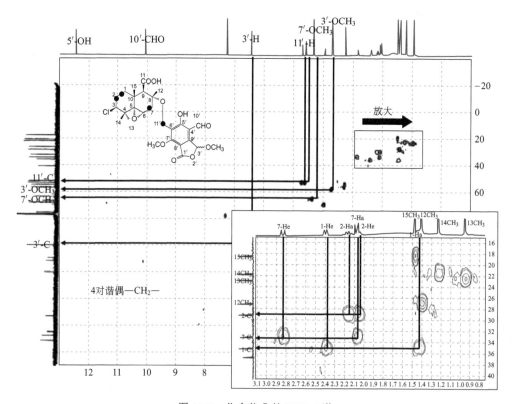

图 10-5　化合物 I 的 HSQC 谱

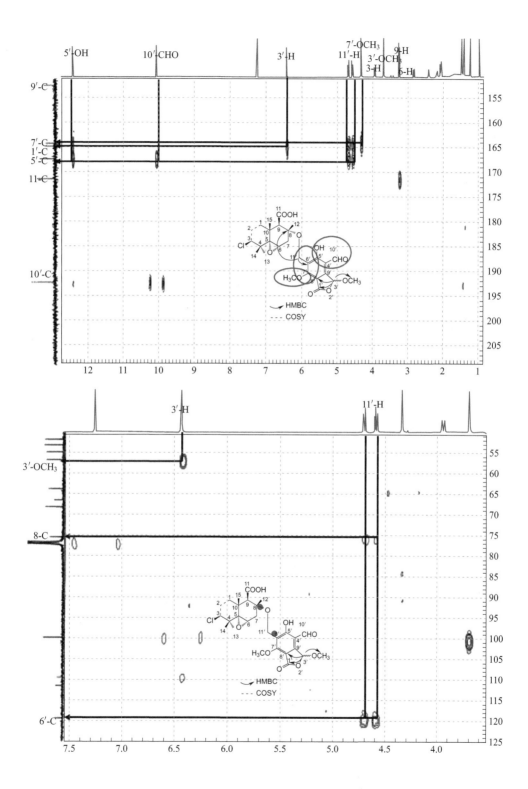

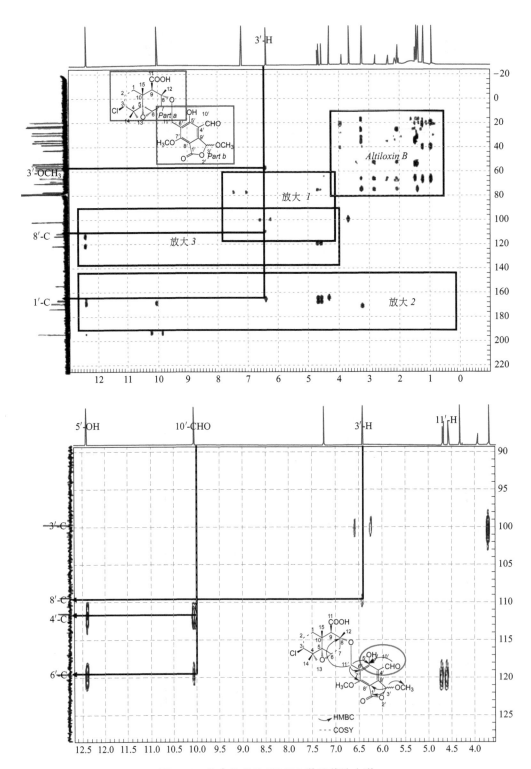

图 10-6 化合物 I 的 HMBC 谱及其放大谱

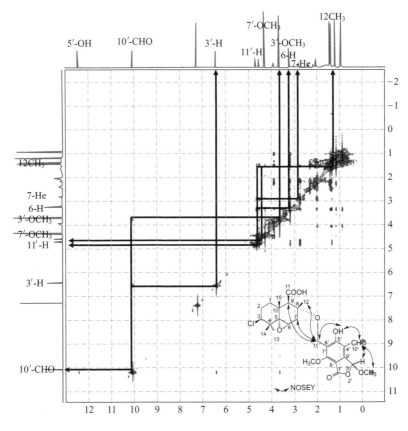

图 10-7　化合物 I 的 NOESY 谱

CH$_2$O—（δ_H 4.59，d，$J=9.5$ Hz，δ_H 4.71，d，$J=4.0$ Hz；δ_C 52.2，t，11′-CH$_2$）取代，以上结论推测出结构单元 I b。H$_2$-11′/C8、H$_2$-11′/C5′、H$_2$-11′/C6′、H$_2$-11′/C7′和 H11′/C12 之间的强 HMBC 相关，推测出结构单元 I a 和 I b 说明化合物 I 通过 C8 和 C11′的氧桥连接起来，形成了化合物 I 的平面结构（图 10-7）。化合物 I 的结构可由阳离子（图 10-8）和阴离子 ESI-MS（图 10-9）证明，阳离子 ESI-MS 先后得到碎片峰 m/z 303 和 267，阴离子 ESI-MS 得到碎片峰 m/z 301，失去一分子 cyclopaldic acid 酸根（m/z 267）产生一分子 altiloxin B（阳离子 ESI-MS 产生 m/z 303；阴离子 ESI-MS 产生 m/z 301）。以上数据鉴定化合物 I 是补身烷型倍半萜和聚酮类化合物杂合的新骨架化合物。

化合物 I 的相对构型由 NOESY 谱（图 10-7）确定。H$_3$-15/β-H1、H$_3$-15/H6、H$_3$-15/β-H7 和 H$_3$-15/H12 之间的 NOE 相关，说明 H$_3$-15、H6、β-H7 和 H12 都是 β 构型。同理，12-Me/14-Me、14-Me/15-Me 和 12-Me/15-Me 之间的 NOE 相关，说明角甲基 12-Me、14-Me、15-Me 是顺式。所以 13-Me 和 8-O-取代基为 α 构型。根据 H3/13-Me 的 NOE 相关，确定 H3 位是 α 构型。化合物 I 的相对构型如图 10-7 所示。

化合物 I 的立体结构与 altiloxin B 相比，多了 1 个手性中心 C3′，对差向异构体（3′R，3R，5R，6R，8S，9S，10S）-I 和（3′S，3R，5R，6R，8S，9S，10S）-I 的绝对构型通过圆二色光谱计算确定，以下缩写为（3′S）-I 和（3′R）-I，其相应的对映体分别缩写为（3′R）-ent-I 和（3′S）-ent-I。对于一个刚性的分子来说，它在溶液中可能只以某一种构象存在；然而

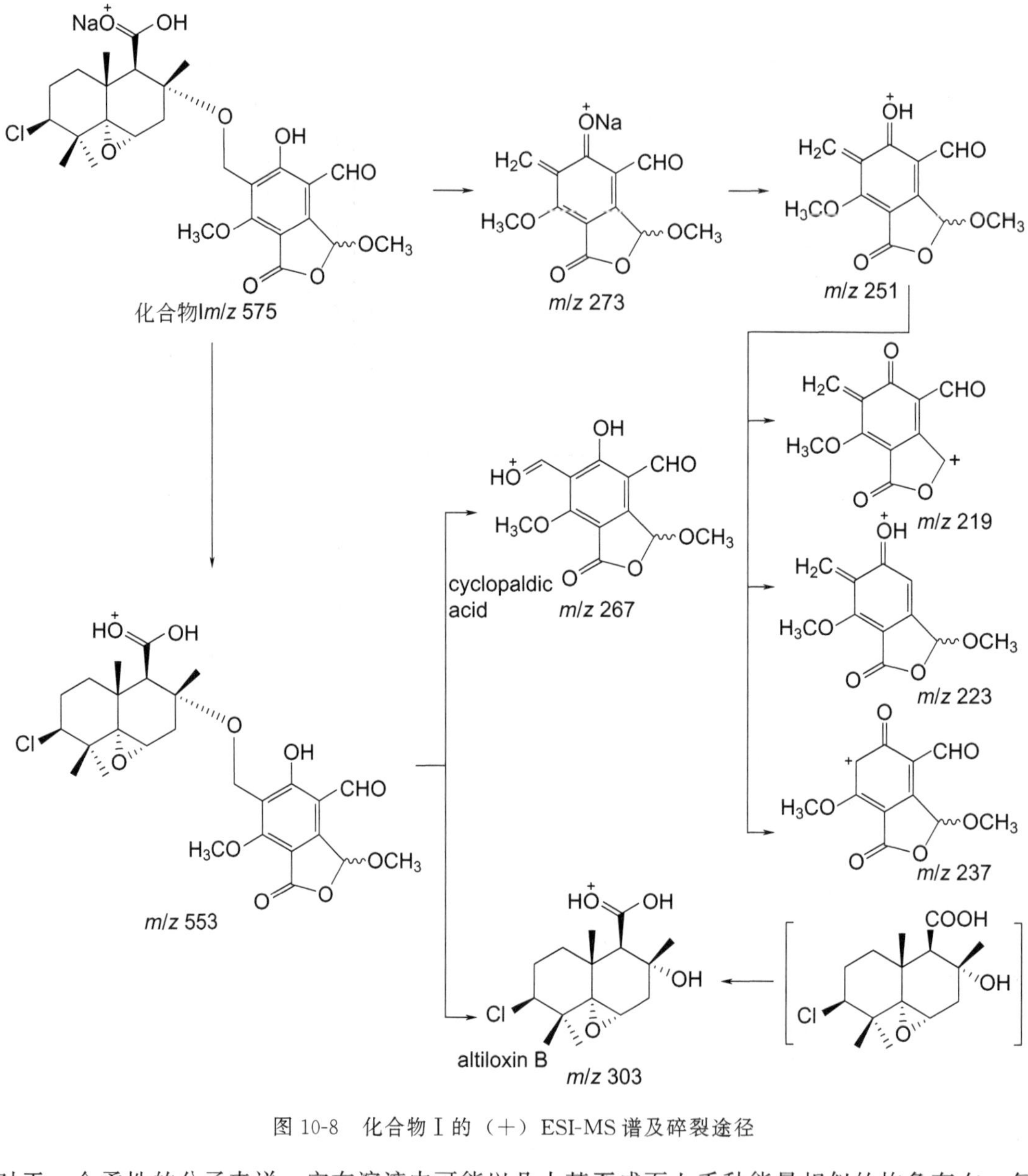

图 10-8　化合物 I 的 （＋） ESI-MS 谱及碎裂途径

对于一个柔性的分子来说，它在溶液中可能以几十甚至成百上千种能量相似的构象存在，每一种构象对应一种能量态，而这些能量态的相对能量大小决定了每种构象在溶液中的分布概率。计算化合物 I 这样的柔性结构大分子，需对连接两个结构单元的醚键进行研究，就会出现 4 种可能的局部最小能量构象，如表 10-4 所示。对化合物 I 所有的柔性结构单元进行统计学排列组合，一对可能的非对映体会出现 1152 种可能的构象，但采用密度泛函理论（DFT）对十氢化萘骨架进行优化，证明结构单元 I a 与化合物 altiloxin B 具有相同的构型，如图 10-10 所示。对官能团的空间位阻和电子效应的进一步考察，可以大幅降低可能出现的立体构象到 48 种，比如说 C5′—OH 会和 C4′—CHO 形成热动学相对稳定的分子内氢键。采用密度泛函理论时，在这 48 种包含 altiloxin B 绝对构型的结构片段的构象中，包括 19 种 3′S-构象和 22 种 3′R-构象的差向异构体。

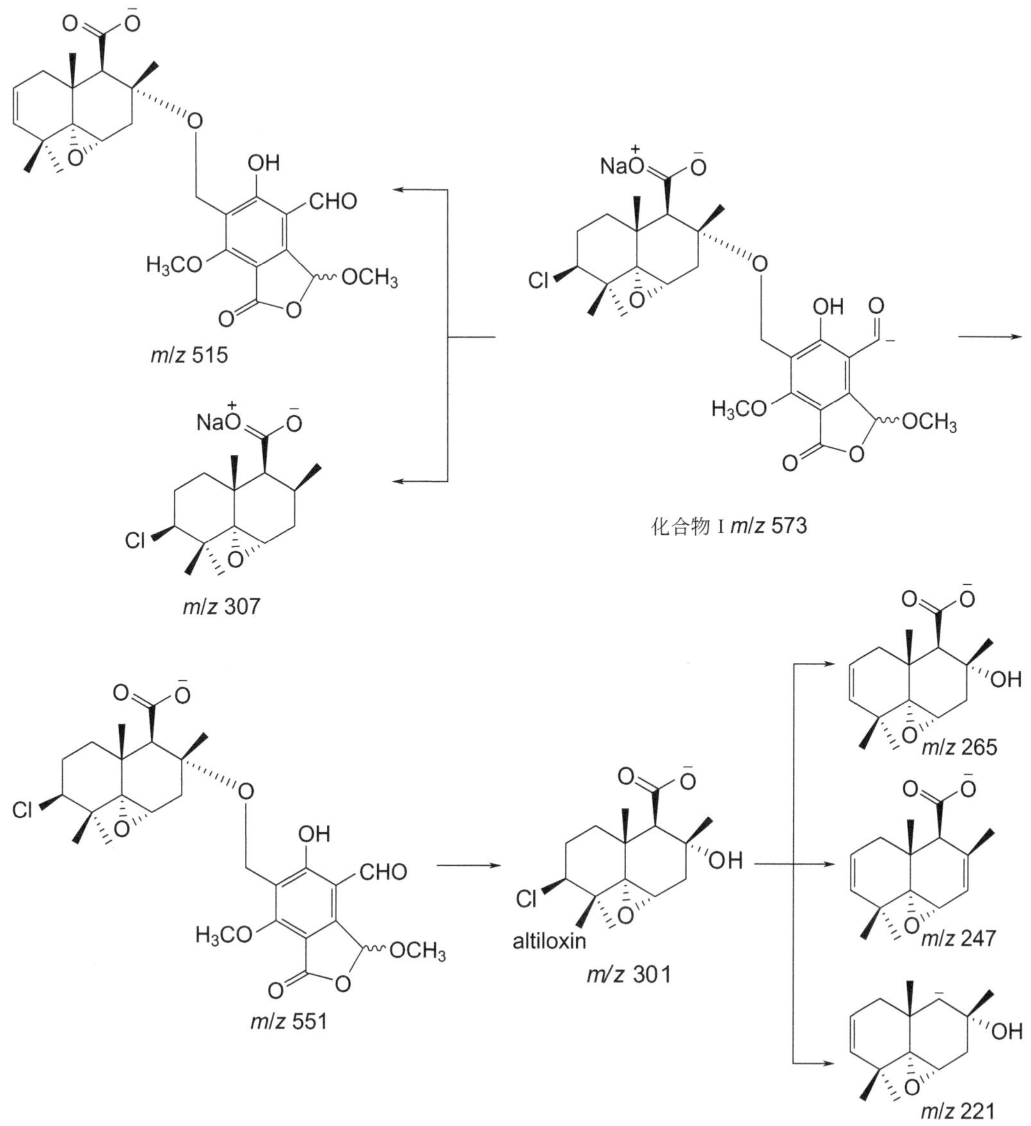

图 10-9　化合物 I 的 (−) ESI-MS 谱及碎裂途径

表 10-3　化合物 I 在 CDCl₃ 中的 ¹H-NMR 和 ¹³C-NMR 数据

原子序号	化合物 I δ_H	δ_C	HMBC(H 到 C)	NOSEY
1	1.44(dd,13.9,3.8)	35.0	2,3,5,10	2,3,15
	2.41(br d,13.8)			
2	2.04(m)	28.9	1,3,4,10	1,3,14
	2.15(dddd,13.5,13.2,3.3,3.1)			
3	3.94(dd,12.5,4.2)	68.4	1,2,4,5,13,14	1,2,13
4		41.2		
5		66.8		
6	3.24(d)①	53.5	4,5,7,8	7
7	2.07(d,17.1)	32.9	5,6,8,9,12	6,12,11′
	2.84(dd,17.1,3.6)			

原子序号	化合物 I δ_H	δ_C	HMBC(H 到 C)	NOSEY
8		75.7		
9	3.25(s)	55.2		11'
10		36.6		
11		171.0		
12	1.40(s)	26.9	7,8,9	7,11'
13	0.95(s)	22.6	3,4,5	3
14	1.22(s)	21.6	3,4,5	
15	1.47(s)	18.3	1,9,10	
1'		164.5		
3'	6.44(s)	99.9	1',8',3'-OCH$_3$	10',3'-OCH$_3$
4'		111.6		
5'		167.0		
6'		119.6		
7'		163.9		
8'		109.5		
9'		152.4		
10'	10.08(s)	191.8	4',5',9'	3',5'-OH
11'	4.59(d,9.5) 4.71(d,9.5)	52.2	5',6',7'	7,9,12,5'-OH,7'-OCH$_3$
5'-OH	12.42(s)		4',5',6'	10',11'
3'-OCH$_3$	3.69(s)	57.0	3'	10'
7'-OCH$_3$	4.34(s)	64.1	7'	11'

① 信号重叠无法辨识多重性。

表 10-4　在 B3LYP/6-31G* 水平 $(3'S)$-I 对应不同构象的相对能隙差和醚键 360°扫描产生的二面角 (j_{ABCD}, j_{CDEF})

构象	$j_{ABCD}/°$	$j_{CDEF}/°$	相对能量 $DE/(kcal/mol)$
Conf$_1$-$(3'S)$-I	54	97	0.00
Conf$_2$-$(3'S)$-I	−76	−99	0.39
Conf$_3$-$(3'S)$-I	45	−86	1.54
Conf$_4$-$(3'S)$-I	−73	97	1.75

注：1cal＝4.1868J。

　　尽管结构单元 I 只能产生微弱的康顿效应，但通过比对 TDAB2PLYP/SV（P）水平计算（nstates＝45）得到的圆二色光谱显示，通过切除化合物 I 的结构单元 I 进行简化并不可行。结构单元 I a 通过醚键与结构单元 I b 的连接方向对于圆二色谱有相当大的影响，

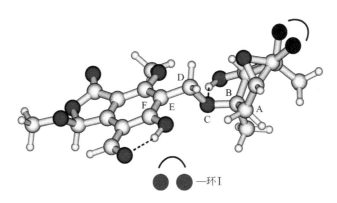

图 10-10 利用 DFT 对化合物Ⅰ的十氢化萘骨架进行优化

比如，Conf$_1$-Ⅰ（DE＝0.00 kcal/mol）和 Conf$_2$-1（DE＝0.39 kcal/mol）是拥有相同绝对构型（3′S）-Ⅰ但不同构象的 2 种热力学最稳定的构象，但康顿效应几乎呈现镜像对称，如图 10-11 所示。

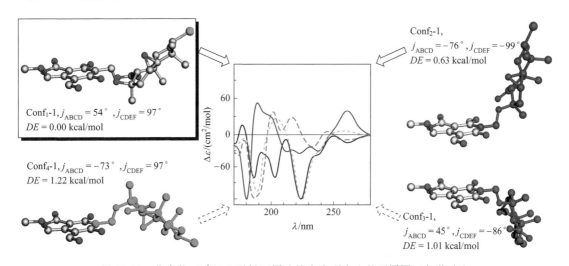

图 10-11 化合物（3′S）-1 醚键不同连接方向所产生的不同圆二色谱对比

　　为获得更可靠的相对能量数值，采用密度泛函理论在 TDAB2PLYP/SV（P）水平上进行优化后的结构，进一步在 SCS-MP2/TZVP 水平上进行单点计算，对 10 种 3′S-构象和 13 种 3′R-构象的差向异构体的各种能量态的构象按照其能量 Boltzmann 分布进行计算。在全波长范围内（$D_{ESI}^{[24]}$＝74％），Boltzmann 加权所得的（3′S）-Ⅰ的圆二色谱计算曲线，与实验测得的圆二色谱曲线基本一致，其对映异构体（3′R）-ent-Ⅰ的圆二色谱计算曲线与实验测得的圆二色谱曲线呈镜像对称，差向异构体（3′R）-Ⅰ在低波长区域（240～280 nm）的圆二色谱计算曲线与实验测得的圆二色谱曲线互成镜像关系，而（3′S）-ent-Ⅰ在较高波长区域（280～370 nm）的圆二色谱计算曲线与实验测得的圆二色谱曲线互成镜像关系（D_{ESI}＝15％）。以上事实说明化合物Ⅰ倍半萜结构单元的立体结构与 altiloxin B 的绝对构型一致，C3′构型是 3′S-构象，化合物Ⅰ的绝对立体构型确认为 3′S,3S,5S,6S,8R,9R,10R-Ⅰ，如图 10-12 所示（Hemberger et al.，2013）。

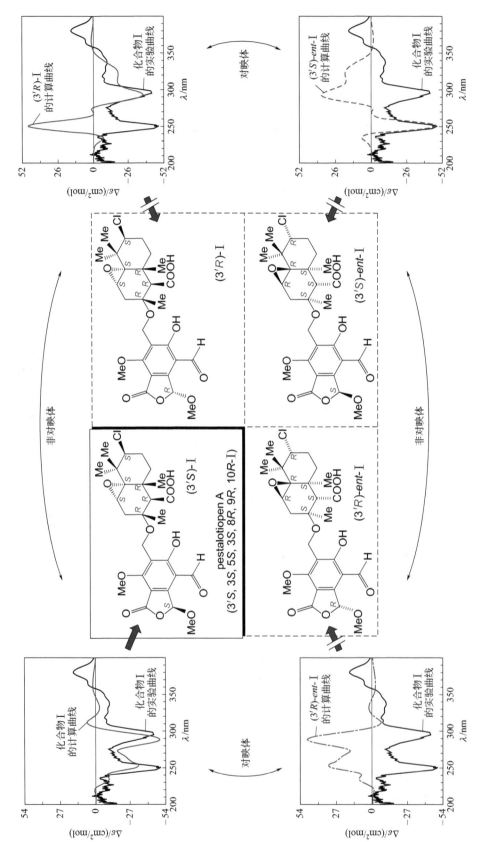

图 10-12 化合物 I 在 TDAB2PLYP/SV(P)//B3LYP/6-31G* 水平上的构型

参 考 文 献

管华诗，王曙光. 中华海洋本草：海洋天然产物下 [M]. 北京：化学工业出版社，2009.

汤海峰，易杨华，姚新生. 海洋甾体化合物的研究进展 [J]. 中国海洋药物，2002，21 (2)：42-43.

徐静，谢蓉桃，林强，等. 海洋生物多糖的种类及其生物活性 [J]. 中国热带医学，2006，6 (7)：1277-1278.

于广利，谭仁祥. 海洋天然产物与药物研究开发 [M]. 北京：科学出版社，2016.

张书军，焦炳华. 世界海洋药物现状与发展趋势 [J]. 中国海洋药物，2012，31 (2)：62-64.

Anake K，Pichan S W. Review drugs and cosmetics from the sea [J]. Marine Drugs，2004，2 (2)：328-336.

Blunt J W，Carroll A R，Copp B R，et al. Marine natural products [J]. Natural Product Reports，2018.

Braid M，Kokotailo G T，Landis P S，et al. Synthesis and structure of a novel macrocyclic polydisulfide [J]. Journal of the
American Chemical Society，1978，100：6160-6162.

Carroll A R，Copp B R，Davis R A，et al. Marine natural products [J]. Natural Product Reports，2020，37：175-223.

Carroll A R，Copp B R，Davis R A，et al. Marine natural products [J]. Natural Product Reports，2019，36：122-173.

Chianese G，Sepe V，Limongelli V，et al. Incisterols，highly degraded marine sterols，are a new chemotype of PXR ago-
nists [J]. Steroids，2014，83：80-85.

Cutignano A，Moles J，Avila C，et al. Granuloside，a unique linear homosesterterpene from the Antarctic nudibranch
Charcotia granulosa [J]. Journal of Natural Products，2015，78 (7)：1761-1764.

Davidson B S，Molinski T F，Barrows L R，et al. Varacin：a novel benzopentathiepin from *Lissoclinum vareau* that is cy-
totoxic toward a human colon tumor [J]. Journal of the American Chemical Society，1991，113：4709-4710.

Debbab A，Aly A H，Proksch P. Endophytes and associated marine derived fungi—ecological and chemical perspectives
[J]. Fungal Diversity，2012，57 (1)：45-83.

Debbab A，Aly A H，Proksch P. Mangrove derived fungal endophytes—a chemical and biological perception [J]. Fungal
Diversity，2013，61 (1)：1-27.

Dell'Aversano C，Walter J A，Burton I W，et al. Isolation and structure elucidation of new and unusual saxitoxin analogues
from mussels [J]. Journal of Natural Products，2008，71 (9)：1518-1523.

Feling R H，Buchanan G O，Mincer T J，et al. Salinosporamide a：a highly cytotoxic proteasome inhibitor from a novel mi-
crobial source，a marine bacterium of the new genus *Salinospora*. Angewandte Chemie. 2003，42：355-357.

Gong J，Sun P，Jiang N，et al. New steroids with a rearranged skeleton as (h) P300 inhibitors from the sponge *Theonella
swinhoei*. Organic Letter，2014，16：2224-2227.

Hemberger Y，Xu J，Wray V，et al. Pestalotiopens A and B：Stereochemically challenging flexible sesquiterpene-
cyclopaldic acid hybrids from *Pestalotiopsis* sp. Chemistry A European Journal，2013，19 (46)：15556-15564.

Huang X Y，Wang Q，Liu H L，et al. Diastereoisomeric macrocyclic polydisulfides from the mangrove *Bruguiera gymnor-
rhiza* [J]. Phytochemistry，2009，70：2096-2100.

Iguchi K，Fujita M，Nagaoka H，et al. Aragusterol a：A potent antitumor marine steroid from the okinawan sponge of the
genus，*Xestospongia* [J]. Tetrahedron Letters，1993，34 (39)：6277-6280.

Kigoshi H，Shizuri Y，Niwa H，et al. Isolation and structures of trans-laurencenyne，a possible precursor of the C_{15} halo-
genated cyclic ethers，and trans-neolaurencenyne from *Laurencia okamurai* [J]. Tetrahedron Letters，1982，23：
1475-1476.

Liang Y，Li X M，Cui C M，et al. Sesquiterpene and acetogenin derivatives from the marine red alga *Laurencia okamurai*
[J]. Marine Drugs，2012，10 (12)：2817-2825.

Miyazaki K，Kobayashi M，Natsume T，et al. Synthesis and antitumor activity of novel dolastatin 10 analogs [J].
Chemical & Pharmaceutical Bulletin，1995，43 (10)：1706-1718.

Mutter R，Wills M. Chemistry and clinical biology of the bryostatins [J]. Bioorganic & Medicinal Chemistry Letters，
2000，8 (8)：1841-1860.

Oh G W，Ko S C，Lee D H，et al. Biological activities and biomedical potential of sea cucumber (*Stichopus japonicus*)：a
review [J]. Fisheries & Aquatic Sciences，2017，20 (1)：28-45.

Pettit G R，Kamano Y，Herald C L，et al. The isolation and structure of a remarkable marine animal antineoplastic constit-
uent：dolastatin 10 [J]. Journal of the American Chemical Society，1987，109 (22)：6883-6885.

Pettit G R, Kamano Y, Dufresne C, et al. Isolation and structure of the cytostatic linear depsipeptide dolastatin 15 [J]. The Journal of Organic Chemistry, 1989, 54: 6005-6006.

Pettit G R, Herald C L, Doubek D L, et al. Isolation and structure of byrostatin 1 [J]. Journal of the American Chemical Society, 1982, 104: 6846-6848.

Rinehart K L, Holt T G, Fregeau N L, et al. Ecteinascidins 729, 743, 745, 759A, 759B, and 770: Potent antitumor agents from the Caribbean tunicate *Ecteinascidia turbinata* [J]. Journal of Organic Chemistry, 1990, 55 (15): 4512-4515.

Smyrniotopoulos V, Rae M, Soldatou S, et al. Sulfated steroid-amino acid conjugates from the Irish marine sponge *Polymastia boletiformis* [J]. Marine Drugs, 2015, 13 (4): 1632-1646.

Wender P A, Hardman C T, Ho S, et al. Scalable synthesis of bryostatin 1 and analogs, adjuvant leads against latent HIV. Science, 2017, 358: 218-223.

Wang X, Sun G, Feng T, et al. Sodium oligomannate therapeutically remodels gut microbiota and suppresses gut bacterial amino acids-shaped neuroinflammation to inhibit Alzheimer's disease progression [J]. Cell Research, 2019, 29 (7): 1-17.

Xu J. Biomolecules produced by mangrove-associated microbes [J]. Current Medicinal Chemistry, 2011, 18 (34): 5224-5266.

Xu J. Bioactive natural products derived from mangrove-associated microbes [J]. RSC Advances, 2015, 5: 841-892.

第 11 章 天然产物的化学合成和结构修饰

天然产物作为医药、化工原料、食品添加剂或农用化学品等的重要来源，与人类的生活密切相关，特别是在新药研究和开发方面，具有不可替代的地位。因此，对于自然界中含量很低、提取成本高昂的天然产物，有机合成显现出巨大的优势。例如，11 t 红豆杉树木（约4800 棵树）才可得到抗癌药紫杉醇 1 kg；2 万只牛的肾上腺作原料才可分离出 200 mg 可的松。因此，几乎全部的药物都需要用化学的手段进行全合成、半合成或通过制备衍生物来获得才能满足人类的需要（肖成骞 等，2016）。

长期以来，天然产物的化学合成已经成为有机化学领域中最为活跃的一个分支。往往是一个新型结构的天然产物刚刚被发现不久，就会有多个研究小组同时开展其全合成研究。不断发现的超出科学家想象的、具有新颖复杂结构的天然产物分子为有机合成化学家提供一个个新的挑战，也为有机化学学科的发展提供了最直接的推动力。这方面的研究不仅带动有机化学新理论、新方法、新反应、新试剂的发现和运用，促进了具有普适性的高效、高选择性的天然产物的合成设计水平的整体提高，同时也体现着一个国家有机化学的整体水平（吴毓林 等，2006）。

天然产物全合成（total synthesis）是以天然产物为目标分子，通过设计研究合成策略、路线和方法，从简单原料出发实现其化学合成。1828 年，德国化学家 Wöhler 首次成功实现尿素的人工合成，标志着天然产物有机化学合成历史的开启。1917 年，英国化学家 Robinson 首先提出了仿生合成（biomimetic synthesis）的概念并首次利用该法实现了托品酮全合成，标志着现代合成有机化学天然产物合成的开始。1944 年，美国化学家 Woodward 和 Doering 完成了奎宁的全合成，并首次提出立体选择性反应（stereoselective reaction）的定义，开创和引导了有机合成化学理论和实际应用的里程碑式的飞跃发展。1990 年，Corey 首次提出了"逆合成分析法"，并应用该方法完成了美登素、Et 743、前列腺素 E_1、喜树碱等多个复杂天然产物的全合成。这些合成方法大大丰富了有机合成化学的理论方法。天然产物全合成中最负盛名的就是岩沙海葵毒素（PTX）的全合成，PTX 的分子式 $C_{130}H_{229}N_3O_{53}$，分子量2679，结构中含有 64 个手性碳和 7 个双键，理论上应该至少有 271 个立体异构体，其全合成难度可想而知。美国哈佛大学的岸义人（Y. Kishi）教授领导的团队历经 14 年的努力，终于在 1994 年完成了 PTX 的全合成。该化合物是目前完成全合成中分子量最大、手性碳最多的天然产物。不论从反应路线设计还是反应难度上，其全合成过程堪称攀登有机化学界的珠穆朗玛峰，同时被美国化学会载入 75 年来最伟大的成就之一。在 PTX 的全合成过程中使用和发现了不少新的试剂、化学反应及机制，不仅对有机合成而且对有机化学理论的发展都起到了非常大的推动作用，至今仍让科学家们津津乐道、赞叹不已。随后，岸义人教授于2003 年完成了河豚毒素的不对称全合成（asymmetric synthesis），实现了不对称合成在天然产物全合成应用的伟大突破。近二十年来，在抗癌药物紫杉醇的全合成过程中，发现了许多新的、独特的反应,如大量过渡金属有机催化剂的应用、有机硅试剂的应用、反应过程中基团的保护、立体构型的建立转化以及独到的战略思路与反应创新等,是有机合成化学以及有机反应理论重要的发展和补充,因此,因在天然产物全合成方面的突出成就而获诺贝尔化学奖的人数众多(详见第1.3.3节)。同时,天然产物的化学合成是确定复杂天然产物精确化学结构的直接方法,在过去的40年中,通过全合成手段实现结构重新鉴定和纠正的比例高达40%,共有300多个天然产物的结构被发现鉴定错误,包括海洋天然产物 dolastatin 19、neopeltolide、amphidinolide W 和 amphidinolide II2、aspergillide A 和 aspergillide B 以及 papuamide B 等,而这些结构鉴定错误的类型包括官能团、环系、取代基位置错误等(付炎等,2016;庾石山 等,2004)。

对于一些结构复杂的天然产物,用全合成方法较难获得,或反应复杂、收率低,没有工业产生价值,可采用半合成来高效获取。天然产物的半合成(partial synthesis)是指以廉价易得的天然产物或非天然结构类似物为起始原料,再经过若干步合成来制备有用的天然产物的方法。半合成的关键是找到一种廉价易得的中间体,该中间体通常已具备最终产物的基本骨架及其大多数官能团,甚至已具备最终产物所需构型。例如,紫杉醇可采用在红豆杉的针叶和小枝中含0.1%的巴卡亭Ⅲ和去乙酰基巴卡亭Ⅲ作为前体物进行半合成。

在针对天然产物的生物学活性研究中发现,分子结构的微小改变往往会导致其活性的显著变化。以天然产物先导物作为模板,在构效关系研究的基础上确定其基本母核,将结构复杂的天然产物,去除多余的原子、改造简化结构,或对其中某些官能团进行化学修饰,获得结构多样性的类似物,不仅可以丰富化合物的种类,更有可能提高天然产物的生物活性和降低其毒性,或提高溶解性、改善生物利用度、优化药代。例如,以吗啡为先导物的镇痛药杜冷丁,以古柯碱为先导物的麻醉药普鲁卡因,以水杨苷为先导物的解热镇痛药阿司匹林,以青蒿素为先导物的抗疟疾药蒿甲醚等。这些研究工作的开展也将有助于从活性天然产物结构信息出发设计合成天然产物的"类天然化合物库"。以下通过几个例子说明天然产物化学合成的路线设计(汪秋安 等,2013)。

11.1 紫杉醇的合成

1963年,美国化学家 Wani 和 Wall 首次从太平洋紫杉树皮中分离得到紫杉醇的粗提物,发现其对离体培养的鼠肿瘤细胞有很高的活性,并开始分离这种活性成分。1971年,他们同杜克大学的教授 McPhail 合作,通过 X 射线分析确定了该活性成分的化学结构,并把它命名为紫杉醇,1992年底由美国 FDA 批准上市,商品名为 Taxol®。紫杉醇对癌症发病率较高的卵巢癌、子宫癌和乳腺癌等有特效,之后被用于治疗非小细胞肺癌。其作用机制是通过与肿瘤细胞产生的微管蛋白结合,促进微管蛋白聚合、稳定微管防止其解聚,使细胞有丝分裂停止在 G_2 期及 M 期,从而导致肿瘤细胞凋亡,是世界上第一个利润超过10亿美金的抗癌药物。天然紫杉醇主要存在于紫杉树皮中,但其含量不足万分之一(1 kg 树皮只能提取50~100 mg 的紫杉醇),而紫杉是一种生长缓慢的乔木,大规模的破坏性砍伐、过度开发可能会对生态环境造成重大破坏。据统计,目前紫杉醇年需求量为600 kg,而目前世界年产量仅为300 kg,单纯从天然植物树皮中提取是远远不够的,还需要结合化学全合成、化学半合成、植物细胞培养、内生菌培养以及生物合成等多种方法来获取紫杉醇。这里介绍近些年来有关紫杉醇合成研究所取得的一些进展(李媛 等,2006;史清文 等,2010)。

11.1.1 紫杉醇的半合成

有机化学家们对于紫杉醇的全合成研究虽已在实验室获得成功,但从大规模生产的角度考虑仍是不可行的，因此市售紫杉醇大多采用半合成的方法。从红豆杉中分离得到的紫杉醇前体化合物巴卡亭Ⅲ（又名"浆果赤霉素Ⅲ"）和去乙酰基巴卡亭Ⅲ（又名"10-脱乙酰浆果赤霉素Ⅲ"，10-DAB）的生物活性虽低于紫杉醇，但其与紫杉醇具有相同的母核结构，而且在红豆杉叶子中含量较高。利用巴卡亭Ⅲ作为前体物和Ojima内酰胺进行偶联反应加上侧链，经4步化学反应半合成最终得到目标产物紫杉醇，产率高达80%（Ojima et al.，1992；Guenard et al.，1993），可以大大改善紫杉醇供应短缺的情况。紫杉醇半合成路线如图11-1所示，美国BMS公司已采用该法生产紫杉醇。

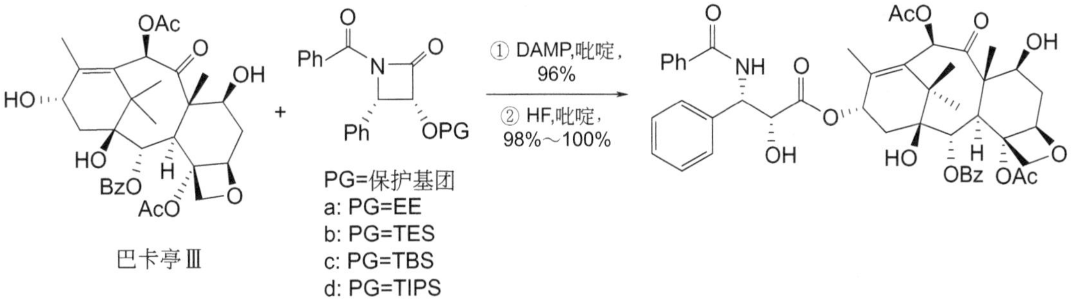

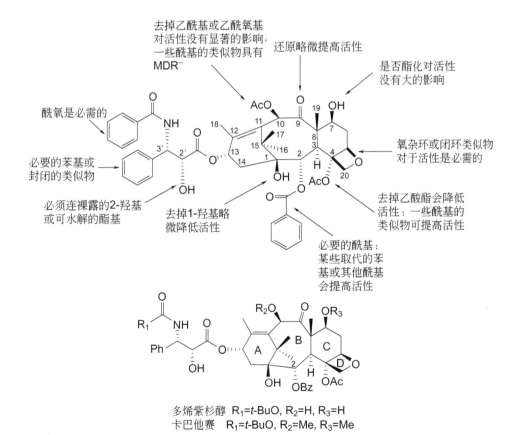

图 11-1　紫杉醇半合成路线

　　同时，利用半合成法还可以获得侧链改变的紫杉醇，系统研究紫杉醇类似物的构效关系，为发现具有更强活性的紫杉醇衍生物打下基础（图11-2）。多烯紫杉醇（Docetaxel，

图 11-2　紫杉醇的构效关系及其合成衍生物

Taxotere®）是第一个被开发成功的紫杉醇类似物的半合成药物，其 C13 侧链中 C3′N 上叔丁氧羰基取代了紫杉醇的苯羰基，比紫杉醇水溶性高出 20 倍，抗癌活性是紫杉醇的 2.7 倍；卡巴他赛（Cabazitaxel，Jevtana®）是多烯紫杉醇的 7,10-二甲醚产物，临床用于晚期前列腺癌的治疗（Lheureux et al.，2012）。

11.1.2　紫杉醇的全合成

紫杉醇是具有高度官能团化的 6/8/6-紫杉烷环状骨架结构三环二萜，即 2 个六元碳环中间夹着 1 个八元碳环并连在一起构成了核心骨架，此外骨架上还连有 1 个四元含氧环以及 1 个带有酰氨基等基团的苯丙酸酯侧链构成"尾巴"侧链，分子中还有 11 个手性中心、多个官能团。其复杂结构的合成往往被认为是对化学家最困难的挑战之一，全世界范围内曾有 40 多个一流的研究团队从事紫杉醇的全合成研究工作，在有机化学合成史上实属罕见。目前，已有美国和日本等国家的 6 个研究团队公开报道完成了具有各自特点的紫杉醇全合成工作（Holton et al.，1994a，b；Masters et al.，1995；Wender et al.，1997a，b；Mukaiyama et al.，1997；Morihira et al.，1998；Doi et al.，2006；Nicolaou et al.，1992，1994）。所有的合成路线都是通过若干步反应后得到含有紫杉醇的母核结构的化合物，即巴卡亭Ⅲ，最后再与 Ojima 内酰胺进行偶联反应，加上侧链，最终得到目标产物紫杉醇。主要分为两种合成策略（图 11-3）：①线性战略，即由 A 环到 ABC 环和由 C 环到 ABC 环；②汇聚战略，即由 A 环和 C 环会聚合成 ABC。

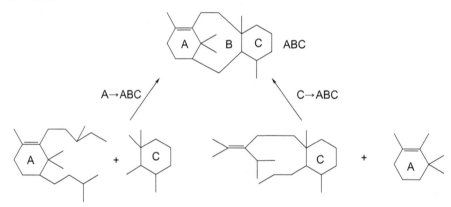

图 11-3　紫杉醇的全合成策略

1994 年初，美国化学家 Holton 和 Nicolaou 几乎同时宣告紫杉醇的全合成获得成功，分别采用线性战略和汇聚战略，代表了有机合成的不同策略。他们的成功，标志着有机合成化学登上一个新的台阶。

Holton 采用的是先 A 环后 AB 环再 ABC 环的线性合成战略，以樟脑为原料，通过数步反应形成在 B 环上带有一个酮基的化合物，然后形成 C 环。侧链的合成方法由 Ojima 等发展而来，故又称为 Holton-Ojima 法，其特点是步骤少、收率高，总收率可达到 2.7%。Holton 的紫杉醇全合成路线如图 11-4 所示。

Nicolaou 采用汇聚式合成战略，此路线以半乳糖二酸（mucic acid）为最初原料，首先应用缩合、Diels-Alder 等反应分别得到含六元环的 A 环化合物和 C 环化合物，然后通过 Shairo 偶合反应将 A 环与 C 环连接起来构建含 AC 环结构的化合物，经过 McMurry 偶合反应就得到了含有 ABC 环的化合物，最后完成 D 环的构建并连接上侧链（Nicolaou et al.，1992，1994）。该路线（图 11-5）虽具有较前者简明的优点，但其总收率却远远低于前法，仅为 0.07% 左右。

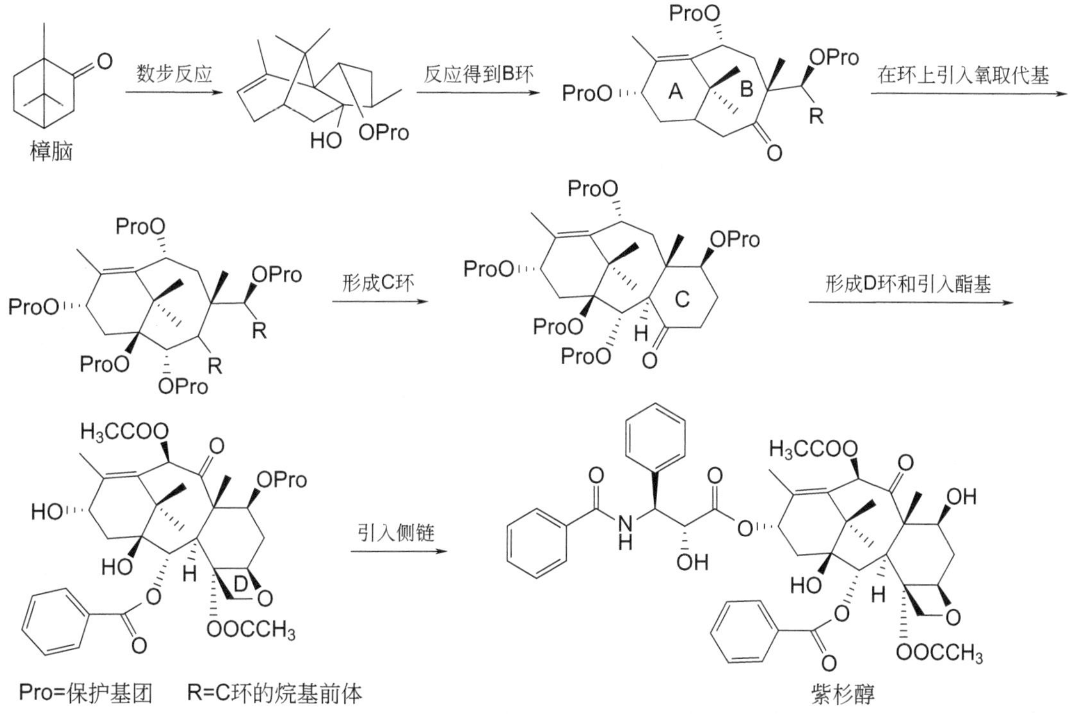

图 11-4　Holton 教授的紫杉醇全合成路线

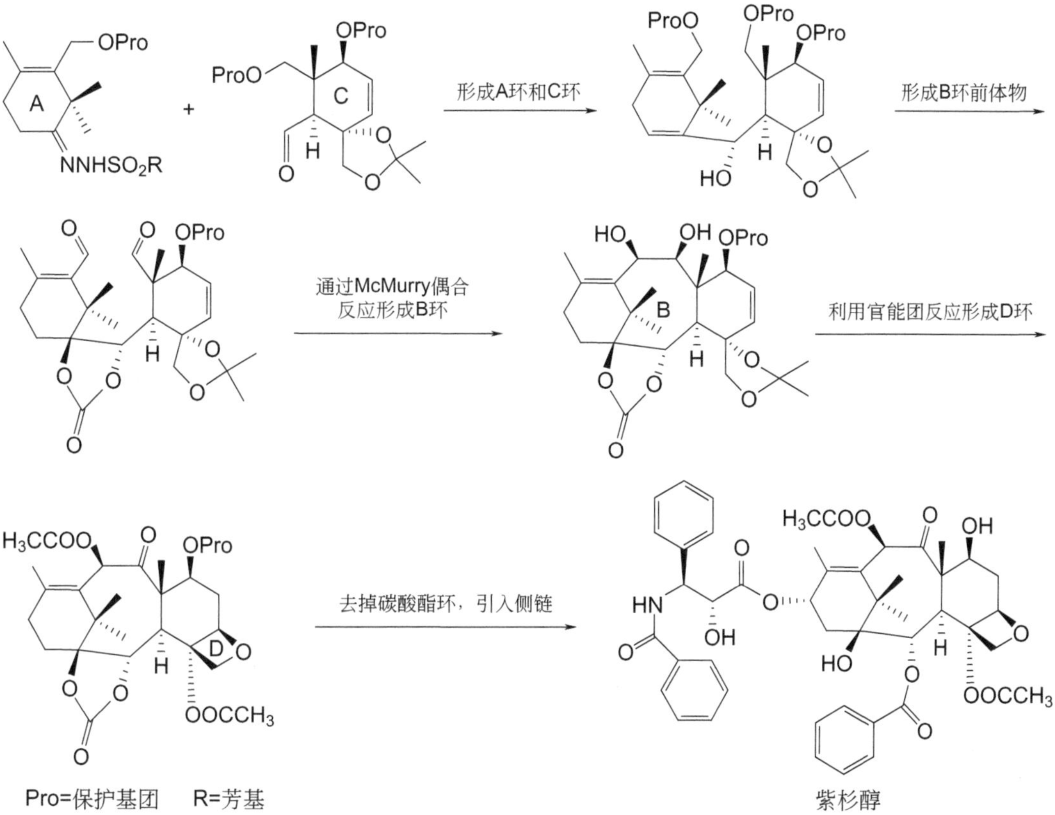

图 11-5　Nicolaou 教授的紫杉醇全合成路线

尽管 Holtou 和 Nicolaou 研究所相继完成的紫杉醇全合成工作十分出色，但由于紫杉醇全合成路线长、产率低而不会有商业价值，工业化生产几乎不可能。

11.2　喜树碱的合成

喜树碱（CPT）是从我国南方特有植物珙桐科喜树（*Camptotheca acuminata*）中分离得到的一种具有抗癌活性的吡咯[3,4-b]喹啉类生物碱。其结构中含有五个环，E 环的 20 位有一个 S 型手性中心，并且实验表明只有（S）-CPT 才具有生物活性。之后对其进一步分离得到 10-羟基喜树碱（HCPT），已应用于临床，可治疗肝癌与头颈部癌，且毒性远小于喜树碱，二者均为拓扑异构酶 I 的特异性抑制剂。尽管 CPT 和 HCPT 广泛存在于喜树各个器官及组织中，但含量很少，含量最高的器官是喜树嫩叶，也仅仅只有 0.4%，而人工有机合成可以有效地弥补这一天然资源上的不足（高河勇 等，2005）。

CPT 全合成中最有代表性的是 1978 年我国学者蔡俊超等的外消旋喜树碱全合成路线（图 11-6）和 2001 年 Comins 的对应选择性合成路线。1978 年，我国科学家蔡俊超等合成了外消旋的喜树碱，B、C、D 环的形成都很简便，合成的中心工作主要是围绕 E 环而展开的，其中形成化合物 I 是该路线的关键所在，这一步使得 20 位碳原子活化，使后面的反应能顺利进行，从而形成 20 位的季碳。这条路线的另一个特点是所用的试剂都很简单，合成中的分离方法主要是重结晶，几乎不用柱层析，总产率高达 18%（Shanghai No. 5 and No. 12 Pharmaceutical Plant et al.，1978）。

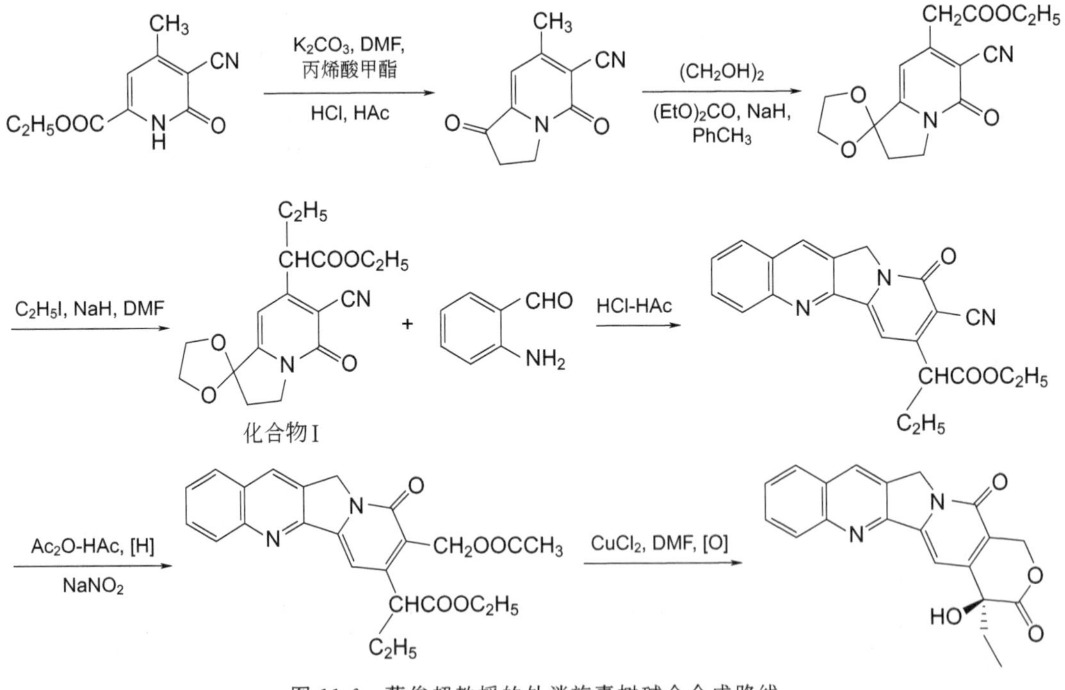

图 11-6　蔡俊超教授的外消旋喜树碱全合成路线

2001 年，Comins 以 2-氯-6-甲氧基吡啶为原料，利用 2-氧代丁酸酯的手性诱导，再经水解、去甲基化后脱水闭环、催化还原脱氯得 α-羟基内酯，经 N-烷基化反应，最后由分子内 Heck 反应闭环构建 C 环完成了（S）-CPT 的不对称全合成，提供了一条很简洁的合成路线（图 11-7），但其中的某些关键步骤产率不高（Comins et al.，2001）。

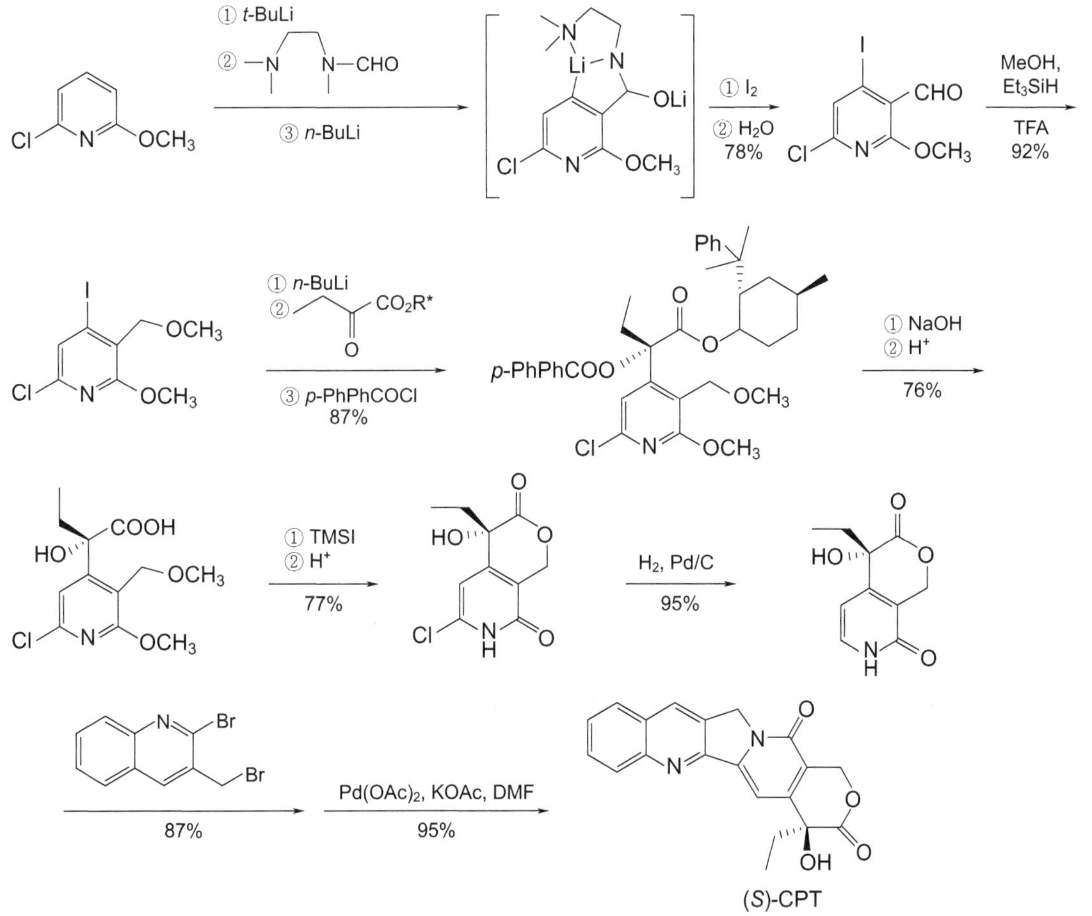

图 11-7　Comins 教授的（S)-喜树碱对应选择性合成路线

对喜树碱进行结构修饰合成其衍生物具有重要意义，迄今所报道的喜树碱衍生物已经达数百种，其中，拓扑替康（topotecan，TPT，9-N,N'-二甲基亚胺基-10-羟基喜树碱）、伊立替康（camptothecin-11，CPT-11）已应用于临床，9-氨基喜树碱（9-ACPT）、9-硝基喜树碱（9-NCPT）等也已处于临床试验阶段（Kehrer et al.，2001）。

11.3　利血平的合成

降压药利血平存在于萝芙木（$Rauvolfia$ $verticillata$）的根茎中，是具有 6 个手性中心的吲哚生物碱，其 C-D-E 环为顺-反-顺三联稠环。为了解决其全合成中的立体化学选择性，1956 年 Woodward 首次完成了全合成，巧妙地设计了色胺（Ⅰ）和一个预先具有所需 5 个手性中心的非色胺的单萜化合物（Ⅱ）进行装配，后通过差向异构化建立最后一个 C3 手性中心的路线（Woodward et al.，1956）。利血平的逆合成分析如图 11-8 所示。

Woodward 以 1,4-对苯二醌和戊二烯酸为起始原料，经 Diels-Alder 缩合反应，得到具有顺式稠合双环结构的加成物，第一步解决了 D、E 环的三个不对称中心（C15、C16、C20）。由于空间位阻的影响，酮基选择性还原、环氧化、分子内酯化，建立了 3,5-氧桥和五环不饱和酯，C3 的立体构型得以确立，接下来在 C2 位立体选择性地引入甲氧基，这样就完成了 E 环五个相邻手性中心的构建。然后通过 NBS 溴代、氧化、脱溴和 3,5-醚桥键断裂

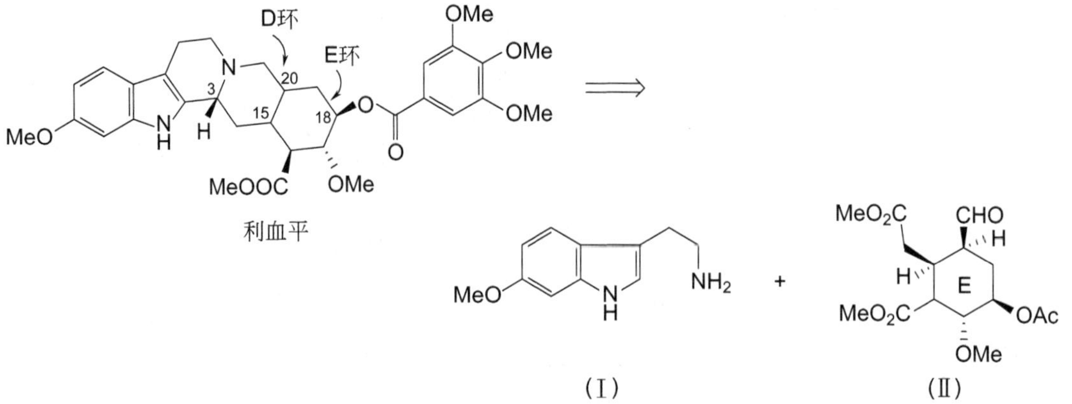

图 11-8 利血平的逆合成分析

得到不饱和酮酸。接下来经酯化、双羟化和高碘酸氧化断裂将 E 环所需官能团逐一展现，得到关键手性砌块醛酯，与 6-甲氧基色胺通过 Bischler-Napieralski 反应环化偶合构建了稠合的五环结构，再经还原亚胺离子，此时 C3 位为 α-构型，而非利血平结构中为 β-构型，将 C3 位的构型从 α（稳定）到 β（不稳定）反转违反热力学原理，不易实现。Woodward 通过将 C16、C18 位内酯化的方法增加环内张力，从而将 C3 位构型扭转为非稳定的 β 构型，从而建立了利血平结构中所有的六个手性中心，接下来把内脂环打开，酯化羟基及羧基，（＋）-樟脑磺酸拆分完成了利血平的全合成，如图 11-9 所示。

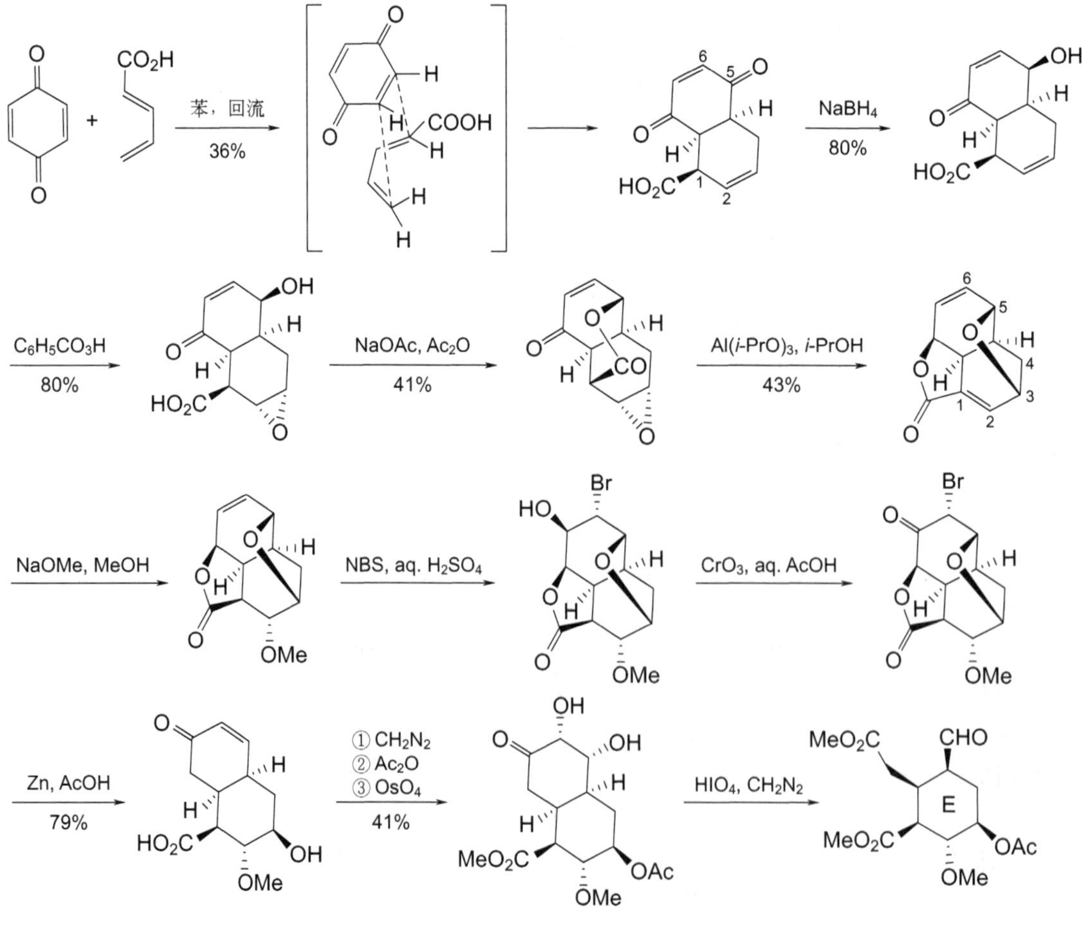

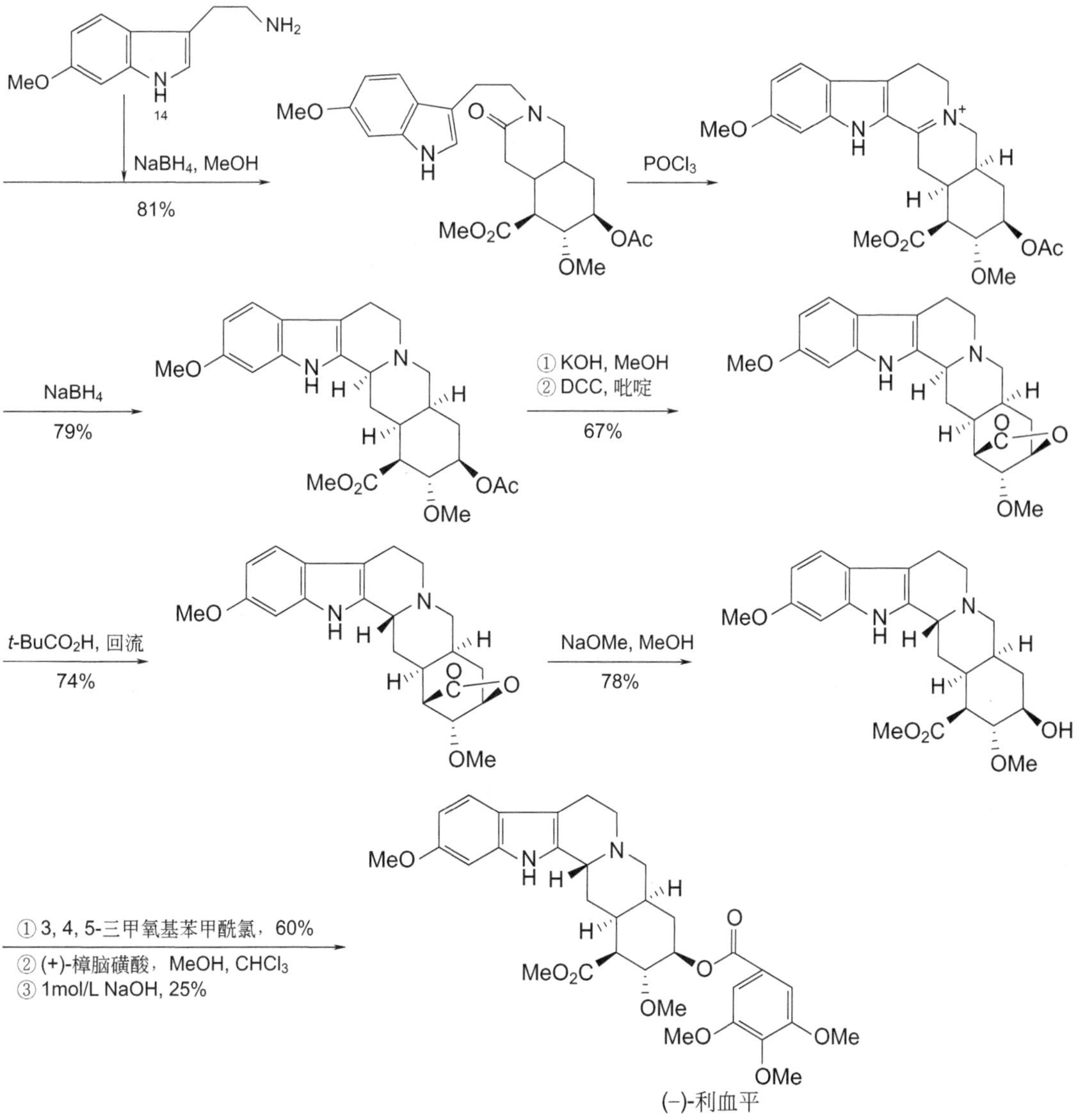
NH2
MeO
N
H
14
NaBH4, MeOH
81%
MeO
O
N
N
H
MeO2C
OAc
OMe
POCl3
MeO
N
H
N+
H
H
MeO2C
OAc
OMe
NaBH4
79%
MeO
N
H
H
N
H
H
MeO2C
OAc
OMe
① KOH, MeOH
② DCC, 吡啶
67%
MeO
N
H
H
N
H
H
O
C
O
OMe
t-BuCO2H, 回流
74%
MeO
N
H
H
N
H
H
O
C
O
OMe
NaOMe, MeOH
78%
MeO
N
H
H
N
H
H
MeO2C
OH
OMe
① 3, 4, 5-三甲氧基苯甲酰氯，60%
② (+)-樟脑磺酸，MeOH, CHCl3
③ 1mol/L NaOH, 25%
MeO
N
H
H
N
H
H
MeO2C
O
O
OMe
MeO
OMe
OMe
(−)-利血平

图 11-9　Woodward 教授的（一）-利血平合成路线

11.4　鬼臼毒素的合成

鬼臼毒素是从鬼臼属植物中分离得到的 2,3-丁内酯-4-芳基四氢萘类木脂素，分子中含有 4 个手性中心，1 个反式内酯环和 C1 位轴向相接的芳基取代基团，具有显著的抗肿瘤活性，是抑制拓扑异构酶Ⅱ的抑制剂，通过阻止细胞有丝分裂中期微管束的形成来抑制肿瘤的生长。为解决鬼臼毒素天然来源短缺的问题，人们分别开展了化学全合成、生物合成、植物细胞或器官培养、植物细胞或器官培养等研究，以扩大鬼臼毒素来源。

鬼臼毒素的全合成方法有多种，纵观国内外的报道，大多数的合成实际上都是依据几个有限的关键途径来构筑鬼臼毒素基本的骨架，主要包括：γ-酮酸酯路线（Kende et al.，1977，1981）、二羟基羧酸路线（Macdonald et al.，1988）、串联共轭加成路线（Medarde et al.，1996）、Diels-Alder 反应路线（Klemm et al.，1971）、单内酯的烷基化和酰基化

（Tomioka et al.，1978）等。下面介绍两种近期报道的方法。

我国学者张洪斌教授采用汇聚合成策略，以 6-溴胡椒醛为起始原料，串联共轭加成烷基化反应为关键步骤，先后涉及 Heck 反应、Michael 加成、烯丙基化，L-脯氨酸手性诱导催化 Aldol 加成来立体选择性构建鬼臼毒素的骨架，硼氢化钠还原及路易斯酸催化的内酯化反应，经 12 步以 29％的收率完成了鬼臼毒素的全合成，如图 11-10 所示（Wu et al.，2007）。

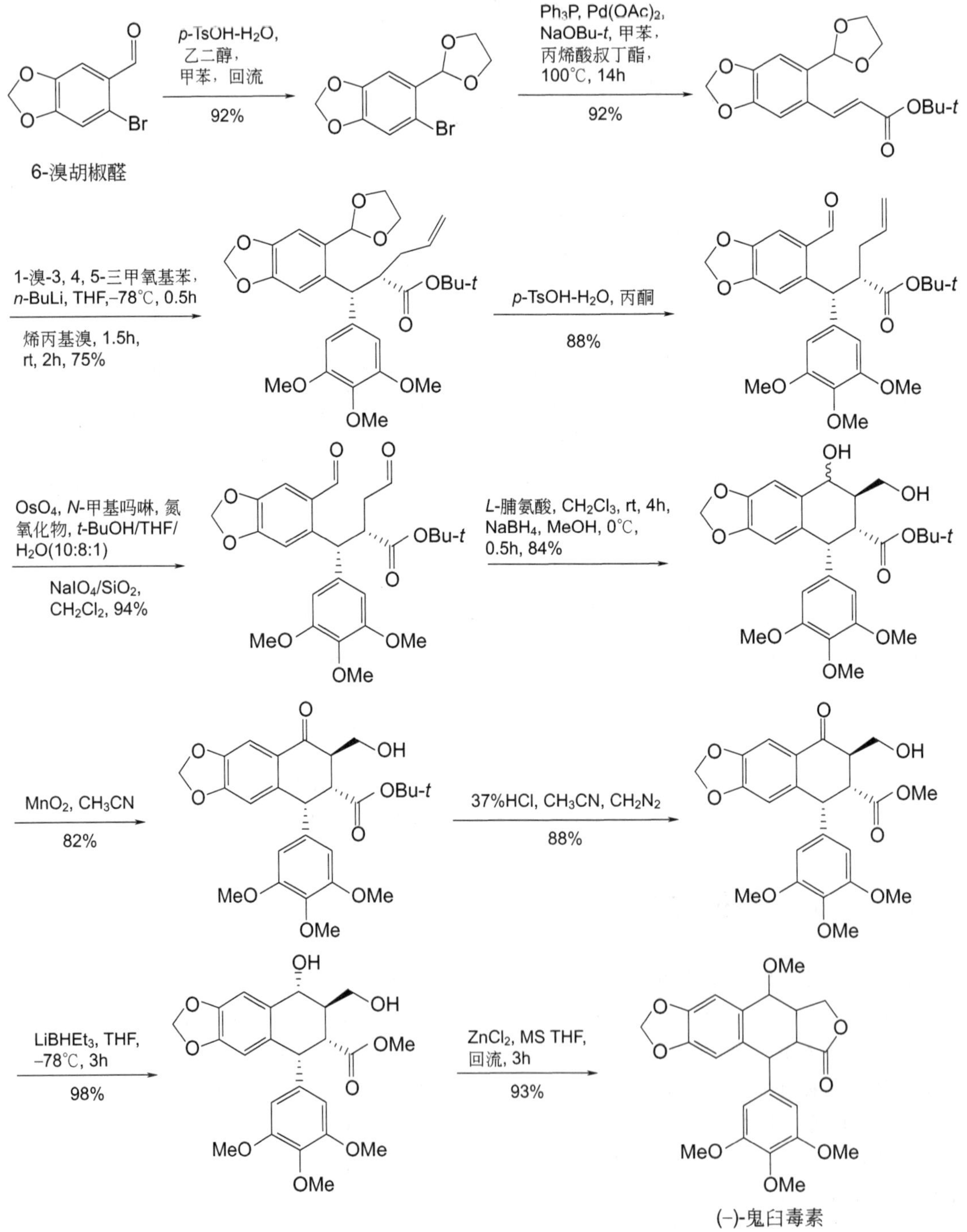

图 11-10　张洪斌教授的鬼臼毒素全合成路线

Maimone 教授课题组建立了一种简单快速的全合成方法，以 6-溴胡椒醛为起始原料，金属钯催化非对映选择性 C(sp³)-H 芳基化反应，反应由构象轴向扭转促进 C—C 立体选择还原消除替代 C—N 键形成，虽然收率只有 18%，但仅 5 步即可完成鬼臼毒素的全合成，如图 11-11 所示（Ting et al.，2014）。

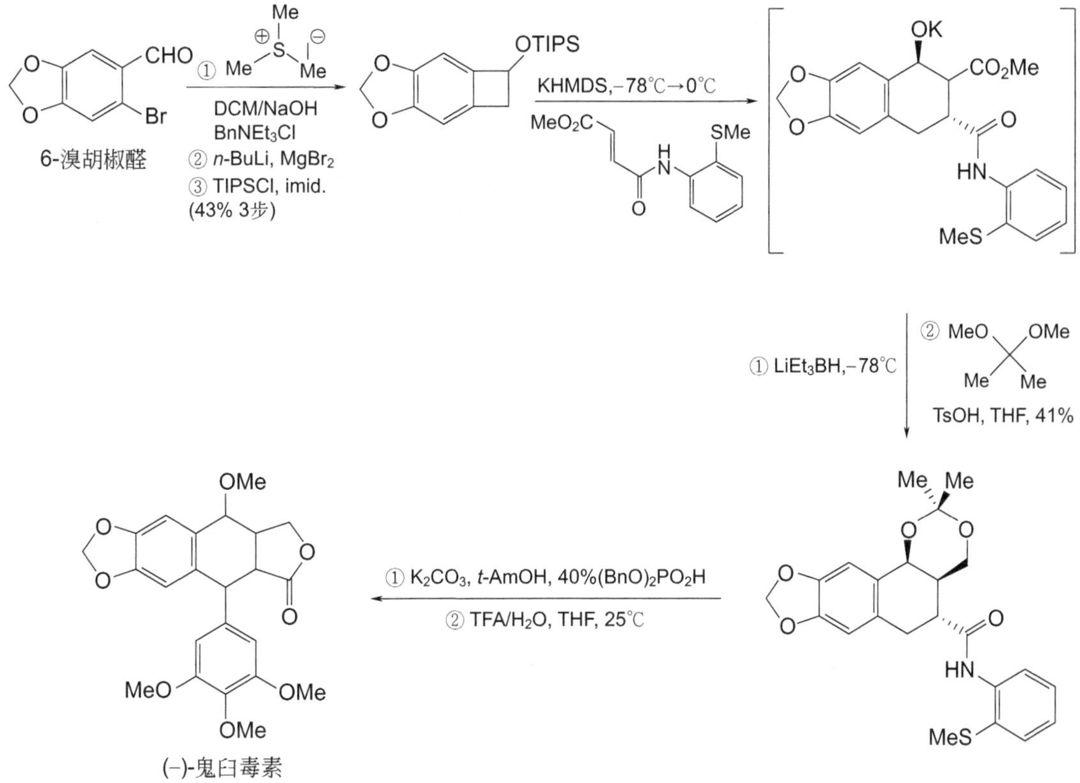

图 11-11　Maimone 教授的鬼臼毒素全合成路线

鬼臼毒素自身毒副作用较大，它的结构修饰和改造主要是围绕着其自身的 A～E 五环母核结构上取代基的不同而展开的，并筛选了大量衍生物。构效关系研究显示，在保持鬼臼毒素反式内酯环、C2 构型不变和 4′-去甲基的条件下，C4 为有效的修饰位点。其中，4′-去甲鬼臼毒素的衍生物 VP-16（etoposide，依托泊苷）和 VM-26（teniposide，替尼泊苷）已经广泛用于睾丸癌、淋巴癌、白血病、非小细胞肺癌等的临床治疗（Holthuis，1988）。

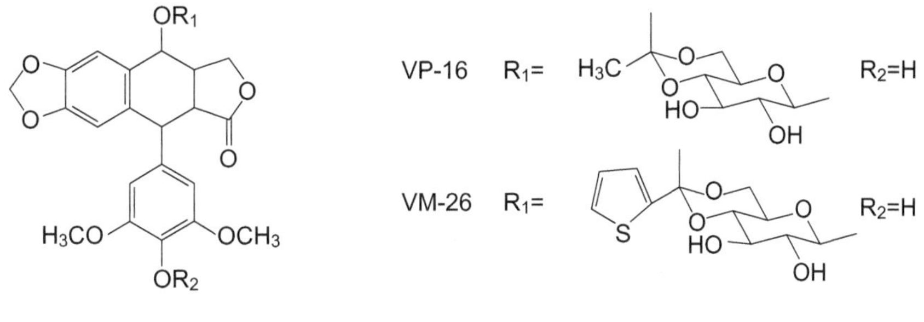

11.5　Salinosporamide A 的合成

Salinosporamide A 是 Fenical 教授课题组采用人结肠癌 HCT-116 细胞毒活性导向分离，

从红树林沉积物（Bahamas）盐孢菌属 *Salinispora tropica* CNB-392 放线菌的营养琼脂培养基提取物中分离得到的结构新颖的 γ-内酰胺类似物，含有 γ-内酰胺-β-内酯双环母核结构。其绝对构型已通过圆二色谱和 Mosher 法确定，对结肠癌细胞 HCT-116 具有强细胞毒性，IC_{50} 值是 11 ng/mL；在 National Cancer Institute's（NCI's）筛选的 60 个癌细胞模型中检测结果显示较强的细胞毒活性，体外筛选平均半数生长抑制浓度 GI_{50} 可低至 <10 nmol/L，比药物敏感和耐药细胞之间差异的 4 倍半数致死浓度的对数（log LC_{50}）要更显著，尤其是针对人非小细胞肺癌 NCI-H226、中枢神经系统癌 SF-539 CNS、恶性黑素瘤 SK-MEL-28 和乳腺癌 MDA-MB-435 细胞株，LC_{50} <10 nmol/L。构效关系研究表明，其强细胞毒性与结构中含有氯乙基有关。salinosporamide A 的结构与蛋白酶抑制剂 omuralide 有相同的母核，

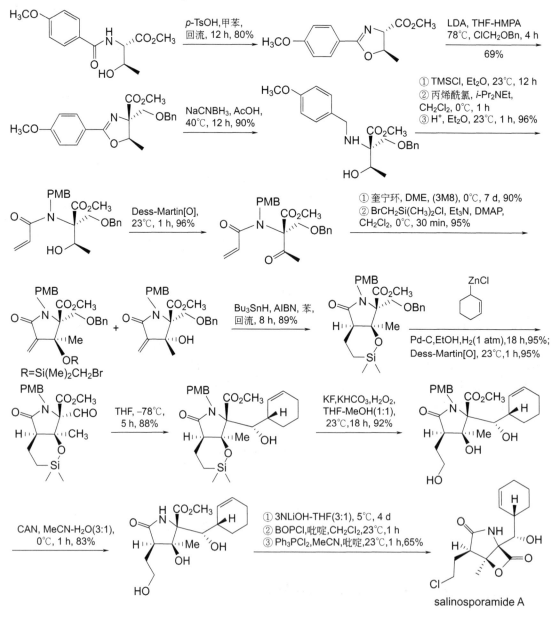

图 11-12　Salinosporamide A 的全合成路线

可有效抑制胰凝乳蛋白酶（chymotrypsin），IC_{50} 值为 1.3 nmol/L，抑制活性约为 omuralide（IC_{50}＝49 nmol/L）的 35 倍（Feling et al.，2003），是一种抗癌活性极强的蛋白酶抑制剂（Niewerth et al.，2014），因此在被发现不到 3 年的时间，就已经进入了 I 期临床研究。另外，salinosporamide A 对人疟原虫有很好的抑制作用，可望开发出抗疟疾的良好药物（Prudhomme et al.，2008）。此类成分显著的生物活性促使其化学全合成的研究，目前已有美国和日本的多个研究团队公开报道完成了具有各自特点的全合成路线（Hogan et al.，2005；Reddy et al.，2004，2005；Mosey et al.，2009），引用最多的是美国哈佛大学 Corey 教授课题组由（S)-苏氨酸甲酯和 4-甲氧苯甲酰氯发生 N-酰化生成的酰胺化合物作为起始物经 12 步合成 salinosporamide A，每步产率达到 90％以上，如图 11-12 所示（Reddy et al.，2004）。

参 考 文 献

付炎. 天然药物化学史话：天然产物研究与诺贝尔奖 [J]. 中草药，2016，47（21）：3749-3765.

高河勇，孙婧，李倩，等. 喜树碱的不对称全合成研究进展 [J]. 中国医药工业杂志，2005，36：42-50.

李媛，李振宇. 天然抗癌药物——紫杉醇 [J]. 中山大学研究生学刊：自然科学与医学版，2006，27（4）：58-62.

史清文，李力更，霍长虹，等. 抗癌药物紫杉醇研发历程的思考与分析 [J]. 医学与哲学：人文社会医学版，2010，31（6）：10-12，18.

吴毓林，姚祝军. 天然产物合成化学 [M]. 北京：科学出版社，2006.

汪秋安，王明锋，为有. 天然产物有机合成原理与实例解析 [M]. 北京：化学工业出版社，2013.

肖成骞，胡立宏. 天然产物药物开发中资源问题的解决方案概述 [J]. 药学研究，2016，35（8）：435-443.

庾石山，冯孝章. 新型结构活性天然产物的化学研究 [J]. 中国医学科学院学报，2004，26（4）：347-350.

Comins D L，Nolan J M. A practical six-step synthesis of（S)-camptothecin [J]. Organic Letters，2002，3（26）：4255-4257.

Doi T，Fuse S，Miyamoto S，et al. A formal total synthesis of taxol aided by an automated synthesizer [J]. Chemistry，An Asian Journal，2006，1（3）：370-383.

Feling R H，Buchanan G O，Mincer T J，et al. Salinosporamide A：a highly cytotoxic proteasome inhibitor from a novel microbial source，a marine bacterium of the new genus *Salinospora* [J]. Angewandte Chemie International Edition，2003，42（3）：355-357.

Guenard D，Gueritte-Voegelein F，Potier P. Taxol and taxotere：discovery，chemistry，and structure-activity relationships [J]. Accounts of Chemical Research，1993，26（4）：160-167.

Holton R A，Somoza C，Kim H B，et al. First total synthesis of taxol：part 1. Functionalization of the B ring [J]. Journal of the American Chemical Society，1994a，116：1597-1598.

Holton R A，Kim H B，Somoza C，et al. First total synthesis of taxol：part 2. Completion of the C and D rings [J]. Journal of the American Chemical Society，1994b，116：1599-1600.

Hogan P C，Corey E J P. Proteasome inhibition by a totally synthetic beta-lactam related to salinosporamide A and omuralide. [J]. Journal of the American Chemical Society，2005，127（44）：15386-15387.

Holthuis J J M. Etoposide and teniposide [J]. International Journal of Clinical Pharmacy，1988，10（3）：101-116.

Kehrer D F，Soepenberg O，Loos W J，et al. Modulation of camptothecin analogs in the treatment of cancer：a review [J]. Anti-Cancer Drugs，2001，12（2）：89-105.

Kende A S，Liebeskind L S，Mills J E，et al. Oxidative aryl-benzyl coupling. a biomimetic entry to podophyllin lignan lactones. Journal of the American Chemical Society，1977，99：7082-7083.

Kende A S，King M L，Curran D P. Total synthesis of（±)-4′-demethyl-4-epipodophyllotoxin by insertion-cyclization [J]. Journal of Organic Chemistry，1981，46：2826-2828.

Klemm L H，Olson D R，White D V. Electroreduction of α，β-unsaturalecl esters. I. A simple synthesis of *rac*-deoxypicropodophyllin by intramolecular Diels-Alder reaction plus trans addition of hydrogen [J]. The Journal of Organic Chemistry, 1971, 36: 3740-3743.

Lheureux S, Joly F. Cabazitaxel after docetaxel: a new option in metastatic castration-resistant prostate cancer [J]. Bulletin Du Cancer, 2012, 99 (9): 875-880.

Macdonald D I, Durst T. A highly stereoselective synthesis of podophyllotoxin and analogues based on an intramolecular Diels-Alder reaction [J]. The Journal of Organic Chemistry, 1988, 53 (16): 3663-3669.

Masters J J, Link J T, Snyder L B, et al. A total synthesis of taxol [J]. Angewandte Chemie International Edition, 1995, 34 (16): 1723-1726.

Medarde M, Ramos A C, Caballero E, et al. A new approach to the synthesis of podophyllotoxin based on epimerization reactions [J]. Tetrahedron Letters, 1996, 37 (15): 2663-2666.

Morihira K, Hara R, Kawahara S, et al. Enantioselective total synthesis of taxol [J]. Journal of the American Chemical Society, 1998, 120 (49): 12980-12981.

Mosey R A, Tepe J J. New synthetic route to access (±) salinosporamide A via an oxazolone-mediated ene-type reaction [J]. Tetrahedron Letters, 2009, 50 (3): 295-297.

Mukaiyama T, Shiina I, Iwadare H, et al. Asymmetric total synthesis of taxol [J]. Proceedings of the Japan Academy Ser B Physical & Biological Sciences, 1997, 73 (6): 95-100.

Nicolaou K C, Liu J J, Huang C K, et al. Synthesis of a fully functionalized CD ring system of taxol [J]. Journal of the Chemical Society Chemical Communications, 1992, 16: 1118-1120.

Nicolaou K C, Yang Z J, Liu J J, et al. Total synthesis of taxol [J]. Nature, 1994, 367: 630-634.

Niewerth D, Jansen G, Riethoff L F V, et al. Antileukemic cctivity and mechanism of drug resistance to the marine *Salinispora tropica* proteasome inhibitor salinosporamide A [J]. Molecular Pharmacology, 2014, 86: 12-19.

Ojima I, Habus I, Zhao M, et al. New and efficient approaches to the semisynthesis of taxol and its C-13 side chain analogs by means of β-lactam synthon method [J]. Tetrahedron, 1992, 48 (34): 6985-7012.

Prudhomme J, Mcdaniel E, Ponts N, et al. Marine actinomycetes: a new source of compounds against the human malaria parasite [J]. PLoS One, 2008, 3 (6): e2335.

Reddy L R, Saravanan P, Corey E J. A simple stereocontrolled synthesis of salinosporamide A [J]. Journal of the American Chemical Society, 2004, 126 (20): 6230-6231.

Reddy L R, Fournier J F, Reddy B V S, et al. New synthetic route for the enantioselective total synthesis of salinosporamide A and biologically active analogues [J]. Organic Letter, 2005, 7: 2699-2701.

Ting C P, Maimone T J. C-H bond arylation in the synthesis of aryltetralin lignans: A short total synthesis of podophyllotoxin [J]. Angewandte Chemie International Edition, 2014, 53 (12): 3179-3183.

Tomioka K, Mizuguchi H, Koga K. Studies directed towards the asymmetric total synthesis of antileukemic lignan lactones——synthesis of (−)-podorhizon [J]. Tetrahedron Letters, 1978, 47: 4687-4690.

Wender P A, Badham N F, Conway S P, et al. The pinene path to taxanes: part 5. Stereocontrolled synthesis of a versatile taxane precursor [J]. Journal of the American Chemical Society, 1997a, 119 (11): 2755-2756.

Wender P A, Badham N F, Conway S P, et al. The pinene path to taxanes: part 6. A concise stereocontrolled synthesis of taxol [J]. Journal of the American Chemical Society, 1997b, 119 (11): 2757-2758.

Woodward R B, Bader F E, Bickel H, et al. A simplified route to a key intermediate in the total synthesis of reserpine [J]. Journal of the American Chemical Society, 1956, 78 (11): 2657-2657.

Wu Y, Zhang H, Zhao Y, et al. A new and efficient strategy for the synthesis of podophyllotoxin and its analogues [J]. Organic Letters, 2007, 9 (7): 1199-1202.

Shanghai No. 5 and No. 12 Pharmaceutical Plant, Shanghai Institute of Pharmaceutical Industrial Research, Shanghai Institute of Materia Medica. Total synthesis of *dl*-Camptothecin [J]. Chinese Science Bulletin, 1977, 6, 625-634.

第 12 章　天然产物的生物合成

12.1　概述

  天然产物生物合成的研究大致可分为三个阶段：第一阶段主要是在 20 世纪初到 20 世纪 50 年代之间，随着越来越多的天然产物被分离并确定结构，通过次生代谢产物结构之间的联系以及它们与初生代谢产物之间的比较寻找其共性，人们推测一些结构相似的化合物意味着生物合成（biosynthesis）上可能为同一起源，提出了"异戊二烯规则"等生物合成假说；第二个阶段是在 1950—1980 年之间，主要是通过同位素标记前体饲喂实验来确定生物合成途径，这一阶段的研究使得生物合成的研究从假说变成有实验验证的科学；第三个阶段是 1980 年至今，主要是结合分子遗传学方法和生物化学方法来具体研究天然产物的生物合成，

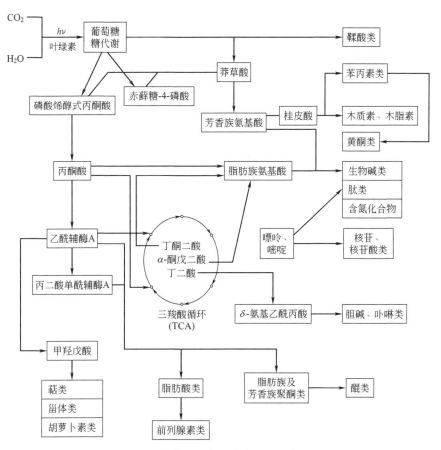

图 12-1　植物体内的物质代谢与生物合成过程

将天然产物与对应的生物合成基因联系了起来，这方面尤其以 PKS 和 NRPS 类化合物的生物合成机制最为突出，近年来已经取得了重大的突破，伴随着其研究过程还发展出了组合生物合成等新的研究方向（杜伊克 等，2008）。

12.1.1　天然产物的生物合成途径

次生代谢产物都是由初生代谢生成的一些关键中间产物（例如乙酰辅酶 A、丙二酸单酰辅酶 A、氨基酸、莽草酸等少数前体物质）通过几条主要的次生代谢途径合成的。从次生代谢产物中发现隐藏的初生代谢产物，可以推测它们的生物合成途径及来源，为从生源学说来确定某类成分的结构类别提供了理论依据。植物体内的物质代谢与生物合成过程如图 12-1 所示（邹丽秋 等，2016；王伟 等，2018）。

根据不同的起始前体，天然产物的生物合成途径可分为以下五类。

1. 乙酸-丙二酸途径（actate-malonate pathway，AA-MA）

乙酰辅酶 A、丙二酸单酰辅酶 A 为前体物质，代谢产生脂肪酸类、酚类和蒽酮类。其中，经缩合和还原两个步骤，交替延伸碳链生成脂肪酸类，天然脂肪酸类的碳链均为偶数；碳链延伸过程中只有缩合过程，经不同途径环合生成酚类和蒽酮类，其特点是芳环上的含氧取代基（—OH、—OCH$_3$）多互为间位。饱和脂肪酸、酚类、蒽酮类的生物合成途径分别如图 12-2、图 12-3 和图 12-4 所示。

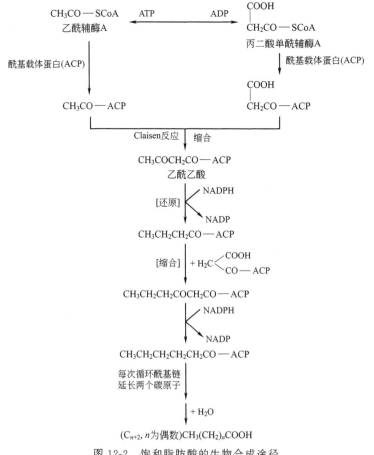

图 12-2　饱和脂肪酸的生物合成途径

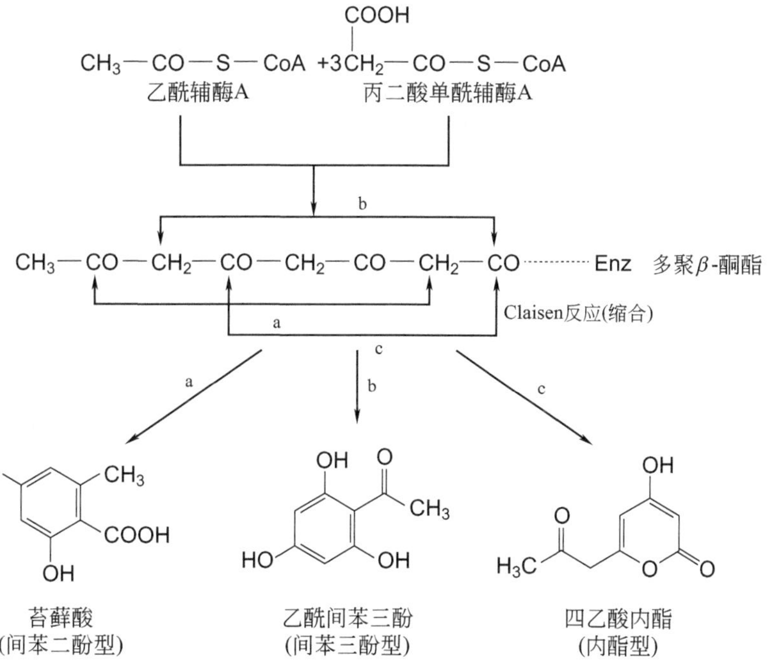

图 12-3　酚类的生物合成途径

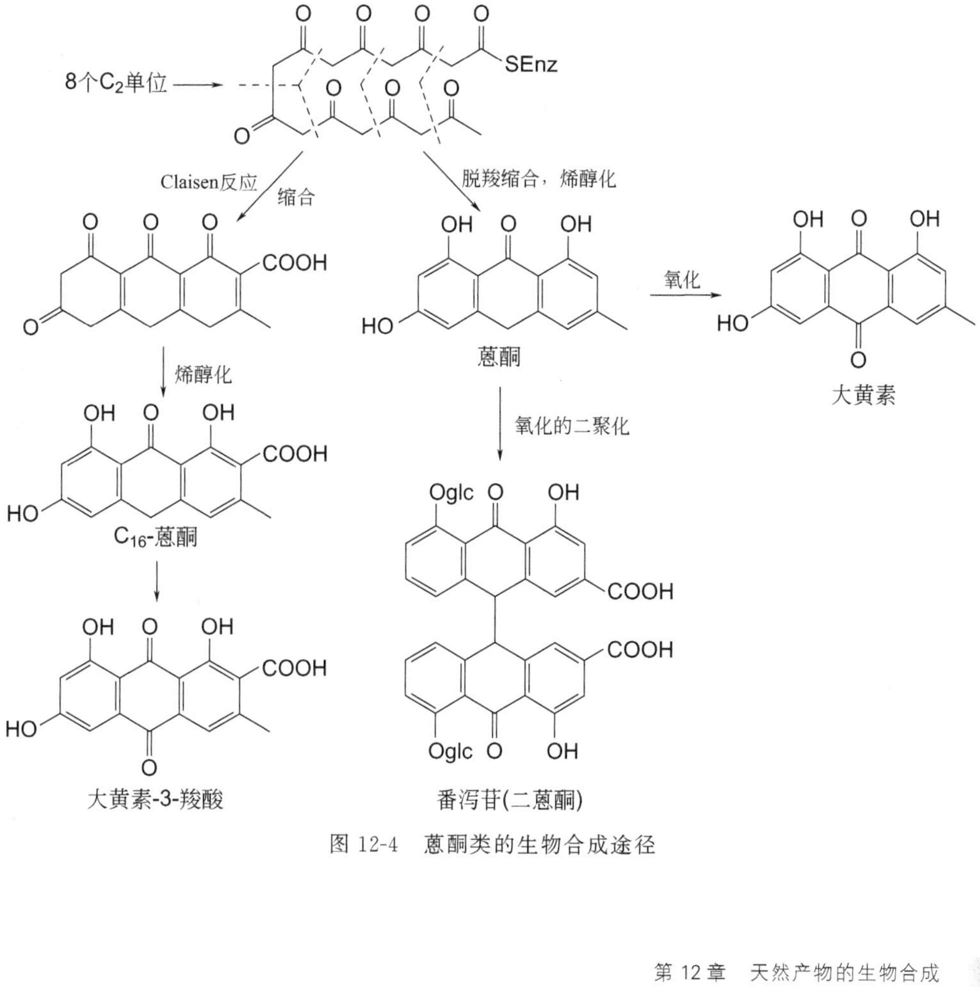

图 12-4　蒽酮类的生物合成途径

2. 桂皮酸-莽草酸途径（cinnamic acid-shikimic acid pathway）

该途径由莽草酸通过苯丙氨酸生成桂皮酸，再由桂皮酸生成各种苯丙素类化合物，现也被称为桂皮酸途径。天然产物中具有 C_6-C_3 骨架结构的芳香族化合物，例如，香豆素、木脂素等苯丙素类化合物，以及具有 C_6-C_3-C_6 骨架结构的黄酮类成分可由此途径产生（图 12-5）。

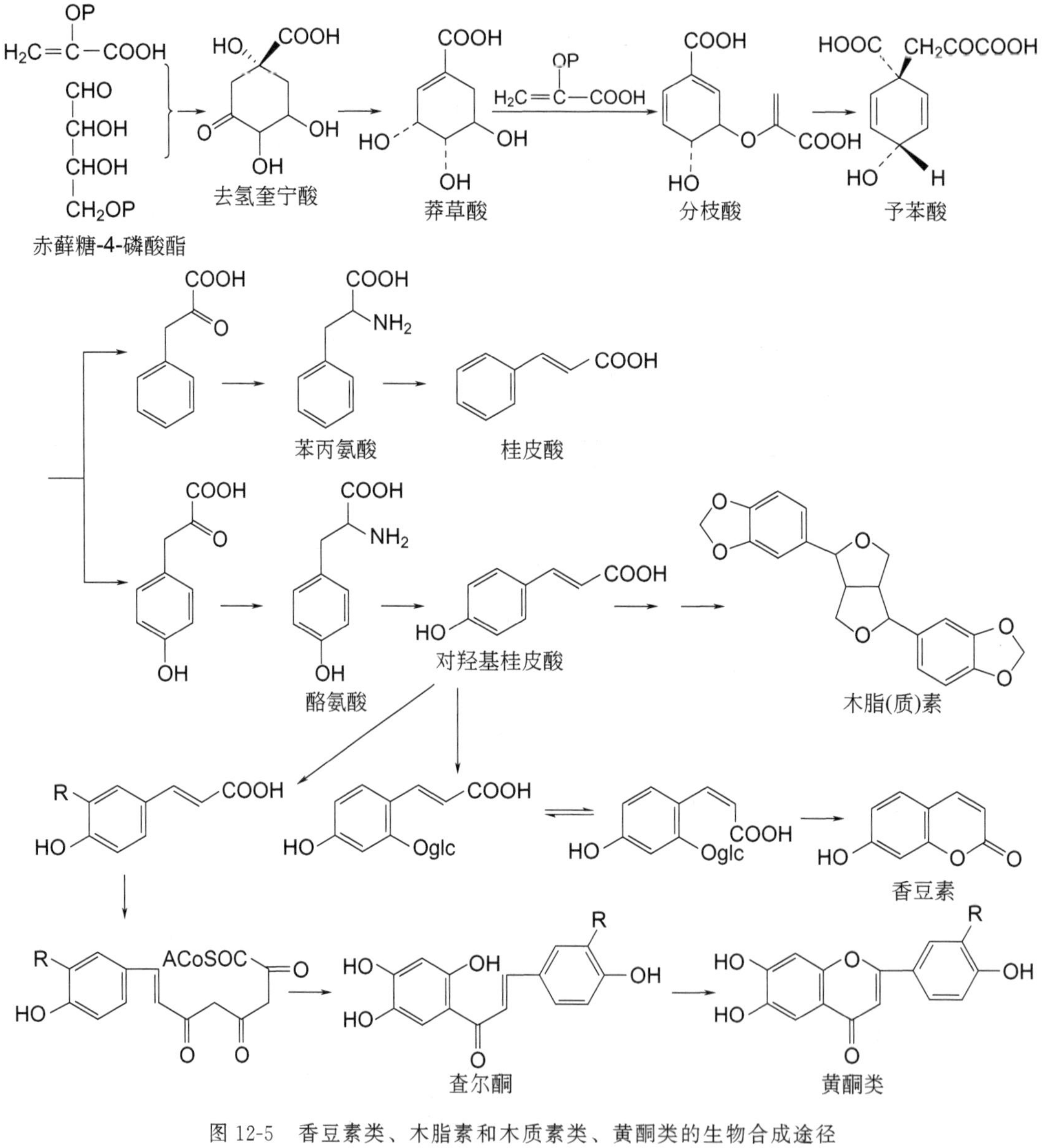

赤藓糖-4-磷酸酯　　去氢奎宁酸　　莽草酸　　分枝酸　　予苯酸

苯丙氨酸　　桂皮酸

酪氨酸　　对羟基桂皮酸　　木脂(质)素

香豆素

查尔酮　　黄酮类

图 12-5　香豆素类、木脂素和木质素类、黄酮类的生物合成途径

3. 甲戊二羟酸途径（mevalonic acid pathway，MVA）

异戊烯基焦磷酸/二甲丙烯焦磷酸（IPP/DMAPP）为前体物质，代谢产生异戊二烯类化合物，包括萜类、甾体类（图 12-6）。

4. 氨基酸途径（amino acid pathway）

天然产物中生物碱类成分由此途径产生。多数生物碱是通过脂肪族氨基酸（鸟氨酸、赖氨酸）、芳香族氨基酸（苯丙氨酸、酪氨酸和色氨酸）脱羧成为胺类，再经过一系列化学反应（甲基化、氧化、还原、重排等）后得到，如图 12-7 所示。

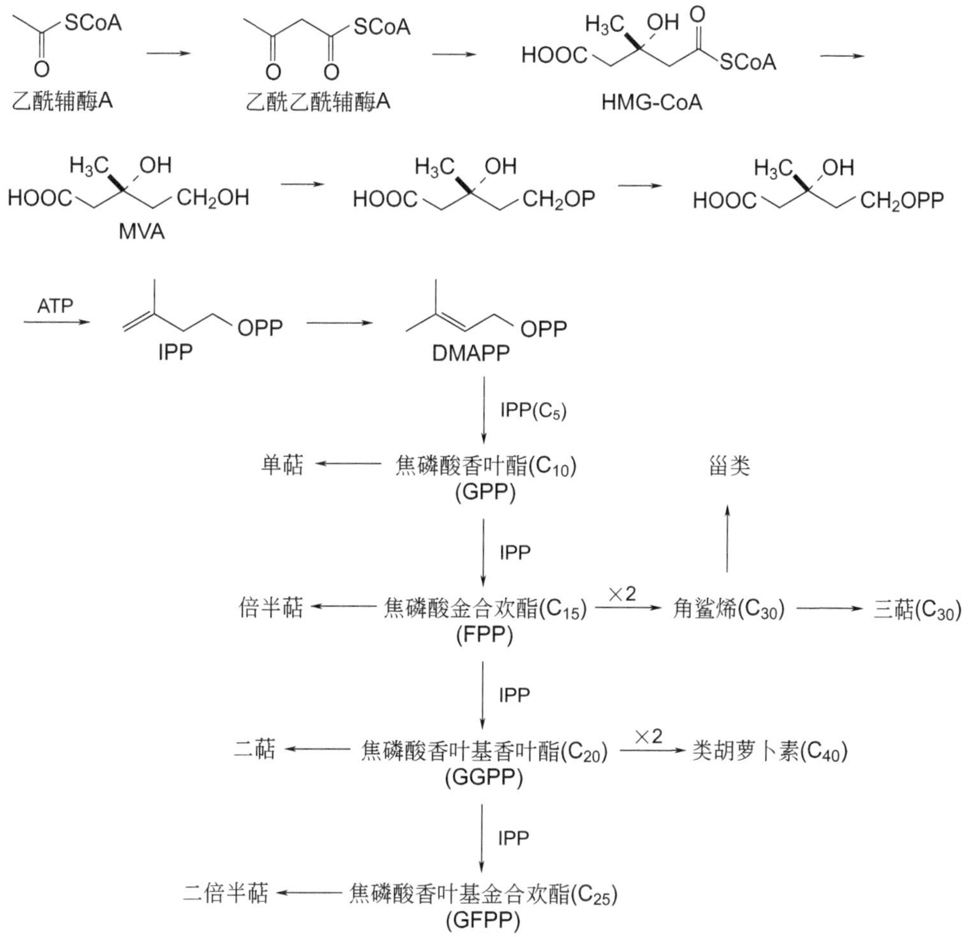

图 12-6　萜类及甾体类化合物的生物合成途径

5. 混源途径

这类途径的代谢产物是指由两条或两条以上途径同时提供亚单元组成的化合物，即复合生物生成途径，包括醋酸-丙二酸-莽草酸途径、醋酸-丙二酸-甲戊二羟酸途径、氨基酸-甲戊二羟酸途径、氨基酸-醋酸-丙二酸途径、氨基酸-莽草酸途径等，例如，查尔酮类、二氢黄酮类化合物的 A 环和 B 环分别由醋酸-丙二酸途径和莽草酸途径生成，再在各种酶作用下生成黄酮（图 12-8）。

12.1.2　天然产物的组合生物合成

天然产物在结构上的多样性是生物活性多样化的基础，而化合物结构多样性的产生则来源于生物合成机制的多样化，即生物体内催化这些天然产物合成的酶催化反应的不同。不同的蛋白酶系的底物选择和催化机制决定了产物骨架的特异性，不同构造单元（起始模块或延伸模块）的差异性决定了产物骨架的复杂性，而一系列的合成后修饰则进一步丰富了天然产物结构的多样性（Newman et al.，2008）。

随着分子生物学的发展，基因测序、基因克隆和生物信息学的方法和技术已经建立。近来年发展的组合生物合成（combinatorial biosynthesis）技术通过基因工程的手段，从基因和蛋白质水平阐明天然产物的合成途径，通过酶催化的化学反应将基因与化合物的结构单元

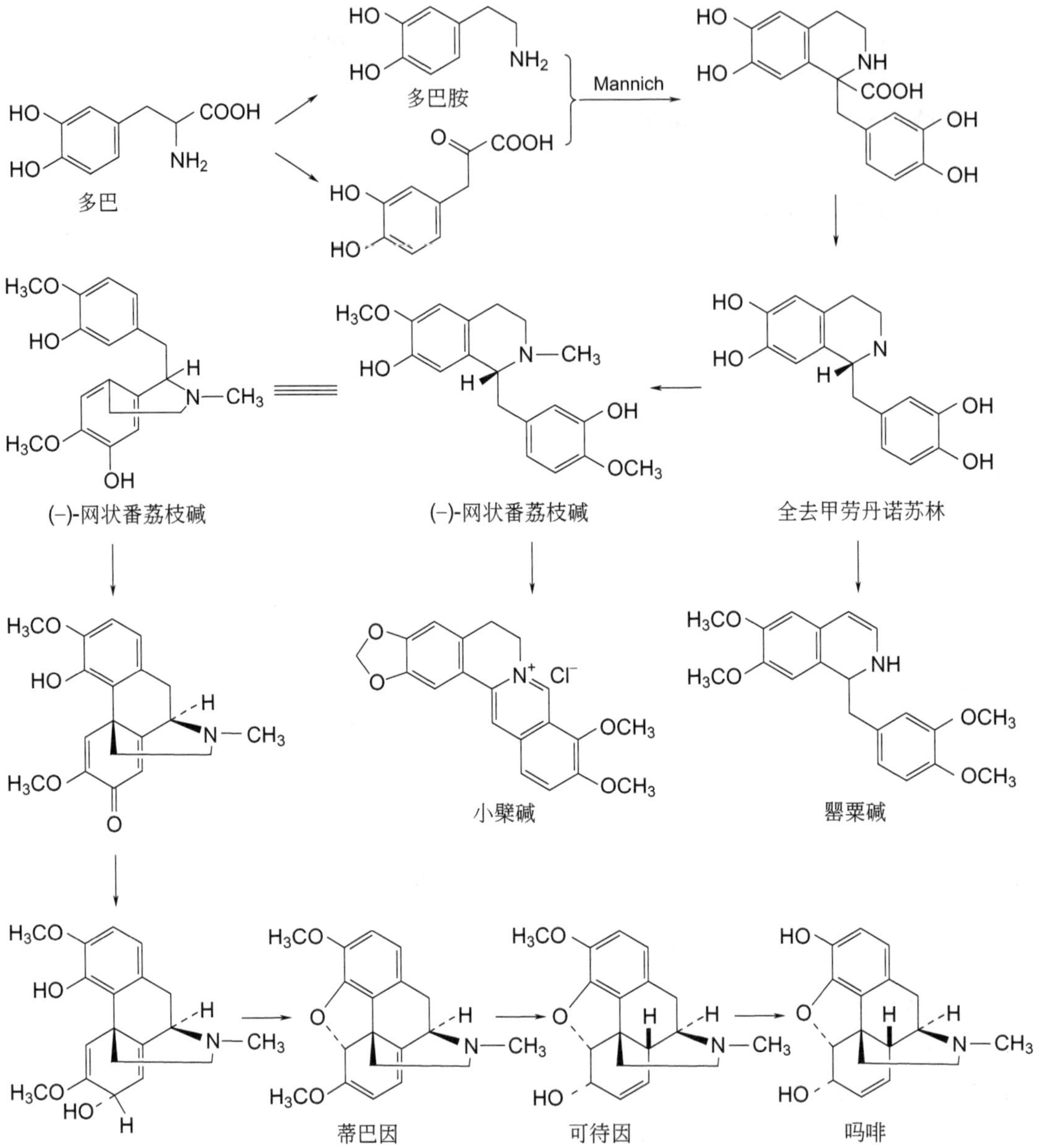

图 12-7　生物碱的生物合成途径

建立一种对应关系，有目的调控和改变天然产物的代谢和生物合成途径，即掌握天然产物生物合成途径的基础上，底物 A 在生物合成酶的作用下经过中间体 B→C→D 等合成出靶分子 T，通过对生物体内控制天然产物生物合成的酶基因进行的克隆和表达。同时，通过改变天然产物合成的酶基因编码和再表达，从而产生一系列"非天然"的新结构产物，辅以体外酶学手段进一步增加次级代谢产物的结构多样性。这些人为产生的新结构化合物按照人们实验的预期表现出改良的生物活性或新的功能（Tsoi et al.，2015）。通过组合生物合成的方法进行天然产物的生物转化、调控及其生物合成途径的研究，提高天然产物的产量或发现更具应用价值的代谢产物，为创新药物研发领域注入新的活力，开辟更广阔的前景。

随着天然产物生物合成基因克隆工作的广泛展开，已有超过 150 种微生物次级代谢产物

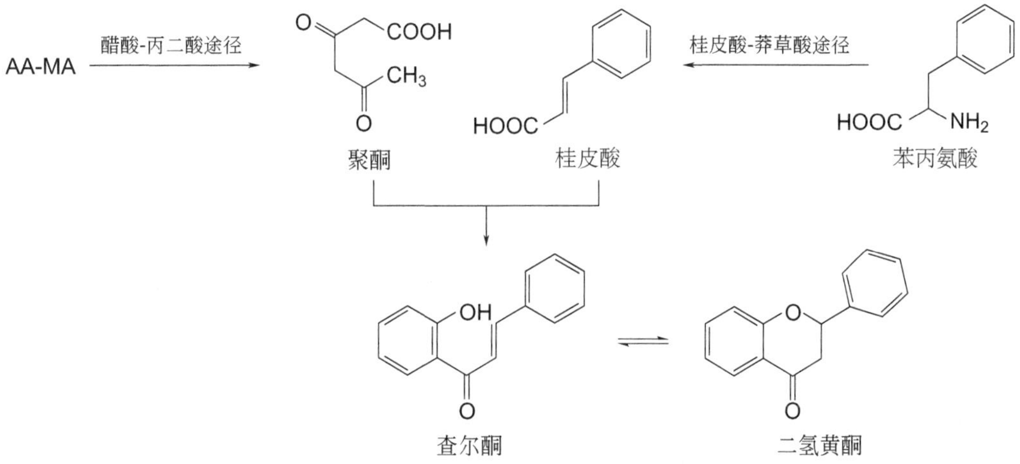

图 12-8　查尔酮类、二氢黄酮类化合物的混源途径生物合成

的生物合成基因簇被成功克隆和表达，利用 SMURF（Secondary Metabolite Unknown Regions Finder）和 antiSMASH（antibiotics and Secondary Metabolite Analysis Shell）等工具能够从已测序的基因组中挖掘到更多天然产物的生物合成途经（Fedorova et al.，2012），尤其是聚酮类化合物和非核糖体多肽的生物合成涉及一系列的酶促反应，细菌、真菌和植物将低聚物通过连续催化缩合产生，组成这些合成途径的酶称为聚酮合成酶（polyketide synthetase，PKS）和非核糖体多肽合成酶（nonribosomal peptide synthetase，NRPS）（Du et al.，2010）。它们是天然产物中非常有特色的一大类，其中许多化合物具有良好的生物活性，在临床和其他方面具有十分重要的用途，其生物合成及机理的研究则更加系统和详尽，是组合生物合成研究关注的热点，也正在发展为药物创新超常规的重要手段（王岩 等，2008）。

12.2　聚酮类化合物的生物合成

聚酮类化合物（polyketides）的数量极其庞大，目前自然界中发现的天然聚酮类化合物已超过 10000 种，其中很多具有重要的医药和农业价值，如：红霉素（erythromycin）、利福霉素（rifamycin）、四环素（tetracycline）、两性霉素（amphotericin）用作抗生素；多柔比星（doxorubicin）、光辉霉素（mithramycin）用作抗癌药物；洛伐他汀（lovastatin）和普伐他汀（pravastatin）用作降血脂药物；阿维菌素（avermectin）和泰乐菌素（tylosin）用作农用抗生素；多杀菌素（spinosad）用作杀虫剂。以聚酮为来源的药物每年的销售额已高达 100 亿美元（刘炳辉 等，2008；Staunton et al.，2001）。

聚酮类化合物尽管结构多样，但其生物合成机制基本相似。其核心结构均由聚酮合成酶催化合成，以小分子羧酸（如丙酰 CoA、丁酰 CoA、环己酰 CoA、苯甲酰 CoA 等）为起始物，以丙二酰 CoA 或者甲基丙二酰 CoA 为延伸单位，在聚酮合酶催化下经连续脱羧 Claisen 缩合，每次延伸一个 2 碳单元直至形成产物前体，经过一系列后修饰作用而产生天然产物。缩合过程类似于脂肪酸合成酶（fat acid synthetase，FAS）形成长链脂肪酸的合成途径。根据聚酮合成酶的结构和催化机制不同可分为 3 类：模块化Ⅰ型 PKS（modular PKS Ⅰ）、迭代Ⅱ型 PKS（iterative PKS Ⅱ）和查尔酮Ⅲ型 PKS（chalcone PKS Ⅲ）（孙宇辉 等，2006；

Taylor，2005）。

12.2.1　模块化Ⅰ型 PKS

Ⅰ型 PKS 也称为模块（module）类，每一模块含有一套独特的、非重复使用的催化结构域（domain）。聚酮生物合成中非重复使用的催化结构域与其 PKS 基因结构呈现一一对应关系，主要合成大环内酯类（macrolides）抗生素、聚烯（polyenes）及聚醚类（polyethers）化合物。大环内酯类抗生素如红霉素、阿维菌素、螺旋霉素（spiramycin）、雷帕霉素，多烯类杀菌素如两性霉素、杀念珠菌素（candicidin），聚醚类抗生素如盐霉素（salinomycin）、莫能菌素（monensin）等。

Ⅰ型 PKS 通常由一个起始模块（loading domain，LD，也称"负载模块"）和多个延伸模块组成。起始模块通常仅由酰基转移酶（acyltransferase，AT）和酰基载体蛋白（acyl carrier protein，ACP）组成，其中 AT 负责初始底物的选择。延伸模块有 3 个基本结构域，即酮基合成酶（ketosynthase，KS）、AT 和 ACP 组成的最小单位 PKS。它们对Ⅰ型 PKS 聚酮类化合物的生物合成是必需的，其中 KS 负责催化双碳单位的缩和反应使聚酮链得以延长，AT 负责底物的选择、激活和转运，ACP 结合延长的聚酮链。某些模块还可能含有 $1 \sim$ 3 个修饰酮基的非必需结构域，如脱水酶（dehydratase，DH）、烯醇还原酶（enoyl reductase，ER）、酮基还原酶（ketoreductase，KR）和甲基转移酶（methyltransferase，MT）结构域，可对聚酮链新生成的 β-酮基进行还原修饰和结构修饰。每个延伸模块负责将一个底物掺入碳链，催化一步聚合反应并对相应的 β-酮基进行不同程度的还原和结构修饰。在Ⅰ型 PKS 末端携带一个硫酯酶（thioesterase，TE），可水解硫酯键以释放聚酮链（Shen，2003）。

以红霉素（Er）为例阐释模块化Ⅰ型 PKS 的结构和催化机制。红霉素是由红色糖多孢菌（*Sachcaorpolyspora erythraea*）发酵产物中分离获得的次级代谢产物，是人类发现的第一个大环内酯类抗菌药物，包括红霉素 A～F（ErA～ErF）多个组分，其中 ErA 抑菌活性最高，临床上主要用于治疗由革兰氏阳性菌引起的多种感染。1990 年和 1991 年英国剑桥大学的 Peter Leadlay（Donadio et al.，1990）和美国 Abbott 实验室的 Leonard Katz（Cortes et al.，1991）在红霉素生物合成中第一次揭示基因和酶所具有的模块特征，提出了在聚酮类化合物研究史上具有划时代意义的Ⅰ型 PKS 合成聚酮的机理，阐明了红霉素的生物合成机制。

红霉素 A 由一个十四元内酯环接合两个糖基组成。其生物合成包括 2 个部分：大环内酯环的合成和大环内酯环的后修饰。红霉素 A 的大环内酯环即 6-脱氧红霉内酯 B（6-deoxy-eryhtoronlide B，6-dEB），其生物合成是 1 分子的丙酰 CoA 和 6 分子的甲基丙二酸单酰 CoA 通过Ⅰ型 PKS 聚酮合酶复合酶系缩合而成，该复合酶系包含三个酶蛋白亚基，即 DEBS1、DEBS2 和 DEBS3，共由 1 个起始模块和 6 个延伸模块组成（Staunton et al.，2001）。6-dEB 的生物合成首先通过起始模块中的酰基转移酶 AT-L 特异性识别丙酰 CoA，将其转移到酰基载体蛋白 ACP-L 上，形成丙酰 ACP 作为合成的起始单元；随后起始单元被转移到第一个延伸模块的 β-酮基硫酯合成酶 KS1 上，同时第一个延伸模块中的 AT1 特异识别甲基丙二酸单酰 CoA 为底物，并将其转移到第一个延伸模块的酰基载体蛋白 ACP1 上。在 ACP1 上 KS1 催化起始单元丙酰基与延伸单元物甲基丙二酸单酰基缩合形成 β-酮，完成第一轮延伸，其他 5 个延伸模块采用类似的机理依次线性完成缩合。在每一轮延伸后，主链骨架都增加两碳单位，最终形成一个十四碳骨架的单元链。在 DEBS3 的羟基端有一个硫酯酶域 TE，负责将合成的长链脂肪酸从 PKS 上水解下来，并与 PKS 其他部分共同将长链脂肪酸环化成一个十四元环的化合物 6-dEB。在合成 6-dEB 后，红霉素的生物合成进入了大环内酯环的后修饰阶段，包括大环 C6 位和 C12 位的羟基化，C3 位和 C5 位羟基的糖基化，以及 C3 位糖基上 C3″羟基的甲基化（图 12-9）（吴杰群 等，2012）。

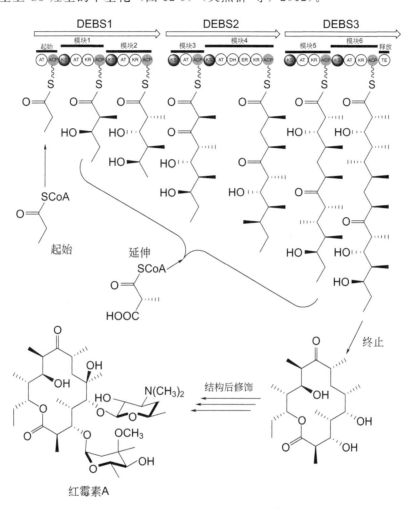

图 12-9　红霉素 A 的生物合成机制

在 6-dEB 分子结构中，由 PKS 合成的羟基既有 S 构型，又有 R 构型，这主要由相应模块上的 KR 决定。6-dEB 上的甲基构型也有 S 和 R 两种，早期认为其分别由 2R-和 2S-甲基丙二酸单酰 CoA 延伸而来，研究表明 6-dEB 的生物合成只使用 2S-甲基丙二酸单酰 CoA 作延伸单位，实际上甲基构型由相应模块上 KS 决定。在缩合过程中，甲基丙二酸单酰 CoA 的 C2 位上 H 的去除与否决定甲基的构型，但其详细机制仍不清楚。

聚酮生物合成中非重复使用的催化结构域与其 PKS 基因结构的一一对应关系，正是体内遗传操作的生化基础。人们在酶学水平上通过对这种催化机制的理解发展了多种策略生物合成 6-dEB 的类似物，其中功能域的突变失活是最基本的方法。如将模块 4 烯醇还原酶 ER 功能域定点失活，则可获得 C6-C7 不饱和类似物，同理，使模块 6 中 β-酮基还原酶双功能域失活则可获得 C3 酮基类似物。

采用不同生物合成基因簇间功能域或模块间的重组可以产生相应的杂合产物，如用合成

第 12 章　天然产物的生物合成　　**255**

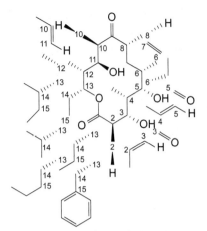

图 12-10   组合生物合成得到的
6-dEB 类似物的分子结构

Niddamycin 的 PKS 中模块 6 的酰基转移酶 AT 功能域（以乙基丙二酰辅酶 A 为底物）替换红霉素 PKS 模块 4 中的 AT 功能域（以甲基丙二酰辅酶 A 为底物）则可获得 C6 位乙基取代类似物。定点突变将模块 5 中的 AT 功能域负责识别甲基丙二酰辅酶 A 的关键氨基酸突变为识别丙二酰辅酶 A 的氨基酸，得到的突变菌株则可产生 C6 位去甲基的 6-dEB 类似物，在实现了调控 6-dEB 生物合成途径生成结构类似物的基础上，采取多种策略相结合，进一步融合多质粒共转化等分子生物学手段可以得到近百种 6-dEB 类似物库。另外，前体导向的生物合成可以改变起始单元，进一步扩大 PKS 催化的生物合成多样性（刘文 等，2005）。组合生物合成得到的 6-dEB 类似物的分子结构如图 12-10 所示。

12.2.2   迭代Ⅱ型 PKS

Ⅱ类 PKS 也称为迭代或芳香类，只包含一套可重复使用结构域，每一结构域在重复的反应步骤中被多次用来催化相同的反应。此类型主要合成芳香族的化合物，包括蒽环（anthracycline）类及四环（tetracycline）类化合物，例如，放线紫红素（aetinorhodin）、四环素（tetracyeline）、丁省霉素（tetraeenomycin）、柔红霉素（daunorubicin）等。

Ⅱ型 PKS 有 3 个基本结构域，即 KS（KS$_\alpha$ 和 KS$_\beta$，只有 KS$_\alpha$ 在缩合中表现出活性）、ACP 和一个高度同源性的链长决定因子（CLF），组成最小单位 PKS。它们对芳香族聚酮的生物合成是必需的，在生物合成过程中被重复使用（Malpartida et al.，1984）。其他的结构域如 KR、催化聚酮形成芳香类环化产物的环化酶（cyclase，CYC）、芳香化酶（aromatase，ARO）和 O-甲基转移酶（O-methyltransferase）则起着修饰作用。Ⅱ型 PKS 合成机制的研究不如Ⅰ型透彻。其中，KS/AT 控制第 1 次环化的区域专一性，CYC 是催化第 2 次环化反应的特定环化酶，而 CLF 决定链的长度。芳香族聚酮的生物合成起始单元通常为乙酰 CoA、丙酰 CoA 或丁酰 CoA，AT 负责初始底物的选择，将起始单元从 CoA 转移到 KS 上，KS 负责将酰基硫酯与 ACP 上的硫酯缩合，通过丙二酰 CoA 延长成聚 β-酮链，然后 KR 负责酮基还原、而 CYC 负责环化、ARO 负责芳香化反应形成六元环（图 12-11）（Shen，2003）。

12.2.3   查尔酮Ⅲ型 PKS

查尔酮Ⅲ型 PKS 和其他两种 PKS 不同，Ⅰ型和Ⅱ型 PKS 常常通过 ACP 活化酰基 CoA 的底物，而Ⅲ型 PKS 不需要 ACP 的情况下可直接作用于酰基 CoA 活化简单羧酸（Funa et al.，1999）。但所有类型的 PKS 都要通过酰基 CoA 的脱羧缩合和 KS 结构域或亚基催化 C—C 键的形成。

Ⅲ型 PKS 主要负责单环或双环芳香族聚酮化合物（黄酮类化合物的前体）的生物合成，以丙二酰 CoA 作为起始物，进行 4 个延伸反应将五酮释放和环化成为 1,3,6,8-四羟基萘（THN），THN 将会被氧化成淡黄霉素（flavolin），然后聚合成各种有色的化合物（图 12-12）。这一类化合物的代表主要有查尔酮、吡喃酮类、吖啶酮类，以及相关的苯丙素类化合物（Shen，2003）。

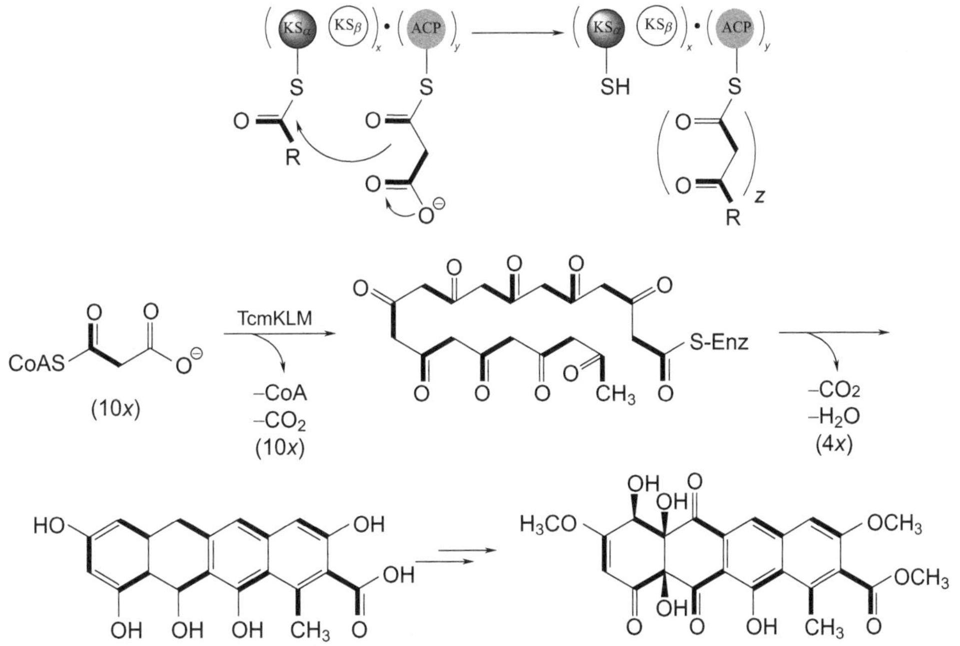

图 12-11 PKS Ⅱ型芳香族聚酮化合物的催化机制

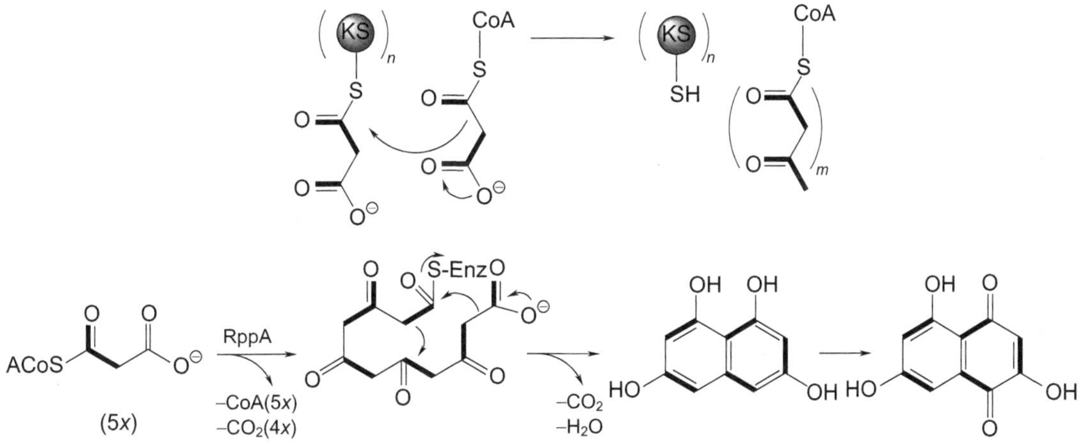

图 12-12 PKS Ⅲ型芳香族聚酮化合物的催化机制

12.3 非核糖体多肽的生物合成

作为天然产物生物合成研究中排名紧跟聚酮化合物之后的第二大家族，多肽类活性物质一直备受人们关注。根据它在生物体内的合成方式，可将其分为两大类：一类是经核糖体途径合成前导肽，然后经过一系列翻译后修饰过程产生的核糖体多肽（ribosomal peptides，RiPPs）；另一类是在合成过程中完全不依赖于常见的蛋白质核糖体合成系统产生的非核糖体多肽（non-ribosomal peptides，NRPs）（Baltz et al.，2017；Koglin et al.，2001）。非核糖体多肽通常是低分子量的次级代谢产物，具有良好的生物稳定性，克服了核糖体编码多肽类化合物作为药物最大的一个缺陷，在制药业中有着更为重要的地位。例如，青霉素前体

ACV、万古霉素（vancomycin）、杆菌肽（bacitracin）、短杆菌肽（gramicidin）用作抗生素；分枝菌素（mycobactin）、肠菌素（enterobactin）用作铁载体；丁香霉素（syringomycin）、烟曲霉毒素（gliotoxin）用作毒素；环孢霉素（cyclosporin）用作免疫抑制剂；surfactin A 用作生物表面活性剂（陆胜利 等，2015）。

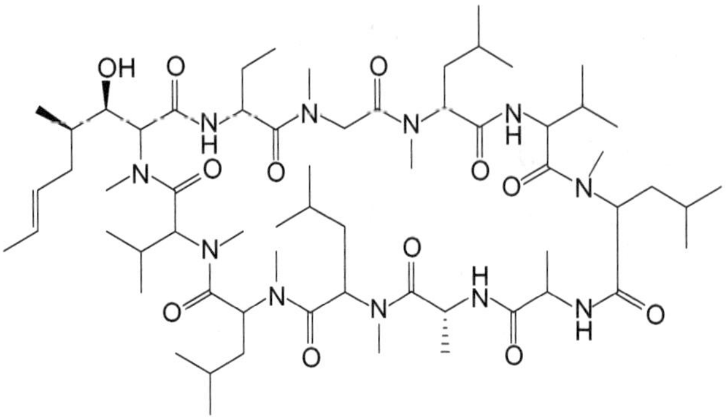

环孢霉素

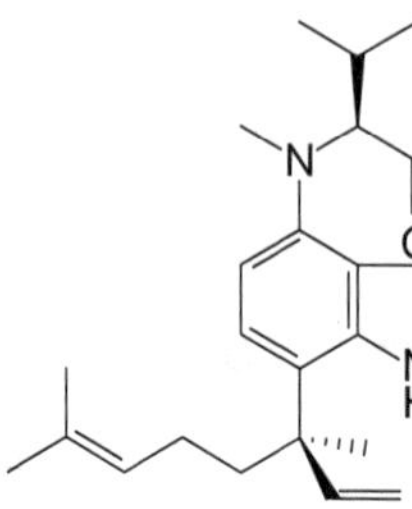

杀鱼菌素A

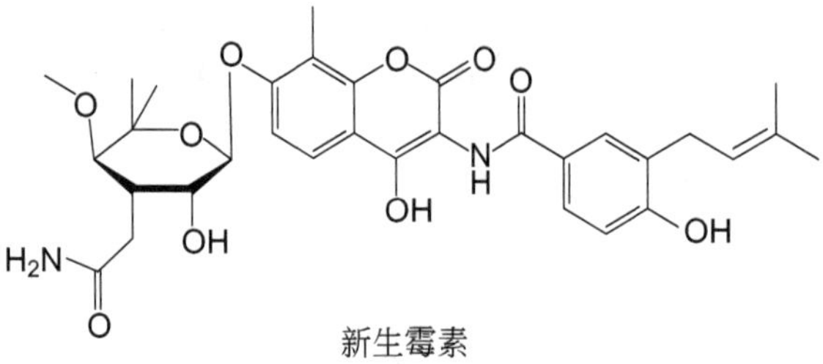

新生霉素

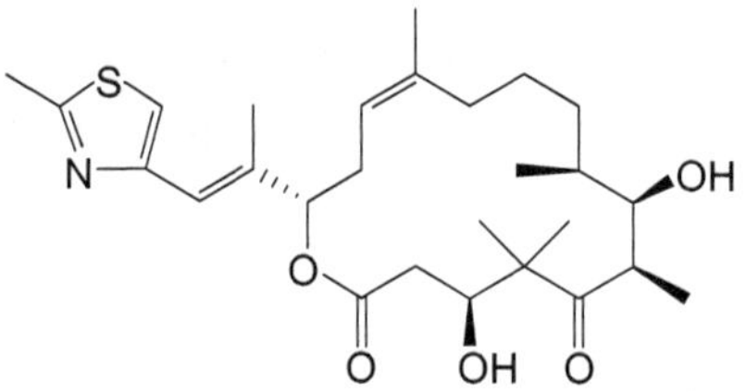

埃博霉素

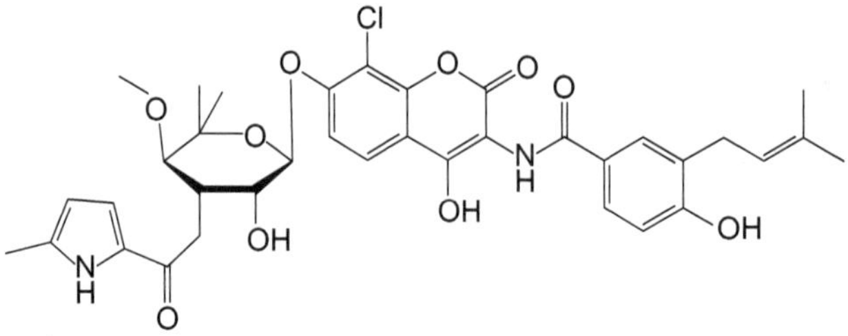

氯新生霉素

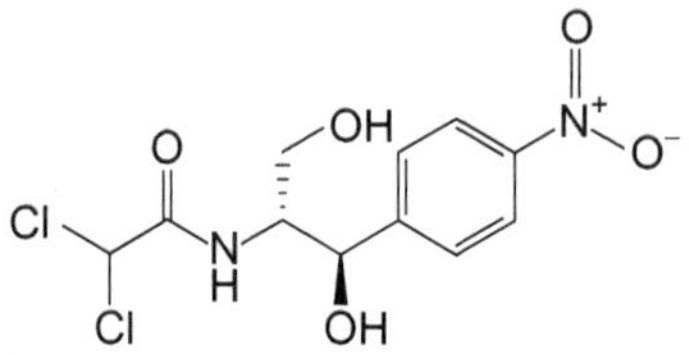

氯霉素

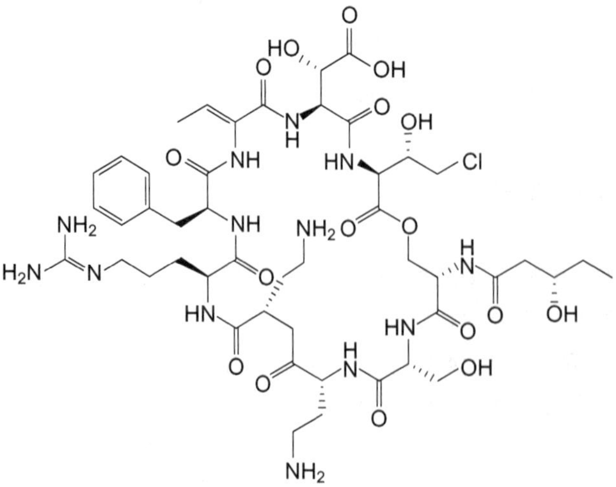

丁香霉素

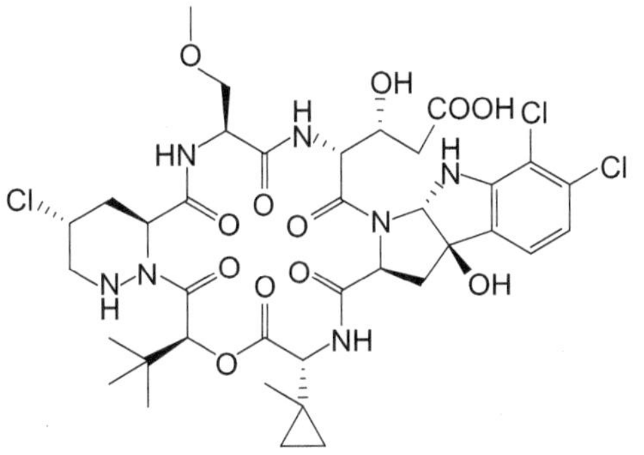

kutxneride 8

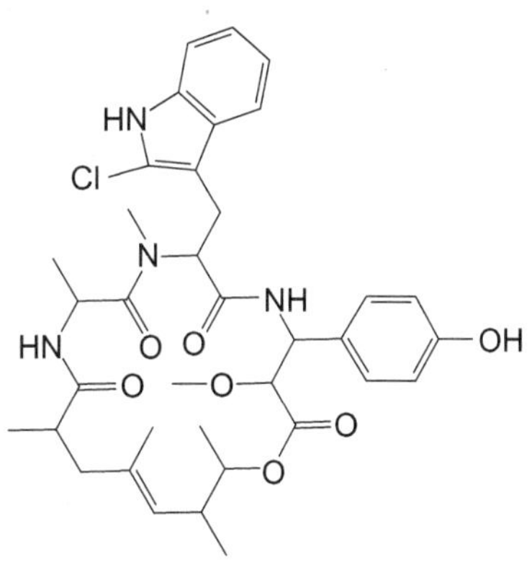

cbondramide B

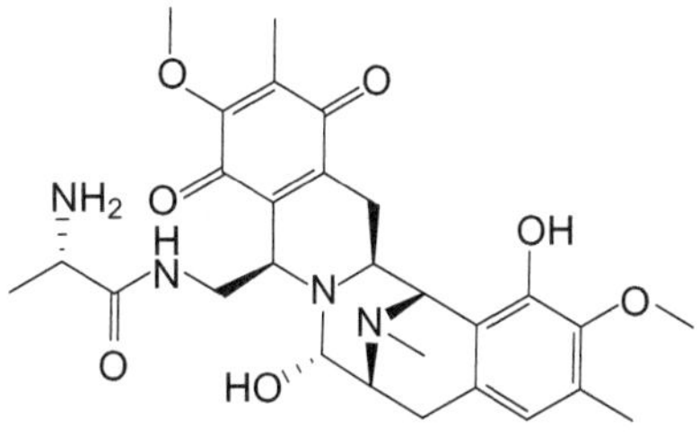

safracin B

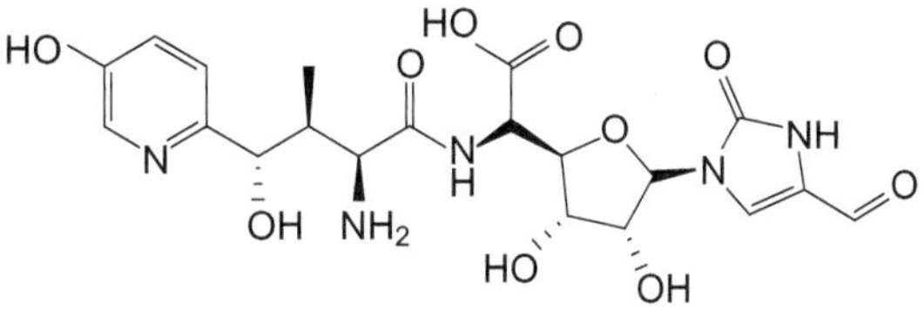

nikkomycin X

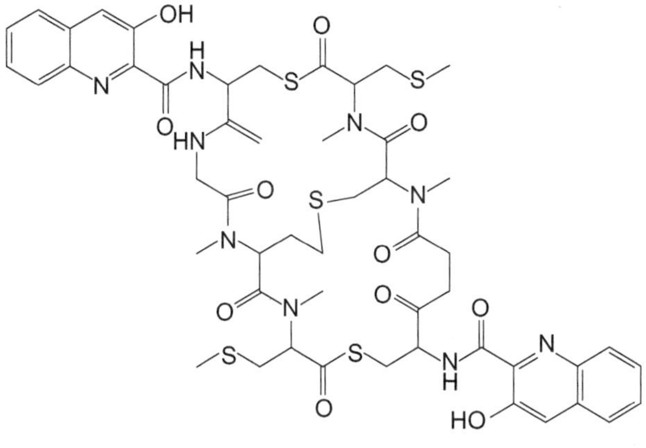

噻可拉林

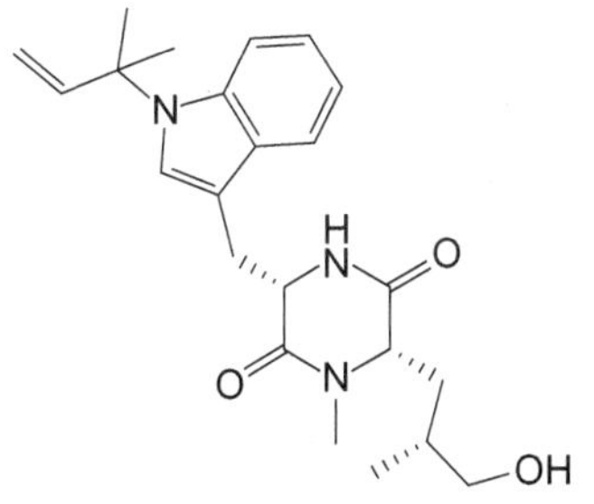

cyclomarazine A

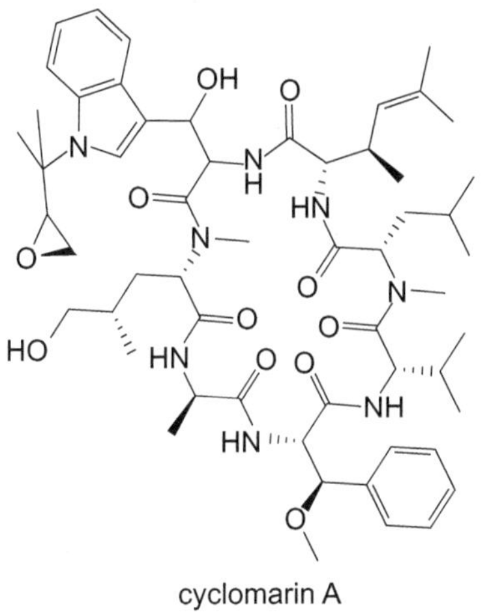

cyclomarin A

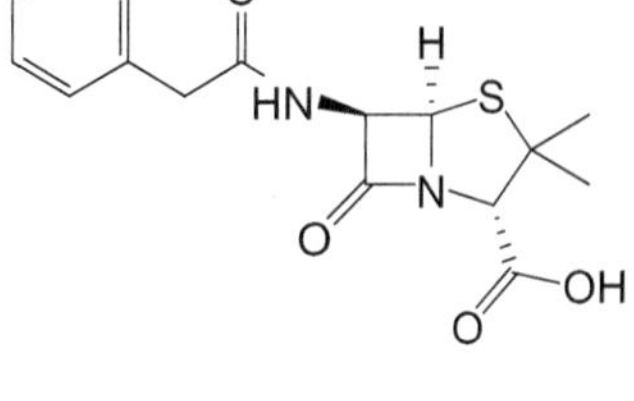

盘尼西林

非核糖体多肽一般是以非蛋白质氨基酸为原料，由非核糖体聚肽合成酶（non-ribosomal peptide synthetases，NRPS）催化合成的一类天然产物。NRPs 分子不仅包含 20 种基本的蛋白质源氨基酸，还含有大量的非蛋白质组成氨基酸（超过 300 种），如 D-氨基酸、α-羟酸、N-/O-甲基氨基酸，结构上呈完整的大环状或杂环状，侧链还被糖基化、磷酸化、酰基化等作用修饰。典型的 NRPS 都是以模块形式存在的多功能酶，大多数 NRPS 的模块数为 4~10 个，但也有高达 50 个的，酶催化反应机制类似于 I 型 PKS，模块的特异结构域具有特定的酶活，催化相应单体结合到新生链肽中。一个基本的 NRPS 延伸模块至少包括 3 个基本结构域：腺苷化结构域（adenylation domain，A domain）、缩合结构域（condensation domain，C domain）和肽酰载体蛋白（peptidyl carrier protein，PCP；也叫硫酯结构域，T domain）。其中，A 结构域负责底物氨基酸的选择和活化，并将活化后的氨基酸转移至 PCP 结构域上形成氨酰化硫酯，PCP 结构域负责对反应中间物硫酯的固定，C 结构域负责催化两个紧邻模块（PCP 上分别结合氨酰基和肽酰基）缩合形成肽键。某些模块中还可能含有环化酶结构域（Cy）、氧化结构域（Ox）、N-甲基化结构域（MT）和差向异构化结构域（E）等，负责对新延长的氨基酸进行结构修饰。最后硫酯酶（TE）将多肽链从 PCP 上解离，实现链的释放（图 12-13）（郑宗明 等，2005）。

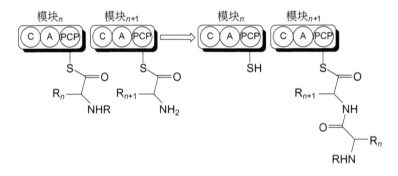

图 12-13　NRPS 催化形成肽的生物合成机制

根据 NRP 组装时 NRPs 所采用的不同生物合成策略，可将其分为 3 类：线性 NRPs（A型）、迭代型 NRPs（B 型）、非线性 NRPs（C 型）。线性 NRPs 中，3 个基本结构域以 C→A→T 的顺序在延伸模块上排列，即一个含 n 个氨基酸残基的多肽的线性 NRPS 蛋白质模板由结构域以 A→T→(C→A→T)$_{n-1}$→TE 顺序排列的 n 个模块组成。NRPs 的合成方向是从 N 端到 C 端，故 A 型 NRPS 模块的数量、种类、排列顺序决定了多肽产物的一级结构，二者呈线性关系，酶催化反应机制类似于 I 型 PKS。与线性 NRPs 相比，迭代型 NRPs 的特点是在多肽合成过程中多次使用它们的模块或结构域，酶催化反应机制类似于 II 型 PKS。而非线性 NRPs 的核心结构域 C、A、T 中至少有一个异常排列，其模块数与多肽产物的氨基酸残基数无线性对应关系（Mootz et al.，2002）。

12.4　杂合 PKS-NRPS 的生物合成

聚酮聚肽杂合抗生素是由 PKS 和 NRPS 共同参与完成的。I 型 PKS 和 NRPS 具有相似的结构和功能特点，它们都是具有模块结构的多功能的巨型酶，这种结构、催化机制具有惊人的相似性，促使人们寻找整合了 NRPS 和 PKS 模块的杂合 PKS-NRPS 体系（Du et al.，2001；Fisch，2013）。既然 PKS 和 NRPS 的模块式构造已被成功地运用在组合生物合成中合成多种天然、非天然的产物，可以想象也能将氨基酸、短的羧酸整合为最终产物的杂合 PKS-NRPS 体系。此体系能够产生更多的化学结构多样性，如埃博霉素、雷帕霉素和博莱霉素等。

埃博霉素是由粘细菌中纤维堆囊菌（*Sorangium cellulosum*）产生的一类大环内酯类化合物，具有促微管聚合活性，不但具有与紫杉醇相似的作用微管的模式，而且比紫杉醇具有更好的水溶性，分子量小、结构简单，尤其是对耐紫杉醇类的肿瘤细胞具有较高的活性，被认为是紫杉醇的更新换代产品，是继紫杉醇之后发现的 6 种具有促微管聚合活性的化合物（epothilones、eleutherobins、discodermolide、laulimalide、WS9885B 和 peloruside）中最令人兴奋的研究热点（Kavallaris et al.，2001）。

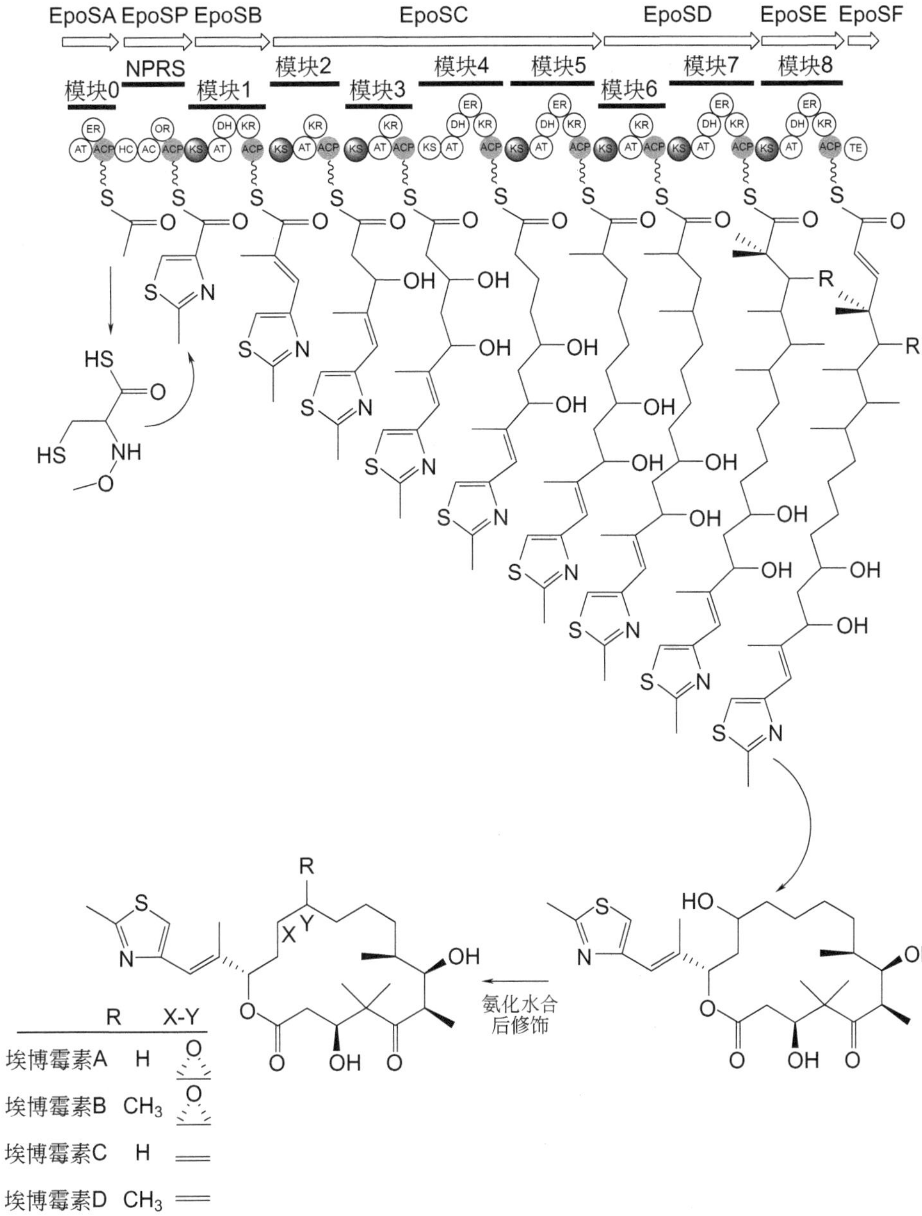

图 12-14 埃博霉素类化合物的生物合成机制

埃博霉素的生物合成主要是由 I 型聚酮合酶催化完成的。与一般 PKS 基因簇不同，埃博霉素的复合酶系统中同时含有 PKS 和 NRPS 模块，包括 1 个负载模块、1 个非核糖体聚肽合成酶模块、8 个聚酮合酶模块和 1 个 P450 环氧酶（Epoxidase）。整个基因簇中有 7 个转录方向一致的基因，分别编码 5 个 PKS（包括 EpoA、EpoB、EpoC、EpoD 和 EpoE），1 个 NRPS（即 EpoP，位于 EpoA 和 EpoB 之间）和 1 个 P450 环氧酶。EpoA、EpoC、EpoD、EpoE 和 EpoF 基因编码的是典型 PKS，这 5 个亚基分别编码了一个 PKS 起始模块和 8 个延伸模块，而在 EpoA 和 EpoC 之间的 EPoB 基因编码的是典型 NRPS，包括 Cy、A、Ox、PCP 四个催化活性域，它的作用是合成埃博霉素侧链上的噻唑环。A 活性域识别并腺苷化活化 L-cys 形成 L-cys-AMP，并且转移到 PCP 上，然后通过 Cy 活性域催化与 EpoA 编码的 PKS 起始模块上合成的乙酰基缩合，由于 Cy 活性域同时还具有环化酶活性，它能够进一步催化分子内杂环化形成噻唑啉，随后被 Ox 活性域氧化脱氢形成甲基噻唑基结合于 PCP 上，然后与下一个 PKS 模块结合开始埃博霉素 16 元环聚酮链的合成，如图 12-14 所示（阎家麒 等 2009；Julien et al.，2000）。

参 考 文 献

杜伊克，娄红祥. 药用天然产物的生物合成 [M]. 北京：化学工业出版社，2008.

刘炳辉，曹远银，闫建芳，等. 聚酮类化合物生物合成基因簇与药物筛选 [J]. 生物技术通报，2008 (4)：30-33.

刘文，唐功利. 以生物合成为基础的代谢工程和组合生物合成 [J]. 中国生物工程杂志，2005, 25 (1)：1-5.

陆胜利，祁超. 海洋放线菌代谢产物、非核糖体多肽、腺苷化结构域研究进展 [J]. 华中师范大学学报，2015, 49 (1)：114-124.

邹丽秋，匡雪君，孙超，等. 天然产物生物合成途径解析策略 [J]. 中国中药杂志，2016, 41 (22)：4119-4123.

孙宇辉，邓子新. 聚酮化合物及其组合生物合成 [J]. 中国抗生素杂志，2006, 31 (1)：6-14.

王伟，李韶静，朱天慧，等. 天然药物化学史话：天然产物的生物合成 [J]. 中草药，2018, 49 (14)：3193-3207.

王岩，虞沂，赵群飞，等. 天然产物的生物合成和组合生物合成研究进展 [J]. 国外医药，2008, 29 (6)：275-282.

吴杰群，刘文，张嗣良. 红霉素的生物合成与组合生物合成 [J]. 有机化学，2012, 32 (7)：1232-1240.

阎家麒，张文凯. 埃博霉素的生物合成 [J]. 国外医药：抗生素分册，2009, 30 (3)：3-11.

郑宗明，顾晓波，俞海青，等. 非核糖体肽合成酶主要结构域的研究进展. 中国抗生素杂志，2005, 30：120-124.

左佃光，马俊英，王博，等. 非核糖体肽类化合物的组合生物合成策略研究进展 [J]. 中国抗生素杂志，2012, 37 (3)：12-19.

Baltz R H. Synthetic biology, genome mining, and combinatorial biosynthesis of NRPS-derived antibiotics: a perspective [J]. Journal of Industrial Microbiology & Biotechnology, 2017, 45 (7): 635-649.

Cortes J, Haydock S F, Roberts G A, et al. An unusually large multifunctional polypeptide in the erythromycin-producing polyketide synthase of *Saccharopolyspora erythraea* [J]. Nature, 1990, 348: 176-178.

Donadio S, Staver M, Mcalpine J, et al. Modular organization of genes required for complex polyketide biosynthesis [J]. Science, 1991, 252: 675-679.

Du L, Shen B. Biosynthesis of hybrid peptide-polyketide natural products [J]. Current Opinion in Drug Discovery & Development, 2001, 4 (2): 215-28.

Du L, Lou L. PKS and NRPS release mechanisms [J]. Natural Product Reports, 2010, 27 (2): 255-278.

Fedorova N D, Moktali V, Medema M H. Bioinformatics approaches and software for detection of secondary metabolic gene clusters [J]. Methods in Molecular Biology, 2012, 944: 23-45.

Fisch K M. Biosynthesis of natural products by microbial iterative hybrid PKS-NRPS [J]. RSC Advances, 2013, 3: 18228-18247.

Funa N, Ohnishi Y, Fujii I, et al. A new pathway for polyketide synthesis in microorganisms. Nature, 1999, 400: 897-899.

Julien B, Shah S, Ziermann R, et al. Isolation and characterization of the epothilone biosynthetic gene cluster from *Sorangium cellulosum* [J]. Gene, 2000, 249: 153-160.

Kavallaris M, Verrills N M, Hill B T. Anticancer therapy with novel tubulin-interacting drugs [J]. Drug Resistance Updates, 2001, 4 (6): 392-401.

Koglin A, Walsh C T. Structural insights into nonribosomal peptide enzymatic assembly lines [J]. Natural Product Reports, 2009, 26 (8): 987-1000.

Malpartida F, Hopwood D A. Molecular cloning of the whole biosynthetic pathway of a *Streptomyces* antibiotic and its expression in a heterologous host [J]. Nature, 1984, 309: 462-464.

Mootz H D, Schwarzer D, Marahiel M A. Ways of assembling complex natural products on modular nonribosomal peptide synthetases [J]. Chembiochem, 2002, 3 (6): 490-504.

Newman D J. Natural products as leads to potential drugs: an old process or the new hope for drug discovery? [J]. Journal of Medicinal Chemistry, 2008, 39: 2589-2599.

Shen B. Polyketide biosynthesis beyond the type I, II and III polyketide synthase paradigms [J]. Current Opinion in Chemical Biology, 2003, 7 (2): 285-295.

Staunton J, Weissman K J. Polyketide biosynthesis: a millennium review [J]. Natural Product Reports, 2001, 18: 380-416.

Taylor S V. Reprogramming combinatorial biology for combinatorial chemistry [M]. Wiley-VCH Verlag GmbH & Co. KGaA, 2005.

Tsoi C J, Khosla C. Combinatorial biosynthesis of 'unnatural' natural products: the polyketide example. Chemistry & Biology, 1995, 2: 355-362.